AF368736

# L'ART INDUSTRIEL

A L'EXPOSITION UNIVERSELLE DE 1867

# L'ART
# INDUSTRIEL

## A L'EXPOSITION UNIVERSELLE DE 1867

PAR

## AUGUSTE LUCHET

MOBILIER — VÊTEMENT — ALIMENTS

## PARIS

LIBRAIRIE INTERNATIONALE
15, BOULEVARD MONTMARTRE, 15.

A. LACROIX, VERBŒCKHOVEN & Cᵉ, ÉDITEURS
*à Bruxelles, à Leipzig et à Livourne.*

1868

# AVANT L'OUVERTURE

I

Nous donnons aujourd'hui, disions-nous dans le *Monde illustré* du 9 décembre 1865, la vue prise à vol d'oiseau des constructions qui doivent être affectées à l'Exposition universelle de 1867. La conception en est assurément nouvelle et originale. Elle ne rappelle rien ou presque rien des édifications du même genre. Cette immense ellipse, se divisant et se subdivisant en ellipses décroissantes, s'éloigne surtout beaucoup des surprises gaies et des embarras divertissants par lesquels le grand pot-pourri de 1855 faisait passer le visiteur. J'aimais assez pour ma part, — toute faiblesse permet qu'on l'avoue, — cette amusante et irrégulière promenade, commençant par des fleurs au carré Marigny, traversant ensuite et parcourant, dans son labyrinthe de lumières et d'ombres l'insuffisant palais aux assises roses, dont ceux qui l'ont fait ne savent plus que faire ; tournant de là, tout ébahie, autour des argents et des diamants de la rotonde du Panorama, aujourd'hui établie en pendant de Franconi et

1

rendue aux batailles illustres de M. Langlois. Puis nous trouvions un pont, rialto d'horlogers et d'orfévres, lequel tout à coup nous jetait au plein de cette demi-lieue de machines, d'inventions, de grincements, de mugissements, de tournoiements, de vapeur et d'agriculture, qui s'appelait modestement l'*annexe;* au bout de quoi, passant devant les maisons en promontoire du colonel Brack et de mademoiselle Mars, on allait gagner l'avenue Montaigne, jadis *allée des Veuves* dans la langue amoureusement moqueuse de nos pères, pour finalement se refaire la vue, l'esprit et une migraine dans l'exposition proprement dite des Beaux-Arts.

Cela prenait six heures pour le moins, à toujours marcher et regarder. Mais c'était gai et c'était divers. Les traits d'union étaient faits de verdure et d'ombrage. On déjeunait chez Chevet, dans un buffet ouvert sur un jardin; on dînait dans l'annexe, chez Grémailly, de Gray, aujourd'hui l'hôte gastronome et charmant du bel hôtel des Princes, à Bordeaux. La journée se passait joyeusement et vivement. Le temps n'avait point pesé. Et puis, ce n'était pas loin, aux Champs-Elysées, un lieu aimé, peuplé, connu de toutes les voitures; et, chose plus grave qu'on ne pense, de ce côté-ci de la rivière. On pouvait y aller à pied, sans frais, et revenir de même.

Mais tout cela est fini, et ceux qui jugent souverainement des questions n'ont point pensé qu'il fallût le recommencer. N'en parlons plus donc, et prenons les choses comme on nous les offre. Le suffrage universel a surtout ceci de bon, qu'une fois donné, il ne sert plus à rien.

Le palais du Champ de Mars sera très-grand, sans contredit, et cependant, à en croire la promesse d'une affluence encore inconnue en fait d'exposition, il est à craindre qu'il ne soit trop petit. Tous les espaces de 1855 réunis ne mesuraient au bout du compte que 123,390 mètres; le terrain couvert par la construction de fer que voici comprendra 146,000 mètres à lui tout seul. Nous voilà, certes, bien au-dessus de l'exposition première universelle de 1851, à Londres, en Hyde Park, qui tout entière tenait dans 95,000 mètres: une belle pensée, au reste, pleine de sens, de hardiesse et de goût, qu'on a surpassée et qu'on surpassera en dimension, mais point en majesté, je le crains fort. Le jardinier Paxton, devenu baronnet pour cela, nous avait donné là une bonne leçon d'architecture spéciale. Aussi ne l'avons-nous pas suivie. Les architectes français sont un corps auguste et patriote qui n'accepte rien de l'étranger.

Ce qui ajoutera à l'immensité apparente du palais de 1867, c'est qu'il sera tout en rez-de-chaussée. Ayant à soi plus de terrain, on a supprimé les galeries et leurs escaliers, hostiles aux jarrets des vieux visiteurs et des vieux commissaires. Il est possible que le coup d'œil général y perde de l'élévation et du mouvement; mais le commode avant le superbe, a dit la Commission, et mille pour un, à notre défaut, seron de son avis. Cette absence de galeries nous laissait premièrement une espérance : c'était que, l'espace manquant et la bonne volonté aidant, les ressources du plan auraient, au besoin, permis d'en établir. Quand un banquet est à bout de rallonges, on a recours aux petites tables; ne les refusons pas à celui-ci, disions nous, qui probablement sera le dernier de la génération. Mieux renseignés maintenant, par l'inflexible et l'irrévocable qui courent, nous prévoyons une infortune double; c'est qu'il faudra choisir parmi les appelés, et que les petits risqueront fort de n'être pas les élus. Des 146,000 mètres décrits par les constructions votées, 120,000 environ seront effectifs, c'est-à-dire occupés par les produits et leurs cages: le reste devra être donné aux accessoires et à la circulation. C'est seulement 18,000 mètres effectifs de plus qu'en 1855; et les plaintes timides qui déjà nous parviennent nous font sérieusement appréhender que les maîtres de la maison n'aient pas du tout su à combien de convives ils auraient affaire.

L'entrée sera convenable et regardera le pont d'Iéna, ligne longue et noble descendant des amphithéâtres de Passy. A droite, l'avenue de Suffren bornera l'ensemble; à gauche, celle de La Bourdonnaye. Sur les deux avenues seront des descentes à couvert pour les voitures. A l'une d'elles un chemin de fer aboutira. De l'entrée en largeur partira une promenade ou vestibule, couvert aussi, qui percera le bâtiment d'outre en outre et, vers son centre, donnera jour à un jardin planté de roses, peuplé de statues. A gauche en entrant sera la France, qui avec ses petites voisines, la Belgique et la Hollande, prendra la moitié juste de tout le local; à droite l'Angleterre pour un sixième à peu près, l'Allemagne pour autant, et le reste du globe pour le surplus. Chez elle, en 1862, la Grande-Bretagne fut encore plus égoïste.

Le placement des objets exposés sera fait cette fois méthodiquement, et non plus laissé au libre arbitre des groupes de leurs exposants. Ce qu'il y perdra comme pittoresque tournera sensiblement au profit instructif, sinon au divertissement des examinateurs volontaires ou forcés. Les jurys, en effet, se plaignaient assez de la dissémination des produits similaires; chaque pays, en général, distribuant ses richesses pour le plus grand charme des yeux et dans les conditions d'une mise en scène propre à les faire valoir les unes par les autres. Il en résultait, pour les personnes officiellement ou non chargées de comparer, des allées et venues et des pas perdus dans le chemin desquels la rencontre de cent autres choses laissait souvent égarer la forme et jusqu'au souvenir des points de comparaison. Dans le *Moniteur* du 1er juin 1862, M. Paul Dalloz, si expert et si autorisé en fait d'expositions parcourues et jugées, se figurait et nous enseignait une distribution à venir singulièrement ressemblante à celle que la Commission de 1867 nous promet.

« Supposons, disait-il, un édifice qui serait ainsi conçu :

« Sa forme serait celle d'un cirque dans lequel seraient inscrits, comme les gradins d'un amphithéâtre (l'élévation mise de côté), des cercles correspondant au nombre des sortes de produits à exposer. Dans le plus grand viendraient trouver place les objets les plus encombrants, tels que machines, etc., et dans le plus petit ceux qui demandent le moins d'espace, les bijoux, par exemple. Puis, coupons toutes ces circonférences en tranches, comme on divise une orange, et donnons le nombre suffisant de quartiers à chaque nation. De cette façon, chaque peuple, en traçant une ligne de l'axe à la circonférence, aurait son royaume distinct ; et le visiteur, en suivant la ligne de chaque cercle, retrouverait réunis les produits de même nature exposés par toutes les nations. Grâce à un arbre-poteau placé au centre, on rayonnerait facilement dans toutes les directions ; ce serait le carrefour de la forêt. Tout autour de cet immense panorama, des portes permettraient d'entrer ou de sortir par le pays qu'on voudrait.

« Mais ce n'est pas ici la place ni l'heure d'entrer dans plus de détails. Nous avons émis une idée ; qu'elle fasse son chemin, s'il est dans sa destinée d'aboutir à quelque bien ! »

La Commission, qui remplace l'arbre-poteau par un jardin central, a-t-elle ou non gâté l'idée de M. Paul Dalloz ? c'est ce que l'exécution nous montrera. Toujours est-il que, faisant cette idée sienne et prenant, comme Molière, son bien où elle le trouve, elle a décidé la division universelle en grandes suites, où les produits de même nature se succéderont sans interruption. Ainsi chaque exposition de contrée, partant du même centre et rayonnant vers le même circuit extérieur, se partagera en observant un système de voies circulaires qui mettra, par exemple, les meubles de France à côté de ceux d'Angleterre, et successivement tous les autres meubles de tous les autres pays. Il y aura, en conséquence, comme qui dirait la rue elliptique des métaux, la rue elliptique des étoffes, la rue elliptique des faïences, etc. Ce sera monotone tant soit peu, mais ce sera classique et bien rangé, sinon bien arrangé. Notre temps grave est aux affaires, nous dit-on ; il n'est point à la fantaisie.

L'agriculture et tout ce que le plein air comporte auront, paraît-il, de l'aise et au delà. . . . . . . . . .

Quoi qu'il en soit donc de plans et d'arrêtés probablement modifiables jusqu'à la dernière heure, bien qu'on en dise, l'Exposition de 1867 nous paraît devoir être la plus importante et la plus nombreuse qu'on aura jamais connue. Sur tous les points du monde, le travail, à son propos, s'est allumé ou rallumé. Les pays jusqu'alors restés indifférents à de tels contacts déclarent aujourd'hui accepter la lutte et y entrent, dit-on, avec des témérités magnifiques. Tant mieux donc ! et ce sera beau enfin de voir les nations combattre autrement qu'avec l'épée. Quelle joie féconde toujours répandent ces victoires sans victimes et ces défaites sans funérailles ! Nous eussions rêvé peut-être, et voulu sans doute un champ plus magnifique, et surtout plus au cœur de la cité, pour un engagement si grand et si définitif ; mais ceux dont ceci dépend affirment qu'ils ont fait de leur mieux. Que la paix soit donc avec eux et avec leur esprit ! L'espèce et le choix de la carrière n'ôteront rien à la signification du tournoi.


## II


Alors, en cette trompeuse année 1865, l'Europe était ou semblait être en paix. Le travail crédule avait de la confiance et de l'espérance ; le capital, son empereur, ne paraissait point trop sourd à ses prières. Et sans inquiétude, sur la foi des organes officiels, nous nous préparions curieusement et ardemment à la joûte contre l'Allemagne, dont les progrès dans la belle industrie nous étaient surtout annoncés comme prodigieux.

En 1866 l'Allemagne était en feu et l'Europe était en armes ! Nul ne pouvait savoir jusqu'où iraient les choses, et beaucoup de raisons s'amassaient pour rendre au moins douteux le rendez-vous pacifique de l'année prochaine. Le travail hésitait, les entreprises languissaient. La certitude leur faisait faute, et l'argent aussi; chacun cherchant à se dégager, c'est triste à dire, au risque même de sa promesse violée. Autour de l'Exposition donc naissaient moins d'espérances que de menaces, et c'était sous l'empire des craintes ressenties par tout le monde que, dans le *Siècle* du 13 juillet, nous écrivions les premières lignes suivantes :

La guerre européenne est peut-être venue trancher ici une grosse difficulté. A quelque chose malheur est bon. Les nations en bataille ne cultivent guère les arts de la paix; et si, comme on le dit en haut, l'exposition de l'an prochain est maintenue, il faudra s'attendre à bien des vides. Quelques égoïstes s'en consolent en pensant que les absents profiteront aux présents. D'une part, moins de comparaison, de l'autre, les coudées plus franches.

Grâce, en effet, à des dispositions qu'on ne nous a jamais données à juger, il était à peu près reconnu que le solennel palais serait trop petit. De là des éliminations forcées, de là aussi des récriminations fondées. Puis, chose encore plus grave, certains qui avaient été acceptés parlaient de se retirer, faute d'un emplacement honorable. On ne plie pas, en effet, les meubles comme des étoffes; on ne diminue pas la pierre, on ne restreint pas le bronze. Fallait-il donc voir de grands industriels exposer par images et concourir sur épreuves photographiques ? Ces mécontents, dit-on, auraient fait place à d'autres ; mais les autres les eussent-ils valus? Eussent-ils même été tous ceux qui le voulaient et le méritaient ? Fâcheuse impasse ! Les déplaisirs étaient réciproques, au reste ; on nous l'a dit, et de bon cœur nous l'avons cru. On était peiné de faire de la peine!.. La Commission ne dormait pas sur un lit de roses!.. Sans doute, mais elle a voulu être responsable, et elle l'est. Puisque d'elle tout part, il faut bien aussi que tout lui revienne. Pour le moment, ce n'était pas des bénédictions. N'est-il point vraiment bizarre que des hommes d'élite, si distingués quand ils sont seuls, fassent si malheureusement quand ils sont réunis?

Donc le Palais eût été trop petit. Et pourquoi trop petit, puisqu'on avait le Champ de Mars ? Cet immense terrain de manœuvres mesurait assurément bien près de *cinquante hectares*, ou 500,000 mètres ; quelle nécessité de n'en prendre que le tiers, et pas même, pour le bâtiment? De ce tiers ôtez les issues, les passages, les couloirs, la plantation centrale et le promenoir circulaire, resteront environ 120,000 mètres pour mettre à couvert les produits choisis de l'univers entier! Voilà qui est faible, en vérité, surtout venant après trois expériences. Londres, en 1851, avait donné 90,000 mètres environ, et c'était la première fois : eût-il donc été insensé, la quatrième, de doubler le terrain de la première ?

Les plus simples lois de la progression le voulaient. L'histoire des expositions était là depuis 1798, et leur échelle aussi. Il ne fallait pas tout admettre, évidemment, il ne fallait pas non plus s'exposer à refuser de grandes choses. Mais quoi ! le mal était fait : « les marchés sont passés, » répondait la Commission quand on lui proposait, pour ne désespérer injustement personne, d'enclore les sept galeries par une huitième; *c'est une affaire réglée.*

Voyons-la donc telle qu'elle est, cette affaire, avec ses avantages et ses inconvénients.

Le Palais premièrement. Il s'élève au milieu du Champ de
Mars, couvrant de son cirque allongé 14 hect. 65 ares 88 c.,
soit 146,588 mètres, ce qui lui donne de pourtour bien près
d'un kilomètre et demi. Longue de 490 mètres, large de 380,
sa surface se compose de deux demi-cercles ayant 190 mètres
de rayon, réunis par un rectangle de 380 mètres sur 110.
C'est d'apparence assez spacieuse ; mais ce n'est qu'une apparence, parce que, contrairement aux habitudes spéciales,
l'édifice est tout en rez-de-chaussée, ses auteurs, hommes
apparemment sans jambes, ayant jugé que les visiteurs devaient avoir horreur des montées. Les fonctionnaires à parti
pris prêtent volontiers au bon public des naïvetés charmantes.
Ainsi, parmi les arguments qu'on a fait valoir contre une construction permanente pouvant servir aux expositions futures,
nous avons remarqué celui-ci : que « beaucoup n'iraient pas
voir les produits, ayant déjà vu le bâtiment. » Où en seraient
les théâtres à ce compte, et pourquoi fait-on l'Opéra?

Quatre entrées principales, correspondant aux extrémités
des deux axes, donnent accès dans la construction : l'une
d'elles est l'entrée d'honneur et regarde le pont d'Iéna. Par
cette entrée d'honneur on pénètre dans une nef, ou plutôt
un vestibule, large de 15 mètres, haut de 25. Des proportions
relativement raisonnables. Vous marchez quelque temps,
ayant d'un côté la France et de l'autre l'Angleterre, puis
vous arrivez à un jardin central, long de 166 mètres, autour
duquel se découpe un portique. Ce portique, qui est comme
le cœur de cette architecture, nous montrera, dit-on, l'histoire ancienne du travail en une sorte de musée rétrospectif
de l'industrie des premiers hommes. Derrière le portique commence le régime rubané de l'édifice. Figurez-vous, si vous
pouvez, et comme l'a très-bien dit M. Henri de Parville, un
damier oblong, arrondi, sans coins ; une table de Pythagore à
double entrée, les cases transversales devenant circulaires
et les longitudinales rayonnant. Cet intérieur comprend sept

galeries qui tournent et seize voies qui les traversent. Nous dirons indifféremment *cercles* ou *galeries*. La première galerie, en partant du centre, a 15 mètres de large sur 7<sup>m</sup>,50 de haut. Elle est destinée à l'exhibition des œuvres d'art : peinture, sculpture, architecture et gravure universelles. Le visiteur ayant fini de parcourir celle-ci se retrouvera naturellement à son point de départ, et quelques pas faits dans la première voie rayonnante venue le porteront sur le circuit du second cercle, et ainsi de suite, en élargissant progressivement les ceintures.

La seconde galerie, plus étendue donc que la première, se composera du groupe des arts libéraux : imprimerie, librairie, dessin et plastique appliqués aux arts usuels; photographie, musique, art médical, instruments de précision, géographie, cosmographie, etc.

La troisième, enceignant la seconde, contiendra le mobilier et tous ses accessoires, y compris l'horlogerie et même la parfumerie, à cause, sans doute, des flacons et des pots qui la renferment.

La quatrième, de plus en plus s'allongeant, donnera le couvert au vêtement et à tous ses éléments. On y verra aussi les innombrables objets portatifs de secours, de parure ou de défense de la personne : joyaux, bijoux, armes, ustensiles de voyage et de campement ; ceux d'amusement même, grands et petits, les jeux et les jouets : la moitié pour le moins du travail humain.

Le cinquième groupe, qui est immense, occupera la cinquième galerie. Il renfermera les produits bruts et ouvrés de toutes les industries extractives dans les trois règnes, animal, végétal, minéral, sur terre et sous terre, à même des airs, à même des eaux.

Ces quatre zones, 2<sup>e</sup>, 3<sup>e</sup>, 4<sup>e</sup> et 5<sup>e</sup>, n'auront que cinq mètres de passage, de même que les voies rayonnantes qui les couperont. Ce sera comme un réseau de rues dans lesquelles le public marchera. Les exposants disposeront des espaces qui s'y trouveront circonscrits. C'est donc beaucoup faire, je crois, que de porter ceux-ci à 120,000 mètres, au lieu de 180,000 qu'il aurait fallu.

La sixième galerie, d'une construction particulière, ira s'adosser à un mur circulaire en briques qui la séparera de l'extérieure ou septième. Elle n'aura pas moins de 35 mètres de haut sur 25 de large, et sa toiture dominera l'ensemble comme une bordure grandiose. Consacrée au groupe des instruments et procédés des arts usuels, elle contiendra toutes les machines qui ont besoin d'abri, et de plus les plans et modèles en relief, les matériaux à construire, la serrurerie, la menuiserie, la carrosserie, le matériel des chemins de fer, la télégraphie, etc., etc. Nous regretterons probablement que la serrurerie fine, cette bijouterie du fer, soit allée se perdre parmi tant d'immensités.

Enfin, en dehors et autour du vaisseau, adjoint à un promenoir couvert de 1,400 mètres, s'ouvrant sur les beautés promises d'un parc anglais, se développera le septième groupe, qui est celui des aliments solides et liquides, frais ou conservés, à tous les degrés possibles de préparation. Plus heureux qu'à Londres, nos vins ici auront des caves et pourront être goûtés bien portants. On ne les mettra pas, espérons-le, à sac et à mort comme en 1862, où ce fut vraiment un scandale.

Cette infinie section septième aura des côtés amusants. Les boulangers boulangeront, les pâtissiers pâtisseront; il y aura des laboratoires de distillateurs et de confiseurs, de limonadiers et de glaciers. Les traiteurs feront la cuisine; bouchers et charcutiers dépèceront et manipuleront. Et toutes ces industries en action prendront part au concours, aspireront aux récompenses; et le public, dégustant sur place mets et boissons, nourriture et friandises, sera un grand jury préparatoire dont l'autre jury constatera et contrôlera l'opinion. Le

tout en payant, bien entendu, à moins de largesses particulières.

La Commission avait conçu un assez joli projet : c'était de
convoquer là, disait-elle, les mets nationaux et les boissons
caractéristiques, faire concourir le lait de jument et le kwass,
les nageoires de requin et le couscoussou, offrir à déjeuner
en Angleterre, en Russie, en Turquie, à dîner en Allemagne,
en Espagne, en Italie, en Australie, en Chine. Ces belles
choses-là sont faciles à imaginer. Les réalisera-t-on? Nous
verrons bien.

Six mètres seulement de hauteur sont donnés à cette fron-
tière culinaire, sur une profondeur à peu près double.

Donc, et je crois que le lecteur se l'explique bien, en parcourant les sept zones dans leur complète étendue, on passera en revue fatale les industries similaires de tous les peuples exposants, ce qui sera nombreux, fatigant et impossible
peut-être à la longue : tandis qu'en longeant successivement
les seize voies rayonnantes, le visiteur pourra jouir de l'exposition collective de chaque pays. Chacun choisira, et pour
brave nous tiendrons celui qui, sans y être obligé comme
nous, parfera de bout en bout les deux épreuves!

Indépendamment des éléments actifs d'exposition dont il
vient d'être parlé, restaurants, buffets, buvettes et ce qui
s'ensuit, la Commission entend admettre au concours les procédés de chauffage et d'éclairage y afférents, comme aussi
l'installation et le matériel des vestiaires, lieux d'aisances,
bains froids et chauds; de même enfin que tous les matériaux
qui, au lieu d'être simplement apportés, pourront entrer dans
la construction, la décoration ou les accessoires du bâtiment.
Là-dessus nous n'avons qu'à féliciter les commissaires pour
leur bonne entente des détails et leur splendide *économie*
sur le tout. Notre critique aura bien assez à s'exercer sans
cela.

Voilà donc à peu près le *Palais* proprement dit, construc-

tion utile certainement, mais insuffisante, ne gagnant peut-
être point par la pratique assez de ce qu'elle perd complète-
ment par le style, sans majesté, sans grandeur, humble,
mesquine, tenant de la serre et du marché, ne se donnant
pas la peine d'être belle ni bien faite parce qu'elle sait qu'elle
durera peu, sans prétention, sans ambition, laissant, comme
une halle bien élevée, le haut du pavé à l'École militaire.
Pauvre Amédée Couder, malheureux homme de génie ! vous
qui aviez dessiné pour la France un palais du travail et de
la paix magnifique, olympien, superbe, qu'en dit votre grande
ombre quand elle passe ?

## III

Six semaines après il faisait déjà plus clair, et le 31 août il
nous était permis de continuer en ces termes :

La question a fait un grand pas depuis deux mois. Elle est
à peu près résolue. Ceux qui ne croient jamais exceptés,
tout le monde à présent croit à l'Exposition de l'année prochaine. Nous n'avons pas eu à changer d'opinion sur ce
point, ayant été de ceux qui croyaient toujours. On n'ajourne
guère, à notre avis, ces rendez-vous énormes d'amours-propres en l'air et de millions aventurés. Qui se sent trop empêché n'y vient pas, et tout est dit : on n'en jouit et n'en
délibère pas moins du reste. Beaucoup même ne se doutent
pas qu'il y manque quelqu'un.

La Russie, l'Angleterre et la France se battaient en 1855 ;
qu'est-il arrivé ? La Russie s'est abstenue, et il n'en a été que
cela. Sa présence à Londres sept ans après y aura peut-être
gagné. Sept ans, c'est la période cabalistique et sacrée : tous

les sept ans, dit-on, le corps humain se renouvelle ; pourquoi pas l'industrie des Russes ?

. . . . . . . . . . . .

. . . . . . . . . . .

. . . . . . . . .

Voici donc ce nouveau grand massacre interrompu, et 1867 se passera dans l'armistice : de part et d'autre supputant ses frais, pansant ses plaies et enterrant ses morts. Si les torches se rallument , ce qu'à Dieu ne plaise , tout Dieu des armées qu'on le fasse ! ce sera en 1868 ou 1869. On est à bout de moyens et d'engins, pour le moment; sans compter les hommes, qui ne comptent jamais. Et la guerre a sa curiosité comme les consommateurs pacifiques; elle est aise de savoir si l'art du meurtre et de la balistique aura encore trouvé mieux que le canon rayé et le fusil à aiguille. C'est important. Tuer vite et tuer beaucoup, n'est-ce point être dans la civilisation ?

Cependant il y aurait peut-être de l'ambition à compter sur le 1er avril pour l'ouverture exacte. Premier avril, poisson d'avril, ont déjà dit les plaisants. Nous ouvrons rarement au jour annoncé : nous ne sommes pas des Anglais. Notre exactitude a pour emblème le barbarisme de nos affiches : « *Incessamment* l'ouverture. » Donc accordons-nous trente jours de grâce, et disons que le 1er mai 1867, *sans remise*, Paris fera assister l'univers au plus grand congrès présumé de l'activité humaine. Spectacle immense, en effet ; argumentation magnifique : quatrième plaidoyer cosmopolite de la paix contre la guerre! Celui-ci sera-t-il encore perdu comme ceux qui l'ont précédé ? L'homme s'aimera-t-il toujours mieux détruisant que produisant ? Il faudra en revenir, n'est-ce pas ? de cette erreur monstrueuse, et s'apercevoir que, sous les ponts glorieux jetés par la victoire, ce qui coule est du sang, ni plus ni moins. Pour aller de peuple à

peuple, les idées, ce me semble, doivent pouvoir prendre des
chemins plus doux.

D'ici à ce 1er mai attendons-nous, quoi qu'il en soit, à un
souverain effort dans les dévorants travaux de la ville. Jusqu'ici on avait abattu, maintenant l'on va raser. Quelques
Prudhommes auraient même voulu que le Paris transformé
fût achevé en ce grand jour et pût s'exposer en personne aux
deux mondes éblouis ; mais, d'après ce qu'en dit Louft, et il
sait ce qu'il dit, la tâche est pour durer quelque temps encore. Nous la croyons au reste suffisamment avancée pour
donner une forte berlue à ceux qui ne seront pas venus depuis 1855. Tout à peu près aura changé de lieu, de nom,
d'esprit et de prix. En douze ans, c'est déjà honnête !

Mais laissons cette question se traduire à son heure en
notes d'hôtels, courses de fiacres et déficit de budgets. Sûre
désormais du lendemain, l'industrie aussi va redoubler d'efforts. Il faut, n'en fût-il plus, qu'elle montre du nouveau.
Comme forme, le temps n'y est guère : un règne de copistes
et de pillards. Comme moyens d'action, on est allé jusqu'à
dépasser le raisonnable. C'est prodigieux : tout à l'heure les
machines nous dispenseront de penser ! Reste le « bon marché, » qui est vraiment la grosse affaire. Faire beau à bon
marché, voilà le rêve maintenant et le but poursuivi. Par
ainsi le fabricant s'approchera beaucoup de la nature, qui
fait parfait et donne pour rien ! Cet idéal est d'ambition
noble, si pour l'atteindre on consent que l'ouvrier puisse
manger ; autrement l'une des deux conditions tuera l'autre
longtemps encore. Il est entendu que beauté ici implique
qualité : mauvaise marchandise n'est jamais belle.

Nous verrons bien ! et nous verrons beaucoup, car on nous
promet des tours de force innombrables. C'est pourquoi de
plus en plus j'entends crier du Palais qu'il sera trop petit, indépendamment de son aspect d'usine à gaz, comme l'a constaté une bouche auguste. De l'aveu même des amis de la

maison, « la place manquera dans toutes les classes. » Personne, disent-ils, ne s'y attendait ! — Tout le monde, voulez-vous dire, excepté les distributeurs. — Que faire ? Ce qu'on a fait, hélas! Sacrifier les nouveaux aux anciens. Écarter les jeunes, c'est-à-dire précisément ceux qui cherchent et qui trouvent, et qu'il faudrait connaître, et qui demandent à être connus ! Les vieux ont leur gloire et leur fortune faites; et d'ailleurs que nous donneront-ils qu'on ne sache déjà, cinq ou six exceptés?

Nous ne reviendrons plus sur ce fait très et trop accompli. Disons en passant qu'on nous signale un jeune architecte de Paris, M. Leroux, homme de talent, lequel, paraît-il, avait imaginé un palais de construction pour ainsi dire élastique, pouvant, à volonté, être multiplié par annexions. Ce palais, tout en fer, se démontait ; et, l'exposition finie, on eût, sur ses morceaux, fourni bon nombre de villes d'inusables marchés, du genre des halles centrales, qui sont une réussite.

En outre, la chose eût coûté 6 millions de moins que l'édifice actuel ; ce qui, devant la maigreur du crédit demandé et obtenu, aurait empêché la France de mettre inhospitalièrement tant de dépenses à la charge des exposants de tous les pays. Mais, par un malheur rare, M. Leroux est modeste et timide ; il n'a parlé de son projet qu'à un petit nombre d'amis : l'idée a péri enterrée sous leur discrétion, et le Palais de l'Exposition de 1867 suivra sa destinée probable, qui est d'être déchiré un jour par les Auvergnats, au profit des Auvergnats. Six mois panthéon, et puis à la ferraille ! Qu'en auraient dit les Grecs, ces faiseurs d'éternités?

Passons maintenant aux arrangements intérieurs, et d'abord en ce qui touche plus spécialement les produits français. La Commission, en bonne mère, leur a fait la part nationale du lion, 62,000 mètres, ce qui veut dire à peu près la moitié du total; et pour la distribution de cet espace, petit, bien qu'il semble grand, elle s'en est très-largement rapportée aux comités d'admission. Ces comités sont donc à peu près souverains, et nous avons lieu de croire que leur composition justifie l'importance de leurs attributions. Sauf de rares exceptions, ce qu'ils avaient décidé a été maintenu. A eux donc la responsabilité du choix des producteurs et des produits. A eux aussi le mérite ou le blâme de l'installation ; en attendant que, conséquemment et définitivement sans doute, leur incombe la justification des récompenses, car nous ne voyons guère dans quel autre personnel on pourrait désormais chercher et former un jury. En ceci la Commission s'est montrée très-adroite et bien renseignée. Les hommes qu'elle a désignés la soulagent, outre qu'ils étaient peut-être les meilleurs à prendre. Selon nous, les radicaux, il eût été préférable de faire élire ces conseils par les prétendants à l'Exposition, au lieu de ce qui signifie l'inverse, c'est-à-dire les exposants nommés par les conseils. Mais notre avis n'est plus de ceux que l'on demande. On n'en est pas encore, d'ailleurs, à une généralisation si pratique du suffrage universel, et nous n'hésiterons guère à reconnaître que les essais tentés dans ce genre n'ont pas considérablement réussi. Cependant c'est là une raison faible : et parce que des jurés élus ont profité jadis de l'élection pour se décerner des médailles d'or, parce que des peintres et des sculpteurs récompensés déjà n'ont point su une fois trouver deux d'entre eux plus dignes que les autres du prix d'honneur, le principe n'en reste pas moins le seul juste et le seul vrai. Les commencements d'une éducation admettent toujours quelques enfantillages. Si les peuples, à ce qu'on dit, ne comptent qu'une année par siècle, nous ne sommes pas encore tout à fait vieux, ni même majeurs, selon le code Napoléon.

Ces réserves acceptées, personne plus que nous ne veut rendre justice à l'action savante et laborieuse des comités. Ils ont fait tout ce qu'ils pouvaient, ne venant pas de source plus libre. Sauf leurs victimes, chacun s'accorde à trouver que leur institution est une chose bonne, progressive, très-supérieure à l'ancien esprit de cotorie, de préférence et de protection. A la bonne heure! Mais pourquoi si peu de sympathie pour les jeunes? Pourquoi tant d'éloignement pour les pauvres? Les grands, hélas! ne veulent donc des petits que pour les manger?

Chaque comité est absolument investi de l'installation de sa classe. Il y a quatre-vingt-quinze classes. Cela fait bien des hommes et représente bien des goûts. Cependant, si les conséquences en étaient moins dispendieuses, nous approuverions fort cette décision de la Commission. Les exposants eux-mêmes entendent mal l'installation par ensemble : chacun pense trop à son produit et trop peu au produit de son frère. Ajoutons que, livrées à la fantaisie individuelle, certaines exhibitions eussent couru parfois et atteint même le risque d'un ridicule transcendant.

Les comités pouvaient donc beaucoup mieux résoudre la question harmonique, et organiser, comme on l'a déjà dit, « la diversité pittoresque des classes par l'uniformité décorative de chacune. » Aussi ont-ils agi avec pleine autorité. Les exposants, consultés simplement pour les détails, se sont engagés à payer ce qu'on leur demanderait. Ceux de goûts somptueux y gagneront sans doute, à cause du bon marché relatif qui résulte toujours d'une exécution collective. Les autres se plaindront, mais à quoi bon? Un exposant français ressemble à la France, il doit être assez riche pour payer sa gloire.

Donnons une idée de l'arrangement général.

Selon l'image originale de M. Paul Dalloz, nous dirons que la coupe du Palais représente une moitié d'orange tranchée par le travers et légèrement aplatie sur deux de ses côtés. Chaque section, ou *quartier*, aura trente mètres de longueur en moyenne sur vingt-trois de large, et sera coupée en deux ou quatre, selon l'espèce, par de grandes cloisons s'attachant d'une part aux fermes et de l'autre aux sablières de l'édifice.

Des vitrines simples ou doubles garniront ces coupures : nous disons *vitrines*, d'après l'usage, et faute de mieux, puisqu'il y en aura beaucoup qui ne seront pas *vitrées*. Uniformes, nous le répétons, de matière, de grandeur et d'architecture pour chaque classe. Des *velums*, qu'on assure être très-convenables, s'étendront en plafonds sur les cloisons. De sorte qu'en réalité l'Exposition se composera d'une multitude de *salons*, petits quant à l'étendue générale de la construction, mais très-vastes quant aux dimensions usuelles.

Certains grands magasins de nouveautés offrent des dispositions analogues. L'exposition dernière de l'Union centrale des beaux-arts appliqués à l'industrie n'en était pas éloignée. Il eût mieux valu peut-être laisser le jour libre au-dessus des vitrines. Ces couvertures seront des assombrissements. L'œil du promeneur aurait été réjoui de perspectives plus aériennes, donnant à l'ensemble un amusement et une grandeur dont celles-ci le priveront. Mais ce qui est dit est dit, et pour être d'un comité rien ne vous force à aimer la lumière. On aura le haut et beau circuit des machines pour se dédommager.

Indépendamment des salons très-sérieux que voici, les diverses classes adjacentes seront tenues d'orner les carrefours de pavillons. Un carrefour s'entend de la jonction des voies circulaires avec les voies rayonnantes : figurez-vous toujours la moitié de l'orange, et ayez recours, pour mieux voir, à la description du Palais. Les quatre salons qui formeront le carrefour seront à pans coupés et laisseront entre eux comme un parvis : dans ce parvis devra s'établir un pavillon percé de grandes portes permettant d'apercevoir la verdure peu touffue du promenoir central. Ce pavillon, emplacement recherché, recevrait au besoin des vitrines en rapport avec les classes avoisinantes.

Puis à tout cela s'ajouteront des installations qui promettent d'être brillantes. Les nôtres d'abord, par charité bien ordonnée. Celle de la classe 6 : *Imprimerie, Librairie, Lithographie, Estampes*, est confiée à M. Best et à M. Breton, un artiste et un administrateur. En chêne massif, avec cadres dorés ; style de la renaissance allemande, l'imprimerie étant de naissance germanique; les noms des exposants sculptés en lettres monumentales dans des bandeaux noirs.

Celle de la classe 16 : *Cristaux, Verrerie de luxe et Vitraux*, à M. Bontemps, de Choisy, notre très-grande gloire du verre ; la décoration, de style Henri II, sous le commandement de M. Brouilhony, architecte.

A M. Brouilhony également l'installation de la classe suivante, *Porcelaines, Faïences et autres poteries de luxe*. Étagères Louis XIII en vieux chêne, avec parties noires ; gradins en velours. Le nom de l'exposant émaillé au feu sur une plaque faite au goût de chacun et incrustée dans son panneau. Table de milieu avec dais à pilastres carrés et corniches à double face  Parquet ou pavé faisant partie de l'Exposition elle-même, en mosaïques d'invention nouvelle, très-jolies, très-solides et à bon marché. C'est en achevant trop tard de poser toutes ces belles histoires que les menuisiers devaient casser à notre maître Pull deux ou trois chefs-d'œuvre sans prix.

Les bronzes, l'orfévrerie, l'horlogerie ont résolu d'être splendides. Où la France est reine, on lui doit bien un palais. Un mot en passant sur cette belle horlogerie, qui compose la classe 23.

Son exposition paraît, disions-nous, devoir, au moins quant au nombre, surpasser les précédentes. Pourquoi le talent lui ferait-il défaut ? Une bonne montre n'est plus une chose très-rare présentement. Joseph Gillion, l'excellent frère que nous avons perdu, commençait à croire aux vraies horloges. Alexandre Schafer est sûr que nous avons des chronomètres.

Il faut seulement savoir où les prendre: Les délégués ont voulu le savoir, et n'ont pas dédaigné de faire à Paris l'ascension des mansardes. Les riches marchands du Palais-Royal et des boulevards offraient de payer des places grandes comme leurs boutiques; on a refusé ces Grecs et leurs présents pour donner des cases de vingt-cinq centimètres à des mécaniciens de précision, très-savants et conséquemment très-pauvres. Produire et vendre font deux. Science et négoce ne sont pas encore unis, quoi que souhaite et dise si poliment l'honorable M. Louvet, président du tribunal de commerce de la Seine. Ce qui sera n'empêche pas ce qui est. Grâce à M. Borrel, dont la mission désintéressée a tenu bon contre toutes les suggestions, il va nous être donné des Bréguet, des Leroy, des Jacob inconnus. Nous acceptons joyeusement la nouvelle, sauf à en rabattre, le jour venu. C'est assez rare, le génie. Sans compter que le *commerce* n'en veut guère; il faudrait le payer!

On a fait à Besançon comme à Paris. Besançon aujourd'hui est une grande fabrique. La *garantie* y contrôlait 50,000 montres en 1840; 1865 en a vu passer 300,000, dont seulement 3,000 pour l'étranger. Les montres françaises sont donc presque toutes dans nos poches, et n'en valent ni plus ni moins pour cela. Mais, bien que les portant, nous les ignorions. Nous vivions, et Paris aussi, dans l'erreur que les Francs-Comtois vont emprunter aux Suisses les détails de leur fabrication horlogère, tandis que, pour un très-haut chiffre, c'est le contraire qui se pratique. Voilà le fruit des marques anonymes, et autres lâchetés auxquelles les marchands obligent le producteur asservi. On renie sa naissance et soi-même pour quelques centimes de haute paye. M. Savoye, qui est un fabricant bizontin, et qui s'en fait gloire, n'a plus voulu de cet abus impie. L'Exposition de 1867 aidant, il a entrepris de mettre en lumière l'œuvre courageuse et méritoire des montagnards de la Comté. Cinquante noms nouveaux lui devront leur avénement, que le commerce en grogne ou pas.

La moitié de l'année, le paysan du Doubs est horloger. Quatre mois durant, sa demeure est sous la neige. Et si, conduit par la fumée qui çà et là s'élève des toits ensevelis, on pouvait, comme l'étudiant de Lesage, regarder à travers, on verrait, aux lampes de cette nuit éternelle, fonctionner infatigablement la lime et le balancier. Chaque famille s'occupe d'un seul détail, hommes, femmes, enfants. Il y a des rues d'engrenages, il y a des villages de pignons. Un hameau ne fera que des cylindres. On travaille partout sur commande, à la petite exception près.

La neige fondue et les chemins retrouvés, des envoyés viennent et emportent tout cela pour être assorti, assemblé, monté. En Suisse une partie, en France l'autre. C'est le bagne innocent de la division du travail. C'est l'idéal abrutissant de la spécialité.

Quelques individualités extraordinaires s'y font jour par violence et s'en détachent : 1867 nous les promet.

Cette spécialisation indéfinie de l'ouvrier, admiration des entrepreneurs et des commissionnaires, n'excite point autant l'enthousiasme de M. Sire, directeur de l'école municipale d'horlogerie, fondée enfin à Besançon à la suite de la glorieuse et pluvieuse exposition de 1860. Le discours prononcé par lui, lors de la distribution des prix de 1865, première après quatre ans, s'explique nettement sur la question. S'il n'est pas de branche de l'industrie où, plus que pour l'horlogerie, la division du travail soit utile, il n'en est pas aussi où elle soit plus dangereuse. L'horlogerie, en effet, est un art de précision ; par la spécialisation, on l'a abaissée au niveau d'un métier vulgaire. C'était le grand échec. La concentration de l'habileté et de la force d'un homme sur un seul point finira, on n'en doute pas, par donner à son travail une célérité et une certitude inouïes ; « mais ce qui, au début, était une action voulue sera à la longue transformé en action instinctive, puis en action mécanique, » de cet homme donc vous aurez fait une machine sans jugement, et par conséquent sans responsabilité. Or, outre que ceci aura été tout simplement un attentat, qui trouverez-vous et donnerez-vous, le cas échéant, pour réparer l'ensemble dont votre utile machine ne connaitra qu'une partie?

Et si cette considération vous touche peu, songez-vous au moins que, par votre tendance immodérée à réduire l'intelligence et les salaires, vous en viendrez peu à peu à fabriquer des produits inqualifiables? La raison, qui fait votre châtiment juste, c'est que l'homme devenu machine est la plus mauvaise de toutes. Quand vous la forcez, la nature se venge. Certains maîtres de maison ont besoin qu'on leur rappelle. cette loi.

Ayez donc des spécialistès, mais qu'ils soient horlogers d'abord. Chacun prendra du mécanisme la partie qu'il aimera le mieux à faire, mais il les connaîtra toutes. Et sachant qu'elles ont entre elles des rapports intimes, il donnera à celle qu'il aura choisie, tantôt l'une, tantôt l'autre, une raison d'être, une valeur, une vie dont vos pauvres brutes envoûtées ne se douteront jamais.

Des écoles, mes frères! Le salut public est là.

M. Teston est chargé d'installer les produits de notre Algérie. Ici l'Afrique existera pour le visiteur, ressemblante et vivante. Les entrées de salon seront de grandes portes rustiques, faites de palmier et autres arbres apportés tout entiers. Au pied, des trophées de produits naturels : végétaux, animaux, minéraux. Deux vastes pavillons, contenant chacun quatre boutiques exactement copiées, montreront huit ouvriers indigènes en costume, qui travailleront de leur état. Trois grandes toiles de treize mètres sur six décoreront l'une des salles. Elles auront pour sujets une *Oasis arabe*, le *Tra-*

*vail aux champs en Afrique avant la conquête*, et une *Ferme moderne exploitée par les colons*. Un an plus tard, horreur et honte ! malgré trente-huit ans d'or et de sang versés, il aurait fallu peindre sur ces toiles des scènes de famine et d'anthropophagie !

La classe 28 : *Fils et tissus de lin et de chanvre*, a pour organisateurs M. Varin et M. Casse. Décoration en chêne, dans le style flamand (c'était de droit), renaissance dite Devriès, pilastres carrés sculptés, consoles à refouillements, panneaux et tablettes saillantes. Lille dans une vitrine octogone, au milieu de laquelle, sur un fût tronqué, le buste en marbre de l'inventeur de la filature mécanique du lin, Philippe de Girard (de Vaucluse), noble descendant des héroïques Vaudois, poëte, peintre, ingénieur, fondateur de villes, trouveur et créateur infatigable dans la chimie, dans la mécanique, dans la physique, *maréchal de l'industrie mort sur la brèche*, disait de lui notre Arago.... Et mort plein de malheurs, hélas! sans même la croix d'honneur de tout le monde sur son cercueil ; quoiqu'il eût gagné et bien gagné le prix d'un million à l'inventeur *quelconque* d'une machine à filer et tisser le lin, million décrété impérialement, selon insertion au *Moniteur* du 12 mai 1810, mais qui ne fut jamais payé à Girard, pas plus que celui du sucre de betteraves à Crespel Delisse, un autre illustre mort ruiné, ô déception éternelle de nos promesses en baudruche ! Ce buste, qui peut-être même n'y sera pas ou ne ressemblera pas, et l'inscription en bronze des lignes humbles et fières que Girard écrivit à l'Empereur pour lui notifier sa découverte : « Quand Votre Majesté proposait un prix à l'Europe, elle ordonnait à un Français de le mériter ; » voilà tout ce que le grand homme en aura eu ! Qu'ils sont bien mieux inspirés ceux qui n'inventent rien, et sagement labourent sur la folle invention d'autrui ! M. Casse, par exemple, l'exposant colosse, propriétaire de l'usine de Fives, laquelle couvre quatre hectares, et occupe quatre mille ouvriers. Indigence et génie, sera-ce donc toujours la paire ? Il avait donc raison cet Anglais disant à Gall : « Si je savais où est l'organe de l'invention, je l'arracherais de la tête de mon fils. »

La classe 33 : *Dentelles, tulles, broderies et passementeries*, n'affectera pas moins de richesse. Style renaissance flamande. Grandes armoires en chêne massif, avec portes en fer encadrant des glaces fastueuses. Frontons uniformes reliés par une galerie découpée.

Superbe aussi la section du *Vêtement*. M. Dusautoy, l'organisateur, a royalement choisi M. Leroux pour architecte. Bois de poirier noirci à moulures, avec or et peintures en rehaussement. Style renaissance grecque. Séparation en colonnettes avec agréments sculptés : un très-grand goût. Porte monumentale sur le vestibule, en face de notre dangereuse rivale l'Angleterre.

Deux palais noir et or pour les *Cuirs et peaux* ; un salon gothique pour les armes ; un boudoir pour la parfumerie ; et dans un quadrangle beau comme le Louvre, les trois manufactures impériales : Sèvres, les Gobelins et Beauvais.

Enfin la classe 26, du petit meuble et de la tabletterie, cet *Article Paris*, perpétuel étonnement de l'univers, production pétulante et petillante, sans cesse s'en allant et revenant, toujours charmante, jamais la même, poésie légère et petit journalisme de l'industrie française ; la classe des Pingot, des Schloss, des Sormani, des Tahan, des Diehl, des Germain, aura des arrangements jolis comme elle. Installation simple et sobre, en chêne à panneaux saillants, avec portes en fer à filets d'or ; les noms en lettres sculptées et dorées, sur bois poli imitant le marbre noir.

La classe 28 : *Appareils de chauffage et d'éclairage*, est encore un de ces champs industriels où s'adonnent et se passionnent le plus ceux qui veulent l'utile sur toutes choses et dans toutes choses. L'art, conduite de gaz ; l'art, tuyau de poêle; l'art, fourneau. L'art, chaudron. Plus de statues qui ne soient des torchères. Plus de peintures qui ne fassent panneau, portière ou paravent. Ces hommes-là devaient être fous des tableaux-horloges. Pour eux, les beaux-arts n'ont qu'un but : l'application aux usages de la vie. Michel-Ange ne sert que sur les pendules. Depuis qu'il n'y a plus de tabatières, Raphaël ne sert plus.

Voici leur raisonnement : « En quoi, s'il vous plaît, une belle statuette servant de colonne à un lustre sera-t-elle moins belle, parce qu'il lui passera un tuyau à gaz dans le corps, que si elle restait à ne rien faire sur son piédestal? — L'un n'empêche pas l'autre, répondrez-vous. — Si fait; car si tous les objets *utiles* de mon logis sont ainsi des merveilles de goût et d'art, comment sans abus en mettre encore sur mes meubles ? » C'est spécieux.

Et la musique, à ce compte, à quoi servira-t-elle? A sonner les heures, apparemment.

Si on utilisait toujours un beau modèle sans le faire déchoir, à la bonne heure ! Mais fabrication veut souvent dire contorsion et mutilation : demandez aux modeleurs.

Quoi qu'il en soit, voici une classe qui a réalisé des progrès en toute sorte, genre, emploi, mécanisme, formes. Nos lampes, quoique imparfaites, peuvent être déjà des objets d'art; les plus grands noms de la céramique et du bronze s'en mettent. Colonnes si maigres en fer-blanc moiré, qui suffisiez à nos pères, qu'elle serait pauvre votre figure devant les chinoiseries royales du magicien contrefacteur Lebourg ! *Carcel* et *modérateur* modifiés, voilà les deux systèmes autour desquels l'éclairage à l'huile gravite, portatif ou suspendu. Gagneau, Hadrot, Schlossmacher, le premier de tous, Renard, Chabrié, Descolle, en seront. Une multitude. Chacun avec ses modèles, ses types, ses avantages, et ses brevets surtout. Que de brevets! Les lampes et les lustres à gaz ont fait aussi leur chemin dans l'installation sobre et noble

comme dans la profusion éblouissante et criante. On verra
s'éteindre, j'espère, pour ne jamais revenir, les odieux boyaux
en forme de lyre démontée qui, depuis vingt-cinq ans, dans
les cafés, taquinent et désespèrent l'œil honnête du consommateur. Nous sommes à peu près tranquilles à cet égard,
puisque M. Goëlzer exposera : celui-là n'est pas pour les
formes bêtes. Le pétrole, permanente terreur d'incendie, a
provoqué des inventions spéciales. On nous promet la suppression de son danger, et celle plus difficile de sa mauvaise
odeur. M. Marmet, de Nevers, s'en est chargé, et le prouve,
dit-il, par cent lampes vendues tous les jours depuis trois ans.
Il faudra flairer la chose allumée. Succès n'est pas démonstration.

Ceci est pour l'éclairage. Le chauffage sera manifesté par
l'immense et multiple exposition de la société Bouillon-
Muller; buanderie, hydrothérapie et ventilation pour hôtels,
casernes, hôpitaux, écoles : des appareils qui sont des mondes.
On parle aussi de M. Baudon, un chauffeur ornemaniste.

Voilà de quoi donner une idée suffisante et favorable des
agencements et aménagements généraux dont l'entreprise
a été confiée à MM. Mazaroz, Vanloo et Haret. Bonne affaire
pour chacun des trois, le simple loyer devant, dit-on, s'élever presque à la valeur du capital. Mais que de risques!

Ajoutons toutefois que l'étranger devait nous laisser bien
loin en fait de distribution intelligente et magnifique des
espaces occupés, particulièrement l'Orient, l'Autriche, la
Suisse, l'Angleterre, l'Italie, la Russie. Nous ne sommes pas
seuls à savoir quelque chose, et l'incroyable campement de
nos grands meubles devait en être la preuve amère.

Un mot maintenant sur la nouveauté qui s'est appelée le
dixième groupe.

## IV

Le dixième groupe avait pour raison d'être les *Objets spécialement exposés en vue d'améliorer la condition physique et morale de la population*. Comme nous ne prétendons marchander ni l'éloge ni le blâme, nous louerons hautement la Commission de l'avoir introduit. Il y a là une pensée pleine d'honneur, de justesse et d'élévation, qui demande et obtient grâce pour bien des petitesses et des misères.

Les expositions, en général, étaient, pour ainsi dire, matérialistes et athées. Elles nous montraient surtout le produit et l'instrument de production, ces choses passives, en appelant l'admiration et provoquant la récompense au seul profit réel du capital. L'artiste et l'artisan, dieux mythologiques du travail, disparaissaient sous-entendus dans la publication et la proclamation du nom de l'homme qui avait eu des écus pour les payer.

A peine les jurys obtenaient-ils parfois un hommage violemment rendu aux humbles génies que, de mauvaise grâce, on avouait pour collaborateurs de l'œuvre. L'argent prenait tout, s'attribuait tout, absorbait tout, renfermait tout. Au point, et cela se voit encore, que médailles et diplômes allaient décorer des marchands, en l'honneur volé d'articles effrontément et misérablement achetés la veille. Les pauvres petits-poucets, leurs auteurs, ne réclamaient pas; ils eussent perdu la pratique de l'Ogre !

La Commission de 1867 a compris que c'était là de mauvaises habitudes à vaincre et une grave lacune à combler. Elle a voulu appeler au concours l'ouvrier producteur en

personne, et placer le faiseur à côté de son fait. Mieux encore,
nous le montrer le faisant.

C'est principalement à ces fins généreuses qu'elle a inventé
le dixième groupe, un chef-d'œuvre d'intention. Il est très-
complexe, ce groupe, et se divise en sept classes, qui vont
philosophiquement du commencement à la fin.

1° La classe 89 devait exposer *le Matériel et les méthodes
de l'enseignement des enfants.* Si tous les pays conviés y
eussent envoyé, il en pouvait sortir des solutions capitales.

2° La classe 90 devait exhiber *les Bibliothèques et le matériel de l'enseignement donné aux adultes dans la famille,
l'atelier, la commune ou la corporation.* C'eût été, non pas
certainement ce qui existe, et qui est si pauvre, mais ce qui
devrait exister. Puisse la montre incomplète que nous avons
vue en faire adopter et consacrer l'usage. Savoir fait si bien
pouvoir !

3° La classe 91 devait donner l'idée et formuler l'expression possible du bien-être coûtant peu d'argent, sous le triple rapport de l'*Aliment,* du *Vêtement* et du *Logement,* trois
conditions qui, d'ordinaire, quand elles coûtent peu, sont
horribles. Qualité mauvaise, façon mauvaise, tout mauvais.
Nourrir aujourd'hui, vêtir et loger suffisamment et sainement, à bon marché et en dignité, l'homme honnête qui vit
de ses mains, voilà, certes, une belle utopie.... La Commission espérait en faire une réalité. Que l'octroi, disions-nous,
les paysans, le fripier, la fruitière et les propriétaires l'exau-
cent !

4° La classe 92, universellement entendue, aurait pu être
une partie très-intéressante du groupe. Les organisateurs s'y
proposaient l'étalage omnicolore, sur mannequins, de *spécimens des costumes populaires des diverses contrées ;* autrement dit, une collection méthodique de l'habillement des
deux sexes, pour tous les âges et pour les professions les

plus caractéristiques en chaque pays. Par malheur, le paletot commence à faire uniforme sur le globe, et la crinoline aussi. En attendant de n'avoir qu'une langue, on commence à n'avoir qu'un chapeau.

5° La classe 93 devait compléter ces échantillons populaires de la vie physique et morale désirable par l'essai d'*Habitations que caractériserait le bon marché uni aux conditions d'hygiène et de bien-être.* La question a paru curieuse en sa philanthropie, et des noms très-augustes comptaient parmi les exposants. Le suffrage universel est une crinière que l'on caresse volontiers.

Mais pour le moment ces cinq classes n'étaient point ce qui nous intéressait le plus. Elles contenaient l'espérance, et nous voulions le fait. Les deux dernières s'approchaient davantage de celui-ci. La 94° nous donnait les *Produits fabriqués individuellement au foyer domestique ou obtenus avec le concours de la famille ou de quelques apprentis;* la 95° et dernière mettait en action cette fabrication elle-même.

Voilà qui serait beau ! Montrer l'homme et son œuvre affranchis de l'*usine,* — un terrible mot : *usine,* qui use ! — Montrer l'ouvrier citoyen et père de famille, dans son expansion, son respect et sa liberté. Faire voir ce que peut le ménage qui travaille, et même ce que peut la solitude. Mettre en comparaison, en mutuels exemples, ces hommes de labeur inconnus les uns aux autres, qui ne se sont jamais vus, qui ne savent rien ni de leurs procédés ni de leur génie réciproques ! Car il était question d'en amener de tous pays, — les commissions ont toujours le projet vaste, sinon la pratique ; — et quel spectacle que tant d'acteurs divers jouant l'universel drame de la production devant le public émerveillé ! Quelle instruction et quelles leçons pour des patrons comme j'en connais, Prométhées de deux sous, persuadés que l'ouvrier est pure matière et ne pourrait rien sans leur esprit !

Mais de ce souhait comme de bien d'autres il a fallu rabattre. Où prendre et comment recruter la grande troupe? A
quels dépens la faire vivre? Où seulement loger ceux qui viennent de loin, par les taux fantastiques qu'on nous présage ?
Ces artistes de la main-d'œuvre ont les ressources petites :
les convier à venir chez nous pour dévorer leurs épargnes,
c'était dur ; appeler leurs contrées à les y entretenir, c'était
peut-être humiliant. Une noble chose eût été que la France
les invitât tous pour donner cette sublime fête à l'univers.
N'est-elle donc plus assez riche ? S'est-elle donc tout à fait
ruinée à gendarmer les Romains et les Mexicains? Avoir table
ouverte et faire payer qui s'y assied, c'est médiocre.

Cependant, rien qu'en prenant chez nous, ne pouvait-on
trouver assez d'attraits? Est-ce qu'un grand nombre n'eussent pas été sensibles au digne et consolant essai d'une manifestation publique de notre ouvrier national, ayant enfin,
lui aussi, le monde entier pour juge, son nom au *Moniteur* et
sur le catalogue Dentu, avec un jury pour l'examiner, le
rapporter et le récompenser? Oui, sans doute : mais il est
pauvre et timide, ce cher travailleur ; il est inquiet et peureux. — Les incapables seuls ont l'insolence et l'aplomb ! —
Il hésite à se déplacer pendant six mois, n'étant pas sûr du
produit de son travail à ciel ouvert. La place coûte gros, et le
reste aussi : la Commission ne donne que la gloire, quand
elle la donne. Et puis cet ouvrier en chambre ne vend point
directement ce qu'il fait; il a ses protecteurs, qui se font
passer pour lui, et qu'il craint de mécontenter en cessant
d'être anonyme. L'amour-propre de ces *maîtres* est si olympien ! Je me souviens de celui qui chassa Vechte un jour,
parce que le grand Vechte demandait à signer ce qu'il avait
fait. Voilà pourquoi tant de bons Français vont en Angleterre ; la fabrique et les commissionnaires ne veulent plus
même toujours leur laisser le nom.

En vertu de ces difficultés multiples, la classe 95, tout au moins, menaçait fort de rester vide. Mais son comité, plein de zèle, a trouvé un moyen terme. Grâces lui en soient rendues ! A force de démarches, de patience, de ménagements, d'arguments, les commissaire, que la Commission bénisse ! sont parvenus à réunir, non tout le programme assurément, mais de quoi faire à la pensée un succès véritable.

Dans la *galerie* des machines, qui est l'unique cercle digne de ce nom, un atelier de six cents mètres allait s'installer, ayant à sa portée vestiaires et cabinets de toilette.

On y compterait cent cinquante travailleurs environ, hommes et femmes, distribués en vingt-neuf divisions : maroquinerie et tabletterie ; plumes, fleurs et parures ; sculpture sur camées et coquilles ; petits meubles d'art ; passementerie ; éventails ; peignes en écaille et en corne ; optique ; petits meubles en laque ; broderies ; dentelles ; sculpture d'ébénisterie ; fleurs en émail ; plomberie martelée ; dessins pour châles ; composition d'imprimerie ; gravure sur bois et autres ; gravure sur cristaux ; chapellerie en tous genres ; tressage de paille ; taillerie de diamants ; souffleurs de verre ; pipes en *écume de mer*, qui est tout bêtement la magnésite de Coulommiers ; tourneurs d'ambre ; tourneurs et sculpteurs sur ivoire ; bijouterie ; vannerie fine ; imitation de perles ; bijouterie en cheveux ; chaussures.

Il y manquerait le repoussé, la mosaïque, le filigrane, le modelage, le moulage, l'horlogerie, etc.

Mais on ne saurait tout avoir. Et que de peines déjà pour ce qu'on aura ! Songez qu'il a fallu découvrir vingt-neuf patrons excellents, gens de bien et de justice, *rari aves*, croyant à l'égalité, au droit pour chaque être, de s'affirmer et de se produire, à l'utilité du relèvement physique et moral des salariés. De plus, il était nécessaire que ces vingt-neuf patrons fussent des hommes dépourvus d'avarice, prêts à subir sans plainte, retour ni recours, chacun sa part, grande ou petite, de la dépense d'une occupation de 600 mètres, installation, décoration, conservation, surveillance et le reste. Sans compter six ou sept mois probablement improductifs du travail de la plupart des ouvriers *exposés*.

On les a trouvés, et ils l'ont fait. C'est splendide. Leur récompense, à eux comme à ceux qui les ont cherchés et réunis, sera dans le bonheur qu'ils auront servi à répandre. Cela fait plaisir à voir et à dire, et nous soulage grandement des égoïsmes d'à côté.

Après tout. personne n'y perdra, c'est probable ; et les installateurs ne resteront pas plus anonymes que les installés.


V


Abordons , pour la règle , le chapitre des réclamations. Elles ont été ce qu'elles devaient être, innombrables. Les unes fondées, d'autres folles.

Prenons seulement deux exemples parmi les premières : *a duobus discite omnes*.

La Commission, sans contredit, s'était donné une tâche difficile. On succombe à moins de soucis. C'est pourquoi donc nous étions disposés à prendre pour bonnes la plupart de ses raisons. Cependant. politique à part, ce pays se meut dans des habitudes et cultive des mœurs qu'il ne faut pas toujours froisser. On n'y aime point superlativement les procédés discrétionnaires ; on tient assez à connaître le *pourquoi* et le *parce que*. C'est un reste d'il y a vingt ans, passez-nous-le.

Ainsi un artiste de Dijon, qui n'est pas le premier venu, M. Emery Dufour, photographe très-justement honoré d'une médaille en 1858, nous écrivait comment, au mois de juin de l'année 1865, un numéro du *Moniteur universel*, qu'il n'avait ni recherché ni sollicité, lui apporta, place Saint-Michel, en

3

sa demeure, tous les renseignements désirables sur la grande exposition prochaine. Il eut, à ce qu'il paraît, le tort de prendre cet envoi spontané du journal officiel pour une invitation. Que pouvait-il autrement en conclure?

Il fit sa demande donc, dans les délais prescrits, sur une feuille de papier spéciale qui lui fut remise à la préfecture de la Côte-d'Or. Puis il se mit à l'œuvre, avec forte dépense de temps et d'argent, espérant se distinguer, ou tout au moins ne voulant point déchoir. Mais voilà que le 13 août 1866, au tout plein de son travail, il reçut du comité d'admission de la classe 9 une lettre *circulaire* lui annonçant que la Commission impériale ne pouvait l'admettre comme exposant, « vu le grand nombre de demandes et les dimensions restreintes de l'espace attribué à cette classe. »

Là-dessus M. Emery Dufour s'étonne, et nous fait l'honneur de nous demander pourquoi tel ou tel est admis, puisqu'il n'y a pas assez de place ; et pourquoi il est exclu, lui, plutôt que tel ou tel autre? Il ajoute que, si les dimensions de l'espace attribué à sa classe sont en effet trop restreintes, la Commission avait, pour s'en tirer, un moyen juste, le concours, ou un moyen simple, le tirage au sort.

Mais rien que le bon plaisir!... C'était fort, et nous avons trouvé bonne la plainte de M. Emery Dufour, type et spécimen de mille autres qui n'ont pas plus abouti.

Second genre de grief, plus gros et plus grave. En décembre 1865, deux architectes-entrepreneurs, MM. Robert et Portier, de Paris, proposèrent à M. le commissaire général d'établir, à leurs risques et périls, dans le parc de l'Exposition, un certain nombre d'agences internationales, désignées sous le nom de *bureaux nationaux*. Ces bureaux, munis d'interprètes, portant le pavillon et les armes de chaque nation, devaient servir de lien entre les étrangers exposants ou visiteurs et nous, en procurant à tous, moyennant une rétribution légère, les innombrables renseignements de nature à les intéresser et à les aider.

Ce projet excellent, et que nous croyons sans précédent, avait pour motif la confusion générale dont se souviennent ceux qui ont fait et vu les expositions universelles. Impossibilité de suivre une recherche et d'obtenir même une simple adresse, absence de guides, différence de langues, embarras des communications et de la correspondance, temps perdu en démarches et attentes vaines, voilà quels étaient le revers et les plaies de nos admirations.

MM. Robert et Portier prétendaient et entendaient abolir ces misères au moyen d'une sorte de petits consulats spéciaux établis à portée des puissances représentées, sous forme, visible et facile à reconnaître, de pavillons aux dimensions modestes, construits pour servir et non pour nuire à l'ornementation générale ; peuplés d'un personnel probe, intelligent, actif, qui eût porté les couleurs et au besoin le costume du pays dont il eût parlé l'idiome ; largement fournis de cartes, plans, guides, journaux et dictionnaires de la langue, registres alphabétiques tenus au jour le jour, ustensiles pour la correspondance et les transmissions télégraphiques, éléments et documents pour toutes consultations industrielles, commerciales ou contentieuses, et le reste ! En un temps défiant des utilités nouvelles, c'était d'établissement coûteux et dangereux, d'autant plus qu'il ne s'agissait pas là d'un essai auquel on fût libre de renoncer, le succès y manquant ; l'affaire une fois entreprise, par honneur et par devoir, il fallait, même au prix d'une ruine, la conduire jusqu'au bout.

La Commission, rendons-lui cet hommage, avait reçu la proposition de MM. Portier et Robert avec la faveur qu'elle méritait ; mais elle en a rejeté l'exécution, *faute de place !* Non toutefois sans l'avoir examinée, débattue, tournée, retournée, et mise à prix : car la raison financière était tou-

jours là-bas la fin des choses : « Qu'est-ce que cela rappor-
tera ? » Or imposer une idée dans son œuf, c'est triste. La
grande France n'aime pas qu'on lésine en son nom. Econo-
mie ne veut pas dire âpreté. Si parfaitement honnêtes que
fussent les intentions, si jaloux qu'on se montrât de laisser
intact le capital de garantie, nous n'admettons point que
l'Exposition universelle de 1867, à Paris, au lieu d'être un
bienfait public, pût ainsi donner l'exemple avide et affecter
la tournure avare d'une spéculation privée. Vendre aux
gens la place qu'on leur distribuait, adjuger et taxer les entreprises d'un rapport certain, passe. Et encore y avait-il des
limites : le livret, adjugé sur une mise à prix de cinq cent
mille francs, a été une chose insensée. Mais faire contribuer
un essai, frapper l'inconnu d'une redevance fixe, voilà qui
n'était loisible à personne.

A quelque chose injustice est bonne cependant, et M. Robert n'a plus aujourd'hui à se plaindre des prétentions qui
l'ont éloigné. Son projet était au-dessus de l'éducation du
public ; les centres dans lesquels la masse des visiteurs s'est
précipitée n'avaient rien de commun avec les pensées sérieuses. Quand on était las de voir, on allait boire, et c'est
à peu près tout. La plupart ne s'inquiétaient pas même du
pays auquel le spectacle tout à l'heure parcouru appartenait.
Sous ce rapport, les sept mois du Champ de Mars laisseront
de singuliers souvenirs : il a été pris plus de chopes que de
leçons.

Voilà donc deux échantillons moyens des mécomptes cau-
sés par l'étroitesse du plan moral et physique d'une si
grande chose. Fermons le chapitre et n'y revenons plus.

## VI

Enfin, dans les premiers mois de 1867, toute inquiétude avait disparu, et nous pouvions, le 16 mars, écrire avec confiance ce qui suit :

On ouvrira au jour dit, je commence à le croire. Ce que commission veut, exposant le veut. Ou, s'il ne le veut pas, il le fait, ce qui est bien plus fort. Cette grande affaire a été conduite militairement, et c'est peut-être qu'il le fallait. Chez nous, en vérité, de telles choses aboutissent peu par la mansuétude. Qui lâche un fil voit se défaire la toile ; qui attend un jour attendra toujours. Compter sur son prochain est fou, espérer en autrui est nul. Injonctions avec gros mots, mises en demeure sous condition d'argent perdu, déchéance armée, *fas et nefas,* possible et impossible, tout est à prendre. Aller trop loin dans le violent ne se peut. La Commission a dernièrement fait savoir cette énormité : que l'exposant non présent le 11 mars perdrait son droit à être jugé ; personne ne l'a cru, mais tout le monde s'est pressé. Il faut ici parler la langue des hyperboles aux gens assignés à date fixe, sans quoi jamais ils n'arriveraient. Vous connaissez les procédés superlatifs au moyen desquels les charretiers français entretiennent et persuadent leurs chevaux : c'est un symbole.

Et combien manqueront, quoi qu'il en soit ! Il eût fallu s'y mettre un an d'avance, et ne pas hésiter d'un jour ; or tout le monde sait dans quels doutes on errait il y a seulement sept ou huit mois. La foi compte parmi les choses robustes, et ne se la donne pas qui voudrait. Etant surtout positive, l'industrie est peureuse ; elle craint la guerre au-dessus du feu. Et la guerre alors trouvait plus de parieurs que la paix, si bien que dans la Commission même, nous a-t-on dit, la conviction de quelques-uns avait eu ses heures d'ébranlement. On ne voyait goutte aux affaires de l'Europe. Donc, en commerce, frayeur partout, exportations suspendues, commandes supprimées, consommation arrêtée, capital rentré dans son mur ! Ces brouillards-là sont cas de force majeure.

La lumière s'est refaite depuis, mais c'est encore bien nouveau : que les tard-venus soient pour cela les bienvenus. Chacun fait ce qu'il doit, faisant ce qu'il peut ; et jamais, Dieu merci, temps perdu ne fut repris avec une activité pareille. Le Champ de Mars, à l'heure qu'il est, monte au cerveau de ceux qui le voient. C'est trop loin, tout le monde en convient ; les Champs-Elysées reliés à l'esplanade des Invalides eussent mieux valu cent fois. Le bâtiment est laid, et ses auteurs eux-mêmes s'en défendent ; on sera malheureux dedans et autour, il y pleuvra, on y brûlera, etc. Mais pour le moment ce n'est point de cela qu'il s'agit. Une fois entré vous l'oubliez : vous êtes dans le mouvement le plus prodigieux qu'on ait vu. La vie n'a pas deux fois un tel spectacle. Vingt mille hommes de tous les pays à l'assaut de l'impraticable, résolus d'achever en huit jours la besogne réelle de trois mois ! La foi s'en est chargée, pour le coup, et littéralement elle transporte des montagnes ! Ce grand terrain de cinq cent mille mètres, naguère tout blanc, et tout nu, et tout plat, comme il convenait pour décemment, quatre fois par an, y déployer escadrons et bataillons, cette plaine de manœuvres ingrate à l'œil comme une inutile solution de continuité, cette syrte historique et aride rappelant plus de sang que de gloire et de coups de soleil que de joies, le Champ *de Mars* enfin est devenu le chantier des rêves, le laboratoire des fantaisies, la ville des imaginations.

Tout ce qui est beau sur la terre y sera : tes audacieuses

merveilles, intelligence de l'homme! tes obéissances sublimes, nature maternelle! Le sol où des pierres même ne poussaient pas s'est enverdoyé et planté; le plateau rigide a tressailli; la chose inflexible et morte a remué, elle vit; elle s'est
mise follement à monter et à descendre en éminences, en
accidents, en gazons, en vallons; la solitude a pris des bosquets, des jardins, des rivières; et là dedans sortent, se dres-
sent, on ne sait d'où ni par où, des palais, des églises, des
maisons, des théâtres, des phares, des usines, des grottes,
des ponts; fer, pierre, bois, marbre, historiés des peintures
de cent pays, nous montrant et racontant l'univers en toutes
ses images et en toutes ses langues. Où, hier à peine, flottait
et régnait la seule poussière soulevée et tourbillonnée par les
seuls pieds des fantassins et des chevaux, des poissons étonnés nageront, d'insouciants oiseaux chanteront, de graves
troupeaux paîtront, apportés là par magie des quatre coins
de l'horizon bouleversé. Et tout cela demain, pas plus tard
que demain; le temps le veut, l'argent pleut! Et si bientôt
là-dessus le grand astre par qui tout s'anime et brille se lève
et resplendit, et chauffe les expériences hardies d'arbres
quasi séculaires transplantés et dont tant d'eau a jusqu'ici
naturalisé les racines, l'ensemble inouï de ce mélange peuplé
revêtira un aspect tellement superbe que de partout des cris
passionnés sortiront pour demander la conservation du chef-
d'œuvre. Mais, ô généraux et colonels, soyez tranquilles, ce
cri de tous n'ébranlera que l'air et non vos revues immuables.
Devant leur nécessité maintenue, la grande araignée de fer
elle-même et sa toile de cent cinquante mille mètres s'éva-
nouiront.

. . . . . . . . . . . . . . . . . . . .

Finissons en revenant sur ce que nous disions tout à
l'heure. Il est clair qu'en dépit de beautés de toute espèce
amenées et accumulées, le choix d'un lieu si lointain n'a satisfait personne. Cependant quelque chose nous parle en

faveur de ce voyage quotidien d'une heure au moins pour aller et autant pour revenir : en voiture, bien entendu ! C'est que l'idée des expositions de l'industrie est une idée tout à fait française, et que ce même Champ de Mars en a vu la première application. Rapprocher, à soixante et dix ans de distance, l'appel fait en 1798, par François de Neufchâteau, auquel formidablement CENT DIX fabricants ou marchands répondirent, de celui-ci, suprême et dernier peut-être, mais auquel plus de quarante mille répondront, chez le même peuple et au même endroit, c'est certainement frappant, instructif et glorieux. Si telle a été la pensée de la Commission impériale, si ce contraste historique entre deux dates qui n'excèdent pas l'existence d'un homme est entré dans ses desseins et dans sa philosophie, que notre critique lui soit légère ! Cela dit, allons, regardons et ne récriminons plus.

Puis, le 23 mars :

L'activité se poursuit et s'accroît. Les tapissiers et les peintres ont remplacé les menuisiers. Quelle œuvre ! L'installation dans le Palais coûtera plus de trente millions ; dans le parc, nul n'en sait le chiffre. L'Orient et le Nord brilleront surtout par leurs façons et leur dépense ; l'Arabe et le Russe ont entrepris de nous effacer. Pourquoi non ? Nos architectes et nos entrepreneurs, si ingénieux et si galants pour les autres, auraient pu faire, en ce qui nous concerne, preuve d'une invention plus riche. Leur modestie semble avoir craint d'ajouter à la beauté de nos produits ; c'est trop de candeur en vérité, et plus d'un qui payera pensera que, pour le prix, on lui devait davantage. Les dispositions ne sont pas non plus toutes heureuses, tant s'en faut : il y aura des détours secrets et inviolables, des coins mystérieux et invisibles. C'est une faute. Et c'est un tort causé, car tout exposant payait pour être vu. On eût bien fait ici

d'imiter les Anglais, si par malheur notre amour-propre, trop
fier, ne nous défendait d'imiter qui que ce soit. Dans leurs
dix ou douze mille mètres de superficie, ces intelligents
rivaux ont trouvé moyen de se distribuer à tous part égale
de parcours et de lumière. C'est d'une entente et d'une justesse qui font envie. Chacun chez soi, chacun son droit.
Ajoutons que tout le mérite leur en revient. Ils ont fait d'eux-
mêmes et par eux-mêmes. Ils ont amené de chez eux les
choses et les hommes, le plan et la main-d'œuvre, l'ouvrier
et l'outil. Convaincus que le sage ne compte bien que sur sa
personne, ils ont apporté leur cuisine et leurs vivres, leurs
gardiens et leur police, et jusqu'à leurs soldats. A voir même
ce temps de boues et de neiges, je croirais volontiers qu'ils
ont aussi apporté leur climat. Combien votre défiance d'autrui est salutaire et touchante, patrie du *myself* et des
hommes pratiques !

Ce que l'Égypte prépare est d'une splendeur énorme. Cette
vieille mère des sciences et des arts veut nous prouver
qu'elle se souvient. Son exposition, très-curieuse, aura une
maison à part, tout à coup transportée d'Alexandrie, comme,
dans les contes de cet Orient merveilleux, on voit les magiciens changer de place les villes. Une autre édification,
ayant de même son caractère et sa personnalité, rassemblera
les plans et les machines du percement immortel de l'isthme
de Suez, de toutes les entreprises contemporaines la plus
audacieuse, certainement, et la plus utile au monde entier.
Puis, à l'heure qu'il est, de jeunes peintres, élèves de Gérôme, achèvent la décoration hiéroglyphique et magnifique
d'un temple venu d'Atbô, maintenant Edfou, et que les Romains appelaient la grande Apollonie, *Apollinopolis magna*.
Cette reproduction patiente et minutieuse d'une architecture que rien n'a surpassée sera l'un des grands attraits de
l'Exposition.

L'installation des Russes, dans le Palais et dehors, est

positivement un chef-d'œuvre. Une maison de campagne en bois, une écurie et des étables en bois, une cabane de garde en bois, voilà pour l'extérieur. Quoi de plus simple ? Mais il faut voir ce bois, et comment ces hommes muets et patients l'ont travaillé. Une seule essence, le sapin : pour seuls outils, une scie et une hache. Par-ci par-là, un coup de rabot. Les murs, de rondins assemblés, avec de l'étoupe dans les joints pour qu'il n'y passe ni air ni eau. Les toits, en saillies découpées, abritant des fenêtres encadrées comme des tableaux. Les escaliers en balustrades, où chaque balustre est un bijou. La maison est à mettre sous verre ! L'écurie-étable réalise l'idéal d'un palais d'animaux : les chevaux n'auront pas là des stalles ni des *boxes*, ils auront des chambres. C'est inouï ! Chevaux très-dignes d'un si beau logement, au reste : chevaux de seigneurs et d'empereur, comme en avait la princesse Sapieha, qui mangeaient l'avoine dans des auges en émail et buvaient dans des seaux de cristal. Heureuses bêtes !

La menuiserie de la section russe dans l'intérieur du Palais, vitrines, étagères, tables, armoires, est faite en ce même bois de sapin satiné, aux tons si frais et si doux, aux veines effaçant toute peinture imaginable. Le style de ce travail simple et charmant ne saurait se décrire. C'est notre chagrin, voilà tout ce que j'en dirai.

Le Danemark et la Suède ont aussi des élégances originales et souveraines. Ajoutons-y le mérite, pour tout ce Nord, d'être à peu près complet et prêt. La France se hâte extrêmement, mais elle s'y est prise trop tard, et ses hôtes courent grand risque de s'asseoir à table avant elle. C'est notre tort, assurément : à compagnie si haute, il eût fallu faire les honneurs. A moins que céder le pas ne vaille mieux. Paris surtout ne saurait aller plus vite. Les grèves le désolent. Aujourd'hui celle des ouvriers du bronze, demain peut-être celle des ouvriers du bois. Tout est si cher à présent que la journée n'y fournit plus. C'est funeste et fatal. Depuis un mois donc le bronze chôme, et tous ses beaux travaux sont suspendus, et la réunion des fabricants a dû demander un délai à la Commission de l'Exposition. On ouvrira sans les bronzes, qui sont la si grande gloire de la fabrication parisienne! Certainement nous comprenons et nous partageons les chagrins de ceux qui se privent et les angoisses de ceux qui souffrent. Qu'ils fassent ou qu'ils fassent faire, qu'ils payent ou soient payés, Dieu nous garde d'oublier en ceci l'un pour l'autre, et de blâmer personne *à priori*. Mais il est pourtant une impression qui nous restera dans le cœur, profonde et cruelle, à propos de la guerre trop tard apaisée entre les patrons et les ouvriers du bronze. C'est que, pour formuler les réclamations qui l'ont produite, on ait pu choisir précisément l'heure solennelle du devoir national et de l'appel patriotique à tous les courages, à tous les efforts, à toutes les abnégations; c'est qu'on se soit refusé au labeur dans le temps même où l'oisiveté devenait, pour ainsi dire, un crime de lèse-France; c'est qu'on ait froidement consenti à laisser vide la place de son pays dans le rendez-vous sacré. Nous trouvons là un oubli des vertus civiques, une défaillance du sens moral qui nous afflige et nous repousse. Après l'ouverture, oui; mais auparavant, non! Il y a des suspensions saintes du droit qui ne laissent plus qu'au sacrifice à parler, et ce n'était pas le jour de la bataille que nos pères demandaient une augmentation de solde.

Les ouvriers et les fabricants de Paris faisant l'Exposition universelle s'ouvrir sans les bronzes! Ombres chères et paternelles des Thomire et des Denière, qu'en dira votre mémoire vénérée?

Puis, le 30 mars :

Quand ces lignes seront imprimées, l'implacable 28 mars

aura vécu. Le 28, jour fatal, après lequel il a été dit qu'on ne recevrait plus la marchandise ni le travail de personne ! le 28, premier passage du jury des récompenses, délai deuxième et suprême pour naître ou mourir à l'Exposition ! Nous ne saurions donc, à propos de cette échéance infailliblement protestée d'avance, quoi qu'on fasse, être accusé aujourd'hui d'excitation à la paresse ou d'encouragement à la désobéissance, et nous pouvons dire en liberté que la lettre des programmes excède toujours plus ou moins le pouvoir et la raison. On commence un mois trop tôt, c'est évident. Le 1er mai était le vrai jour. Ne l'a-t-il pas toujours été? En 1851, en 1855, en 1862? Si pressées que soient les choses, encore faut-il que le temps les permette. Le plus beau règlement des hommes ne peut rien à la loi des saisons. Or l'hiver à Paris est horrible, c'est convenu; et le printemps, son fils aîné, est trop poli pour ne pas premièrement lui ressembler. Avant de mettre sitôt l'exposant en demeure, il eût fallu du moins lui assurer une demeure,— pardonnez-nous ce calembour, messieurs de l'avenue de La Bourdonnaye! — Et dans le jardin du Champ de Mars, ces trente hectares où la moitié de l'Exposition sera, qu'est-ce qu'il a été permis, je vous prie, de faire et de pratiquer proprement en ces derniers trois mois mémorables où les pierres, justice divine! se changeaient en boue sous la pluie?

Une pluie si forte et si fine qu'en plusieurs cases de l'ovale échiquier du palais, elle perçait le toit de verre comme un toit de gaze, ce qui fait que des innocents trop ponctuels en ont été pour leurs frais. Il pleuvait dans l'horlogerie, précipitation déplorable !

On n'a autrement le droit juste de reprocher rien à personne; et c'était vraiment admiration et pitié de voir à quels efforts chacun s'est efforcé, commissaires et délégués, producteurs et porteurs, par ces voies défoncées, par ces abords noyés. Tout ce qui était sec se mouillait, tout ce qui était

lourd s'embourbait. On arrivait, mais quand et comment?
Le long des quais et des avenues, sur tous les procédés imaginables de charroi, à la confusion de plus en plus croissante
et l'extermination de plus en plus abondante des chemins,
le passant rare et curieux regardait, sans y voir, sous la
neige aveuglante, sous la pluie battante, passer incessamment et lentement des colis de formes étranges, des embal-
lages qui laissaient percer des beautés par leurs blessures ;
parfois aussi de grands piédestaux montrant leurs bas-reliefs
ruisselants, ou des statues assises, roulant comme dans les
cortéges, livrant aux nuées ennemies leurs chairs abreuvées
et maculées. Et le fleuve aussi en apportait, débordé, par
ses chalands et ses trains, qui nageaient entre deux eaux.
Et sur la ceinture de fer de la ville souveraine, les wagons
aussi, péniblement, patinaient à la suite des locomotives
haletantes pour qu'au jour dit tout y fût, bien ou mal allant
et se portant. Et les petits, innombrables, de partout débou-
chaient et couraient, sur les crochets, sur les haquets, en
charrettes à bretelles, quelle distance ! sur des brancards
tenus à deux, quelle fatigue ! en fiacre, en omnibus, ou même
à pied et sous le bras. Tous les secours et tous les concours ;
un monde au service d'un monde. L'imagination s'userait à
chercher ce qu'un tel transport a pu coûter d'argent !

Puis tout cela venu s'empilait, s'arrimait, gisait et attendait : car on n'a jamais eu ce qu'il fallait de bras pour préparer la réception et le placement à l'heure dite, et quand on
les aurait eus, la gelée parfois, la pluie sans cesse s'y fussent
opposées. Le zèle des organisateurs n'y pouvait rien, et pourtant ils en ont mis : rarement on a vu besogne ordonnée avec
plus de cœur. Leurs hommes ne répondaient pas toujours, il
faut bien le dire. Il y a eu des taches. On a dû fermer des
buvettes parce qu'elles étaient trop fêtées. C'est un détail.
Si l'on eût fait grève comme dans le bronze, c'eût été bien
pis !

Et cependant, le 1ᵉʳ avril, quand, se mêlant aux explosions des mines qui font sauter le Trocadéro, le canon des Invalides annoncera sans doute l'ouverture de l'universel congrès des perfections humaines, toutes ces caisses jetées pêle-mêle auront été ouvertes, et leur contenu sera visible. Et de leur immense désordre il ne restera plus trace : toile et bois, paille et poussière auront magiquement disparu. Comment se sera fait ce miracle, c'est le secret de Paris. Là, tout ce qu'on veut on le peut. Mais on ne veut pas toujours.

## VII

Et puisque demain la toile va se lever sur les sept mois ininterrompus de la fête universelle, qu'un mot de regret nous soit permis pour l'homme illustre dont nous parlions en commençant notre avant-propos morcelé. Disons ce qu'il avait rêvé, montrons ce qu'il avait bâti dans son âme française pour faire de notre pays le théâtre permanent de ces rendez-vous sublimes. Et si, par hasard, quelque lecteur malin trouvait à faire des rapprochements curieux entre le projet étouffé d'Amédée Couder et les arrangements trop vantés de la Commission, apprenons-lui que notre ami était de ceux qui donnent encore tout ce qu'ils savent après avoir donné tout ce qu'ils ont.

Tous les jours, disions-nous quand il mourut, des hommes utiles nous quittent, et d'autres leur succèdent plus ou moins. Rien ne dérange, en somme, le va-et-vient des besoins et des contentements quotidiens. Cette grande vie masquant sans cesse la grande mort, ces vides toujours comblés en apparence, expliquent notre indifférence ingrate,

mais ne la justifient pas. Voici, dans le nombre, un seul qui
en valait des centaines, par les idées, par le talent et par le
cœur. Il a travaillé quarante ans, il.a fait gagner autour de
lui des sommes énormes, et nul ne s'est inquiété comment
il vivait. Il meurt, et quelques amis seuls le savent, et la société s'en tient quitte pour six pieds de terre qu'elle reprendra
un jour. C'est trop peu. A la guerre, on fait plus de cas de ceux
qui tombent ; leur champ de mort est champ d'honneur, et longtemps, à l'appel de leurs noms, des voix répondent sympathiques et glorieuses. Rien pour les laboureurs, tout pour
les faucheurs ! C'est bizarre. Mais au moins, quand des bien-
faiteurs comme celui-ci s'en vont, l'égoïsme devrait nous
enseigner que notre intérêt à les suivre était à côté de notre
devoir : car ces hommes sont des impulsions, des mouvements, des élans qu'il faut rattacher à d'autres, et continuer
au moment où ils succombent. Sans quoi perte et dommage
s'ensuivraient pour l'activité commune. Il serait donc bon
de s'informer quelquefois de ce que deviennent ceux qui
leur ressemblent, surtout s'il y a longtemps qu'on n'en a entendu parler.

Amédée Couder est, avec Jean Feuchères, l'homme dont
le talent a le plus rayonné sur l'art industriel contemporain.
Les réputations et les richesses issues de Couder ne se comptent plus. Pauvres chers semeurs, vous n'aurez donc jamais
votre dîme sur les récoltes ? Ailleurs qu'en France on a aussi
l'argent, on a aussi la matière, on a aussi les métiers ; mais
on n'a pas nos dessins, puisque c'est à qui partout les imite
et les pille. Si bien même qu'à faire de belles choses, les
étrangers y perdent, car ils passent pour ne pas les avoir
faites. Or ces dessins de tissus, au charme cosmopolite, à la
jeunesse éternelle, sont presque tous d'Amédée Couder ou
de son école, si forte et si nombreuse. Tapis, tentures, châles,
étoffes, broderies, dentelles, il donnait son art splendide à
toutes choses, et répandait sur les moindres sa noblesse et

son élévation. C'était compassion parfois que de voir ce géant s'abaisser à des merveilles toutes petites ; on vit si peu par les grandes ! La nature l'avait construit hors de mesure, il lui fallait se réduire pour passer sous nos portes. Son génie s'usait à changer des quadruples en imperceptible monnaie. Pour manger, — et qu'est-ce qu'il mangeait ! — ce fils de Michel Ange historiait des mousselines.

Les expositions universelles, qui ont été la régénération générale du travail, sont le fait d'Amédée Couder. Dès 1834, il y songeait. A l'Académie nationale, dont il était et qui le pleure, on a lu de lui, quelques jours avant sa mort, une lettre intime et touchante sur ce sujet. « Je rêvais d'être, disait-il, comme Léonard de Vinci, à la fois peintre, poëte et architecte. — La volonté paternelle m'enchaînait impérieusement au travail qui nous faisait vivre. — La séve était comprimée chez moi, mais elle devait enfin se faire jour. — Au milieu des occupations d'un art purement industriel, mon tempérament me portait à l'analyse comme à la synthèse, et je ressentais une égale passion pour deux choses qui d'ordinaire se repoussent : la poésie et les sciences exactes. De plus, l'esprit de l'Évangile remplissait mon cœur ; j'aimais l'humanité entière, et je puisais dans cet amour la grande idée des *expositions universelles*, avec un palais surpassant en proportions et en mérite artistique les plus rares merveilles de l'antiquité... Mon but était, par l'universalité périodique de ces éminentes solennités, d'obtenir dans l'avenir, sur tout le globe, l'unité de savoir, l'unité d'intérêt, l'unité de langage, et peut-être aussi l'unité de croyance. Cinq ans je travaillai à donner un corps à cette pensée, et je n'y dépensai pas moins de cent mille francs. »

CENT MILLE FRANCS ! Et sur la fin, dans sa profonde et majestueuse misère, le grand artiste, trop fier pour la laisser voir à personne, vivait, travaillant encore jour et nuit, *d'un morceau de pain et d'un verre d'eau !* Fabricants qu'il a

rendus millionnaires, vous ne vous en doutiez pas ! Élèves
qu'il a faits puissants et célèbres, vous ne l'avez pas su !

Il publia son projet en 1840. Un palais des expositions
universelles quinquennales : immense polygone à quarante-
huit faces, qu'entourait une rue de cent mètres. D'un côté
de cette rue, des habitations pour loger les exposants; de
l'autre, des galeries à jour, aux terrasses fleuries, formant
la ceinture du champ clos de l'Émulation humaine. A ces
galeries, quatre entrées cardinales et triomphales ayant
pour invocation l'Agriculture, le Commerce, l'Industrie;
l'Astronomie, la Physique, la Chimie; l'Architecture, la
Sculpture, la Peinture; la Philosophie, la Poésie, la Musique. Chaque figure tenant deux tables de bronze : sur l'une
on lisait les noms que le temps a consacrés, sur l'autre on
devait lire ceux qu'il consacrerait plus tard. Au front de
chaque entrée, nord, sud, occident, orient, la description
symbolique des contrées répondant à l'un de ces points.

Au delà des galeries les jardins, Versailles humanitaire,
Sydenham cosmoramique, représentant par l'architecture et
la sculpture l'histoire ancienne· et présente du monde,
hommes et choses : magnifique et toute-puissante conception! Tout ce qui se pratique ici et ailleurs en est venu, mais
ravalé, rétréci, petit. Au delà enfin l'édifice, le temple de
l'Intelligence et du Travail. Un portique de trois mille colonnes l'entoure, et dans ses entre-colonnements trois mille
statues sont debout, disant tout ce qui a été célèbre par un
bien quelconque fait à l'humanité. La voûte de ce portique
est de bas-reliefs et le pavé de mosaïques ; cette voûte et ce
pavé représentent la Civilisation. Une frise court autour de
la colonnade ; elle raconte les travaux auxquels se livrent
les hommes dans tous les pays de la terre.

Que dire de la cathédrale elle-même, sinon que jamais
idée plus gigantesque n'avait pris forme dans un cerveau?
Des cours de deux cents mètres sur chaque face, des tours

de cent mètres, un dôme de cent cinquante mètres, des escaliers de cent marches larges de vingt-cinq mètres. Là dedans, toutes les mythologies, tous les âges, toutes les races. L'univers écrit par l'art depuis leur création. Tous les passages de l'esprit humain par le fait, la croyance, le travail et la science, traduits.

Puis, regardant ce spectacle, source et gouffre de nos pensées, un aréopage de cinquante figures souveraines du passé, attendant chacune son égale de l'avenir. Et pour couronnement l'Intelligence, divine prêtresse, envoyant aux cieux l'hosanna du concert des nations ravies, en strophes que le plus grand des poëtes n'eût certes pas désavouées.

Qui oserait dire que cette conception sans pareille n'ait pas été le motif capital des exécutions restreintes qui l'ont suivie? Le palais de verre de Hyde-Park, en 1851, celui de Kensington, en 1862, notre palais de l'Industrie, aux Champs-Élysées, ne furent que les petits de celui de Couder. Pour être oublié, ce n'en est pas moins vrai. Quand on eut décidé qu'une exposition universelle se ferait à Paris, le grand architecte proposa de la mettre au Champ de Mars. Son projet, simple et pratique, était encore souverain. Quand il vit tracer la construction relativement mignonne des Champs-Élysées, il trouva avec raison qu'elle serait trop étroite, et, la réservant pour l'art industriel proprement dit, il conseilla d'y faire les adjonctions que voici : au Champ de Mars, un parallélogramme immense, livrant son centre aux produits de l'agriculture et de l'horticulture, ses galeries à la métallurgie et à la mécanique. Un pont reliait les deux régions. Sur la Seine et les quais de la Seine, on eût exposé les navires, les moteurs hydrauliques, les pompes d'épuisement, les appareils à plonger, à sauver, etc. Il ne se bornait pas à faire figurer là seulement la matière et ses transformations : en appelant à Paris la peinture et la sculpture universelles, il y appelait aussi la musique et l'art dra-

matique. Concours de voix et d'instruments au Champ de
Mars. Concours théâtral à l'Opéra et au Théâtre-Français. Il
voulait que les récompenses fussent magnifiques comme les
fêtes données pour leur distribution : il demandait, par exemple, *un prix de cent mille francs*, pour la découverte ou
l'œuvre qui eût dominé l'Exposition. Il faisait les nations
amies se quitter dans un adieu formidable !

Et son nom, que nous sachions, n'a pas même été prononcé lors des choses incomplètes qui se sont accomplies.
Mais qu'importe? Ses idées lui survivent, et on y puisera
longtemps. Que cette consolation anonyme suffise à sa
pauvre ombre !

# L'ART INDUSTRIEL

## A L'EXPOSITION UNIVERSELLE DE 1867

### MOBILIER — VÊTEMENT — ALIMENTS

## CHAPITRE PREMIER

L'ouverture. — Le lendemain de l'ouverture. — Le parc. — Les constructions dans le parc. — Le chalet de M. Waaser. — Le pavillon de l'Empereur. — Les maisons ouvrières. — Le balcon préservateur de M. Burin. — La Commission. — Le Jury. — Les Exposants. — Le public.

Lundi 1ᵉʳ avril, un an moins deux jours après le commencement des travaux, l'inauguration de cette grosse affaire s'est faite, conformément à la lettre de son institution. Nous avions quitté les lieux l'avant-veille, très-convaincus, bien que nous en eussions dit, de l'impossibilité d'une ouverture si prompte. C'était la confusion dans le désordre et l'envahissement de l'encombrement. Une chienne n'y eût pas trouvé ses petits. Lundi, à midi, étonnement profond, deux heures avant l'arrivée du cortége inaugurateur, sauf quelques cas encore de force majeure absolue, tout était net, rangé, nettoyé, brossé, meublé ! Le jardin, pauvres noires bandes de terre piétinées la veille et ravagées, avait tout à coup poussé plein de fleurs emperlées par des eaux jaillissantes. Sur les arcades du portique, des inscriptions, évidemment tombées du ciel pendant la nuit, disaient en lettres d'or les pays sur lesquels s'ouvrent leurs issues. La galerie des beaux-arts était complète en richesses vieilles et jeunes, et, dans ses salons attenants à la *rue de France*, tout ce que Paris en ce moment comptait de beau, d'heureux, de fort, de riche, d'illustre, attendait l'heure solennelle, en insignes éclatants et toilettes éblouissantes. Les jurés étaient majestueux à leur poste, et les exposants prisonniers à leurs vitrines, la plupart desquelles découvertes et garnies, quand deux jours auparavant elles ne nous montraient encore que l'indigence âpre d'une menuiserie nue. Les colossales statues du parc étaient dressées et entières, sauf le cheval du Charlemagne, qui n'avait pas encore sa queue. Autour des chalets et des kiosques, on avait, au lieu de débris, apporté des lilas et des roses. Tous les chemins, la veille horriblement effondrés, étaient nivelés, sablés et ratissés. L'avenue d'honneur, de la grande porte au pont d'Iéna, s'allongeait magiquement en une tente infinie et splendide, au ciel de velours et d'or, parsemé d'abeilles, mariant ses teintes d'émeraude aux luxuriantes verdures des parois. Çà et là dans le parc, les bonnes musiques de la garde saluaient les cinquante mille invités ; et pour tout finir, comme pour tout bénir, brillait, si longtemps attendu, un soleil resplendissant.

Nous n'avons pas, nous Parisiens, mémoire d'un pareil miracle : et pourtant Paris, qui sait les faire, en a déjà bien vu !

Nulle cérémonie, au reste : ni félicitations, ni compliments. Pas un mot des bouches augustes. La parole est d'argent, mais le silence est d'or. Une course officielle et rapide sur le promenoir en fonte qui dresse sa longitudinale et circulaire arête dans la galerie des machines. Ce n'était vraiment pas la peine d'enfermer les exposants et les visiteurs ainsi que des prévenus. Et longtemps, car, le cortége parti, police et consigne tenaient encore ! C'était comme une exposition de leurs vertus.

Le grand succès du jour a été pour le restaurant russe, servi par des garçons en chemise de soie rose, son comptoir tenu par une Circassienne ou Mingrélienne coiffée d'or. Magnifique Orient !

Le lendemain mardi, l'ordre immobile et la paix muette des cravates blanches avaient cessé. Le travail bruyant, frappant, clouant, rabotant, salissant, gênant, s'était remis en marche. L'encombrement majeur avait reparu; où donc était-il la veille ? De nouveau les grues gémissaient, les chevaux peinaient, les charretiers juraient et les chemins se défonçaient. Ce que voyant, le soleil s'est fâché et n'est plus de sitôt revenu. Mais on a revu la pluie fidèle, et la lune rousse s'est levée comme il convenait, entre deux eaux. Le public malavisé a, pendant toute une semaine, payé cinq francs par jour le spectacle. C'était cher ! La faute de cette réimpression du désordre et du danger n'en était plus à la Commission, désormais et à jamais dégagée; ni aux entrepreneurs, affirmaient-ils les mains au ciel ! ni même aux exposants, éternels payeurs de tant de mécomptes. Elle était aux ouvriers, disaient ces excusés suspects. Un des fournisseurs de l'installation prétendait que, pendant tout le mois de mars, ses hommes lui avaient fait des journées d'une heure. A huit francs, c'était dur; à la moitié, c'était déjà trop. Mais donner à tous et de tout le moins possible pour le plus d'argent possible, voilà ce que ce temps-ci nous enseigne. Programmes, morale et indignations n'y peuvent.

Cela cependant ne pouvait empêcher qu'un jour à venir, — mettons, si vous voulez, trois semaines. — le parc du Champ de Mars ne fût le plus riche, le plus varié, le plus instructif des amusements. C'était à qui viendrait y bâtir, préférant, labyrinthe pour labyrinthe, celui que le ciel agrandit à celui que des stores aplatissent. Le choix a coûté cher à plusieurs : la Commission était en plein dans le principe énoncé ci-dessus.

Abordons ce parc, comme les souverains, par la porte d'or du pont d'Iéna. Au long du quai nous laissons les machines marines, la navigation de plaisance, des bains, un pont en acier, une usine à gaz, deux restaurants, etc. Nous passons entre les deux fontaines monu-

mentales rapportées de Londres par les puissants fondeurs Barbezat
et Durenne, chefs-d'œuvre de Liénard et de Mathurin Moreau, qui
vivent, et de Klagmann, qui est mort. Barbezat, hélas! allait bientôt
suivre Klagmann : pertes immenses. L'avenue des vélums aux impériales couleurs s'ouvre. A gauche, voici la France, et à droite
l'étranger. Les nombreux circuits de gauche, que bosquets et fabriques encadrent, — il y fera chaud, cet été, — portent des noms
d'anciennes provinces : Artois, Bretagne, Picardie, Bourbonnais,
Forez, Bourgogne, Auvergne, Perche, Anjou, Champagne et autres.
Un grand boulevard passe à travers, route ronde de trois quarts de
lieue qui aide à faire le voyage de l'ensemble ; certaines voitures y
pourront rouler, mais qui ne seront pas les nôtres, probablement.

Cette partie française contient le phare construit pour les Roches-
Douvres que Victor Hugo a faites si illustres ; superbe audace de cinquante-quatre mètres, toute en fer, par M. Rigolet. Un rocher
entouré d'eau le supporte, et le soir on l'allumera. L'église, construction spéciale en tous styles, conçue pour recevoir des vitraux, des orgues, la menuiserie, l'ébénisterie, la tapisserie et l'orfévrerie sacrées.
L'auteur de ce vaisseau est M. Lévêque, peintre-verrier à Beauvais.
Lévêque de Beauvais, ne dirait-on pas le nom fait exprès pour la
chose? Cette chose, déjà grande, devait d'abord être plus grande ;
mais telle que la voilà, elle coûte encore assez cher pour que la
Commission ait été obligée d'autoriser son entrepreneur à faire payer
pour y entrer. Elle le vaut, au reste : c'est entendu et distribué à
merveille, et l'architecte, M. Brien, peut s'en féliciter. La forme extérieure est singulière, mais l'intérieur est parfaitement réussi. Plus de
soixante exposants y figurent : peinture, sculpture, fonte, émaux,
métaux repoussés et martelés, mosaïques, carrelages, crèches, chemins de la croix, verreries, statuaire, bannières, vêtements sacerdo-
taux, ivoires, marbres, chaires, autels, siéges, orfévrerie, musique,
cires, livres, encensoirs, tapisseries, broderies, etc. Tentative neuve,
hardie, originale et heureuse, étant surtout bien venue à son heure.
Il y a quinze ans, elle aurait fait sourire ; quelques fervents, cette
fois, parlaient d'y faire dire la messe! La foi ne doute plus de rien.

La boulangerie Lebaudy. Le moulin à vent de M. Lepaute. La
crèche modèle de M. Marbeau, un Vincent de Paul séculier. Le matériel des chemins de fer. Une glacière. Le théâtre, entreprise plus

chanceuse que l'église, dont le succès est dans les mains du Seigneur et de M. Le Play. Le pavillon photographique de Pierre Petit, dans lequel, ô Commission immortelle ! exposants et journalistes furent un jour invités à porter leur tête afin qu'on la mît sur leurs cartes, par supposition obligeante que tous ces gens-là pouvaient être des escrocs disposés à trafiquer de l'entrée dont ils jouiraient. Celui de la photosculpture, autre destitution de l'art, et de plus tombeau d'un grand artiste. L'exposition céramique de M. Gille, notre Wedgewood. La cascade, et la tour ruinée qui la surmonte, effet décoratif superbe. Le carillon symphonique qui joue « Partant pour la Syrie ». L'exposition des soieries et des cachemires. L'éclairage et les cheminées de M. Lacarrière. Des blanchisseries, des cristalleries. L'exposition du Creusot, chose formidable. Les vitraux de M. Maréchal, de Metz, toujours grand. Les forges de Châtillon et de Commentry. L'électro-métallurgie et la galvanoplastie ; Christofle, Oudry, Lionnet, tous nos magiciens.

Ici faisons une pause, et décrivons le chalet de M. Waaser.

A deux pas du théâtre international est cette maison, engageante et souriante, rappelant les stations pittoresques de la route de fer de Bordeaux à Bayonne, entre les landes et les pins. Une brasserie fraiche dans le sous-sol, au rez-de-chaussée un couvert blanchement mis, et dans le salon au treillis émeraude ajouré par les glaces de madame Dopter, le vin de Champagne frappé que Gustave Gibert fournit, et que les mains charmantes d'une musicienne nous versent.

La maison mobile de M. Waaser représente un système nouveau de construction démontable et transportable, en dalles de pierre et charpente à articulations libres. La décoration extérieure est en bois découpé. Sous-sol pour cuisines et caves. Rez-de-chaussée comprenant un vestibule à tout desservir, une salle à manger, un grand salon avec balcons extérieurs, et, de plus, le salon vert ci-dessus, délicieusement treillagé, attendant des fleurs et des oiseaux. Au premier étage, une antichambre jouant le même rôle que le vestibule, une grande chambre avec alcôve et balcon extérieur, une autre chambre avec mirador, une troisième chambre, une chambre d'enfant et trois cabinets de toilette. Au second étage, deux chambres d'amis, à balcon extérieur couvert, deux chambres de domestique et une lingerie. L'escalier dans une tourelle qu'un pavillon vitré surmonte, avec balustrade à seize mètres du sol. Total, quatorze pièces, sans les dessous ; c'est-à-dire la maison d'une grande famille, transportée, montée et livrée, clefs en mains, à vingt lieues de Paris si l'on veut, pour trente-cinq mille francs.

Voyons maintenant comment elle est bâtie.

Dans les entre-poteaux d'une charpente qui est en bois ou en fer, selon les besoins et le passage des cheminées, règne une clôture partout composée de deux dalles en pierre de taille épaisses de trois à quatre centimètres, laissant entre elles un vide isolant de sept centimètres, afin d'amortir le bruit. Ces dalles sont encastrées en rainures et feuillures, et de plus fortement vissées sur des traverses intérieures. Nous n'avons pas besoin d'expliquer combien un pareil système, insensible aux caprices atmosphériques, est préférable aux fermetures en bois, qui coûtent pourtant le double. La charpente offre la même résistance et la même force que celle des constructions fixes. Aucun danger pour l'installation des cheminées ; ce qui passe au droit de leurs coffres est en fer, et les supports sont en pierre. Nulle appréhension de l'habitation immédiate ; il n'entre pas ici un grain de plâtre, même pour les scellements. Aucun souci d'entreprise ni de construction. Le plan déterminé, le prix débattu, le marché fait, M. Waaser prend tout à sa charge, et au jour donné la maison vous arrive, se déballe, s'assied, se monte et s'achève sous vos yeux comme par enchantement.

Plus loin, l'entreprise richement indigeste de messieurs les tapissiers Duval, pavillon ou tente dit de l'Empereur, assemblage heurté de hardiesses somptueuses et brillantes, où l'on monte par des degrés de marbre, avec repos en bronze, reliefs et bas-reliefs en fonte peinte et balustres en brèche violette imitée. Cette chose, qui coûte, plus de deux cent mille francs, ressemble à la Perse comme le théâtre du Palais-Royal ressemble à la vie. On en pourrait dire autant du réduit ambitieux érigé à la photosculpture ; et il est véritablement étrange, ou peu heureux tout au moins, que nos constructions, à nous autres, qui auraient dû cette fois ou jamais rappeler les beaux types de l'architecture nationale, se soient mises à simuler l'oriental précisément à côté de l'Asie, de la Turquie et de l'Égypte, qui nous l'apportaient authentique et si beau.

Des maisons ouvrières, popularités à la mode. La meilleure est celle dont le chef de l'État a voulu faire les frais. Elle est fort attrayante d'aspect et de distribution. Pas chère, dit-on, mais on la flatte peut-être? Seulement il la faudrait placée partout comme la voilà, dans l'air et dans les arbres : l'alignement et l'entassement la tueront. Au lieu que toutes ces fabriques, c'est bien le mot, ont ici de quoi réjouir et charmer, gracieusement entrecoupées et entrelacées qu'elles sont de bouquets, de buissons, de ruisseaux, de gazons, à pouvoir toujours, comme on voudra, s'y retrouver ou s'y perdre. Pour n'être qu'une gloire éphémère, le parc de l'Exposition n'en comptera pas moins à son heureux planteur.

A l'une de ces maisons se rattache et s'adapte une invention touchante. Nos balcons sont des malheurs pour la plupart. L'architecture les subordonne aux dimensions de l'ouverture, et l'entreprise y met du fer le moins qu'elle peut. Tant pour la baie, dit l'architecte, tant pour l'entre-baie, tant pour le balcon. Ne donnez pas au balcon un centimètre de plus, il ferait jurer la fenêtre et les lignes s'en iraient à vau-l'eau. Ce sont les appuis hauts et pleins qui déshonorent les façades. Du dégagement seul vient la grâce : dégagez le balcon. Si vos enfants tombent, tant pis : il ne fallait pas les y laisser mettre !

Un ouvrier mécanicien, M. Burin, à présent à Montmartre, rue Marie-Antoinette, eut un jour l'affreuse douleur de perdre son premier-né, tombé par la fenêtre en se penchant sur un de ces appuis harmonieusement absurdes. Les catastrophes n'endurcissent pas tous ceux qu'elles frappent. Le pauvre père dont l'enfant était mort voulut sauver de la mort les enfants des autres. Le progrès a de ces filiations terribles. M. Burin est mécanicien et serrurier; il inventa un balcon supplémentaire et mobile, qui, nous l'espérons, portera son nom et le fera bénir. C'est bien le moins.

Ce balcon est un simple et solide bâti en fer, parallèle au balcon dormant et pouvant à volonté se monter ou s'abaisser. Abaissé, il est invisible et se cache derrière la pièce qu'il répète et qu'il double; monté, il n'a rien qui fâche l'œil, et garde de tout accident comme de toute imprudence les chers petits que l'ouverture attire, étant par là que leur arrivent la lumière et l'air, deux besoins. Glissant sur des coulisses verticales, le balcon Burin s'élève et descend avec obéissance: pour le faire s'élever, on le soulève; pour le faire descendre, on pèse sur un ressort placé hors de la portée des enfants. Quiconque veut s'accouder ou se pencher le peut donc sans danger et commodément. Permis de même à nos bien-aimés grimpeurs d'y essayer leur gymnastique folle. De plus, ce préservateur gracieux n'est pas une dépense, il coûte de dix à vingt francs ; ni un embarras, car il pèse peu, se déplace, s'emporte et fait partie du mobilier. Bonne invention et bonne action.

Près de la porte Rapp s'élève la villa en bois découpé offerte à la Commission par les entrepreneurs reconnaissants. C'est haut comme une tour et éloquent comme un placet. Puissent des médailles et des croix en descendre innombrables !

Pour passer de France à l'étranger, il convient de s'arrêter devant les lions de M. Cain, gardiens terribles du Palais, qui sont tout simplement des pensées superbes. M. Cain est le gendre de M. Mène, et ces excellents sculpteurs ont pris les animaux à eux deux. Au père les bêtes tranquilles, au fils les bêtes féroces. De façon magistrale et belle à faire que personne n'y touche plus.

La partie de droite est à peu près percée comme l'autre, en avenues et en allées. Avenue des États-Unis, avenue d'Orient, avenue de Rome ; allées Washington, d'Australie, du Canada, du Mexique, de Galles, d'Écosse, d'Irlande, de Maroc, de Tunis, de Chine, du Japon, d'Égypte, de Suez, etc. L'Angleterre y finit une maison en céramique pour recevoir le prince de Galles ; cette maison, par Minton et ses collègues, est d'une originalité profonde. Gros joujou fait pour qu'on le casse un jour. Là aussi sont les appareils de guerre de la Grande-Bretagne, exhibition d'un mauvais goût assez formidable dans cet appel immense aux choses, aux forces et aux vertus de la paix. Il est vrai qu'en face de ceux-ci nous avons les nôtres. Enfance perpétuelle des peuples ! Une caserne-hôpital, un phare électrique admirable, des générateurs d'une puissance énorme, voilà qui vaut mieux. Les États-Unis ont une maison de campagne, une maison d'école et une tente. L'Australie a une boulangerie. Le Mexique, une reproduction du temple de Xochicalco, antre grotesque en son horreur, charnier couleur de sang, où l'antique religion du pays immolait des hommes à ses idoles. Des farceurs bien appris l'ont baptisé le *tombeau de l'emprunt mexicain*. Un peu de rire console. Tunis a le palais du bey, dit le Bardo, charmant édifice arabe, idéal de l'étude des lignes et de la lumière, provision de charmes qui dévore nos maladroites imitations, le pavillon de l'Empereur compris. La Chine est représentée par une maison française, fort joliment contrefaite, meublée dans les dépôts de la rue Vivienne et de la rue Trouchet. On y verra de vraies Chinoises qui vendront et serviront de vrai thé aux sons d'une musique adorablement rapportée et traduite. L'Italie a un musée. La Turquie, une mosquée ravissante, une école comme en peignait Decamps, et un spécimen d'habitation à faire songer ou grogner nos architectes. La superbe Égypte envoie, comme je l'ai dit, son temple d'Edfou, le palais du vice-roi, une écurie de dromadaires et le matériel de l'isthme de Suez. A elle les grands honneurs de ce grand coin du parc.

Du cercle international, rien à dire : construction terne et triste, tenant à la fois des élégances du dock et des gaietés de la manufacture. Rien non plus de la gare du chemin de fer. Deux mauvaises affaires qui peut-être en ont empêché de bonnes.

Renversons maintenant la question et entrons dans le parc par la porte dite de l'École militaire, sur l'avenue de Lamothe-Piquet. A droite est le jardin réservé, dans lequel nous introduirons le lecteur un autre jour : laissons-le d'abord niveler et planter. Après quoi la Belgique et les Pays-Bas, que parcourent les allées de Frise, de Hollande, de Zélande, de Flandre, de Gueldre, de Brabant, de Hainaut, de Liége, d'Anvers. Les statues de l'empereur Beaudouin et du roi Léopold, la porte d'Anvers, deux annexes de beaux-arts, des maisons d'ouvriers, une taillerie de diamants, des métairies, des ateliers charmants et pittoresques : voilà pour ces deux puissances, jadis unies, puis ennemies, puis amies.

A gauche, l'avenue d'Europe traversée, c'est la France encore un peu. Étant chez elle et la maîtresse, elle y a fait son logement vaste. A fort loyer, c'est vrai. Puis la Bavière, la Saxe, la Prusse, le Wurtemberg, l'Autriche, l'Espagne, le Portugal, la Suisse. La Russie avec ses écuries et son isbah, le Danemark, la Norwége, et la Suède avec la maison illustre de Gustave Wasa, son héros. Du côté de la France, on trouve l'exposition agricole de M. Giot ; la métairie modèle et les magnifiques bœufs blancs de M. Bignon aîné, un défricheur sublime ; les grottes aux fromages de Roquefort ; notre robuste tonnellerie, dont un impossible foudre de cent vingt mille litres ; l'hydrothérapie ;

la douane, qui s'est donné un bâtiment ressemblant à une douceur ;
enfin le *bouillon* immense, où mangeront et boiront à bon marché
les membres aventurés et mal payés des délégations ouvrières. Au
delà, allées et avenues portent, comme là-bas, les noms des pays
qu'elles concernent : Westphalie, Brandebourg, Hanovre, Croatie,
Bohême, Catalogue, Algarves, Suisse, Suède, Norwége, Laponie,
Sibérie, Finlande. Tout cela est intéressant comme un tour du
monde, planté, bâti, meublé, peuplé, habillé, nourri ; aussi vrai,
quasi, à faire et voir là en quelques heures et par l'omnibus qu'en
trois ou quatre ans, à grand'peine et grands risques, par toutes les
terres et toutes les mers terribles. Suprême et divin effort de l'intelligence humaine !

Mais que viennent faire encore ici tant de canons et de fusils ? A
quoi donc, rois impitoyables, notre avenir, votre proie sombre, est-il
de nouveau condamné ? Vos chevaux superbes marchaient déjà dans
le sang ; est-ce qu'il faut absolument qu'ils y nagent ?

Et du parc la pluie toujours battante nous chassait dans le Palais,
succombant d'avance sous notre tâche énorme, affolés, demandant
grâce, demandant un guide, demandant une chaise, éperdus, égarés.
Or il ne nous avait pas encore été possible de nous reconnaître
parmi ce monde de quarante-deux mille personnes à peine dénom-
brées qu'un fait considérable, exorbitant, criant, s'était déjà produit.
L'Exposition avait quinze jours seulement d'ouverture. Pas complète,
bien s'en fallait, et plus encombrée que jamais par le travail d'arrangement. Déballage commencé est pire que balles et caisses closes.
Producteurs et produits avaient eu à subir les conséquences d'une
saison exceptionnellement détestable, celles de la main-d'œuvre
empêchée, des installations retardées, des transports entravés, et
même, la Commission devait le savoir, d'admissions prononcées au
dernier moment. Depuis le commencement, autour de cette difficile
et dangereuse affaire, ce n'avait été que doutes, craintes, inquiétudes,
appréhensions, hésitations. Le 30 mars, on pariait encore pour un
ajournement, et nous savions des correspondants innocemment perfides qui écrivaient à leurs clients de n'avoir pas à se presser. Bref,
la veille encore, l'Exposition existait en droit plutôt qu'en fait ; les
prévisions les plus avancées rejetaient au 1er mai sa réalité suffi-

sante; nul ne pouvait dire exactement encore qu'il la connût ni qu'il
l'eût vue : et voici pourtant qu'elle était déjà jugée !

Jugée ! quand des pays tout entiers, comme l'Italie, n'avaient
encore rien pu mettre en place.

Oui, et nulle cervelle n'y croira, quoiqu'il ait fallu déjà croire
à tant de choses, le 14 avril, les jurys, ou du moins soixante-quinze
sur quatre-vingt-quinze, avaient dû transmettre à la Commission
leurs jugements déclarés d'avance irrévocables; et ceux des exposants dont les produits manquaient à l'appel du 13 avaient pu légitimement être mis hors de concours. Quatorze jours auraient donc
suffi pour décider du mérite, de la valeur, de l'honneur, du crédit, de
l'avenir et de la fortune de quarante-deux mille personnes !

Ceci, qu'on nous le permette, est dans les hardiesses qui étonnent,
mais non dans celles qu'on admire. Le monstrueux ne saurait passer
pour beau. Nous savons parfaitement que si on l'a fait, c'est qu'on
était en droit de le faire; nous reconnaissons que le coup de tonnerre
a été précédé d'éclairs officiels nombreux : mais, nous devons le
confesser, nous avions eu la simplicité de prendre un peu ces injonctions pour des manœuvres bienveillantes et paternelles, pratiquées
et répétées à l'effet de stimuler les indolents et de hâter les traînards.
Qui nous eût dit que c'était là des arrêtés nous eût quasi frappé
de tremblement.

Évidemment, nous le répétons, ces nationaux et même ces étrangers
avaient eu tort, à la lettre. Toujours des sujets ont tort envers le pouvoir. On les avait avertis une fois et deux fois, comme des contri-
buables que ni plus ni moins ils étaient. Des règlements sont pour
être observés. Et puis, messieurs les commissaires de tous pays commençaient à être las. Les jurés venus de loin soupiraient, inquiets,
après leurs foyers en larmes : on eût pu certainement les appeler
moins tôt, mais leur présence avait fait si bien dans l'ouverture !
Puis il y avait ceci de pratique et de grave que les récompenses
veulent être données vite aux gens qui les méritent ou les implorent,
afin de vite aussi leur servir d'annonce pour la vente et de recommandation pour l'achat. C'est donc pourquoi beaucoup d'égards, et
de grands égards, étaient dus aux arrivés de la première heure.
Ponctualité vaut qualité, etc.

Rien de plus vrai ni de plus vif que ces raisons, et d'autres encore par surcroît. Quand est-ce donc que les mesures extrêmes ont manqué de raisons : cours prévôtales, commissions militaires, état de siége et le reste? L'homme a toujours de quoi tuer son chien.

Mais cela n'empêchait pas, justice éternelle! que ne fussent à plaindre et n'eussent droit de se plaindre mille et mille retardataires intéressants, retenus d'être prêts par les distances, le mauvais temps, le défaut de temps, les grèves, le chemin de fer, la mer, les délégués à la réception, les entrepreneurs de l'installation, et autres institutions. Tous cas de force majeure et de tyrannie mineure que ne suppriment et n'infirment la nonchalance ni la paresse de quelques insouciants.

Huit jours avant l'ouverture, des exposants admis ne tenaient pas encore leur lettre d'admission! Par erreur, sans nul doute; mais un fait involontaire est tout de même un fait.

Les pauvres exclus en parleront longtemps, quoi qu'il en soit, et nous doutons que l'avenir les y reprenne. Si la grande Exposition de 1867 est appelée à orner la dernière le souvenir des peuples, ce ne sera point, j'en ai peur, par l'excès de son hospitalité.

Les commissaires de quelques nations ont protesté, dit-on, et certains jurés aussi. Quand ce serait pour rien, c'est bien. Nos mœurs n'admettent pas ces proscriptions à grande vitesse, réminiscences malheureuses de la transportation sans jugement. Pour des hommes d'étude et de paix comme ceux qui gouvernaient l'entreprise c'était mener les choses beaucoup trop tambour battant.

Une exécution si rapide nous choquait à un autre point de vue. Les jurys d'exposition se pressent infiniment, en général, de faire la leçon au public et de lui dire : « Voici ce que nous avons récompensé; admire-le, et méprise le reste. » C'est manquer à la fois de convenance et de justice. Le grand, le suprême verdict, malgré tout, est celui de l'opinion; le moindre respect qu'on lui doive est de le laisser se manifester. Venez le réformer ensuite, si vos raisons et vos forces s'y prêtent, mais d'abord attendez-le. Des meubles et des bronzes ne sont pas marchandises tellement périssables qu'il faille les juger à l'aube, comme des fleurs. Il est étrange que, dans un pays de suffrage universel, on en soit encore à ces usurpations oligarchiques. Si les exposants élisaient eux-mêmes leurs jurys, la thèse changerait peut-être. Et encore! Abuser vient aussitôt qu'user.

# CHAPITRE II



On lit dans le dictionnaire de Boiste, qui est encore un des meilleurs : « Meuble, tout ce qui sert à garnir, à orner une maison, *sans en faire partie.* » C'est assez élastique. Ainsi donc un tableau est un meuble. Une statue est un meuble. Le lustre en cristal de roche de la salle du Trône, à Fontainebleau, qui vaut deux cent mille francs, est un meuble. Tous les bronzes, toutes les orfévreries, toutes les joailleries, tous les émaux, presque tous les marbres, tout Sèvres, tout Dresde, toute la Chine, tout le Japon, sont des meubles. Meubles aussi les Gobelins, et Beauvais, et Aubusson, et Saint-Gobain, et Saint-Quirin, et Saint-Louis, et Baccarat, et les blancs miroirs à l'argent des frères Brossette, et les verres gravés de Bitterlin : que sais-je !

Toute la mécanique qui n'est pas bâtie à briques et à ciment est meuble. Une horloge est un meuble. Une locomotive est un meuble. Toute la musique aussi, et les instruments. Les livres ne sont que cela. Romanciers d'Angleterre et de France, poëtes géants, raconteurs colosses, Moïse, Mahomet, Confucius, Shakspeare, Hugo, Dante. Goethe, penseurs avec qui la nature a conversé, philosophes dans l'abstrait et le concret, astronomes, voyageurs, naturalistes inventeurs de mondes, historiens inventeurs de batailles, n'ont travaillé, n'ont couru, n'ont souffert, n'ont médité, n'ont vécu que pour nous meubler. Et encore les livres ne seraient pas même cela sans le relieur, leur tailleur et leur bijoutier, qui les bat, les coud, les colle, les rogne, leur met des images, et les habille si richement que plus jamais ceux qui les ont ne les ouvrent. Les armes sont des meubles: ce qui tue comme ce qui fait naître ; de même que le berceau comme le cercueil. Pour nous meubler on chasse les bêtes féroces, on emprisonne et on éduque les bêtes domestiques. Jules Gérard fut un tapissier de descentes de lit : meubles la peau du lion, la peau du tigre, la peau de l'ours. Et la voiture étant un meuble, meubles évidemment sont les chevaux qui la traînent, et le chien, aboyeur servile, qui court devant les chevaux. Meuble sur son bâton l'oiseau vert qui parle là-bas ; meuble dans sa cage l'oiseau jaune qui chante là-haut. Meuble la belle esclave qui sert aux plaisirs abrutis du sultan. Meuble hier encore notre frère l'homme noir qui pleurait et priait chez les Américains du Sud. Meuble le crucifix. Meuble la chaire. Meubles l'autel et le confessionnal. Meuble enfin tout ce qui n'est pas denrée, ballot, récolte pendante par racines, champ, forêt, garenne, étang, château ou cabane, prison ou maison.

Tout dire serait trop, en vérité, et la besogne aurait plus que la mesure du bras. Tenons-nous-en pour l'heure au meuble proprement dit, ou meuble meublant, qui est le meuble en bois, le meuble de Paris, tout au plus celui de Bordeaux, de Saint-Quentin ou de Nantes. Et *ce sera du mal assez*, pour parler comme en Belgique, un pays de grande sagesse et bien meublé, s'il vous plaît, quoiqu'on en babille et s'en raille chez nous, sans jamais trop avoir su pourquoi.

Le style, c'est l'homme, disons-nous de ceux qui écrivent. Il y aurait fort à voir là dedans, n'en déplaise aux gens de Montbard qui jurent encore par M. de Buffon. Le meuble, c'est l'homme, voilà qui vaut mieux, à mon avis. Laissons, bien entendu, à leur mécompte et, faute de pouvoir, à leur misère, ceux qui durement et nécessairement nichent et gîtent dans les meubles que la famille, le collége, le voyage, le ménage, une maîtresse, un maître, le *garni*, les affaires ou le hasard leur imposent. Parlons ici de l'homme libre et de bonnes mœurs qui, de son vouloir et de son choix, son propre argent à lui dans la poche, marche et marchande par la rue de Cléry, les boule-

meubles et le faubourg, en la solennelle enquête d'un mobilier. Le faubourg, en ces mots, signifie faubourg Saint-Antoine : nul ébéniste ne l'appelle autrement. Au bois du lit, aux clous des fauteuils qu'il choisira, nous devons pouvoir vous dire ce qu'est cet homme ; habitué à l'opulence ou parvenu tout frais, de Paris ou de la province, raisonnable ou viveur, rentier ou artiste, homme d'esprit ou idiot, marié de même ou non marié. C'est sûr comme les gants, les breloques et la canne. Allez plutôt voir à l'hôtel des Ventes : tout crieur vous dira qu'il se fait fort, à chaque adjugé, d'écrire sur le bulletin l'état civil de l'acheteur. On aime à vivre avec son semblable, c'est d'instinct : massif ou plaqué, d'apparence ou de fond ; analogiquement, homogénéiquement.

Le meuble, c'est aussi le temps, c'est l'époque. Qui ne saisit les rapports qui se trouvent entre le défait des mœurs sous Louis XV et le débraillé des meubles ? Qui ne verra tout de suite le rappel impuissant et impossible aux antiques puretés républicaines dans les lignes froides et rigides du mobilier du Consulat, caricature en langue morte continuée par l'Empire jusqu'au dégoût et à l'abrutissement ? L'ameublement est le vêtement de la vie, me disait un jour Mazaroz, un grand artiste de la fabrique. On montre dans ses meubles son goût et la qualité de son esprit. Ce sont là d'irrécusables témoins, accusateurs ou glorificateurs de qui les possède. Mazaroz a connu des jeunes gens qui ont mis patiemment six ans à meubler leurs trois chambres de garçon, aimant mieux se passer longtemps de commode et de lit que d'avoir, à toute heure, le regard mis en pénitence par les lignes banales et bêtes des affreuses boîtes en bois blanc sur lesquelles on colle du bois rouge au lieu de papier, simulacres indignes, honteuse parodie de la bonne vieille ébénisterie parisienne, et dont un commerce inqualifiable infeste, en notre nom, la meilleure moitié du globe. C'est de l'élégance à bon marché, disent déplorablement les malheureux qui ont par démence le goût de ces vilenies. Double imposture, à mon gré, car de l'élégance, je n'en vois point trace en ces bahuts misérables. Et où donc serait le bon marché de meubles qu'on n'ose déplacer de peur de les écorcher, et qui tombent en pièces dès que la colle, leur unique attache, a perdu sa cohésion chétive ? C'est couper effrontément nos petites bourses que de nous vendre de telles choses. Et si jamais nous en parlons, ce sera pour souhaiter de toutes nos forces l'abolition d'une fabrication sans profit et sans honneur, ruine pour ceux qui s'en servent, famine pour ceux qui la font. Seul le marchand s'en tire, mais ce n'est pas lui qui nous touche.

Il va sans dire que ceci ne fait point tort au meuble plaqué beau et bon. Celui-ci aura, le temps venu, nos études et nos hommages. Il est rare et difficile à faire : ce sera donc une raison de plus.

Mais d'abord voyons le meuble massif dans ce qu'il fut et dans ce qu'il est.

Un célèbre architecte, qui est de plus un savant et un écrivain, M. Viollet le Duc, a fait un répertoire du vieux mobilier, ouvrage que le monde profane connaît peu ou point, ayant été tiré à nombre sage et petit. Cet ouvrage abonde en renseignements sérieux. Nous y avons puisé sans remords ; c'est où les choses se trouvent qu'il faut aller les prendre.

Avant ce seizième siècle tout de lumière, qui vit renaître les arts et mettre au monde un ameublement véritable et superbe, il n'y avait pas de meubles d'appartement proprement dits. Des boiseries, des stalles, des bancs, des lits, des armoires et des tabourets, c'était à peu près tout le mobilier. Les belles pièces avaient un caractère immobile et monumental, ayant été faites pour des palais, pour des couvents, pour des églises. La pente de l'appui, cette douce faute d'architecture, était inconnue dans les siéges ; le dossier montait droit comme une aiguille, ou se ployait à grande hauteur comme un dais. C'était incontestablement plus orthopédique que commode. Le *comfortable* — point de mot français qui vaille cet anglais — ne se trouvait que dans la couche et les coussins, lesquels nous venaient des Romains avec la draperie : lesquels Romains les avaient reçus des Grecs, et ceux-ci des Égyptiens, et les Égyptiens des Indiens très-probablement. Le matelas de laine ni l'oreiller de plume ne sont d'hier, comme on voit.

Les châteaux avaient de grandes salles dans lesquelles, selon le besoin et les hôtes, on pratiquait des *clotets* ou pavillons, sortes de chambres postiches en tapisserie. La même pièce donnait ainsi un salon et une ou plusieurs chambres à coucher. Le lit lui-même était une construction, une vraie chambre, avec son estrade, ses balustres et sa vaste ruelle entre la couche et la muraille, où s'assemblaient les intimes, assis à terre sur le tapis ou sur des carreaux de senteur. On ne connut l'alcôve qu'au seizième siècle. Cette somptueuse tente pour le sommeil d'un côté ; la grande cheminée historiée de l'autre : des dressoirs appliqués au mur : une table : la chaise du maître, siège d'honneur seul complet : pour les femmes, des carreaux ou *quar-reaux ;* pour les hommes, de longs bahuts qui servaient de bancs : tapisseries, cuirs, nattes : draperies chaudes et immenses, coupées géométriquement de façon à produire des effets de pli et des retombées d'une richesse et d'une ampleur qu'on ne connaît plus : cela ne faisait point un intérieur laid, et ces vieux logements valaient bien les neufs.

On ne sait plus guère que par les images comment étaient les meubles en bois d'avant la renaissance. La collection du musée de Cluny remonte au quinzième siècle à peu près, et ces rares débris du moyen âge sont devenus si chers que l'État lui-même n'ose pas s'en passer la fantaisie. L'Exposition rétrospective de 1865 en avait exhumé quelques-uns qui n'auront pas manqué d'inspirer les modernes exposants de 1867.

Les temps carlovingiens ont laissé un lit en bronze à sangles et tout simple, qui semble avoir servi de modèle à notre Gandillot et notre Léonard, pour leurs excellents lits en fer creux et en fer plein. Le nouveau n'est toujours que le renouvellement de l'ancien. Ce lit en bronze était un lit de repos pour le jour. Les vrais lits de sommeil consistaient en des ouvrages tout autres, magnifiques par le luxe et la variété de la matière. Métaux, bois précieux, ivoire, corne rare, pierres et pierreries, tout ce qui coûtait cher y servait.

Au douzième siècle on y ajouta le grand art : les incrustations, la peinture, la sculpture. On broda richement les literies : on eut des colonnes et des ciels où furent suspendues des courtines. Le lit était déjà roi dans la chambre. Chambre à lit, disait-on, *bed room*, comme c'est encore chez les Anglais, quand ils sont riches et magnifiques.

Au treizième siècle, le lit fut tout en bois découpé, gravé et sculpté, avec une ouverture dans le bateau pour y entrer plus commodément qu'aujourd'hui. Plus tard, le menuisier, le tourneur, le sculpteur s'effacèrent devant le tapissier : le quatorzième siècle couvrit les bois de draperies flottantes et tombantes. On inventa le dossier en étoffe, qui fut broché et brodé : le ciel eut des lambrequins pour cacher la suspension des pendants et des courtines, lesquels on fit en soie, en velours, en drap d'or, doublés, piqués, frangés et fourrés comme les couvertures.

Le quinzième siècle fut le temps des couchers vastes : sept pieds de long sur six ou huit de large. A la bonne heure. J'en ai retrouvé un dans le Cornwall, en Angleterre ; il était mauvais, malheureusement. Oh! le pays des méchants lits ! Dans la chambre d'Isabelle de Bourbon, duchesse de Bourgogne, on voyait deux de ces lits, séparés par une commune ruelle qu'un rideau coupait au besoin ; un seul ciel très-grand couvrait le tout. C'était l'usage alors de partager sa couche avec ses amis ou ses hôtes. Le général vainqueur couchait avec son prince, la fille d'honneur avec la reine, le procureur avec son client. Les manants fourraient leur famille pêle-mêle sous la grosse laine de ces aires, à fond de paille ou de cosses pour tous, à sommier de bourre pour le pauvre et de plume pour le riche ; les pères et mères en long, les enfants en travers. Le convive, attendu ou non, arrivait la nuit, fatigué, mouillé ; il entr'ouvrait la couverture, avisait une place et s'y blottissait : au matin les explications. Il y avait loin de ces lits omnibus aux mystérieux lits *à la duchesse* ou *à l'ange*, galanteries sans quenouilles ni colonnes, tournées au mur non par la tête, mais par le flanc, et que recouvraient amoureusement des rideaux lâches tombant ainsi que deux voiles d'une haute couronne empanachée. Toutefois, comme ces anciens pères au gros rire aimaient assez mettre l'étiquette au cou du sac, leurs lits de mariage montraient volontiers sur le ciel et les courtines des broderies emblématiques « dont nous nous choquerions aujourd'hui, » dit sagement M. Viollet le Duc.

Du lit on passait à la chaise : *chaire, chaière, forme* ou *fourme*. Ce meuble avait des bras et un dossier, souvent un dais ; et il était seul dans la pièce, comme un trône, pour le maître ou la maîtresse. Il y eut des chaises polygonales à balustres, dans lesquelles tournait à son gré le personnage assis. Chaises d'audience. Il y en eut en fer, très-élégantes et très-légères, que Gandillot et Tronchon nous ont aussi rendues ; il y en eut en bronze et en pierre. Leur magnificence spéciale date du quinzième siècle, qui les fit hautes, à dossier flamboyant, découpées et fouillées comme une fenêtre de cathédrale. C'était d'appui maussade, quand on avait désarmé le chevalier. Le siége était parfois un coffre à serrer de précieuses choses que le seigneur ou l'avare gardait, assis sur sur son trésor. Elles étaient nues et belles seulement par le ciseau de l'artiste; ou bien de larges housses les enveloppaient, descendant et se prolongeant en tapis de pieds.

Quand, de hasard, le roi venait, la chaise était enlevée et l'on apportait le fauteuil, *faudesteuil*, *fauldesteuil*, du latin *faldistorium*, sorte de pliant d'abord, dans le genre des tabourets en X où l'on assied les duchesses. C'était le siége d'honneur par excellence, au bas duquel rampait un escabeau pour le vassal ou pour les pieds sacrés, *scabellum pedum tuorum*. Le faudesteuil était de tous les voyages de Sa Majesté, et on l'emportait plié, comme cette toile sur trois bâtons qui sert à reposer les goutteux dans leurs pénibles promenades. Au douzième siècle, dit-on, Suger rendit le pliant solide, au moyen d'un dossier en bronze, par égard pour son roi malade, dont la tête allait chercher les genoux. Saint Éloi passe, à ce propos, pour avoir fait le fauteuil de Dagobert, lequel passe pour nous avoir été conservé. Pourquoi pas?

A portée de la chaise, séant inamovible, on avait le lutrin, *lectrin*, ou pupitre, *poulpitre*, meuble rigide ou bien tournant sur un pied, servant à tenir le livre pour qui savait lire, seigneur ou clerc, et mieux encore moine à défaut du châtelain. Un livre saint, le plus souvent, et c'est pourquoi le lectrin figurait d'ordinaire un oiseau ayant le livre sur ses ailes demi-ouvertes: volontiers un aigle, comme étant celui qui vole le plus haut et devait porter le plus droit notre prière ou notre louange. Ces meubles pouvaient quelquefois servir pour lire et pour écrire; et le temps destructeur ne nous a gardé que les dessins de charmants lectrins des treizième et quatorzième siècles, à tablettes tournantes, avec une lumière au milieu, portant sur une élégante colonne cannelée qui s'allongeait ou se raccourcissait comme dans nos pupitres à musique, selon qu'on voulait être assis devant ou bien debout. Ceux-là tenaient ouverts deux ou trois gros livres à la fois, avec des signets à poids pour empêcher les pages de se retourner. Nous n'avons plus rien d'aussi commode que ces lutrins, c'est évident; mais je reconnais que nos bureaux modernes sont préférables à l'antique *scriptionale*, pour dire écritoire en bon français.

En regard du lutrin était la *crédence*, ou dressoir portatif: lutrin du corps comme l'autre de l'âme, offrant aux loisirs de l'estomac seigneurial bouteilles, fruits, desserts et toute la menue gourmandise d'entre les repas. Le peu et souvent, illustre et grande règle. Crédence, de *credere* sans doute; croire à ce qu'on touche, à ce qu'on mange, à ce qu'on voit, à ce qu'on boit. La vieille *servante*, qui recommence à trotter dans quelques salles à manger spirituelles, est tout bonnement une crédence à roulettes. Il y en avait à tiroirs et à armoirettes fermées. Notre petit buffet à bonbons, notre meuble à cigares, notre cave à liqueurs sont des crédences. Il y en avait à tablettes visibles, élégantes étagères avec un dais pour couronnement et une jardinière pour base. D'autres, en forme de console et tenant au mur, pour déposer les objets et les reprendre en passant.

Le dressoir était une grande crédence immobile, aux tablettes habillées de beau linge que des dentelles et des guipures relevaient. La dame du logis étalait là-dessus ce qu'elle avait de plus riche et de mieux fait : vaisselle, orfévrerie, coupes, hanaps, dons du roi, dons du pape. Le buffet ne s'entendait pas de la caisse oblongue à dessus de marbre dans laquelle, aujourd'hui, nous serrons le pain et les assiettes ; c'était la chambre à loger tout le service de table, comme qui dirait l'office, ou bien aujourd'hui un meuble au milieu de la pièce dans les grands repas, brillant de vases précieux, de lumières et de fleurs, chargé de toutes sortes de choses bonnes à manger, comme un comptoir de Chevet, de Fontaine ou d'Ozanne. Le buffet d'un bal, les buffets de chemins de fer, rappellent ceux-là. Seulement il était d'hospitalité de les rendre aussi riches que possible, et, pour adieu, de les offrir à ses invités avec tout ce qu'ils portaient. Ces gens d'autrefois savaient presque vivre.

De même que le buffet, l'armoire, du latin *armaria*, fut d'abord une chambre où l'on serrait les armes, comme aussi la *librairie* fut la chambre à mettre les livres. Là où étaient les armes allèrent les ustensiles de chasse, puis les habits, puis le linge de corps, le linge de table, les coffrets, les écrins. Les religieux qui n'étaient ni guerriers ni chasseurs, rare exception, firent de l'armoire une sacristie. Dans cette chambre se trouvaient nécessairement des corps de boiserie fermés, garde-poussières à un vantail ou à plusieurs, où le plus précieux se mettait sous clef. Et cette sorte de meuble prit par suite le nom de la pièce, pour, un jour, remplacer la pièce elle-même chez

la plupart : c'est l'ambition des petites choses de se mettre à la place
des grandes. Et peu à peu l'armoire est devenue et restée le meuble
principal de la famille, l'emblème de l'ordre, de l'économie, de l'opulence en ménage. La moindre fille en se mariant apporte son lit;
pauvre fille qui n'a que son lit! Celle qui est mieux née apporte son
lit et son armoire : quelle fierté! Aussi est-ce un meuble que l'on
soigne et que l'on pare : le menuisier du lieu y met tout son orgueil
et toute sa fantaisie. On le décora d'abord par la serrurerie, au
moyen de ferrures de clôture historiées, restées brillantes comme des
miroirs dans ce Nord amoureux de propreté où, les jours de fête, on
fleurit sa vieille armoire de jeunes guirlandes enluminées. Puis on
eut l'esprit de peindre les panneaux; et les armoires à sujets sur fond
bleu, sur fond rouge, sur fond d'or, furent parmi les beaux-arts du
quatorzième siècle. Vinrent ensuite les moulures et les sculptures,
qui sont encore de mode, avec la marqueterie. La plus belle que j'en
connaisse en sculpture est chez M. Grohé.

La Bourgogne est riche en armoires des seizième et dix-septième
siècles, dont beaucoup n'ont jamais été déménagées. Faites pour un
logis, elles ont forcé leurs maîtres d'y vivre et d'y revivre par respect :
tranquilles et sûres confidentes de la bonne et mauvaise fortune du
même nom pendant vingt générations! Que de choses en ces armoires
trisaïeules! Souvenirs bien-aimés de naissance et de mort, premiers
cadeaux, premiers travaux, premiers trousseaux, premières amours;
tablettes qui racontent à la grand'mère quand elle était petite fille:
amusants panneaux à travers quoi passaient nos enfantines convoi-
tises; vieille serrure découpée que tant d'impatiences tourmen-
tèrent; vieille clef polie et tenue chaude en tant de mains devenues
froides! Demandez donc aujourd'hui cet héritage, et cette histoire,
et ce magasin de bonnes choses à l'impudente armoire à glace, à
l'incommode commode en plaqué! Celles-ci n'ont qu'un mérite, c'est
de vivre peu et de ne laisser de regrets à personne.

La Normandie et la Bretagne ont aussi gardé de leurs armoires :
mais l'art y paraît moins beau.

## CHAPITRE III



Parlons un peu de la table maintenant. La table à manger , théâtre du vivre et meuble des meubles, selon Grimod de la Reynière.
Le seul indispensable avec le lit dans la foi gloutonne des anciens,
qui les plaçaient l'un contre l'autre, et mangeaient couchés, pour di-
gestion meilleure. On se tenait ordinairement trois sur un matelas,
réservant à l'hôte la place du milieu, de même que dans les festins
le lit du milieu était aussi le lit d'honneur. Les modernes ont jugé
plus commode de manger assis, et de passer de la table au lit ou du
lit à la table. C'est bien à peu près la même chose. Paresse et gourmandise jadis se confondaient, aujourd'hui elles se succèdent : voilà
toute la variante. Quelques-uns mangent debout, comme aux buffets
de chemins de fer. C'est gênant et malsain , l'estomac se contracte
et reçoit mal la nourriture. Il y a quarante ans, à l'instar des études
épargneuses et crasseuses de procureur ou d'huissier, c'était assez
l'usage, dans le commerce parisien, de faire manger debout les apprentis et les commis, afin sans doute qu'ils mangeassent moins. De
quoi ne s'aviserait un marchand, et surtout une marchande ?

Les premières tables à manger dont on ait chez nous la tradition
étaient des plateaux demi-circulaires, avec rebords ou galeries d'où
tombaient des draperies qui cachaient les tréteaux. On fait aujour-

d'hui, pour le déjeuner de coin du feu, des tables volantes qui rappellent un peu celles-là. Sur ces tables les mets seulement étaient posés : quand le mangeur avait soif, il se levait pour aller boire au dressoir ou à la crédence, moyen tout aussi bon qu'un autre de détourner ou contrarier l'excès. Les plats eux-mêmes n'étaient pas toujours servis ; le buffet en restait paré comme à demeure, et les domestiques y coupaient ou puisaient selon l'appétit et le goût de chaque convive. Les vins fins, les liqueurs, les épices et confitures attendaient leur emploi sur de petites tables immobiles, en bois, en cuivre, en marbre, en or ou en argent ; enrichies de mosaïques, d'incrustations, de peintures ; armées de pierreries magiques et tutélaires qui devenaient noires au voisinage des poisons, de même que les fidèles verres de Venise se brisaient, croyance naïve et charmante, quand une boisson dangereuse y tombait. Que ne nous fait-on encore de ces verres-là, en notre ère de vin faux et d'absinthe !

Plus tard, les tables devinrent ovales, oblongues, à pieds droits, à devanture découpée, grillagée ou pleine, sur laquelle, pour amusement, se voyaient des sujets, des devises, des sentences d'hygiène ou de cuisine. Il y en avait de tout étroites pour manger à deux seulement, l'amante et l'amant, la maîtresse et le maître, la reine et le roi ; non pas vis-à-vis, mais côte à côte, assis souverainement, au seizième siècle, dans une belle fourme à bras, avec dossier, montants magnifiques et dais. Les assiettes arrivèrent tard en ces tête-à-tête ; on n'en eut d'abord qu'une pour les deux, par amoureuse ou familière économie. Seulement chacun avait sa salière, prenait ou recevait poliment un morceau, le salait et le mangeait. La nappe vint après le surtout, espèce d'ornements fort ancienne. Cette tenture blanche ne fut guère connue qu'au douzième siècle. Elle se mettait en double ; d'où lui fut donné son autre et premier nom de *doublier*, si bien conservé en Normandie.

La grande table des festins était ce qu'elle est restée, une suite de planches assemblées sur des tréteaux, en fer à cheval presque toujours. Les convives assis d'un seul côté, le dos au mur, afin d'être plus à l'aise pour voir les *entremets*, divertissements pompeux dont la splendide hospitalité d'alors accompagnait ses profusions culinaires. Tout se tient dans ces grandeurs féodales ; et quand seulement nous voyons aujourd'hui ce qui meublait l'âtre des cuisines, nous sommes incrédules ou épouvantés. Les domestiques servaient par devant, nombreux comme une armée. Pour traiter honnêtement deux cents personnes, on mettait debout mille vassaux. Les mets principaux étaient apportés en cortége, au bruit des fanfares, par des maîtres d'hôtel à cheval, quand il y avait à table le roi ou l'empereur. A présent, on est petit, comparativement, et le temps dit plutôt calcul que dépense. Financier n'est pas seigneur. A pères prodigues, fils avares.

On fit sous Louis XI le guéridon, la table carrée à un pied et la table à jouer décorée d'emblèmes. Il en reste des modèles charmants.

Voilà donc quel était à peu près l'ancien mobilier. Un beau régime de bahuts régnait en appui le long du mur. Bahut, de *bas hu* ou *basse huche*, est un mot d'emploi progressif, à l'inverse d'armoire, bibliothèque ou buffet. Le bahut fut d'abord une enveloppe en osier recouverte en cuir, laquelle servait, dans les voyages, à garantir d'offense le coffre ou la malle du voyageur. Nous avons cela en toile, et les chargeurs des chemins de fer s'en divertissent déplorablement. Plus tard, le coffre se perfectionna; la malle prit des tiroirs : de mobile qu'il était, le contenu devint fixe et prit le nom du contenant. On diversifia la forme et l'usage; il y eut le bahut de hauteur moyenne, qui servait volontiers de table; il y eut le bahut moins haut, qui servait de banc; il y eut le bahut plus humble encore du pauvre, qui servait de lit. Sa décoration suivit à peu près celle de l'armoire. Cependant le bahut sculpté est plus ancien que l'armoire sculptée : on mariait déjà dans le bahut les deux systèmes d'ornement quand l'armoire n'en était encore qu'à la peinture.

Ceux qui fabriquaient ces huches, hautes et basses, furent au commencement des artisans très-vulgaires. On les appelait *huchers*, et, vers le treizième siècle encore, ils appartenaient à la corporation des charpentiers, comme ouvriers de la *petite cognée* tout au plus, faisant portes, fenêtres, volets, bancs, coffres. Les menuisiers en lits, les faiseurs de tables, dits alors tabletiers, les méprisaient ou les tenaient à distance. La fille d'un tabletier eût dérogé avec un hucher. Mais plus tard ces huchers ou huchiers s'élevèrent. L'art leur était tombé de la Flandre ou du ciel. Parurent un jour les superbes bahuts de mariage du quatorzième siècle, avec leurs gravures pleines d'accent, leurs bas-reliefs souverains, leurs cariatides puissantes : vastes

et royaux coffres à serrer, comme disent les mémoires, « les habits
et les amants sans les plier. »

Alors le bahut, ennobli de son chef, quitta le vestibule et vint
habiter la chambre. Jusqu'à la Renaissance il fut en progrès et en
honneur. Puis naquit un autre mobilier qui le vieillit et le détrôna.
Aujourd'hui nous avons encore le petit bahut sur quatre pieds, qui
est un *cabinet* à mettre les bijoux ou le tabac, hélas! La huche du
paysan servant à faire le pain noir, le coffre à avoine des défunts
maîtres de poste, sont aussi des bahuts. Les bancs creux de l'antichambre, pour la provision de bois quotidienne, bahuts. Les comptoirs des grandes boutiques où couchent les commis qu'on ne paye
pas, bahuts. Le coffre illustre de l'Opéra, rendez-vous d'amour et
d'intrigue à la porte du foyer, bahut. Le coffre blindé du marin, qui
pour lui renferme tout, maison, famille et patrie, bahut.

Ces grands logis des ancêtres avaient un inconvénient grand
comme eux : il y faisait froid. Passe encore après que les cheminées
furent inventées; mais avant les cheminées? On était réduit, pendant l'hiver, à promener, par les salles longues de l'abbaye ou du
château, des réchauds ou brasiers sur roulettes, chefs-d'œuvre en
fer forgé, remplis de braises ardentes. Or les fenêtres n'avaient pas
encore de vitres; et même aujourd'hui l'Espagne ni l'Italie n'y sont
tout à fait arrivées. Les dames du moyen âge avaient des *chauffedoux*,
tièdes et naïfs comme le *pot à courer* des dentelières dieppoises, et
les cavaliers battaient la semelle. Et tout ne fut pas dit avec l'énorme
cheminée, au tirage bruyant comme un soufflet d'usine, où des arbres
entraient sciés en deux. On eut alors des *pare à vents* et des *ôte
vents* (paravents, auvents), des *éperons*, des *clotets*. C'était comme
des sortes de tambours, composés de deux joues et d'un plafond,
qu'on plaçait contre les portes, à l'intérieur. Une draperie portière
fermait l'ouverture, ou bien, plus simplement, des tentures libres
aux anneaux courant sur leurs tringles. Nos tapissiers imitent assez
bien tout cela. Le paravent à feuilles nous fut donné plus tard;
Louis XI en avait un derrière lequel il cachait des écouteurs de ses
entretiens secrets, afin, au besoin, de pouvoir tout trahir sans rien
révéler. C'était un grand roi.

La difficulté de chauffer les appartements fit un chef-d'œuvre : elle
créa le luxe des tapis et des tapisseries. Les églises en eurent avant

les palais, les couvents avant les châteaux. Et c'était de droit, la crosse avant l'épée : *Cedant arma cruci*. On trouve une fabrique de tapisseries par les religieux de Saint-Florent, à Saumur, en 985. Voilà probablement encore un art venu d'Égypte, que les Romains donnèrent à l'Occident en consolation de sa conquête. On pouvait, comme vous voyez, honorer les oignons, adorer les chats, déifier les crocodiles sans être autrement maladroit ni barbare. Poitiers, Troyes, Beauvais, Reims, Saint-Quentin, Arras, firent bientôt comme Saumur. Et c'était partout le travail égyptien, la *haute lisse*, qui veut dire la chaîne placée verticalement sur le métier. Ce fut encore ainsi, je pense, qu'on dut travailler à Fontainebleau, lorsque François I<sup>er</sup> y établit la première manufacture royale de tapisseries françaises, sous des maîtres italiens et flamands. Quant au tapis velouté, il fut d'importation arabe, et on l'appelait sarrasinois, du nom de ses producteurs sarrasins. Certains chrétiens, voulant et pensant tout ménager, faisaient exorciser et bénir ces tapis avant de s'en servir, à cause de Mahomet le maudit, chamelier, faux prophète et polygame ; homme d'extraction basse et de profession douteuse.

Quoi qu'il en soit, ce fut le retour des croisades qui donna le goût du tapis à terre, au lieu du paillasson vulgaire et des nattes. Jusquelà ces riches et lourdes étoffes avaient servi de rideaux, de cloisons et de clôtures. A Versailles même, sous le grand roi, on eut des portières en tapisserie, sans portes ; elles étaient l'inverse des glaces sans tain. Ici entendre et ne pas voir, là voir et ne pas entendre ; deux conditions qui se valent. Sur les murailles étaient des boiseries, du cuir doré, de l'étoffe ornée ou des toiles peintes. Les toiles peintes ont joué un grand rôle dans l'histoire de notre vieux temps. C'était comme une presse gardée libre en son peu de ressources et de savoir. L'écrivain au pinceau mettait là-dessus sa pensée, sa fantaisie, son hommage ou sa critique, ses enthousiasmes ou ses vengeances ; comme l'écrivain au ciseau sur le bois des maisons et la pierre des cathédrales. Et tous deux, étant du peuple, parlaient au nom du peuple. Dans les fêtes publiques, on tendait les rues de toiles peintes où le Paris du quinzième siècle a lu bien des satires. En voici une entre autres. C'est un bonhomme, Jacques Bonhomme peut-être, regardant attentivement une toile d'araignée ourdie entre deux arbres : un fou, cette autre liberté, passe et l'interpelle :

> Bonhomme, diz moi, si tu daignes,
> Que regardes-tu en ce boiz ?

A quoi le travailleur répond :

> Je pence aux toiles des éreignes
> Qui sont semblables à nos droitz :
> Grosses mouches en tous endroitz
> Passent ; les petites sont prises.

Le fou, sentencieusement :

> Les petits sont subjectz aux loiz,
> Et les grands en font à leurs guises.

Pour tendre une chambre en toile peinte, on appliquait une étoffe de laine sur le mur et on la doublait extérieurement d'une toile fortement encollée dessus et dessous. Puis, selon son talent, le peintre couvrait cela de métamorphoses, de chasses, de paysages, d'histoires, de fables, de batailles. Un architecte-décorateur de grand talent, M. Guichard, nous restituait dernièrement ce procédé dans son exhibition, chez les successeurs de Chevreux-Aubertot et Herbet frères, d'une suite de tapisseries murales peintes à la main, par *eaux teintes* fixées dans l'étoffe au moyen de mordants retrouvés. C'est, dit-il, inaltérable, pouvant à volonté se déplacer, se rouler et se transporter. Le peintre ainsi exposait allégoriquement, dans la salle à manger, les dangers de banqueter et de trop boire ; il entourait les couchers de bergeries et d'amourettes, ou de saintetés et de tristesses, selon l'âge des maîtres et l'habitude de la maison. Et vraiment, quand on réfléchit à tout ce qui se faisait déjà, on trouve que nous n'avons pas beaucoup ni toujours gagné dans le charme et l'amusement du logis ; et l'on croirait volontiers, avec M. Viollet le Duc, qu'au temps de Charles V, par exemple, les nobles et les bourgeois étaient mieux logés qu'ils ne le furent sous Louis XIV.

A quoi a tenu principalement notre infériorité mobilière contemporaine comme agrément et comme esprit ? A ce que depuis longtemps et toujours nous nous faisons meubler au lieu de nous meubler nous-mêmes ; croyant aux lumières générales de l'ébéniste et à la poésie universelle du tapissier, de même que certains disent encore à la cuisinière : Faites-moi dîner, et au sommelier du restaurateur : Faites-moi boire. Cela ne manque pas toujours de bon sens, mais cela manque certainement de puissance. Le temps actuel a peur de l'initiative ; c'est le temps des gérances et des commissariats. Ajoutons que l'homme s'est aussi trop mêlé de l'affaire. Or, sauf des exceptions spéciales, l'homme n'a pas de goût : c'est positif. La richesse et la beauté mobilières d'autrefois venaient surtout des femmes, affectueuses et religieuses gardiennes de la maison quand monseigneur ou messire courait les aventures d'ambition ou de guerre, et toujours cherchant, en leur esprit comme en leur amour, les moyens d'augmenter l'attrait et le bien-être du logis, afin qu'au retour le maître fût heureux d'une surprise ou d'un embellissement. Qui mieux que la femme, laissée à ses inspirations, saura jamais parer le nid du père et de l'enfant ? C'est en elle. Cela résulte de sa destinée. C'est un don, une faculté, un privilége. Elle n'y épargnera guère l'argent, c'est vrai ; on le disait jadis comme aujourd'hui :

> Pencez-vous qu'elles preignent garde
> Comant l'argent se dépent ? Non.

Mais alors, comme à présent, elles avaient leur réponse admirable : « C'est de l'argent qui reste dans la maison. »

Je connais à Paris un tapissier qui sait meubler : ce tapissier a une femme qui doit l'inspirer.

Le seizième siècle fit enfin naître le meuble français proprement dit ; et c'est à ses chefs-d'œuvre que revient, par imitation, déduction et conclusion, tout l'honneur environ du bel ameublement moderne. Nous n'avions véritablement rien encore qui fût nôtre et raisonnable. Nous vivions d'emprunts. Or on ne pouvait pas toujours rester dans le lit basilique et la cheminée cathédrale ; les hommes commençaient à se trouver moins divins. Jean Goujon et sa pléiade ouvrirent sur ce siècle leurs mains pleines de merveilles ; et ce qu'ils ont fait en ameublement, personne ne l'a dépassé. Il reste quelques meubles du château d'Anet, dessinés par Jean Goujon pour Diane de Poitiers : c'est à se mettre en adoration.

On suivit ce grand art, d'un peu loin pourtant, jusqu'à la Ligue.

Sous les guerres parricides qu'elle alluma, il y eut un temps d'arrêt.
On se bardait et se barricadait plus qu'on ne se meublait; on achetait, non des statues et des bahuts, mais des volets, des verroux et
des armes. L'Italie, plus paisible, continua doucement d'avancer; voilà
pourquoi tant de palais y sont remplis de meubles bâtis et sculptés
dans le genre créé par Goujon. C'est, je pense, la première fois que
l'art français, tout jeune qu'il était, aura prêté quelque chose à l'Italie, cette grande mère. L'Angleterre, qui, à force de chercher, est si
près d'avoir le sien, en était encore au gothique, remplacé par nous
d'une façon brillante. Nous ne la voyons guère en sortir qu'au dix-septième siècle, par des Hollandais engagés à prix d'or, lesquels lui
firent ces belles salles de châteaux plafonnées en bois, dont les Goupil ont publié un éblouissant album. Aujourd'hui même, M. Crace,
très-grand ébéniste de Londres, a des préférences pour le gothique
et s'en trouve bien.

Le meuble français, repris vaillamment à l'abjuration de Henri IV,
atteignit toute sa splendeur sous Louis XIII. Les lignes torses, ces
amoureux serpentements de la lumière et de l'ombre, étaient trouvées; et c'est à coup sûr le cas d'admirer que l'industrie aujourd'hui
régnante ait eu la bonne foi de réinventer et de faire breveter sous
Louis-Philippe deux procédés que connaissaient déjà les bahutiers de
1620, à savoir le tour tors et la machine à guillocher. On faisait, il
est vrai, et je crois même que l'on fait encore du pied tors à la main;
mais il était laid en ce temps comme au nôtre. C'est l'unique raison
pourquoi les faux amateurs le recherchent, n'aimant des vieilleries
que leurs imperfections.

Comme une belle chambre était alors une belle chose! Aux murs,
de bonne hauteur et d'épaisseur discrète, s'appliquaient les cuirs dorés
et repoussés, les boiseries élevées, les tableaux, les miroirs de Venise, les faïences, les émaux, les portraits des aïeux. Voulait-on
faire un salon de cette pièce ou deux en une, on déployait les tentures de haute lisse glissant sur des tringles cachées au sommet de
la grande gorge de la corniche, à l'angle de la première moulure du
plafond en caissons; et l'on avait d'immenses murailles de laine sans
portes, coiffées d'un ciel à reliefs vigoureux se détachant sur des
fonds rouges ou bleus à filets d'or. Les fenêtres, s'ouvrant sur des
jardins, continuaient dans la nature les merveilles peintes de la tapi-

serie. Trois lustres ou cinq descendaient du plafond par des chaines de cuivre entourées de cordelières, beautés de l'art hollandais dont Gérard Dow a mis un type si charmant dans son tableau de la *Femme hydropique*. Ces dinanderies de grand style, comme en font aujourd'hui les Lerolle, aux boules précieuses autant que l'or, avec leurs agréments maniés en plein cuivre, leurs nœuds et leurs houppes aux couleurs de la pièce, étaient adorables à voir éteintes, et magiques à voir allumées. Les siéges, à pieds tors, avaient le dossier comme le coussin, en travail plein à l'aiguille, sans sommet sculpté, afin de ne pas lutter d'effet ni de lignes avec les tapisseries. De gros clous de cuivre dans le ton des lustres les garnissaient. Des tables, couvertes de richesses grandes et petites, ornaient les trumeaux, qui sont les espaces entre deux fenêtres, au-dessous des miroirs aux joints garnis de même par de beaux cuivres emboutés.

Les splendides ensembles que cela devait faire, surtout si on se les figure peuplés des costumes du temps, les plus élégants et les plus nobles que la France ait jamais connus !

# CHAPITRE IV



L'ameublement français véritable, unissant les deux qualités suprêmes, le bon et le beau, fut donc positivement à son apogée sous
Louis XIII. L'orageuse enfance de Louis XIV dut s'en contenter :
la Fronde, pas plus qu'autrefois la Ligue, ne laissait aux arts de
loisir pour innover  Et c'est ici peut-être le cas de dire que les célèbres meubles *flamands*, lits, siéges, tables, si cher rachetés et dont
on place la gloire à cette époque, étaient presque tous sortis de
France. En les vendant aux autres, nous les avions dénaturalisés et
probablement oubliés : ce qui explique notre admiration présente
devant les copies qu'on nous en rapporte.

Cependant l'ébénisterie, industrie nouvelle, trouva une fente pour
naître entre Richelieu et Mazarin, les deux hommes rouges. Les
huchiers s'étaient faits bijoutiers en bois depuis quelque temps déjà ;
car on a gardé de ceux-là des écrins à compartiments fort superbes,
comme je ne crois pas que madame Sormani, M. Diehl ni M. Tahan en
commandent beaucoup à leurs hommes. Les ouvriers ne manqueraient
peut-être point, jamais on n'en eut de meilleurs : mais les acheteurs
manqueraient. On mettra bien aujourd'hui douze mille francs à une
porte cochère, afin que les passants la voient ; on ne les mettra pas à
un meuble de chambre à coucher. Soyons beaux en dehors, c'est suffisant. Nous savons vivre de peu quand personne ne nous regarde.

Les huchiers de Louis XIII s'appelèrent donc les *ébénistes*, de ce qu'ils travaillaient l'ébène, qui est le pommier noir de Madagascar ; — nous disons pommier, parce que, là-bas, de son fruit on fait du cidre. — La boiserie actuelle remplace *avantageusement* ce pommier exotique par le poirier indigène nigrifié à la noix de galle ou autrement. *Remplacer* s'entend ici en son sens absolu, *être ou mettre à la place de*. Quant à valoir de même, c'est une autre histoire. Que nous avons déjà remplacé de choses, ô mes amis !

Ces ébénistes vrais nous ont donné, entre autres inventions, des bahuts sur quatre pieds, appelés *cabinets* encore par une substitution parlée du contenu au contenant. Inimitables désespoirs de nos jours, aux panneaux vivants, aux figures voyantes et agissantes ; poëmes d'aventures de dieux et de déesses, qui se croisent, se mêlent, s'enferment, se mirent ; adorablement encadrés de moulures guillochées, de gravures à regarder et copier toute sa vie ; enrichis de glaces, de travertin, de sanguine, de portor, de vert antique : merveilles de la nature et merveilles de la main, moins précieuses pourtant, moins difficiles à retrouver que le goût suprême de la composition et l'entente inouïe de la lumière. De ces choses-là non plus on ne fait plus et ne fera plus. Pas un millionnaire ne voudrait les payer, quoique le million, dit-on, coure les rues à pied comme un homme de lettres. Et d'ailleurs, probablement, personne même ne pourrait plus les faire. Car ce temps splendide avait l'esprit et la main, et de lui la main seule est restée : l'esprit s'est enfui. Nos ouvriers sculpteurs parisiens égalent et surpassent les anciens quand ils veulent : voyez les deux crédences de M. Henri Fourdinois ; mais les compositeurs de meubles sont rares. C'est comme dans les orchestres : beaucoup de violons, peu de musiciens. L'art s'est changé en usine ; le souffle est devenu du vent.

Et il faut bien le dire, ces joujoux sublimes étaient déjà fâcheux pour notre meuble. De même que les guipures, les dentelles et les fleurs dans la muraille des monuments, l'ajustement des pierres fines, marbres, métaux riches, camées, émaux, aux meubles et aux armes, a toujours été le signe, sinon le signal, de la décadence d'un peuple ou d'un style. Notre époque, grâce à ce qui la mène, n'a pas ces malheurs à craindre ; son peuple ne saurait déchoir et son style est absent. Affirmant que tout est trouvé elle ne cherche plus rien, elle reprend et ravaude ce qui a déjà servi. Elle fait du *vieux neuf*, selon l'ingénieuse et savante expression moderne : sa cuisine d'art est une macédoine rétrospective, un miroton des divers âges accommodés. Au meilleur ragoût la palme. Qui s'avise d'une idée est honni et pour un peu on s'assurerait de sa personne.

La lutte entre l'ébénisterie et la menuiserie massive du meuble dura jusque vers la seconde moitié du dix-septième siècle. Alors (1660 ou 1670) la jeune invention tua la vieille, par la grâce de Boulle l'immortel premièrement, par celle aussi de Bérain, et beaucoup plus tard de Riésener et de Campe : tous grands artistes. Le meuble suivait le monde ; il était *précieux* comme le langage, il se mettait du fard et des colliers. Il était galant, nonchalant, hybride et se mourant d'amour discret, ainsi que le voulaient les platoniques chambres à coucher du Tendre. Le joli au lieu du beau, le gracieux au lieu de l'héroïque, comme la ruelle au lieu du tournoi et la houlette au lieu de la bannière. Pradon, si vous voulez, dans le ciel de Corneille. Et cette révolution du mobilier s'était faite aussi par les femmes, qui menaient toutes choses sous les rois amoureux : et elles la poussèrent jusqu'où il leur plut de le faire, avec leur savoir inné de l'intérieur bon ou mauvais. Les anciens connaissaient ce génie des femmes, quand ils chargeaient les captives de l'arrangement des palais. Chez nous surtout, où son foyer peut être son trône, la femme l'aime depuis l'âtre jusqu'à la pierre du seuil ; et nul n'aura jamais la mesure des imaginations qu'elle peut y déployer.

Depuis lors, on ne retrouve plus notre beau bois massif que dans les siéges, encore y est-il couvert d'or ou affligé de peinture. Ou bien on l'emploie en lambris, lesquels suppriment les armoires et cachent des placards dans l'intérieur des murs. Adieu, sous Montespan et La Vallière, les grands meubles des chevaliers, aux puissants panneaux en cœur de chêne durci au feu comme les armures, et leurs beaux sommets à cimier comme des casques ! Il faudra bientôt à ce doux monde qui se penche, des meubles à hauteur d'appui, grassouillets comme des madrigaux, courts sur pied comme des sonnets, où l'on puisse fouiller assis, car on va vivre assis désormais. Nous avons horreur du bois nu : c'est indécent et grossier : « Les arbres eux-mêmes, en leurs forêts, ont la convenance de se vêtir d'écorce. » Aussi nous ne montrerons le bois de nos lits que sous une croûte

d'or et des caparaçons d'étoffe. C'est assez de laisser voir celui des
tables. Si nos commodes, nos chiffonnières, nos guéridons, nos consoles, nos armoires à livres sont malheureusement en bois, cachons
au moins leur charpente comme la nôtre, sous des flots d'agréments.
Fi de la chair et fi de l'arbre ! Le naturel est vil.

Et ce mauvais goût produisit tout de même des merveilles : l'art
sait éclore de l'œuf le plus mal pondu. L'un des Coustou sculptait
pour le doreur les figures en bois du lit en or de Louis XIV, ce roi-
soleil qui se couchait et dormait dans ses rayons, comme un Crédit
mobilier. Le pauvre Nicolas Poussin écrivait à sa nourrice des An-
delys : « En ce pays de Paris, on m'occupe à dessiner des ornements
de cheminée, des montants de tables de nuit, des frontispices et des
couvertures de livres. » Et plus que les dessins de Poussin, plus que
les dessins de Coustou, le siècle de Louis XIV eut un homme tel
qu'il en vient deux ou trois par chaque histoire de pays : Boulle, dont
notre temps ignorant et vantard ne sait pas bien si c'est quelqu'un
ou quelque chose; Boulle, nom qui, maintenant profané, baptise et
masque effrontément les plus basses œuvres du mauvais meuble.
Fils d'un ébéniste et obligé, selon les vieilles mœurs, d'être ébéniste
comme son père, quand il aurait rêvé d'être Lebrun, Bouchardon ou
Mansard, ce génie garrotté se fit un monde dans sa niche. A sa
prière ardente, l'art divin descendit dans le métier. L'établi fut son
chevalet, le bâti du menuisier sa toile ; ses couleurs furent le bois
étranger, l'argent, le cuivre, l'écaille, l'étain. Et lorsque, compositeur
inspiré, mosaïste créé, graveur comme Cellini, il avait *peint* de cette
façon les tableaux que vous savez ; architecte, il inventait pour les
encadrer des profils dont personne, même en les copiant, ne retrouvera la grâce ; sculpteur, il découpait pour les relever des reliefs
comme jamais plus il n'y en aura. Ce n'est pas que le goût n'en puisse
revenir, qui sait ! Mais le pouvoir et le désir de payer ces choses ?
Boulle fit pour le banquier Samuel Bernard un bureau de cinquante
mille livres, ce qui, à notre cours, vaudrait plus de cent mille francs.
Vous figurez-vous à cette heure un financier, juif ou chrétien,
payant cent mille francs un bureau neuf ? Vieux, ce serait une autre
affaire : objet d'art à revendre. Nous n'avons plus d'amateurs, nous
avons des brocanteurs. On est maquignon de meubles comme de
chevaux.

Il y eut alors quelqu'un dont le nom est fort demeuré et qui s'appelait Bérain. Il *corrigea* Boulle et finit par se faire prendre pour lui. Sur dix boulles retrouvés il y a neuf bérains. Les experts s'y trompent et les catalogues trompent. Comme on est gentiment volé dans toutes ces ventes illustres !

L'art du meuble alla ensuite toujours de plus en plus s'efféminant et se mignardisant. Les leçons majestueuses de Boulle et de Macé de Blois se perdirent. Nous reviendrons sur ces hommes forts, à propos de leurs imitateurs faibles. La régence de Louis XV n'eut que faire de nos exceptions nobles. Les amours étaient devenues canaille , et les meubles durent leur ressembler. On cultivait la luxure, il convint de la symboliser. L'ébénisterie se mit à faire du convexe et du creux. Au lieu de pieds de lion elle adopta les pieds de biche. Cela s'appela galbe et contour : on sauve tout avec des mots. On délaissa de même le grand décor et le grand bronze ; on fit du composé sous prétexte de simple, en demandant au bois des effets inconnus. Sous ce rapport il y avait mérite, et les marqueteurs de Louis XV rendirent au meuble des services dont on se souvient. On passa en revue tous les bois exotiques : puis, ressuscitant de vieux procédés usités en Italie et en France quelque cent ou cent cinquante ans auparavant, on teignit certains de ces bois ; on en mit d'autres dans le lait de chaux ou dans le sable ardent ; on en passa au soufre et au sublimé ; on imagina et employa tout ce qui pouvait modifier ou diversifier les nuances. De cela, des ouvriers et même des artistes firent sur les meubles des fleurs, des fruits, des attributs, des animaux, et s'appelèrent peintres en bois. Quelques détails charmants en sont restés malgré des formes horribles ; l'art ne disparaît jamais tout entier. On encadrait cela dans de minces baguettes de cuivre déplorablement guillochées ; on achevait la difformité des tiroirs par des poignées et des entrées de serrures en fontes odieuses. Et voilà ce que furent beaucoup de meubles louis-quinze en *rose,* en *violette,* en *amourette,* en *satin* (des noms de bois) pour lesquels, il n'y a pas encore longtemps, une sorte d'engouement s'est manifestée.

Il se trouve des malheureux qui les imitent toujours.

Et puis ce fut fini. La mode avait duré cent ans à brouiller les lignes peu à peu : à rétrécir et abaisser les pièces ; à chantourner les dessus de porte, les bordures de miroirs , jusqu'à la caisse des voi-

tures ; à mêler le droit et le tortu, le carré et le rond ; à inventer des
commodes en marmite et des secrétaires à ventre ; à ne plus trop rien
voir enfin ni savoir ce qu'on faisait ; à se sauver, comme les limonadiers, par le blanc et l'or dans la décoration. S'il fut jamais vrai de
dire que les générations peuvent être distinguées les unes des autres
par la forme des tables, des chaises, du lit, de la tapisserie, de tout,
depuis les plus grandes entreprises de l'art jusqu'aux industries les
plus vulgaires, et qu'en ce livre des faits on puisse lire leur signification et leur esprit, le mobilier du dix-huitième siècle signifiait parfaitement et de plus en plus le désordre, l'extravagance et la fatigue. Ce
qu'on en voit, pris aux derniers jours de Louis XV, n'a pas l'air de
tenir debout. On dirait d'un art qui aurait bu pour s'étourdir. C'est au
point que le jeune règne qui succédait eut peur et voulut, par une
réaction brusque, se purifier dans l'antique. Changement radical, s'il
en fut, et peut-être le plus énergique prélude de la révolution générale qui suivit. Aussi les vieillards suppliaient-ils et s'écriaient-ils de
ne rien déranger. Ils entendaient craquer les murs !

Ce règne nouveau, aux avertissements sombres, qui devait finir
par tant de sang et de larmes, a laissé de son meuble des souvenirs
charmants. Il eut un grand artiste, Riésener, surnommé l'ébéniste de
Marie-Antoinette, ancêtre de bons peintres, heureux homme en qui
tous ceux de son temps se sont absorbés. Qui dit louis-seize, dit
Riésener, et réciproquement. Notre époque aura-t-elle de ces noms
qui sont des astres ? Ce que nous voyons nous permet d'en douter.
Le talent était un et dans quelques-uns seulement ; aujourd'hui la
foule en mange, mais il n'y en a peut-être pas plus pour cela. Cent
petites parts peuvent fort bien ne faire toujours qu'un gâteau. A
l'heure qu'il est, les bonheurs-du-jour, les chiffonniers, les bureaux,
les entre-deux de Riésener sont encore copiés, et c'est ce que nous
faisons de mieux par le louis-seize qui nous inonde. Quelques efforts
par-ci par-là, dédaignés, condamnés, oubliés. Des hommes comme
Sauvrezy ou Wassmus succombant à l'indifférence bête. Et voilà.

Riésener refit droits et honnêtes les pieds des meubles que la rocaille et le pompadour avaient faits tortus. A ces bahuts à bedaine,
chancelants et titubants, il rendit l'aplomb, la décence, la solidité et
la grâce. Il poussa aux limites extrêmes l'art de la marqueterie en
bois  lignes, arabesques, fleurs, oiseaux, emblèmes. Il emprunta au

métal ciselé des ornements adorables qui, nous le verrons, n'étaient
point fondus finis comme on fond à présent, mais sur lesquels marchaient des burins comme celui de Gouthière, s'attaquant à des
ébauches en relief, et là dedans fouillant, mordant, faisant entrer
l'homme, le mouvement, l'esprit, la parole. Nous avons économiquement et prudemment remplacé cela par le surmoulage et la galvanoplastie. A notre aise !

Avec cette marqueterie et ces cuivres parurent des bois dorés et
des bois peints tels qu'on n'en avait jamais faits, et dans lesquels
des sculpteurs pleins de charme découpaient les plus jolies choses
du monde. Là-dessus, ensuite, on appliquait du beauvais ou du
lyon, peinture en laine ou brocatelle. Il y eut ainsi douze ou quinze
années ravissantes.

Cependant les momies de deux villes italiennes, jadis étouffées
sous une éruption du Vésuve, venaient d'être découvertes. La gravure avait répandu les contours purs, les lignes simples et correctes
des ustensiles, meubles, peintures et ornements domestiques retrouvés sous la cendre d'Herculanum et de Pompéia. La mode s'empara
de cette résurrection, et, quelques savants à la suite aidant, Paris
fut tout à coup poussé vers le plus antique de l'antique, le dorique
sans base. On mit le dorique sans base partout, en corps de garde,
en boutiques, en commodes. Car c'est ainsi que la mode procède, par
l'excessif et l'outré. Il faut se défier du goût que fait la mode.

La mode n'est pas une raison, c'est une maladie. La mode a trois
causes, disait Percier le Romain, lesquelles peuvent être folles toutes
trois : 1° l'amour du changement; 2° l'influence des personnes avec
lesquelles on vit ou auxquelles on veut plaire ; 3° l'intérêt de l'industrie à faire vieillir promptement les objets de luxe, afin, plus ou
moins ruineusement, de les renouveler.

Tout cela n'est pas absolument respectable.

Les anciens n'obéissaient guère qu'au premier de ces trois mobiles.
L'influence des femmes, si puissante chez les modernes, était inconnue aux anciens, et l'industrie, cette esclave, n'avait pas d'avis à
donner. Ils changeaient donc pour changer, mais en conservant à
tout objet son type, son principe et sa raison d'être. Ainsi ce qui nous
reste d'eux dit toujours clairement son emploi. La mode, chez nous,
au contraire, a pour origine le caprice de quelques-uns ou de quel-

ques-unes. Elle agit en bouleversant et par substitution violente :
« elle n'impose pas les choses parce qu'elle les trouve belles, elle les
trouve belles parce qu'elle les impose. » Elle a pour se faire obéir, si
insensée qu'elle puisse être, un levier formidable, le ridicule, que la
masse ne sait ni éviter ni braver. On la suit pour faire comme tout le
monde et ne pas être un original. On est de sa troupe, et elle nous
donne l'uniforme. Aujourd'hui l'aiguillette et demain le plumet. Absurde quand elle veut et tant qu'elle veut. Puis elle s'en va comme
elle est venue, sans dire parce que ni pourquoi. Ou bien l'industrie
l'a usée en l'exploitant : cette industrie sceptique et cynique, qui tout
féconde, mais aussi de tout s'empare, et tout falsifie, et tout déna-
ture, fait du marbre en plâtre, de la dentelle, du bois, de la laine, du
velours en papier, de la sculpture en pâte et en carton, du porphyre
en vernis, des pierres précieuses en verre, du cuir en coton, du cuivre en zinc, rend le beau commun et rend le commun vil. Il faut bien
qu'elle abuse ; elle a tant de besoins ! La vérité et l'honnêteté n'y
fourniraient.

Ainsi donc le seizième siècle avait fait son meuble sous l'inspiration du génie de Raphaël. Le dix-septième avait procédé de Rubens
et du Poussin. Le dix-huitième, après s'être usé à des fantaisies
folles, allait se coucher dans la pénitence du grec. Né monarchique,
il mourait républicain. D'ailleurs l'opinion, l'esprit, le discours, la
guerre, l'espoir, la peur poussaient à la mode avec enthousiasme. La
Constituante avait été romaine et la Convention spartiate, le Direc-
toire fut athénien. Après quoi vint l'expédition d'Égypte, et nous
voilà devenus égyptiens ! La mode alors s'appelait le général Bonaparte. Le génie des arts était David-Léonidas.

Le meuble du Consulat et de l'Empire est le mélange de tous ces
derniers germes. La Restauration n'eut la vertu d'y rien changer ;
elle n'était venue, pour quoi que ce fût, dans des conditions assez vi-
tales. Tout ce qu'elle put faire, les mers étant libres et l'Angleterre
étant son point de départ, c'est d'y ajouter les rideaux tragiques en
calicot blanc ornés de grecques rouges. On a beaucoup médit de
ce meuble auguste après l'avoir servilement admiré : c'était dans
l'ordre. De plus, il était sec, maigre, anguleux, ennuyeux, désagréable en sa froide pompe. Toutefois nous ne saurions nier que ceux
qui en ont introduit le style n'aient eu la bonne intention de rendre

à leurs compatriotes égarés les données générales du vrai, du simple et du beau, telles que l'antiquité les avait reçues et transmises. Mais vouloir et réussir sont deux. L'application les aura trahis, j'en suis convaincu, par une exécution inintelligente, forcée, grotesque. C'est si bien le déplorable côté de toute invention ou restitution quelconque ! Les méchants pastiches estropiés dont on nous accable sous prétexte de *renaissance* en sont assez la preuve.

Car la pensée des constructeurs de ce genre archaïque, dont on a ri jusqu'à s'en faire mal, était grande après tout, et leurs règles étaient justes. Ils entendaient que l'on adaptât le meuble aux formes du corps, aux convenances, aux besoins, aux commodités de la vie. Traçant à la fantaisie un carré de limites, ils ne permettaient pas à l'ornement d'envahir le fond, ni que les détails eussent l'air de supporter les masses. Ils déclaraient l'architecture inséparable de l'ameublement, et là-dessus leur loi est restée. Ils n'admettaient pas que l'esprit de la décoration pût être séparé de celui de la construction : car, disaient-ils, le premier, livré à lui-même, non-seulement pervertirait les formes essentielles de l'édifice, mais finirait par les faire disparaître. Ainsi des glaces ou des tapisseries non convenablement posées vont produire des vides où il faudrait des pleins, et réciproquement. Ainsi les bronzes maladroitement appliqués sur le bois d'un meuble assassinent les lignes du meuble. La construction des édifices était à leurs yeux comme l'ossature du corps humain ; elle devait prévoir et commander la décoration, laquelle est instituée pour l'embellir sans la cacher tout à fait. Leur amour de l'antique et de la tragédie ne les entraînait pas jusqu'à l'abstraction de notre climat peu latin et de nos mœurs encore moins grecques : ils nous laissaient charitablement nous enclore et nous chauffer sous forme étrusque. Pouvait-on plus leur demander ? Ajoutons qu'ils avaient en outre et surtout le respect des belles matières, et tenaient à le faire partager. N'ornez pas le beau ! s'écriaient-ils. Ainsi jamais Sèvres et Beauvais ne furent plus sobres que sous leur direction : car ils n'aimaient pas non plus qu'on ornât trop ce qui a pour destination d'être couvert, qu'on mît un paysage dans le creux d'une assiette ou la figure d'un homme sur le coussin d'un siége. Les fautes d'alors ne furent pas leurs fautes en général, elles furent des fautes *officielles*. Ils avaient bon vouloir, bon savoir et bonnes études. Malheureusement le goût leur manquait.

# CHAPITRE V



Le grand mérite du meuble froid de l'Empire consiste dans sa solidité. Les traditions de la fabrication forte et loyale n'avaient point péri. A défaut d'art, on avait le devoir. Aujourd'hui beaucoup n'ont plus ni l'un ni l'autre. Cependant en cherchant bien, on trouverait encore à Paris quelques ébénistes qui se rappellent et continuent ces façons irréprochables. Nommons, par exemple, et tout de suite, M. Boutung, le patriarche du faubourg, si vénérable et si vénéré. A côté de ce type de la conscience et de l'honneur, nous pourrions placer deux ou trois anciens élèves de Jacob, du célèbre Jacob Desmalter, ébéniste de l'Empire et de l'Empereur, honnête en ses meubles, *dessous comme dessus*. Il est bon de dire ces devises des vieux aux jeunes qui ne les savent pas. Cela peut donner d'utiles remords.

Les meubles de Jacob étaient difficiles à user, quoique plaqués, à cause du soin très-grand qu'il mettait à les construire. On en voit qui traînent les déménagements depuis cinquante ans et plus et n'ont pas encore fléchi. Les élèves de ce bon fabricant font comme il faisait, autant que possible, avec quelques procédés de plus et un peu de lourdeur de moins. La feuille étant plus mince, grâce aux scies capillaires employées, ce n'est peut-être pas le plaqué imperturbable de Jacob, mais c'est encore un plaqué fort honorable et qui a plusieurs raisons de plaire, même aux partisans du massif. La première raison est dans le prix. La seconde est dans le poids. La troisième, sur laquelle on insiste le plus, est dans la tendance à se fendre qui afflige ces beaux panneaux tout d'une pièce.

Or voici comment on plaque, quand on veut faire quelque chose de bien dans l'espèce. Une planche, plus ou moins forte, de peuplier d'Italie est mise entre deux feuilles de chêne placées en contre-fil avec elle : puis sur la feuille de chêne extérieure s'applique la feuille de bois visible, également en contre-fil : le tout d'épaisseur convenable et collé de colle à l'épreuve. Bonne colle est nourrice du bois, disent les maîtres. Ces quatre ou cinq feuillures contrariées établissent ensemble comme un compensateur réciproque de leurs effets, et nous ne nions pas qu'il n'en puisse résulter des conditions fort bonnes. Le revête- ment extérieur est ordinairement en acajou, en noyer d'Amérique ou en palissandre, une sorte de cèdre : quelquefois en ébène, bois magnifique et rebelle, ou encore en assemblages de petits bois assez analogues à l'acacia et que nous appelons de toutes sortes de nom- jolis. L'Empereur n'aimait pas les bois exotiques, et prétendait que notre ébénisterie s'en passât. Il avait raison, à la rigueur ; et le noyer d'Auvergne, le chêne de Compiègne, le marronnier blanc, le sycomore, l'érable, le sapin, l'if, le poirier, le frêne sont des bois suffisants et pleins de ressources. L'Algérie, depuis lors, nous a donné le thuya.

C'est ce plaqué beau et bon avec lequel on fait encore des armoires de mille francs, des bureaux de huit cents francs, des lits de six cents francs ; lesquels sont le succès et la fierté de l'ébénisterie parisienne.

La Restauration, cet anachronisme, fut une lacune, ou tout au plus un temps d'arrêt dans le meuble. On lui doit cependant le bronze troubadour, par reflet monarchique de M. d'Arlincourt et de la *Gaule poétique*, divertissement littéraire d'un procureur général sinistre. Comme elle finissait, un mouvement se fit. Les enfants nés de la gloire étaient devenus des hommes. Ce mouvement prit un nom et eut un chef ; et tout dans l'art se mit à marcher. Il est donc très-vrai de dire que la renaissance du mobilier français appartient au roman- tisme et à Victor Hugo. Ceci peut avoir l'air d'un paradoxe, mais peu importe. Le grand poëte a fait chez nous la révolution de la littéra- ture et du meuble, qui sont, personne n'en doute, les deux habita- tions de l'homme, l'une pour son corps, l'autre pour son esprit. Sans la coalition constitutionnelle des chapeliers et des tailleurs de Louis-Philippe, il l'eût faite aussi dans le costume, maintenant mieux

retombé que jamais, sauf exceptions rares et mal portées, à nos pantalons soigneux préservateurs de nos bottes, et à nos chapeaux en
ciment plaqué de soie noire, imprimant sur le front de chacun le trait
rouge de l'imbécillité. Cela est à dire, parce que cela est. Ainsi encore
de notre littérature, si profondément remuée par Hugo pendant
vingt-cinq ans, et qui dort depuis qu'il est parti. Seul encore le grand
homme sait troubler ce repos lourd quand il nous parle de là-bas,
secouant nos torpeurs et galvanisant nos paralysies durant le court
moment que brille l'éclair envoyé par son génie. Un jour *les Contemplations*, un autre *la Légende des siècles, les Misérables, les Travailleurs*, immensités! Hors de ces événements, qu'est-ce qui nous frappe?
Rien, ou si peu de chose vraiment! Faut-il d'ailleurs écrire pour qui
ne sait pas lire? Paris, Institut du monde, a six cabinets de lecture
qui lui restent. L'État ne faisait plus pour payer le loyer. Les théâtres, ces belles chevaleries de l'art quand l'absent souverain et sa
quadrille ardente y commandaient la bataille, sont devenus des succursales de cafés-concerts. Ils vivent de cuisses et d'épaules nues,
avec commentaires obligés. Reste dans ton île, vieux Dante : si tu
voyais cela, tu mourrais.

Essayons de dire comment la riche ascension du meuble a commencé.

Avant la révolution de 1830, les curiosités et antiquités mobilières
n'étaient guère choses de commerce. Ceux qui les avaient les gardaient ou les donnaient, ne sachant point en faire mieux. Quand ils
mouraient, ces vieilleries inconnues restaient là, dédaignées et abandonnées. Les Auvergnats du bric-à-brac achetaient alors et revendaient de la friperie, de la ferraille, de la vaisselle et du verre cassé, des
couteaux sans manches et des chaises sans paille : débris misérables et
souillés, parmi lesquels parfois roulaient et se repêchaient des perles,
des diamants, des étonnements. Chez une douzaine de marchands de
vieux tableaux on voyait, par exception, toujours à la même place
et toujours les mêmes, de la tabletterie et de la menuiserie anciennes,
des étoffes, des armes et des bronzes historiques. Nul passant ne
savait ce que c'était. Un livre qui est un monument parut : *Notre-
Dame de Paris*, le Paris de Louis XI refait vivant, en trois volumes,
dans un lumineux logis de la rue Jean-Goujon, aux Champs-Élysées.
Et tout aussitôt la génération qui aimait et pratiquait l'art s'alluma

de l'amour du passé dans la lecture de ce chef-d'œuvre, devint enthousiaste de la vieille vie châtelaine et chevalière, s'enquit des bois
sculptés, des cuirs repoussés, des meubles, des ustensiles, des galanteries, du langage, de l'habit, de la barbe et des cheveux de jadis.
Relativement, ce vieux était le nouveau pour elle, saturée et ras-
sasiée jusqu'aux nausées de fausses choses romaines et de fausses
choses grecques, en plâtre et en pâte, palais, maisons, églises, tra-
gédies, académies et le reste.

Alors les peintres et les architectes qui avaient de la jeunesse par-
tirent des villes, préalablement fouillées et dépouillées, puis, à leur
tour, dépouillèrent les villages, flairant chez le paysan et déterrant
les épaves autrefois volées aux châteaux. Et ils mirent cela dans
leurs ateliers, en attendant de le mettre à la mode.

Ce que sachant et voyant, le commerce, qui sait et voit tout, s'empara de l'affaire, ouvrit boutique de jeune France et mit en route ses
commis voyageurs, lesquels ramassèrent tout ce qui était vieux. Sans
choix, partout, à mesure et pêle-mêle, fruste ou non, bon ou mauvais. Un panneau, une corniche, une tête, un pied, le dessus sans le
dessous, la clef sans la serrure, la porte sans l'armoire, et réciproquement, pourvu qu'il y eût trace ancienne d'un ciseau ou d'un
burin quelconque. C'était laid, mais c'était vieux. Donc c'était beau.

Ces limiers de l'antiquaille sont ardents à leurs œuvres. En fait de
nez, de plus fins ne les valent pas ; ils vous lèveraient de l'archéologie
après l'Académie des inscriptions. Ils raflèrent d'abord de très-bonnes
choses pour ce qu'ils voulurent, pour de l'argent, de la toile, du vin,
du bois neuf ou des livres ; échangeant généreusement un hanap
contre une carafe, et le chêne noir sculpté pour le peuplier plaqué.
C'est par leurs escroqueries narquoises, renouvelées du négoce entre
navigateurs et sauvages, que nos paysans bretons, picards et autres
reçurent tant et de si mauvais meubles dont ils n'ont jamais connu
l'usage. On leur avait pris un lit du temps des ducs, on leur envoyait
un piano, ou une table à ouvrage au lieu d'un bahut. Après consultation et réflexion, sur l'avis du curé principalement, du piano ils
faisaient une armoire et mettaient dans la table leurs oignons et
leurs cuillers. Voilà comme le progrès vient toujours de Paris. J'ai
vu, près de Vannes, un tableau vert à l'huile qui servait d'écran au
maire du lieu. On avait percé et taraudé la toile pour y ajuster un pied.

Plusieurs maisons honorables gouvernaient ce trafic, dont riait fort l'ébénisterie du faubourg Saint-Antoine, si fière et si sûre de l'avenir sans bornes avec son lit à flasques, sa commode plate et sa chaise gondole aux quatre jambes bancales. Leur bric-à-brac illustrait particulièrement trois quartiers : le quai Voltaire, la Chaussée-d'Antin et le boulevard Beaumarchais. C'est là que venaient s'échouer, après le sauvetage, tous les précieux panas, toutes les guenilles sacrées, et que des hommes spéciaux, menuisiers en vieux comme il y a des cordonniers, les réparaient, les rejoignaient, les recarrelaient. Trois surtout de ces *poseurs de béquets* ou *rétameurs de meubles*, comme plaisamment on les appelait, sont devenus riches et demeurés célèbres : le père Mombro, le père Senlis et un ouvrier de celui-ci, M. Ribalier aîné. Sous leurs mains habiles et rompues à la peine, les vieilleries abattues se remettaient sur pieds, reprenaient une forme et un lustre, se remboîtaient, se réarticulaient. Ces hommes-là ont accompli des résurrections remarquables, et ce n'est pas nous certes qui leur demanderons, plus qu'aux autres restaurateurs, compte sévère de leurs rentoilages et de leurs repeints. Tout est bien qui finit bien, et les musées impériaux en font bien d'autres.

Paris bientôt ne fut plus seul à faire et voir de ces résurrections splendides : Dijon s'en mêla, et d'autres villes aussi, qui étaient comme Dijon centres de pays à moines et à seigneurs, les deux seules espèces bien meublées de jadis. Dijon eut son Mombro, qui s'appelait Tagini.

D'abord on ne voulut que le très-ancien : du moyen-âge, la mode en étant venue par ce beau roman de *Notre-Dame*. Ce fut alors que M. Duponchel, un artiste, fit sa fameuse et superbe chambre à coucher de Charles VII. Grand et vaste goût, en effet, qui, à défaut de l'impossible réforme de l'habillement masculin, servit au moins de prétexte et donna plusieurs hivers pour scène à des mascarades et travestissements magnifiques. L'exactitude historique des costumes et décors de théâtre date de ce temps. Jusque-là le théâtre n'avait eu de vrai que la toge et l'épitoge, laborieuses restaurations de Talma-Manlius, sévères, roides et tragiques comme le pli de nos rideaux et l'angle droit de nos cheminées. A partir de là, il voulut tout avoir. Nous faisions vraiment de belles études en cette époque chaude de 1832 ; nous prenions l'art au sérieux dans nos recherches naïves de reconstruction. Quelle passion ardente et comique ce fut au commencement, et combien le commerce moqueur et voleur en abusa! Abuser est la maladie française; aussi bien de ce qui s'élève que de ce qui tombe.

Plus tard nous arrivâmes au goût de la renaissance. C'était moins grave que l'autre et plus joli, mieux praticable à nos petites pièces, à nos petites étoffes, à nos petites affaires. Aux profils aigus des compagnons d'Albert Durer, les rondeurs fleuries de Jean Goujon succédèrent dans notre estime et notre amour. Cela nous ressemblait d'un peu plus près. O les beaux temps, toujours copiés et jamais revenus! Siècles où l'on croyait et aimait! Les grands artistes dont nous savons les noms, saintetés qui nous servent à vêtir tant d'erreurs, livraient d'abord leurs merveilles; et d'autres après eux, sous eux, venaient, plus près de la foule et des habitudes communes, artisans purs, simples et naïfs menuisiers, pieux ignorans pleins de mission et de goût, lesquels, ayant vu ces merveilles des hommes-dieux, les imitaient du mieux qu'ils pouvaient, selon leur main et leur flamme. Voilà pourquoi les fouilleurs voyageurs que nous disions ont tant trouvé et leurs heureux patrons tant vendu de vieux meubles grossièrement exécutés, mais où rayonnaient la pensée, l'intention, l'harmonie des modèles. En ces jours à jamais perdus de l'art magistral et pontifical, les fidèles attendaient, entendaient, retenaient la parole, et la rendaient respectueusement et amoureusement, ainsi qu'ils l'avaient reçue : chacun selon son savoir et ses forces; tous en vertu de la même foi. Ce qui ne se fait plus aujourd'hui, où chacun est à lui-même son prophète, l'or étant l'unique dieu, quoique les hypocrites en affectent. Alors on mettait sa conscience à premièrement marcher dans le pas de plus fort que soi, la nature ou un maitre. Les élèves d'un grand peintre italien allaient jusqu'à partager sa ruine et gagner sa maladie. Démence admirable! extravagance sublime!

De 1832 à 1848 environ, l'art mobilier français se fit donc et vécut de la réparation et de la copie. Parmi des meubles tout à fait splendides et qui sont restés notre étonnement, on vit se produire bien plus nombreux ceux qui pourraient s'appeler les *arlequins*, méchantes contrefaçons de carcasses flamandes ou autres dans lesquelles le recarreleur insérait des carrés et des ronds de tous les âges. C'était

trouvé beau pareillement. M. Mombro père était à la fois un savant, un amateur et un réparateur distingué, mais son magasin fut un musée dangereux, générateur de bouibouis sans nombre. Un meuble pris chez lui servait de passe-port à cent pauvretés.

1840 fut le summum de notre passion déréglée. Puis on descendit. Juste, comme c'est toujours, quand le plus beau nous arrivait. On ne voulut plus mettre le prix à ces grands restes, et l'Angleterre les emporta. Elle prend tout notre vieux ainsi, et ce n'est pas sa faute. La commode et le manuscrit. Si vous voulez écrire une histoire de France, il faut aller en chercher les pièces au *British Museum*. Nous laissons aller tout pour de l'argent, monuments et documents. C'est l'affaire de quelques générations. La famille française tient volontiers aux os de son père, un peu encore à ceux de l'aïeul : plus loin, c'est trop loin. A cause de ce que cela coûterait d'abord, et par indifférence du passé surtout. Voilà pourquoi, sans doute, on dit si bien que les leçons du passé ne nous servent pas.

Cette mort de notre passion pour le meuble ancien importait peu, au reste. Le goût s'était refait. Ce qu'on avait vu vieux, fruste, rongé, piqué, vermiculé, on désira l'avoir neuf. L'industrie parisienne eut un enclos de plus dans son domaine. Cet enclos, bien ou mal cultivé, lui vaut aujourd'hui le quart à peu près de sa récolte en meubles meublants de toute espèce. Ce n'est pas beaucoup encore, mais c'est un commencement et un élan. Plus de soixante maisons s'y emploient, avec trois mille ouvriers et des machines. Toutes les maisons ne sont pas grandes et tous les ouvriers ne sont pas bons. On ne s'appelle pas partout Sauvrezy, Mazaroz, Fourdinois, Chaix, Grohé, Knecht, Godin, Guéret, Drapier, etc. Mais laissez faire et laissez venir : le vrai meuble moderne arrive, il entre dans la vie moyenne, hors des châteaux et des palais. Il ne s'agit point pour l'avoir de payer des sommes folles ; les choses de cinquante mille francs sont affaire de Tuileries et d'empereur. Mais, pour deux mille ou deux mille cinq cents francs, vous aurez, dès à présent, votre chambre à coucher meublée en chêne sculpté, à savoir : un lit, une commode-toilette, un meuble à deux corps pouvant servir de bureau, une armoire à glace, une table, une chaise longue, deux fauteuils et quatre chaises volantes. Tous les siéges garnis en reps de laine façon des Gobelins, qui est une étoffe très-forte. Ce sera sobre

d'ornements, mais beau de lignes, et durable jusqu'après vos petits-
enfants. Vous payeriez la même somme pour des meubles en plaqué
commun, fourniture à changer tous les dix ans, grâce surtout à la
suppression des socles, qui gardaient au moins les bases du coup de
balai de la servante et du coup de pied du frotteur. Nous parlons ici
évidemment pour les ménages sérieux et définitifs, non pour les dames en bois de rose, au cœur vaste autant que le désert ou la Providence, qui changent de mobilier comme les serpents changent de
peau. Beauté, voilà notre rêve ; solidité et bon marché, voilà nos
lois. Or le meuble massif nous assure les lois. Quant à la beauté du
rêve, c'est à réaliser par tout le monde, ouvriers, fabricants, vous et
moi. Relativement, bien entendu !

On y marche ; vous allez le voir.

La Révolution de 1848, cette grande faiseuse d'ingrats, a bien
rendu quelques services, et le mobilier en particulier lui doit un notable progrès. En ce temps de vie neuve et ardente, où volontiers la
langue mettait aux choses leur vrai nom, il fut tant parlé d'intermédiaires parasites, de conseillers rongeurs, de commissionnaires vam-
pires, d'exploitation, d'exploiteurs et d'exploités, que la *pratique*, en
y songeant, finit un jour par se demander si elle n'était pas bien exploitée elle-même depuis l'institution des boutiques et de ce qu'on y
fait. Et peu à peu, tout étonnée d'abord de se trouver si brave, elle
prit, curieuse, le chemin de quelques ateliers familièrement accessi-
bles, aux fins d'y essayer l'inouï renversement qui consiste à voir
faire ce que l'on veut avoir et à le payer selon ce que cela coûte.

Sage parti, sans contredit. Si un tiers, entre gens valides et sain-
d'esprit, eut jamais son utilité, en effet, ce n'est pas dans les industries où l'art joue un rôle. Là son concours est plutôt funeste, et
voici pourquoi. Quel qu'il soit, dans l'ameublement, par exemple,
tapissier, commissionnaire ou marchand, ce tiers intéressé et gourmand
ne voudra pas gagner moins du dixième. Or toute denrée normale
a un cours qui la fait appeler *courante*, lequel est connu et ne saurait
guère être dépassé. L'industrie officieuse de l'intermédiaire devra donc
consister à lui faire livrer la chose, la forme, le dessin demandés à
dix pour cent pour le moins au-dessous du cours. Non pour le fabricant ni pour vous, mais pour lui. Il y parviendra sans peine, aux dépens de la qualité et de l'exécution, et sans scrupule, laissant l'ar-

ticle supérieur pour l'article *avantageux*, c'est-à-dire celui qui représente plus qu'il ne vaut. C'est pourquoi les honnêtes, grandes et claires maisons ne conviennent guère à notre cicerone ; il y fait trop jour pour son métier ténébreux.

Donc, en allant droit chez l'ébéniste, le bourgeois de Février a eu deux fois raison. On a commencé par lui vendre son meuble un peu plus cher qu'on ne l'eût fait au parasite ; ainsi l'exigeait la tradition de ces complicités malsaines ; mais le plus cher pour lui était encore moins cher, et la marchandise était meilleure. Puis le fabricant et sa pratique ont eu plaisir mutuel à se connaître, et le premier a pu y gagner, si ce bourgeois était par hasard un homme de science, de goût et d'esprit. Tous ceux qui se meublent ne sont pas des paveurs enrichis et ne prétendent pas, comme j'en connais, qu'on leur parle à la troisième personne ! Ajoutons, par surcroît de bonheur, quelque femme un peu bien douée s'en mêlant.

De là, nous le croyons, le pas très-large qu'a fait le meuble parisien après les hauts et les bas de 1848. Le bon sens montré par le consommateur à cette époque inquiète fut et demeure contagieux. On sent approcher le jour où chacun, en fait d'industrie que l'art rehausse, vendra directement ses produits et non ceux des autres : le tapissier ses garnitures et ses tentures, le meublier ses meubles, le bronzier ses bronzes, le serrurier ses ferrures. Tout y gagnera : l'art, le goût, le travail et l'emploi. Les riches, dit-on, n'aiment pas à s'occuper de ces détails : ils apprendront à le faire, et d'ailleurs ceci n'est rien moins que prouvé. Il y aurait de quoi jeter sa richesse aux chiens si, parce qu'on la possède, il fallait absolument être idiot.

Nous entrâmes un jour dans une illustre fabrique de la rue Ternaux-Popincourt : une grande dame était assise, le crayon à la main, et dessinait ses meubles devant le maître respectueux. Il y avait dans ces dessins des idées et des nouveautés ravissantes, mais un tapissier-commissionnaire en fût tombé à la renverse. Ces hommes-là ont des mesures, des catégories et des rengaines dont ils ne s'écartent jamais. C'est inhabitable et absurde, mais c'est cher.

Maintenant, quittons les préliminaires, et abordons le travail qu'on nous montre. Ce retour sur le passé aura servi à éclairer le présent.

# CHAPITRE VI



Nous avons de beaux meubles. La France a maintenu sa réputation. Ce n'est point dire pourtant qu'elle l'ait surpassée : l'esprit n'a
pas l'air d'être beaucoup aux chefs-d'œuvre. L'invention surtout
fait défaut. On fabrique bien, mais on se reproduit et on se répète, à
quelques exceptions près. Les morceaux d'exposition proprement dits
deviennent rares. Les fabricants se tiennent dans un bon courant
général. Plus d'extrêmes, des moyennes. Nous sommes loin de blâmer tant de sagesse, mais nous gardons quelques regrets pour les
sublimes folies d'autrefois. 1855, en ce sens, fut une date célèbre, et
1867 ne l'effacera pas. C'est peut-être tant pis. Selon nous, une exposition universelle devrait être un musée universel, c'est-à-dire la
collection de tout ce qui se fait de plus parfait sur la terre. Nous
laisserions volontiers aux concours d'industries régionales ou par-
tielles le soin plus sobre et plus maigre d'exhiber le quotidien et les
magasins.

M. Henri Fourdinois, successeur de son père et tenant haut son
grand nom, a exposé deux meubles qui sont absolument hors ligne.
Ils rappellent, comme fini du travail et recherche peut-être trop
exquise de la forme, le meuble en ébène, si remarqué à Londres en

1862, et qui fit à son jeune auteur une renommée dangereuse. On peut mourir de ces succès précoces, mais, Dieu merci, M. Fourdinois fils n'est pas mort. Ses meubles de cette année marquent de plus en plus une tendance salutaire, parmi les bons ébénistes, à rester dans les ressources et les beautés du bois. Ils sont en bois, en effet, et rien qu'en bois, sauf quelques éclats de pierres précieuses semés sur chacun d'eux comme une illumination. Dans le premier, qui est un meuble henri-deux de l'espèce et du style qu'on attribue à Jean Goujon, l'outil et l'esprit du sculpteur ont pratiqué des perfections véritablement inconnues. Nous ne croyons pas qu'il soit possible de s'élever plus haut. C'est pourquoi la seule critique que nous suggère ce morceau, si intéressant sur tant de points, aurait le droit d'être sévère. Pourquoi du bois employé à si grand prix a-t-il des parties pauvres? La matière n'est jamais indifférente au travail. Quand nos magnifiques manieurs du métal entreprennent une orfévrerie, ils choisissent de l'argent vierge et de l'or pur. Imitons les Anglais, voisins devenus tout à coup si redoutables, et ainsi qu'eux, commençons par le commencement. A beau buste beau bloc. On a trop chez nous de ces petitesses, restes surnageants de la pratique du faubourg; sur une exécution de dix mille francs on sera heureux d'épargner cinquante francs de matière. Des dessus de dix louis, des dessous de dix sous. Du goût, mais point de logique. Nous ne disons pas cela pour M. Fourdinois. Notre application est beaucoup plus générale. Dans un autre morceau que celui-ci, tout le bois que voilà serait superbe; mais au chef-d'œuvre de l'homme il fallait le chef-d'œuvre de la forêt.

Les anciens huchiers travaillaient mieux que les nôtres, il faut bien le reconnaître. Quand nous retrouvons des restes de leurs œuvres, ces restes sont brisés quelquefois, déjetés jamais. On nous répondra qu'ils étaient les meilleurs, puisqu'ils ont duré le plus longtemps : d'acccord. Souvenons-nous cependant que jadis on avait des lois pour faire les meubles. Les bois qu'on employait étaient abattus en bon temps, séchés à l'air pendant dix ans peut-être, et remplacés toujours afin d'en avoir toujours de même âge. Et pour plus de sécurité dans les ouvrages de choix, ces huchiers exposaient encore leurs panneaux à l'aigre fumée de leur foyer. Il y avait une amende pour celui qui se fût servi d'aubier. On assemblait les pièces à tenons et mortaises ; on les chevillait en fer ou en bois. Jamais de colle. Les moulures et les sculptures étaient faites en plein bois par les imagiers, dans la *masse*, pour qu'en disant *massif* on dît rigoureusement vrai. Les règlements veillaient à toutes choses. Tant de barres et des membrures de telle sorte pour un banc de telle longueur. Défense de mettre en couleur une armoire ou un coffre avant de les avoir vendus. Et de même pour le reste. Les candélabres, les lampes, étaient fondus à cire perdue. Le passé nous a laissé des serrureries incompréhensibles : voyez les pentures des portes de Notre-Dame de Paris, la tradition veut qu'elles aient été forgées par le diable. Il reste quelque part un pied de cierge pascal en six pièces de fer, haut comme un homme, dessiné probablement, celui-là, et fleuri par les anges : ce morceau a dû être passé au feu plus de mille fois. Vous trouverez dans M. Viollet le Duc la description d'un simple écrin de *maître queux* (cuisinier), indestructible étui en cuir bouilli à serrer les condiments, couteaux, lardoires, cuillers et fourchettes, avec arabesques et figures dessinées au fer chaud. C'est à faire jeter au feu notre papier mâché, ce mensonge frère du carton-pâte et du carton-pierre, sculptures de vendeurs de tourteau-moutarde et de chicorée-café.

On comprend qu'ainsi la durée était grande et la réparation rare. Aussi cherchait-on déjà le procédé. L'artiste véritable vivait mal. Couvents et châteaux marchandaient. L'économie, cette avarice en domino, gouvernait prieurs et majordomes, et sans les corps de métier, dès le commencement notre industrie mobilière se fût gâtée. Il est singulier aujourd'hui, en pleine marche vers le vingtième siècle, de paraître regretter les jurandes et les maîtrises. Certes, et on l'a dit avant nous, ces corps avaient l'inconvénient de maintenir la main-d'œuvre à haut prix, de constituer une sorte de coalition du vendeur contre l'acheteur ; mais au moins ils conservaient les traditions du bien faire, ils repoussaient les ignorants, les malhonnêtes et les malhabiles. Ils imposaient la marque de fabrique. Un tonnelier signait ses tonneaux et répondait d'un cercle mal posé. Par eux les acheteurs avaient des garanties qui n'existent plus. Au moindre soupçon, les syndics d'un métier se transportaient chez leurs confrères, examinaient les matières qui devaient servir à la fabrication, « appréciaient le mérite des choses mises en vente, et confisquaient les produits mauvais ou mal faits. » A présent la liberté est toute grande et l'on travaille à tout prix : tant mieux, si ceux que l'on paye bien étaient obligés de bien faire. Un ancien tapissier, qui a été juge au tribunal de commerce de la Seine, proposait, il y a quelque temps, d'établir un conseil devant lequel la *pratique* qui se croirait trompée pourrait citer le fournisseur et faire examiner la fourniture. M. Compagnon avait raison... Mais ce n'est pas une raison.

Aujourd'hui le *procédé* est partout. La mécanique et la chimie sont vraiment de terribles choses. Ainsi, en industrie, il faudrait attendre le bois pendant trois ou quatre ans au moins avant de l'employer, dans un chantier à soi, l'empilant et le désempilant à chaque saison. Cela ferait quelque chose comme vingt ou vingt-cinq pour cent à ajouter au prix d'un mètre cube de bois de chêne, qui coûte de deux cents à quatre cents francs, selon le choix et la qualité. La science, qui travaille pour qui la paye et donnerait, si l'on voulait, le moyen de faire évaporer un homme, a enseigné aux ébénistes le séchage artificiel des bois par trois procédés.

Dans le premier, on place le bois, frais coupé, debout sur un grillage à travers lequel il reçoit tout ou partie de la vapeur d'une machine quelconque : ceci est dit le *séchage à l'étuve*. La vapeur pénètre par le pied et monte tout le long de l'arbre, emportant avec elle la séve, mais aussi cette substance antivermineuse si précieuse à garder et qui fait à elle seule la seconde existence du bois. Voilà pourquoi le chêne séché artificiellement dure si peu : c'est un corps mort où les vers se mettront demain.

Le second procédé est plus prompt. Vous insérez le bois dans un cylindre d'où la vapeur ne s'échappe qu'après avoir produit tout son effet. Économie notable de temps et de combustible; abréviation plus radicale de la durée. Après l'une ou l'autre de ces opérations, il ne reste plus qu'à exposer le bois à l'air pendant un mois ou deux pour le priver de l'humidité dont l'a saturé son bain russe; et le voilà dans toutes les conditions voulues, sec, cassant, détestable au possible. L'ébéniste y gagne vingt pour cent : le consommateur en perdra quatre-vingts.

Le troisième procédé est bon. Il consiste à faire entraîner par la vapeur à laquelle le bois est soumis une injection de sulfate de cuivre qui remplace la substance conservatrice dont nous parlions tout à l'heure. Le chêne séché ainsi devient énormément dur ; il est excellent pour faire des traverses de chemin de fer ou du parquet à la mécanique : mais sa dureté même, et surtout la teinte verdâtre que lui a donnée le sel de cuivre, le rendent désagréable à l'ameublement.

Fermons cette longue parenthèse et demandons-en pardon à l'un des fabricants français qui travaillent le mieux. Un bout de bois un peu inférieur ne valait pas tant de fracas.

L'autre meuble de M. Fourdinois, qui nous paraît être une réminiscence italienne, emprunte toute sa vraie parure aux seuls effets du mariage des bois. Voilà, selon nous, l'ébénisterie exacte, amusante, charmante. Voilà comment il convient que le jeune et beau travail se pousse. À quoi bon emprunter ce que l'on possède ? Quel besoin avez-vous de pierre et de cuivre et du reste, quand la forêt vous donne l'or du citronnier, l'ivoire du houx et du buis, l'écaille du thuya, le bronze du palissandre, les agates et les porphyres de ses racines et de ses loupes, le grenat et l'améthyste de ses amarantes et de ses violettes ? Restons dans le bois, ouvriers du bois, c'est ce qui nous connaît et que nous connaissons. L'avenir s'y montre gros de merveilles. Instruisons-nous encore là-dessus toutefois : sachons la gamme des tons et la loi des couleurs ; regardons comment la nature conçoit et dispose ses harmonies, le marbre, les cristaux, les fleurs ; devenons savants en restant bons, adroits en continuant d'être honnêtes : et le meuble en tous bois de M. Fourdinois, outre sa beauté, que nul ne conteste, pourra compter dans l'industrie comme un avénement, une rénovation et une bienfaisance considérables.

Dans le système inverse, celui qui consiste à unir le bois aux matières brillantes, M. Diehl a droit d'être mis au premier rang. Jusqu'ici ce fabricant très-notable s'était plutôt fait connaître par un grand commerce de petits meubles : chiffonnières, nécessaires, étagères, petites tables, coffrets, caves à liqueurs, boîtes à gants, etc. Marchandises *courantes*, pour la plupart, étoilées çà et là d'articles d'un mérite réel. M. Diehl nous apporte aujourd'hui des pièces importantes et capitales qui, par l'originalité de la conception, le somptueux des ornements, le soin et l'achèvement des formes, donnent à son exposition une valeur des plus élevées. Citons d'abord un meuble gaulois en bois de cèdre incrusté, dont la porte est faite d'un bas-relief en bronze imitant l'argent oxydé. Du couronnement et du pied sort un fouillis d'armes et d'animaux magnifique. Le bas-relief, composé comme le reste par un artiste fort et vrai, M. Brandely, représente Mérovée vainqueur d'Attila à Châlons, en l'an 450. C'est très-élevé. Le héros est debout, terrible, écrasant l'ennemi, sur un char attelé de bœufs qui, mugissants, arrivent de face et sortent du cadre superbement. M. Frémiet, leur beau sculpteur, a si bien aimé ces splendides bêtes qu'il leur a un peu sacrifié le sujet. On tombe toujours du côté où l'on penche, disait le boiteux Talleyrand. Le mâle dessin de M. Brandely avait bien d'autres énergies. On devrait pouvoir tout faire soi-même ; quand la droite a conçu, il ne faut pas que la gauche exécute.

La façon de ce meuble est irréprochable. L'intérieur renferme cinquante tiroirs tous égaux absolument; si bien que les uns peuvent entrer dans la case des autres, soit sur leur sens, soit à rebours. Ces tiroirs commodes sont destinés à recevoir des médailles.

A côté d'un effort si plein de mérite apparaît une table en acajou mat embellie de marqueteries des plus aimables. Des bronzes dorés d'un achèvement magistral l'enchâssent, sur quatre griffons bien portants qui royalement la supportent, ne laissant peut-être au regard qu'un regret parmi tant de charmes, celui de voir un peu trop d'or. Mais le temps éteindra ces éclats maintenant si vifs, et la table de M. Diehl devra rester, comme exécution, comme pensée et comme effet, une des belles choses de notre art industriel. Voilà du moins qui sort des formes banales et donne à l'esprit des satisfactions nouvelles ; voilà une œuvre où la puissance s'est accordée avec le désir, où le fabricant a suivi et respecté son artiste, sans rien en redouter ni rien lui épargner. Des conditions rares, aujourd'hui plus que jamais. Payer le talent est un effroi très-grand pour la plupart.

Le troisième meuble de M. Diehl est une jardinière à médaillons, vaste, curieuse et bizarre composition en bois noir, avec ornements en bronze doré. Un riche moyen d'éclairage lui sert de sommet. Des fleurs font parterre à la base. L'œuvre est de M. Sanguinetti. C'est une pièce sans doute pour occuper le centre de quelque galerie de palais, et tout en l'estimant comme une œuvre considérable et coûteuse, j'en trouve la pensée un peu trouble, et je lui préférerais certainement un quatrième meuble, fantaisie grecque en mosaïque de marqueterie à effets clairs et gais, appelée, sous l'extérieure bijouterie qui l'habille, à renfermer et cacher les folies suprêmes de la parure.

Celui-ci, par son agencement ingénieux et la magie de ses ressorts invisibles, rentre, malgré ses dimensions, dans l'industrie principale de M. Diehl, sur laquelle il nous faudra revenir en parcourant la tabletterie. Mentionnons encore un prie-Dieu en ébène, avec bas-relief de notre regretté Justin, meuble étonnant par la coupe des bois et l'arrangement des lignes. Trop de coupes peut-être et trop d'arrangements.

Il est clair que pour le choix, le nombre, la recherche et l'exécution de nos œuvres mobilières, cette exposition sera supérieure à celles qui l'ont précédée. Pour l'invention non. Deux ou trois exceptions ne prouvent pas.

Nous le répétons, 1851 à Londres, 1855 à Paris, avaient témoigné d'audaces bien autrement grandes et d'efforts bien autrement absolus. La France y était venue pleine de pensées ingénieuses, d'applications nouvelles, de modèles relativement inconnus : et nous pouvons dire, sans un orgueil excessif, qu'aux deux époques citées ce fut elle qui apprit au monde dans quelles conditions il faut qu'un meuble soit pour être beau. Depuis ces douze ou quinze ans sa leçon, partout répandue, a partout porté fruit : les boiteux ont marché, les manchots ont agi, les aveugles ont vu : ceux qui faisaient lourd font svelte, ceux qui faisaient bête font charmant, ceux qui faisaient plat font superbe. La France, sans doute, est restée maîtresse du goût et souveraine de la forme, cela ne serait pas tout à fait qu'il faudrait encore le dire : mais de tous côtés ses élèves sont en l'air et vont à lui donner envie, sur mon âme ! Heureuse l'école qui fit et voit de tels écoliers ! Au lieu de n'être qu'un, voilà qu'on est tous. C'est aussi un triomphe.

Nous irons, selon notre devoir, regarder comment construisent et travaillent nos émules, dociles mais puissants, de l'Angleterre, de l'Italie, de la Belgique et de la Prusse. En attendant, que les inspirateurs aient encore le pas sur les inspirés. Aux semeurs les prémices, elles leur sont dues : *In principio erat Verbum.*

Donc sauf quelques nouveautés, remarquables de fraicheur et de hardiesse, le meuble français de 1867 est un peu vieillot dans sa beauté. Les bons exemplaires se ressemblent. Des pièces de 1862 ont reparu. On dirait le calme dans l'arrivée, et le repos dans la perfection. C'est évidemment une halte. Nos artistes fatigués cherchent une voie nouvelle, et repartiront quand ils l'auront trouvée. Jusque-là, ils se perfectionnent dans les détails et, sur des patrons que tout le monde sait, poussent des broderies que personne ne savait. Il y a là tel panneau de noyer qu'on a travaillé comme une orfévrerie, et des reliefs en tilleul à faire honte aux ciseleurs du bijou. Quelles mains merveilleuses, vraiment, et combien est lumineux l'instinct général qui les conduit! Les faiseurs de meubles étrangers commencent humblement par demander leurs mérites à la nature. Ils cherchent et payent, sans épargner jamais, les plus beaux bois qui soient au monde; tissus centenaires aux caprices accumulés, curiosités aux accidents flamboyants, porphyres ligneux, gemmes végétales : le prodigieux avec l'inébranlable. Et ils font bien, ces hommes religieux, et nous les en louons très-fort. Quant aux nôtres, ils se passent volontiers de la matière. Ils mettent vingt mille francs d'ouvrage sur un plateau de dix écus. Ils déclareront la nature inutile, et le succès, ce grand athée, leur donnera souvent raison. Aujourd'hui le fait et demain l'effet; mais quand est-ce que ce sera, demain?

Qu'ils y prennent garde, pourtant. Tous les jours des gens se trouvent qui veulent voir au fond des choses, demandent de vrai cuir aux chaussures et sous le galon cherchent le drap. Les habitudes anglaises, qui sont bonnes, nous gagneront un jour, et ce jour-là, *dies iræ*, le meuble en aubier tombera. Les dessus ne sauveront plus les dessous.

Quelques-uns, Dieu merci, n'auront point ce châtiment à subir. M. Sauvrezy est des premiers parmi ceux-là. Sa main, comme celles qu'il inspire et dirige, ne sait s'exercer que sur l'irréprochable. Si, par les mauvais vents qui soufflent, l'aveuglement de la mode ou l'inhumanité de la rétribution lui surprennent parfois ou lui arrachent une concession, il s'en indigne et s'en désole. Voilà pourquoi même, et ceux qui en ont abusé le savent, tant de ses meubles lui ont coûté plus cher qu'ils ne les avait vendus. Au moment indispensable d'y employer un élément médiocre, son respect du beau protestait et l'arrêtait. Dans la langue de leur compagnonnage railleur, des confrères moins rigoureux que lui l'ont surnommé *la Vertu*. Le vice a ses hommages.

M. Sauvrezy est une des gloires modernes de l'ébénisterie. De douze ans à vingt-cinq ans, d'abord apprenti à Laon, son pays, puis ouvrier à Paris, dans ce temps honnête et passé du meuble bourgeois bien fait, dont M. Boutung, son voisin sans tache, est aujourd'hui la tradition vivante, le jeune ébéniste picard n'eut que son instinct pour guide. Le sentiment du beau était en lui inné et magnifique ; la nature l'avait doué comme ceux qu'elle prédestine. Il aurait pu, les circonstances l'aidant, être statuaire ou architecte. Mais qu'importe où ni comment le génie se manifeste ? Devant l'art, égaliseur sublime, il n'est personne de petit. Devenu homme toutefois, et poëte rêveur aussi par surcroît, l'ouvrier crut à la science et comprit l'utilité des règles ; il suivit le cours de dessin de M. Lequien père, et, pendant quinze ans, l'association polytechnique ne compta point d'auditeurs plus assidus. Mais, bien qu'on s'y efforce, on ne démontre pas beaucoup l'art dans nos écoles, et si des jeunes gens parfois viennent y demander le feu, les professeurs grelottants ne savent plus guère le transmettre. C'est à changer. Sauvrezy dut tout prendre en lui-même ou par lui-même, dans les livres, dans les images, dans les monuments. Et ce fut ainsi qu'il se fit. Son maître de dessin l'avait en attention et rêvait pour lui le poste d'élève *entretenu*, affaire équivoque où les uns se poussent, où les autres trébuchent. Le jeune homme avait d'autres idées. Il voulait voir. Il voyagea. C'était bon, jadis, le tour de France : on partait croyant, on revenait puissant.

Il vit le Midi, l'Italie ; fréquentant les artistes et les philosophes. Il fut phalanstérien quand le phalanstère était la grande chose. Puis, quelques belles illusions tombées, il se maria et s'établit sculpteur en décoration. Une bonne branche, où l'on gagnait beaucoup, à condition d'appartenir aux architectes. Riche emploi d'artisan, mais non pas métier d'artiste. La révolution arriva, qui d'abord culbuta le bois doré : Sauvrezy s'affranchit alors, et du premier coup quasi, fut l'admirable faiseur de meubles que nous avons. Il lui fallait ce qu'il lui faudra toujours, la liberté. Le gêner et le restreindre serait le perdre. On peut se fier à cet homme, d'ailleurs ; il a l'œil vers le beau et l'esprit vers le juste. Qui veut bien aller n'a qu'à le suivre.

Ce grand artiste exposait, entre autres belles pièces, un meuble de la renaissance italienne, en bois de poirier noirci. Qu'il nous soit permis une dernière fois encore de protester contre notre obéissance aux modes mauvaises et de déplorer que les talents vrais soient forcés ainsi de s'appliquer aux choses fausses. Du bois noirci ! Ayez de l'ébène, mes maîtres, si le deuil est vraiment la couleur de nos besoins, et laissez les bois ce qu'ils sont. Voici qu'on noircit le poirier, qui est blanc : c'est peut-être une excuse ; mais hier on noircissait du chêne, les faiseurs de chaises noircissent le hêtre, un faiseur de buffets m'a parlé de noircir bientôt l'acajou. Le meuble comme le chapeau et comme l'habit, quelle gaieté !

Eh quoi ! la main ni le cœur ne vous manquent, ébénistes trahisseurs de l'ébène, quand après, finement et en pleine lumière, avoir découpé, sculpté, ciselé, buriné les détails charmants de votre meuble, il vous faut dévaster, dégrader, obscurcir, avilir vos fraîcheurs sous l'odieuse application des acides ? Ce bois n'est pas du métal, infortunés ! Il ne résiste pas, il est faible, il est doux et ne saurait rien emprunter de favorable à l'action corrodante de ces modificateurs profonds. Leur chimie le tue ; sa chair délicate, qui ne demandait que les baisers de l'air, est soulevée par cette brûlure. Regardez-la, vous la verrez s'emplir d'ampoules et de phlyctènes ; les divinités venues sous le ciseau deviendront rugueuses, granuleuses, galeuses. Ayez pitié de votre ouvrage et ne l'immolez plus. Votre tâche, si vous êtes puissants, est d'imposer le goût, non de le subir, surtout sous ces aspects funèbres.

Cela dit, en nous adressant à l'un des plus forts, il nous reste simplement à louer sans réserve le meuble que voici. Il a eu l'hommage de M. Diéterle, qu'il ait aussi le nôtre, bien plus humble. C'est un meuble de cabinet ; voilà pourquoi, s'il était en ébène, nous trouverions sa couleur juste. Il est à deux corps, le bas avec trois portes, le haut combiné selon la loi. Son architecture est simple et mâle. Des enfants beaux comme les faisait l'Albane, dus, je crois, au ciseau de Martin, décorent les panneaux supérieurs, Des arabesques se distribuent ailleurs avec distinction et sobriété. Quelques agréments en lapis et des émaux à sujet de Claudius Popelin nous apprennent la destination du meuble : renfermer ce qui est cher et précieux. C'est à coup sûr une des beautés de notre exposition : or, si abondantes qu'elles paraissent, on les compte, croyez-le bien.

Une crédence de la même époque, aux pieds robustes, à la carrure invincible, lui sert de pendant : un bon meuble dont on peut répondre, coffre-fort à mettre des bijoux. Deux charmants émaux de

Popelin en éclairent les portes : Henri II et Diane de Poitiers. Cet insignifiant roi et cette mauvaise femme resteront donc éternellement notre duo symbolique et national dans le grand opéra de l'amour ? On ne songe guère quand on choisit.

Puis un grand buffet en noyer, à deux corps. genre renaissance. coins arrondis. Des natures mortes sculptées décorent les portes inférieures. Les milieux et les bas-côtés vides, pour recevoir les mets et les vins servis pendant le repas. Des pilastres amples supportent l'entablement, au-dessus dequel une riche étagère s'appuie sur des consoles rentrantes de forme nouvelle et hardie. Les admirables panneaux du fond ont leur sculpture en natures vivantes, perdrix dans les blés, canards dans les roseaux, coq attaquant les canards, poule défendant ses poulets, etc. Au centre un trophée de chasse d'où s'avance, trop petite, la tête d'un beau cerf. Tout cela mouvementé, peuplé, animé. Un meuble vivant et parlant. De tous les buffets exposés par la France, c'est le meilleur avec celui de Mazaroz. Mille francs de sculpture de plus, et ce serait royal.

La même main poétique et savante avait apporté, pour quelques jours seulement. un petit meuble de boudoir louis-seize, véritablement délicieux d'invention. Serre-bijoux ou crédence, porté sur colonnes accouplées, la partie basse vide, le corps du haut plein, avec harmonieux couronnement d'écussons, de fleurs et de panaches. Construction en bois de hêtre revêtu de laque obtenu à froid par M. Bardoux. Sur ce glacé de ton chamois clair, une décoration d'enfants et de fleurs, accompagnée d'arabesques et de jeux de pinceau courant le long des lignes avec une volupté aérienne. Les peintures sont de M. Camille Goutier.

Ceci, nous a dit le maître. est un meuble de mariée. Il ne se peut, en effet, voir rien de plus tendre ni de plus frais. Tabernacle d'un amour tout jeune. Voilà de quoi grossir avec honneur la liste déjà nombreuse des chefs-d'œuvre semés par Sauvrezy en France et à l'étranger ; chez le duc de Terra Nova, le prince Woronzoff. le baron Stieglitz, MM. Decaen, Crémieux, Lerousseau, le docteur Mainzer, le colonel Salvador, Mlle Fargueil et tant d'autres. Ses ouvrages sont faciles à reconnaître ; il possède la puissance originale de s'y faire lire. On le vole, on le contrefait, on le copie : on ne l'imite pas. Ce qui le distingue surtout, c'est la noblesse. Chez lui rien de vulgaire, rien qui se prête aux complaisances. De ses souvenirs d'étude il sait faire des types, étant lui-même un type, et tous ses types élèvent, agrandissent, instruisent. Il y a de lui une simple chaise en noyer, couverte de satin jaune brodé à l'aiguille ; rien d'aussi parfait n'a été vu. Un petit bahut Jean Goujon en bois de poirier sculpté et laissé dans sa couleur aurait de quoi rendre jaloux plus d'un chevalier du meuble ; c'est fin, c'est suave, c'est amoureux, c'est chaste. Puis une table de femme, et sur cette table une mignonne horloge en ébène, grande comme si elle était en or ; bijou de recherche architectonique où sont posés et résolus tous les problèmes de la coupe ; véritable orfévrerie de bois, chef-d'œuvre nain comme autrefois les corps d'état en exécutaient de gigantesques, mais ayant de plus que ceux-ci le goût véritable et profond qui, ne pouvant jamais faire cet homme riche, arrivera du moins à le faire illustre. Il mourra à la peine, cela est presque une certitude, après peut-être avoir fait la fortune d'un autre : ces créateurs ne savent jamais compter. Qu'importe ? Laissez aller chacun dans sa mission : le comptable à ses livres, le statuaire à son marbre, l'épicier à son sucre, et Sauvrezy à son bois. Quelqu'un toujours achètera ce qu'il fait, celui-là : soyez tranquilles. Si ce n'est aujourd'hui, ce sera demain. Et plus cher demain qu'aujourd'hui, à coup sûr. Les beaux meubles bien faits sont comme le bon vin, ils gagnent à vieillir. M. Du Sommerard le sait bien. Le jury de 1867 ne s'est point couvert de gloire en donnant une simple et injuste médaille d'argent à Sauvrezy ; il a paru trop préoccupé du chiffre et pas assez de la valeur. Les millions ne prouvent pas autant que l'on croit. Il arrive parfois de les gagner en échange de choses dont des jurés rougiraient. Si la quantité est tout, récompensons la vapeur. L'artiste de ses propres œuvres n'en produit pas beaucoup, mais il se peut qu'elles soient immenses. A ce compte de quantité, et venant au temps de Louis XIV, le jury de 1867 n'aurait pas récompensé Boulle. Le nombre ! le nombre ! Eh parbleu, avec des machines et de l'argent, on en aura toujours, du nombre ! Mais des modèles ? Un jour viendra, ô juges, où ceux de Sauvrezy mort serviront pour ce nombre que vous couronnez. Vos médailles d'or pourront pleuvoir alors, l'herbe de sa tombe n'en poussera pas plus drue.

Il y a deux genres de meubles, le meuble utile et le meuble inutile. L'un qui est pour l'emploi et l'autre pour l'ornement. Les grandes expositions renferment toujours plus ou moins celui-ci. Tout fabricant puissant, pour ces cours plénières, a coutume de construire au moins une pièce de palais, espérant avoir un jour son numéro dans un musée. M. Fourdinois est à South-Kensington : lequel ne croit, s'il ne le dit, valoir M. Fourdinois ? Nous sommes loin de blâmer ces ambitions fécondantes : notre avis continuant d'être que, à certains jours précieux, chaque ouvrier doit à son pays et à lui-même de coûteusement manifester tout ce qu'il sait et peut dans le beau. Inutile n'est pas le mot vrai d'ailleurs : il n'est jamais inutile de posséder ou de regarder une chose bien faite. Cela élève l'esprit et ennoblit les sentiments : c'est comme si on lisait un bon livre. Ce qu'on pense s'opère relativement à ce qu'on voit. Heureux les enfants qui grandissent parmi les beaux objets : leur vie tout entière en gardera l'empreinte !

Un rival de Mombro dans le commerce des antiquités, M. Beurdeley, du pavillon de Hanovre, offrait à notre étonnement suprême un grand meuble en ébène tout ruisselant de métal et de pierres. Ce meuble, d'une opulence folle, qu'un homme du métier m'a dit valoir cent mille francs au bas mot, ne manque pourtant point de certaines qualités. Il a de la carrure et de l'ampleur : l'architecture en est satisfaisante et la matière valeureuse. Mais que mettre d'assez riche dans une pareille armoire ? Quels secrets d'État, quels trésors de souverain possédera jamais son propriétaire pour le remplir ? L'ébène, qui est déjà une chose coûteuse, disparaît comme insuffisant sous l'or de la tunique à jour que le bronze trois fois doré lui a faite. Dorures et ciselures à telle foison que vous diriez voir une collection retravaillée de vieux et célèbres bronzes, patiemment assortis et rapportés parmi les plus chers de ceux que l'amateur recherche : tous attribués à Gouthière, comme on sait, faute d'y connaître un autre nom. Ce meuble est aveuglant comme un étalage et arrogant comme un parvenu. Beaucoup cependant voudraient bien le tenir, et s'y arrêtent avec gourmandise, les femmes à grand chignon surtout. Mieux vaut faire envie que pitié ! M. Beurdeley peut mettre son meuble en loterie, tout Paris prendra des billets. Cependant lorsqu'on attaque des Barbedienne en contrefaçon, il faudrait peut-être avoir plus que cela dans son histoire.

8

Combien à cette finance je préfère le joli henri-deux noir, en ébène aussi, aux émaux célestes, exposé par madame veuve Sormani! Que n'est-il là, le pauvre mort, pour jouir d'un succès si mérité? Voilà de la pureté sereine et tranquille! Voilà un dessin doux et charmant! Et ce bureau de femme louis-seize, quelle grâce, quel esprit! Quelle bien autre entente de l'ornement et de la richesse! Cette année, au surplus, les maisons du petit meuble se sont donné le mot pour bien produire dans des dimensions inusitées : Sormani, Gerson et Weber, Diehl. Proverbe changé : « Qui peut le moins peut le plus. » Or, à Paris, on peut tout, petit ou grand. Vouloir suffit. Où l'argent sonne, le talent accourt.

M. Grohé, fournisseur de l'impératrice, exposait un grand meuble d'appui, avec figures et ornements dorés, panneaux en vieux laque et dessus en marbre sérancolin, d'un campement et d'un traitement qui ne laissaient vraiment rien à désirer. Une encoignure de même composition accompagnait cette pièce majestueuse, attendue, dit-on, par le mobilier des Tuileries. A ses côtés, parmi cinq ou six morceaux de choix, dont un bahut en noyer décoré de porcelaines adorables, se montrait une vaste bibliothèque en acajou naturel, avec plaques mouchetées, ne valant, comme matière, que par son bois aux tons roses et doux jusqu'à la suavité. Les sculptures en étaient un peu tourmentées, mais dans ce dessin pourtant l'œil se promenait avec joie, soulagé de l'impression funèbre des bois noirs dont notre fabrique en deuil abuse. C'était beau et c'était noble, après tout. On y sentait l'amour que le digne ébéniste de l'avenue de Villars met à faire les choses qui l'ont rendu riche et célèbre. Le plus difficile dans l'état n'aurait su rien reprendre à ces façons, à ces assemblages, à ces montures, à ces ciselures de premier ordre. Et cependant, faut-il le dire? nous aimions mieux l'exposition faite par M. Grohé, à Londres, en 1862. Était-ce erreur d'optique? était-ce l'effet de ce local écrasé qui étouffait et rapetissait les objets? Nous ne savons ; mais rien ici ne nous rendait l'effet immortel du meuble impérial de là-bas, aux cuivres ciselés par Fannière. De telles gloires, apparemment, nous disions-nous, ne tombent pas deux fois sur une même tête! Lorsque, un jour d'été, l'Exposition touchant à sa fin quasi, l'ébéniste royal nous apporta une table louis-treize, en ébène incrustée ou plutôt niellée d'ivoire et tout à fait magnifique, puis un meuble louis-seize supérieur, par son exécution et sa richesse, à ce que l'époque elle-même a donné de plus parfait dans ce genre. On peut ne pas l'aimer, ce genre, et nous n'en sommes point fanatique ; mais comment ne pas aimer ce meuble ? C'était rêver quasi que de le regarder, d'autant qu'il convenait presque de se prosterner pour le bien voir du haut en bas !

De semblables choses n'arrivent pas à jour fixe, messieurs les jurés. Il leur faut l'arbitraire et l'imprévu d'un événement. Un détail y retient la main six mois durant. Le fabricant dont il s'agit a pu attendre sa perfection et vous la faire attendre ; il était hors concours et n'avait que faire de vos présents. Mais un autre que lui eût ainsi perdu toute sa vie pour quelques jours, comme Chaix, cet ébéniste émérite, réduit, malgré des chefs-d'œuvre, à la portion congrue de la médaille d'argent. Prendre le génie à l'heure, de même qu'on prend les fiacres, c'est triste.

Le meuble sans égal de M. Grohé est tout simplement en acajou, un bois que nous croyions condamné : avec gaines, figures et appliques de bronze dorées au mat. L'effet du mat de l'or sur le vernis du bois est saisissant. Mais quel bois aussi et quels bronzes ! La malachite n'a pas d'aussi belles veines ; ces sabots sont ciselés comme le seraient des bracelets. Le musée de Kensington est fier, et nous l'en approuvons, de l'entre-deux historique fait par Riésener pour la reine Marie-Antoinette, et voilà néanmoins que celui-ci l'écrase. Riésener le divin est dépassé, le ciseleur Gouthière est vaincu !

Le don que vient de nous faire le doyen du beau meuble est un don suprême. Ce travailleur tant de fois couronné s'était promis une œuvre capitale au bout de sa carrière si remplie, voulant laisser à ceux qu'il aime un adieu digne de l'artiste et un testament digne du maître. Il a tenu sa parole en fidèle serviteur de son art et de son pays. Puissions-nous au moins reconnaître ce legs en le gardant, nous qui laissons si stoïquement tout aller au vent des écus. Londres a Kensington, mais Paris a le Conservatoire !

Après avoir parlé des ouvrages d'un homme, il peut être bon de parler de sa personne. C'est toujours un enseignement. Voilà quarante ans — c'était en 1827 — que les deux frères George et Michel Grohé arrivaient d'Allemagne à Paris, simples ouvriers ébénistes, et trouvaient modestement à s'employer au compte de fabricants du faubourg. Alors florissait dans le meuble ce genre étrange, pauvre, lourd, bête, sans style ; reste et mélange hybride des erreurs de l'Empire et des inepties de la Restauration. Quelques placages de frêne et de citronnier blanc étaient encore ce qu'on faisait de plus sain. Le solide avait toujours lieu chez le père Jacob, mais rien que le solide. Le jeune George Grohé se sentait autre chose dans le ventre. Au bout de deux ans, il emmena son frère et fit, avec lui, un bond du faubourg à la rue de Varennes, affranchis tous deux de la routine étouffante, résolus, à leurs risques, d'essayer un mobilier qui eût le sens commun. C'était hardi. Mais, en ce temps de bouillonnement de la littérature et de l'art, le succès était aux choses hardies. La maison fondée en 1829, rue de Varennes, a prospéré ; elle est aujourd'hui dans l'avenue de Villars, où elle peuple une charmante restitution du seizième siècle. On en parle comme de la première de Paris, ce qui voudrait un peu dire la première de l'Europe. Ces gloires-là ne se gagnent pas du premier coup ; il y faut du temps et de la peine.

Le début public de M. Grohé fut à l'exposition de 1834, par des meubles en palissandre de style égyptien et des siéges henri-deux qu'une artiste, la princesse Marie d'Orléans, acheta. Le jury, peu fait à ces formes téméraires, leur donna en tremblant une mention honorable.

En 1839, un meuble renaissance en ébène, qui fut acheté par Louis-Philippe, un prie-Dieu gothique en chêne, et un bonheur-du-jour louis-seize en bois de rose, valurent à M. Grohé la médaille d'argent. Les juges commençaient à s'habituer.

En 1844, ils lui donnèrent une médaille d'or, la première que l'ébénisterie eût encore obtenue. Ce fut pour un meuble de galerie en ébène, acheté par le duc d'Orléans.

Cinq ans plus tard, en 1849, rappel de la médaille d'or, pour des meubles louis-quatorze en ébène avec bronzes dorés. Ils étaient magnifiques ; mais plus de roi ni de prince pour les acheter ! La République, qui n'avait pas de liste civile, donna la croix d'honneur à M. Grohé. Cette recommandation en valait bien une autre.

La maison ne parut point à la première grande exposition de Londres. En 1855, la nôtre lui dut quelques chefs-d'œuvre, dont un louis-seize en bois de violette avec bronzes, et un meuble de cabinet renaissance en ébène *véritable*, vendu au prince Albert d'Angleterre. La médaille d'honneur en fut la récompense juste.

Quant à la seconde exposition de Londres, en 1862, nous avons parlé et tout le monde se souvient de ce fameux louis-seize aux bronzes ciselés par les Fannière, qui porta l'ébénisterie française à une élévation si prodigieuse. Au retour de ce triomphe, M. Grohé reçut la croix d'officier. Il y eut, dans l'état, un long murmure d'approbation.

Nous venons de voir ce qu'il nous gardait pour son bouquet de 1867. De plus, allez par tous les palais et les châteaux, vous le trouverez. Aux Tuileries, au Louvre, à Fontainebleau, à Compiègne, à l'Élysée et à Saint-Cloud. A Windsor et à Buckingham. Au Corps législatif et au ministère d'État. C'est lui qui a fait l'ébénisterie du berceau de M. Baltard, offert par l'hôtel de ville au prince impérial, et qu'exposait cette année le Mobilier de la couronne. C'est de lui les bois dorés louis-quatorze des siéges admirables que les peintres en laine de Beauvais ont couverts pour l'Élysée. De lui encore d'autres siéges, plus fins peut-être, exposés par la maison de tapisserie Duplan. Dans toute demeure grande et riche, où il y a de l'esprit, où le goût est cultivé, que ce soit en France ou ailleurs, on vous montrera du Grohé. Il a eu le talent, et il a eu aussi le bonheur. Tous ses modèles lui appartiennent : entrez dans sa maison hardiment et demandez à les voir, partout ensuite vous les reconnaîtrez. Il est un des trois ou quatre que l'on ne contrefait pas. Quant à tant d'autres, trop souvent contrefacteurs eux-mêmes, il n'y a pour leur prendre qu'à faire comme ils ont fait. Talion.

Mais aussi faut-il dire et répéter que chez cet homme le beau meuble est une passion : plus qu'une passion, un culte : c'est à genoux qu'il sert son dieu. Apprenez ceci, marchands, qui avez la foi courte et la conscience longue.

Désormais au-dessus des distinctions ordinaires, M. Grohé a voulu répandre autour de lui l'encouragement qu'on n'avait plus à lui donner. Sur sa désignation, cinq ouvriers de ses ateliers figurent au livre d'or du jury : M. Callor, contre-maître; le sculpteur Chabro, les ébénistes Penel et Jacob, et le monteur en bronze Marie. Sans compter les ciseleurs Dian et Dulac, et tar t d'autres. A bon colonel, bon régiment.

# CHAPITRE VII.



Nous avons dit déjà que l'époque de Louis XIV avait eu tout son
orgueil mobilier dans un nom à jamais fameux, Boulle. Si nous en
croyons l'École des chartes et M. Asselineau, ce chercheur aussi
savant qu'aimable, *Charles-André* ou *André-Charles* Boulle, ébéniste
du Roi-Soleil, inventeur du genre qui porte son nom et ne lui fait pas
toujours honneur, est né à Paris, de parents français et huguenots,
le 10 ou le 11 novembre 1642. L'acte de son baptême a cependant
manqué, dit-on, au registre de la religion dont on le fit, de sorte que
nous en sommes à chercher qui pouvait être chronologiquement son
père. L'an 1619 s'illustre de Pierre Boulle, *tourneur et menuisier du
roi, des cabinets d'ébène*, c'est-à-dire ébéniste de Louis XIII à coup
sûr, et de Henri IV probablement. 1621 nous fait naître Paul Boulle,
et 1626 Jacques Boulle, tous deux fils de Pierre Boulle et neveux de
Nicolas Boulle, maître brodeur. Charles-André est-il le fils de Paul
ou le fils de Pierre? Paul l'aurait eu jeune, mais on se mariait jeune
aussi en ce temps-là. Peu nous fait, au surplus. L'important, c'est
que notre artiste était de chez nous, non d'ailleurs, et que la jalouse
légende allemande ou anglaise qui veut que *Boulle* vienne de *Buhl*
n'a pas dit la vérité. Son père ou grand-père Pierre avait pris femme
à Blois, ville célèbre aux seizième et dix-septième siècles, par ses or-

févres, ses peintres sur émail et ses tailleurs de bois, dont fut Jean
Macé le grand marqueteur, Jean Macé, *pittore e scultore a mosaico*,
logé au Louvre, chez le roi Louis XIV, qui avait six ans alors. C'était
en 1644, *en honneur de la longue et belle pratique de son art dans les
Pays-Bas.*— Ce qui semblerait dire que parmi les maîtres *flamands*
si vantés, plusieurs, et les meilleurs, étaient de France.

Il avait aussi des fils, celui-là :

> . . . . . . . . . . . . . Jean Massé, de Blois,
> Et Claude, Isac et Luc, ses enfants, font en bois
> Tout ce qui s'y peut faire en son juste intervalle.

En ce temps d'art patient, on mettait un an à faire un meuble. Et
les femmes s'en mêlaient comme les hommes, maniant de même la
gouge et le ciseau : témoin Dorothée Masse, la gentille *sculpteuse* du
château de Chenonceaux. Pourquoi pas? Nous avons bien la grande
Marcello : est-ce que le bois est plus dur que le marbre ?

Donc Boulle était deux fois de race. Il aurait assez voulu devenir
peintre, on l'a vu : comme aujourd'hui le fils de notre excellent Chaix.
Né dans le meuble, il rêvait mieux que le meuble tel qu'on l'entendait autour de lui. Ses aspirations hautes s'envolaient vers le sublime.
Mais *le fils doit succéder au père*, disait l'inflexible loi des corporations, et Boulle, faute de mieux, s'est servi de ce qu'on lui permettait. Qu'importe la formule au génie ? Que le grand ouvrier ait été ou
non amoureux de mademoiselle de Fontanges, là n'est pas la question. Il avait de l'élégance plus que les duchesses et du goût plus
que le roi. Il regarda en artiste le luxe à tort et à travers de Louis XIV,
qui couvrait d'or, de luisant, de velours, de dentelles, de broderies,
de pierreries, les femmes, les hommes, les chevaux, les cloisons, les
murailles, les soldats, les voitures : et il créa un meuble pour être en
harmonie avec ces éblouissements. Seulement, du premier coup il le
fit si parfait, que la mode, cette ogresse, n'en a rien pu défaire. Aujourd'hui même, les contrefaçons qui nous sont offertes se gardent
d'altérer sa prodigieuse tradition. Ses copistes sont maussades, mais
ils copient. Bien heureux et envié aujourd'hui, bien dupe aussi peut-
être serait l'homme qui nous rendrait une vraie commode *en boule*,
comme l'écrivait naïvement, en 1794, l'astronome mangeur d'arai-
gnées Lalande, dans son catalogue du cabinet de M. Duclos Dufres-

noy. Il y avait soixante ans, pas plus, que Boulle était mort, et son nom déshumanisé n'était déjà plus qu'un substantif. Confusion pleine de gloire, à mon avis. Historique métempsycose d'où résulte l'éternité.

A trente ans donc, au plein de son bel âge, Boulle était logé au Louvre, sous la grande galerie, dans le rez-de-chaussée humide de feu Jean Macé, élargi sans doute à son mérite et à sa taille. Ses titres d'alors ressemblaient à une encyclopédie : « Directeur des meubles à la manufacture des Gobelins, architecte, peintre et sculpteur en mosaïque, graveur, ciseleur, marqueteur ordinaire du roi et premier ébéniste de sa maison. » Lequel de ceux d'aujourd'hui en pourrait signer autant ?

On a tout dit sur l'art et le génie de Boulle. Ce qui distingue surtout sa manière, c'est la pureté et la clarté. Ses fils, que nous confondons avec lui, n'ont été que ses singes, disent les contemporains, et l'infortuné en a laissé quatre. Les dynasties en sont là. Ses successeurs plus véritables, tels que Crescent et Caffiéri, ont abusé de la richesse dans leurs ornements. C'est ce qui fait que tant de grimauds, connaisseurs prétendus, trouvent le boulle trop touffu, trop charnu, trop cossu. On sait si mal les choses ! Qui rencontre un vrai meuble de Charles-André Boulle en a pour un jour à admirer : dessus, dessous, dedans, dehors, tout est conscience, raison, musique, originalité, beauté. Mais où le trouver, ce vrai meuble ? Les plus authentiques ont disparu, portés en Angleterre par la bande noire. Quand la République de 1848, sitôt morte, voulut bien me donner à garder un jour les splendeurs et les misères du domaine peu menacé de Fontainebleau, j'ai cru en voir deux dans la chambre de madame de Maintenon. C'était un bureau et une commode : je crois les voir toujours. Le musée du Havre possède, ou du moins possédait un secrétaire, qu'un passant a sauvé du trépas le plus ignominieux. En 1786, Louis XVI, ayant voulu visiter les commencements hardis de la digue de Cherbourg, s'en retournait à Versailles par le Havre : parcours obligé du littoral. Le mobilier royal le précédait : les monarques en voyage ont le privilége précieux de coucher toujours dans leur lit. Or les gens qui déménagèrent l'hôtel de ville du Havre après le départ du roi avaient oublié ce secrétaire, lequel fut tout bonnement et simplement mis au grenier, d'où plus tard la Commune, ou

je ne sais qui, le fit descendre pour en gratifier le bureau de l'octroi
municipal. Ce fut là qu'un amateur, venu au Havre pour voir la mer,
le trouva et le reconnut, tout tailladé de coups de canif et bossué de
coups de soulier : lequel amateur s'en plaignit au maire apparemment.
Ainsi fut déterrée un jour la divine Vierge de Raphaël, du musée de
Rouen, roulée en paillasson sous les pieds frileux d'un scribe enre-
gistreur de décès. Fiez-vous donc au savoir et au goût des maires et
de leurs échevins !

Il y a peut-être encore des André Boulle chez le marquis d'Hertford, chez M. de Rothschild, aux Tuileries, à Saint-Cloud, au musée
de Cluny : des tables, des guéridons, des horloges, honorablement
ou criminellement restaurés. Mais que sont devenus les grands meubles, ces monuments sans pairs, conçus, dessinés, bâtis, plaqués,
marquetés, enchâssés, ciselés, gravés par l'artiste immortel ? Ceux
qu'il fit, par exemple, de dix-huit pieds neuf pouces, pour Crozat
marquis du Châtel, créé géographe par l'abbé Lefrançois, moyennant
finances : meubles beaux à ce point qu'étant trop hauts de trois pouces
pour le logis de la place des Victoires, ils obligèrent les juges de l'in-
cident à se demander s'il ne valait pas mieux élever le plafond que de
condamner leur auteur au meurtre de les raccourcir ? Est-il encore à
Versailles, le *cabinet* de vingt-quatre pieds carrés, en marqueterie et
en glaces, avec parquet et plafond, fait par André Boulle pour le Dauphin, fils inutile du grand roi, duquel cabinet le sauvage Louvois
écrivait ceci : « Pour celui où travaille Boulle, je n'en puis rien dire,
si ce n'est qu'il n'en bouge pas et qu'il y a beaucoup d'ouvriers.
J'aurai soin qu'il finisse cependant, et que, par ses lenteurs inso-
lentes, il ne fatigue pas monseigneur. »

Est-ce bien assez là le ministre connaisseur, qui fit brûler Hei-
delberg par Turenne pendant le sac atroce du Palatinat ? Les mons-
tres deviennent plus monstrueux quand on veut les faire illustres.

C'est vrai qu'il finissait à regret, cet ébéniste amant de ses ébènes.
Il livrait ses œuvres par besoin ou désespoir, ne trouvant jamais dignes de son dieu les hommages que sa main lui rendait. Avec les
instincts de Cardillac il aurait fait comme Cardillac.

Sauvrezy lui ressemble. Sans cesse Boulle étudiait et cherchait,
s'entourant, à tout prix, de modèles et de beautés : bustes, bas-reliefs, mosaïques, tableaux, gravures, statues, bronzes antiques, car-

tons des grands maîtres. C'était parmi cela qu'il respirait, qu'il sentait, qu'il vivait. O le glorieux artisan! Voilà pourquoi sa vie fut toujours en proie aux embarras d'argent : il n'est permis qu'aux riches d'avoir du goût, de posséder et d'aimer. Les beaux-arts sont ragoûts de millionnaires, lesquels prisent fort la ripopée cependant. En 1704, — Boulle avait soixante-deux ans, — ses créanciers firent requête au roi pour qu'il leur fût permis de l'exécuter par corps dans son logement du Louvre. Et le roi, vieux aussi et vaincu par Marlborough à Hochstedt, daigna accorder au débiteur Boulle, son commensal, une surséance de six mois, ordonnant en même temps aux hommes de sa dépense de voir s'il n'était pas dû quelque chose à cet *ouvrier!*

Car, hélas! l'ébéniste huguenot, débiteur des Israélites, était créancier des rois et des altesses, clients solides, à ce qu'on dit, mais payeurs lents. Enfin il paya et ne travailla plus, laissant contrefaire ses miracles par ses quatre fils, Jean-Philippe, Pierre-Benoît, André-Charles, toujours pris pour lui, et Charles-Joseph : tous élèves de leur père et des Foulon, deux maîtres coupeurs en bois de Sainte-Lucie. Il avait soixante-dix-huit ans et se reposait sur son monde de belles choses, comparant, avec tristesse sans doute, ce qu'il avait fait et ce qu'on faisait d'*après lui*, quand, la nuit du 30 août 1720, — on était sous la Régence, — un voleur que les ouvriers de Marteau, menuisier du roi, voisin de Boulle au Louvre, avaient surpris quelques mois auparavant et puni sommairement par jugement d'atelier, trouva juste, se trompant peut-être, de se venger des menuisiers en mettant le feu chez les ébénistes.

A peu près tout ce que possédait le saint patriarche du meuble fut brûlé, ou perdu, ou volé. Combien de sauveurs qui ne sauvent que pour eux en pareil cas! Huit commodes en marqueterie de bois violet et autres, ornées de bronzes; cinq bureaux en écaille et cuivre; dix-huit armoires et bibliothèques; douze grands bureaux qui étaient des monuments; douze tables; dix-huit guéridons; soixante-quinze boîtes d'horloge, quelques-unes achevées et animées, avec mouvements célèbres de Baillon et de Rabby; on ne sait combien de feux, de bras de lumière, de lustres, car Boulle faisait le bronze comme le bois; cinq caisses de fleurs, oiseaux, quadrupèdes, feuillages en bois de toutes couleurs vraies, inimitables mosaïques, *peintures* d'après nature, de la main propre du maître; des modèles pour 37,000 livres, du bois et des outils pour 25,000 : tout cela disparut ! Et par-dessus tout cela, l'immense et magnifique collection que le curieux artiste s'était faite au prix de ses besoins oubliés, de ses autres goûts sacrifiés, de ses échéances manquées, de sa liberté menacée, en vieux meubles, vieux métaux, vieux marbres, dessins, médailles, manuscrits, livres, tableaux ; l'œuvre gravée de Rubens et de Van Dyck, annotée, remarquée, retouchée par Rubens et Van Dyck ; quinze ou vingt mille portraits historiques ; des traités qui n'ont pas été imprimés, dont un de Michel-Ange, un de Léonard de Vinci, etc. Un musée, un Institut, un monde. Voilà comme ils entendaient leur métier, ces artisans-là ! Si bien qu'en définitive, lorsque Philippe d'Orléans, régent, stipulant pour Louis XV âgé de dix ans, voulut faire constater la ruine de Boulle, aux fins de la connaître sinon de la réparer, les experts, gens rigoureux et sobres par devoir, établirent une somme totale de 383,780 livres. Plus d'un million d'aujourd'hui. Cinquante mille francs de rente. Et à côté de ce trésor la gêne. Peut-être le jeûne, qui sait !

Boulle survécut douze années tristes à cette destruction de tout ce qu'il aimait. Il mourut nonagénaire, le 29 février 1732. Son tombeau est ou doit être à Saint-Germain l'Auxerrois. Où est sa statue, messieurs les ébénistes ?

C'est à tort qu'on attribuerait seulement à ce roi du meuble le genre écaille incrustée de métal, qui est aujourd'hui son synonyme et fait écrire sur les portes : « Un tel, meubles de Boulle et autres. » Ce genre fut une de ses inventions, pas davantage. Boulle faisait tout ce qui était beau. Sa gloire grande et principale n'est pas là. On a pris une page pour le livre entier. Ce créateur était mieux qu'un chercheur d'arabesques. Le premier, et nul ne l'a surpassé, il sut mettre ensemble, par un mariage grandiose, la richesse du bois orné et la splendeur du métal sculpté. Nous disons *sculpté*, car alors on ne fondait pas les cuivres d'ornement, ni même toutes les figures, quasifinis comme le font nos artisans pour épargner au ciseleur une peine qui coûterait de l'argent au marchand. Les reliefs sortaient du moule indiqués seulement ou à peine dégrossis, et l'ornemaniste travaillait là-dessus en pleine matière, la sculptant véritablement plutôt qu'il ne la ciselait. Sans exagérer les merveilles de ce genre que possède le ténébreux marquis d'Hertford, il existe à Paris, au Palais-Royal, chez

M. Désirabode, un adorable secrétaire qui n'est pas bien vieux et qui n'est pas de Boulle. Les cuivres de celui-ci dénoncent Gouthière, si je ne me trompe ; ils ont peut-être coûté cinq ou six mille francs de ciselure, alors que la reine Marie-Antoinette était dauphine. C'est, comme on dit, à se mettre à genoux devant. Ainsi travaillait Riésener par tradition grande et vénérée ; ainsi on travaillait chez Boulle et quelques autres de Louis XIV. Toutes les beautés faites à la main. Et chaque fois qu'on vous montrera un meuble ancien dont les bois seront très-bons et les cuivres très-mauvais, dites hardiment que c'est là une chose mutilée et *rabouisée*, dont quelque brocanteur impudent et malin aura détaché les vraies garnitures pour les surmouler d'abord et les revendre cher ensuite, les remplaçant, comme un faussaire, par les laideurs et les déshonneurs que voici.

Et de même que Boulle sculptait ou donnait à sculpter ses cuivres, comme Cellini ses coupes, de même aussi il inventait des architectures et des modèles. Par ce qui fut brûlé ou volé chez lui, nous savons à quelles nobles sources il s'inspirait et puisait. L'antique et le moderne lui servaient avec le même goût majestueux et superbe. Il supportait ses corniches sur des cariatides de Jean Goujon ; il mettait le Jour et la Nuit de Michel-Ange sur les horloges de Trianon. Le czar Pierre eut de lui un secrétaire avec le Laocoon en ronde-bosse dans le panneau. Cet homme était de la lignée des Titans.

Un de ses fils, celui qui signait Boulle de Sève (Sèvres), passe, à tort ou à raison, pour avoir inventé le genre d'ébénisterie dans lequel on faisait entrer la porcelaine de Sèvres en décoration, soit comme plaques peintes : sujets, fleurs, oiseaux, soit comme biscuit : bas-reliefs ou rondes-bosses. J'en doute. Ce genre de confiserie doit être plus moderne, et d'ailleurs les fils des hommes de génie n'inventent pas grand'chose, en général. Il se pourrait cependant qu'un amateur aisé eût poussé à Boulle *de Sève* l'idée de ces galanteries pompadour. L'intelligence de l'acheteur est le profit du marchand. A moins que celui-ci ne soit idiot.

Descendons maintenant du géant Boulle à ce qui se fait aujourd'hui sous son nom. Quelques bonnes maisons parisiennes se tirent de l'héritage avec respect. L'une d'elles même procède ou procédait de Boulle directement, par transmission non interrompue. C'est ou c'était celle des frères Béfort : le présent d'hier est peut-être l'imparfait d'aujourd'hui. On y réparait fort bien les rares débris authentiques de cette provenance sacrée. Les autres maisons font du neuf. Mais le public, ignorant du fond des choses, ne veut plus ou ne peut plus payer le *boulle* comme Boulle l'eût fait ou permis de le faire : et, si convenables que puissent être les incrustations qu'on y applique, le meuble actuel pèche toujours par les garnitures, comme ciselure ou comme modèle, ou tous les deux à la fois. C'est ce qui fait qu'à l'exposition de 1855, malgré le mérite relatif de certains morceaux, le jury n'a point récompensé cette branche de l'industrie du meuble. Il eût craint, en le faisant, d'encourager la masse des fabricants de soi-disant *boulle* dans l'affreuse habitude de ne plus même ciseler ni dorer du tout leurs cuivres. Une gratte-boësse et du vernis suffisent à ceux-ci, en effet !

La *gratte-boësse*, ou *gratte-bosse*, ou *gratte-brosse*, est une sorte de pinceau en fils de laiton avec lequel on frotte la pièce sortie de la fonte pour enlever les macules du moule et nettoyer le cuivre. Un coup de lime sur les bords, une couche de vernis ou *mise en couleur* sur le tout, et voilà du bronze doré.

Laissons ces misères. Nous y reviendrons assez tôt.

Par-dessus ce qu'il avait reçu de son temps et qu'il a si admirablement transformé, Boulle nous a donc laissé le raffinement, imaginé par lui, d'un placage ou d'une marqueterie d'écaille de tortue, en feuilles jointes ensemble au moyen de la soudure ou autrement, dans lequel assemblage se promène un dessin ou motif en cuivre incrusté et gravé. Voilà le boulle proprement dit. Le placage, au lieu d'être en écaille, peut être en corne, en nacre, en ivoire ou en bois : le motif, au lieu d'être en cuivre, peut être en étain, en argent, en aluminium ou en or : ce sera toujours le travail de Boulle. Des encadrements et des ornements en métal fortifient ou enrichissent cette construction galante, autour de laquelle se groupent à l'envi douze corps d'état : l'ébéniste, le dessinateur, le préparateur d'écaille, le lamineur de cuivre, le découpeur, le fondeur en bronze, le monteur, le tourneur, le ciseleur, le doreur, le graveur et le marbrier. Que de façons de faire beau ! Et pourtant tout ce monde réuni n'aboutit à rien de bon, le plus souvent. La camelote nous a pris et nous gouverne. La camelote est en tout et partout. Elle nous nourrit, nous

habille, nous pare, nous loge. On nous en fait nos plaisirs et notre
enseignement, notre littérature et nos arts. Je connais une fabrique
de meubles de boulle où l'écaille est fausse, la corne fausse, la nacre
fausse, l'ivoire en bois de houx; il n'y a de vrai que le cuivre, parce
que la science appliquée à l'industrie n'a pas encore trouvé son imitation. Mais elle y viendra, gardez-vous d'en douter. Quand Boulle
employait le bois dans son travail, c'était du bois d'ébène ; on y a re-
noncé pour le poirier noirci, sous prétexte que l'ébène est un bois
gras, difficile à manier, qui se fend, se gerce, prend mal la colle et
repousse le vernis. De sorte qu'aujourd'hui on s'appelle *ébéniste* à
condition de ne jamais employer d'ébène. Celui de Louis XIV
ne trouvait pas tant de dégoûts au magnifique bois si maltraité par
notre spirituelle fabrique. Il ne s'inquiétait guère, à la vérité, comment le vernis y tiendrait, puisqu'il ne vernissait pas ses meubles.
Mais, faute de pouvoir les conduire, il faut bien prendre les choses
comme elles sont.

Voici comment se fait le meuble de boulle. Le dessinateur trace
un dessin, jeu quelconque d'arabesques ou autres choses fantastiques sorti de sa tête ou trouvé dans un recueil. L'ébéniste prend
une feuille de cuivre laminé et une feuille de bois, ou de corne, ou
d'écaille. L'écaille, matière la plus riche et la plus chère, est de deux
espèces. Il y a l'écaille franche des Antilles, souvent mauvaise et
galeuse, mais favorable au travail commun quoique ne se soudant
pas, parce qu'elle est mince, égale, et qu'un peu de vermillon carminé
lui donne un rouge faux, mais transparent et qui n'est pas désagréa.
ble. Il y a l'écaille de l'Inde, belle et rare celle-là, épaisse, opaque,
inégale, demandant l'apprêteur et le soudeur : elle ne sert qu'aux
travaux relativement précieux, et reçoit volontiers une préparation
en noir qui la rend magnifiquement austère. Les deux feuilles sont
superposées et fixées. L'une d'elles reçoit le trait du dessin imaginé
par l'artiste. Puis arrive le découpeur, avec sa scie capillaire, qui
suit le trait au travers des deux épaisseurs : ce qui est cuivre entrera
dans l'autre matière, et réciproquement. C'est très-ingénieux et très-
facile. Comme aujourd'hui nous ne tenons pas beaucoup à la variété
des dessins, une folle fierté des anciens qui jamais ne se répétaient,
dans un meuble pas plus que dans une église, nous lions l'un sur

l'autre jusqu'à six et huit doubles, et nous les découpons tous ensemble. Grande économie, comme vous pensez.

Ceci obtenu, on assemble les découpures, et on les plaque, selon l'ordonnance, sur la bonne ou mauvaise caisse de bois jaune ou blanc dont est charpenté le meuble. On encadre les dessus et les panneaux avec du cuivre; on *enrichit* les coins, les montants, les pieds, les serrures avec du bronze. Ce qui s'entend par ce mot sonore de *bronze*, j'aurai l'honneur de vous le dire plus tard. Il y a tels ornements que des marchands vendent trente sous la livre, tout faits, avec les trous pour les clous. Il y en a d'autres qui sont superbes. Or, prenez seulement ce grossier kilogramme de ferraille jaune et informe, qui coûte trois francs, et donnez trente francs à un ciseleur : voilà quasi de la marchandise de premier ordre. Mais pourquoi, disent la plupart, donner trente francs à un ciseleur ? Est-ce que le bourgeois s'y connaît ? Cela reluit, cela suffit.

Un beau meuble complet en nouveau boulle, lit, commode, secrétaire, entre-deux, etc., doit coûter de quinze à vingt mille francs ; mais la même quantité en camelote — et je ne parle pas même du faux — vous sera livrée très-aisément pour deux mille francs. Une commode honnête, à ciselures passables, vaut quinze cents francs ; en écaille *de gélatine* et cuivre ou zinc à l'avenant, vous l'aurez pour cent francs.

Le faux a la vogue.

Ce faux boulle est fabriqué, en général, par des ouvriers en chambre, des *choutiers*, comme on dit, qui travaillent pour les commissionnaires et les marchands de curiosités. Ceux-là ne dessinent, ne découpent et n'assemblent point leurs motifs ; ils trouvent des incrustations toutes préparées chez les faiseurs spéciaux. La chose qu'on leur vend rappelle assez le procédé employé pour rentoiler un tableau. L'arabesque ou le sujet étant exécuté et placé dans la feuille de bois teint ou de fausse écaille, dite *écaille Pinson*, — une mine d'or ! — on colle proprement le tout sur du papier fort. Le choutier reçoit la feuille ainsi doublée, et la plaque à l'envers, bien collée, sur son meuble. Après quoi, il enlève le papier, et voilà une affaire faite. Il livre au marchand un entre-deux à deux portes, copie du grand siècle, d'un mètre de large sur 1$^m$,20 de haut, pour cent cinquante ou deux cents francs. L'objet est mis en montre, préalablement sali. L'ama-

teur passe, s'ébahit, croit à du vrai et à du vieux, et d'autant plus
vieux que les cuivres sont plus laids ; — car c'est là un des préjugés
de notre ignorance en fait de meubles. — Il entre, et l'habile regrat-
tier lui prend son argent selon sa *trompette* (lisez *figure* en bon français). C'est ordinairement le vendredi et le samedi que ces marchands
voleurs d'antiquités nouvelles vont se recruter chez l'ouvrier en
chambre. Temps propice pour acheter, veille ou jour de paye à faire
et de factures à régler. Tout près du dimanche et du lundi, jours de
chômage obligé. Le *comptant* sonne et tente le pauvre choutier, qui
lâche son travail au plus bas, ayant peur de manquer. Trop bas
même quelquefois, car s'est-il jamais rendu compte ? Si bien qu'on
arrive à dire de lui, un jour ou l'autre, le plaignant ou le raillant, c'est
tout comme : « Un tel s'était remis à son *chou*, mais il l'a mangé
feuille à feuille, sans murmurer, comme un lapin. »

M. Frédéric Roux, successeur de Prétot, est, avec M. Wassmus,
l'homme de Paris qui possède le mieux la tradition du meuble boulle.
Cet excellent fabricant nous apportait une table composée par Séchan et
achetée par l'empereur, laquelle nous a semblé digne du Louvre. Cette
chose ample et vaste, solidement assise sur des pieds louis-quatorze
aux attachements splendides, a son travail supérieur en arabesques découpées dans le cuivre et gravées, sortant, comme par une métamor-
phose métallique, d'un fond plein en écaille de l'Inde aux tons moirés
et veloutés. Un large cadre en bronze doré l'enchâsse, offrant cette
particularité difficile et remarquable que, dans son étendue considérable, on n'aperçoit ni soudures ni joints quelconques. Voilà qui vaut
vraiment l'éloge et légitime une réputation. C'est inutile si l'on veut,
mais c'est superbe.

M. Roux est en outre le fabricant qui a le plus appliqué à la décoration des meubles en bois l'ingénieux et délicieux procédé imaginé
par feu Rivart pour marier par intercalation la porcelaine et le marbre.
On ne saurait, si l'on ne le voyait, se faire idée de la magie qui résulte d'un bouquet en kaolin sur fond noir encadré de dorures, détachant ses couleurs fraîches et vives des milieux plus sombres du bois
de palissandre, d'amarante ou de violette. L'Exposition nous a montré quelques panneaux merveilleux, sur lesquels l'honnête Rivart est
mort en cherchant encore plus beau que le plus beau pour ce grand
rendez-vous des magnificences universelles. On ne refera jamais ce

qu'il faisait : le marchand veut de l'expéditif et du bon marché. Puisse
la mémoire touchante et laborieuse de ce cher homme avoir un moment arrêté le jury ! Les plaques qui portent son nom vaudront beaucoup d'argent un jour ; auront-elles hier valu seulement le cuivre
d'une médaille ou la feuille de papier d'une mention ? Penser aux
morts, y songez-vous ! Et que resterait-il donc pour les vivants ?

L'exposition de la maison Roux nous donnait aussi de très-belles
constructions en marqueterie de bois. Cette miraculeuse partie de
l'art nous est venue, je crois, de l'Italie, par extension ou corruption
de l'ancienne mosaïque, qu'inventèrent les Orientaux et que les Romains leur prirent. Au temps que Raphaël peignait ses Vierges, Jean
de Vernes (on dit aussi de Vérone), ou peut-être un autre peintre,
s'imagina de teindre des bois et de les découper dans des fonds, en
chairs, en draperies, en ornements, en fleurs. Pour quoi celui-ci fut
appelé peintre en bois et réussit.

Le principe et ses applications nous arrivèrent sous François Ier, le
roi dit de la renaissance des lettres, des arts et des sciences : ce qui
ne l'empêcha pas d'être abondant pourvoyeur de cachots et de bû-
chers. Son métier le voulait. Nous reçûmes alors des Italiens les incrustations d'ivoire, de nacre et d'argent sur ébène. Celles en cuivre
étaient encore peu connues.

L'ornement se conduisit ainsi jusqu'à Louis XIII. Puis il se trans-
forma. Un marqueteur dont le nom n'est point resté — que n'était-
ce un soldat ayant tué beaucoup d'hommes ! — inventa de colorer le
bois par le feu au lieu de le teindre, et d'en faire ainsi des rinceaux
et des ornements sur fond noir. Parurent en même temps les incrustations de cuivre rouge et de laiton, avec mélange de nacre sur fond
d'écaille indienne soudée. On reproduit aujourd'hui ces travaux avec
grand succès : nos petits meubles en sont tout réjouis.

Puis le soleil de Louis XIV fit éclore Boulle, comme disent les mé-
téorologistes de cour, lequel Boulle, chers messieurs, fût très-bien
né tout de même sans lui. Et Boulle inventa, ainsi qu'on l'a vu, le
procédé découpé qui porte son nom. Cuivre doublé d'écaille, que
parfois il triplait d'une feuille d'étain : première, seconde et troisième
parties. Et de ces mélanges gravés, auxquels son goût sans pareil
présidait, il sut tirer des effets enchanteurs. Faisons, ce n'est pas
inutile, remarquer en passant que jamais Boulle n'a mis d'animaux

ni de personnages dans ses ornements du bois. L'arabesque et le caprice lui suffisaient. Cette particularité le distingue de ses imitateurs, la plupart inspirés par Bérain.

A soixante ans de distance, parut le second maître du genre ; celui qui, à l'instar des peintres illustres, a eu la franchise et l'orgueil de signer tous ses travaux: Riésener : ébéniste-marqueteur de Louis XVI et de Marie-Antoinette. Il a *peint*, en bois de couleur, des tableaux que personne ne surpassera. Monbouge ne faisait pas mieux. Comme goût dans la construction d'un meuble et dans l'emploi somptueux des bronzes, Riésener procédait de Boulle évidemment. Où donc eût-il plus puisé? Ses attributs, ses bouquets incomparables, ses médaillons en porcelaine, amoureux ou fleuris, tiennent dans les portes de ses meubles la place des bas-reliefs de Boulle. Où Boulle posait et immortalisait des caprices en métal, Riésener fait épanouir des roses et s'envoler des papillons. L'un était la grandeur, la noblesse, la richesse en ébénisterie ; l'autre, l'élégance et la grâce : l'un enthousiasme, l'autre fait sourire et rêver. Boulle était né pour meubler les artistes, et Riésener pour meubler les femmes. Le démon et l'ange du meuble, disait le père Wassmus.

Quoique moins ancien, le riésener est maintenant aussi rare que le boulle, sinon plus. Un beau morceau signé par Riésener vaut aujourd'hui de vingt mille à cinquante mille francs. C'est à se battre pour l'avoir. A la prodigieuse exposition rétrospective que l'Union centrale des beaux-arts appliqués à l'industrie nous fit voir en 1865, M. Double et le marquis d'Hertford avaient prêté des pièces conquises à des prix fous dans les ventes publiques célèbres. Artistes vivants qui mourez de faim, consolez-vous ; cinquante ans après que vous aurez fini de souffrir, on couvrira aussi d'or vos bibelots. Mais signez-les, ou ce ne serait pas toujours sous votre nom. Est-ce que vous croyez que je donne mon argent pour vous faire une réputation? disait un commissionnaire à Sauvrezy, qui mettait son nom derrière un meuble. « Ce que j'achète est à moi tout entier. » C'est une doctrine. On donne même parfois la médaille d'or à ces acheteurs convaincus. Dans le tableau il se fait encore des façons ; personne, ayant à soi un raphaël ou un rubens, n'a songé à se dire ou se croire Rubens ou Raphaël. Cela viendra.

La marqueterie contemporaine n'est point à dédaigner pour cela ;

c'est même une des plus belles parties de notre travail actuel.
MM. Wassmus, Ahrens, Grohé, Cremer et Gros sont allés très-loin
dans ce genre. Il y a deux sortes de marqueteries : l'*ombrée*, ou marqueterie proprement dite, dont les découpures sont passées au sable
chaud pour obtenir des ombres; et la marqueterie-mosaïque, qui procède, comme la mosaïque en pierre, par petits morceaux de couleur
rapportés. Celle-ci est d'un effet plus vif, plus *nature;* mais ses
nuances s'altèrent, dit-on, et elle passe avec le temps. L'autre, au
contraire, dure autant que le bois en sa beauté, et elle est d'une distinction superbe. Le fond du placage se compose de pièces uniformes
assemblées régulièrement, en bois exotiques presque toujours, palissandre, rose, violette, amourette. Jadis on ne faisait qu'un modèle
à la fois, aujourd'hui la scie peut découper quatre exemplaires du
même et davantage. Tant mieux, si le modèle est beau.

Une bonne table moderne en marqueterie riésener coûte de deux
mille à trois mille francs: un beau lit, cinq ou six mille et plus,
selon la ciselure et le modelé des bronzes. Mêmes prix que pour le
Boulle ou à peu près.

Malheureusement ces mignardes et voluptueuses chertés, lit,
commode et bonheur-du-jour, abusant du malsain héritage des meubles louis-quinze, ont monstrueusement donné naissance à un je ne
sais quoi fade, suspect, nauséabond, malade, qu'on appelle le meuble
en *bois de rose*, lequel partage avec le faux boulle la clientèle nicoti-
neuse et les aspirations oxydées des vieilles hétaires du quartier
Bréda. Je ne connais rien qui soit méchamment et tristement symbolique comme ces sépulcres d'illusions en bois blanc, maquillés d'un
fard ocreux que glace un vernis rugueux, avec des porcelaines de la
foire encadrées dans des cuivres moisis. Une belle coquetière retirée
me montrait dernièrement son lit, fait en ce bois de rose horrible, et
dont elle est très-fière. Son mari l'a payé quinze cents francs ; il peut
bien valoir cent écus. Je n'ai pas voulu la détromper, c'est peut-être
sa dernière illusion ! Je lui ai fait seulement observer que les appliques en métal étaient clouées au bois sans même qu'on se fût donné
la peine de fraiser la tête des clous, ce qui pouvait avoir de l'inconvénient pour les volants et les dentelles de ses visiteuses. Je n'ai pas
eu de succès.

Autre chose. Tous ces meubles sont des meubles *riches;* et les meubles riches, sans doute très-éclatants et magnifiques, ruinent ou perdent de réputation celui qui les possède, selon que leur richesse est exacte ou figurée. Ils veulent autour d'eux un tout qui leur ressemble ; ils imposent un luxe général, apparent ou réel, qui déprave l'esprit ou défait les revenus. L'or, l'écaille, les bronzes, les émaux, les porcelaines, les marbres précieux dans le meuble sont d'habitation théâtrale, sinon royale ; cela implique la splendeur ou la mascarade, un grand seigneur ou un charlatan, madame la duchesse ou une lorette. Pour rendre aujourd'hui Boulle et Riésener vraisemblables, il faudrait d'ailleurs restaurer le costume. Nos pantalons d'Elbeuf et nos paletots de Louviers sont impossibles devant les orfévreries mobilières de Louis XIV ; il est indécent de poser notre chapeau sur une marqueterie Marie-Antoinette. Puisque nous demandons aux ébénistes de nous copier les meubles du temps des rois, demandons aussi aux tailleurs de nous en copier les habits. Vivons en apparence complète de magnificence et de galanterie. Que la cendre de nos cigares tombe sur des vestes de drap d'or. Que l'écurie et le club parfument de la soie et non pas de la laine. Traversons le macadam en litière : nous voyez-vous crotter du laque ?

Mais ce ne serait toujours vivre que de semblants, après tout ; nourriture fade et maussade. Les meubles de Boulle étaient surtout remarquables par leur aspect saisissant, imposant, splendidement harmonieux. On y sentait remuer l'amour et le génie. On y lisait des poëmes enchanteurs. Les imitations qu'on nous en fait sont froides ou grotesques, comme nous peut-être bien. C'est une reproduction presque toujours triste, ou gauche et difforme, comme un portrait après la maladie ou après la mort. La main y est, et meilleure que jamais ; l'esprit n'y est pas. Ne cherchons plus ce que nous ne pouvons plus. Trouvons autre chose. A quoi bon, pauvres artistes du lit et de la commode, vous vieillir et vous ruiner en ces résurrections sans âme ? Pour qui les faites-vous ? Vous les paye-t-il seulement ce qu'elles valent, votre monde en cuivre doré, à l'élégance galvanoplastique ? Une dame riche de la finance conviait un matin l'un de vous à voir chez elle son meuble mis en place. Il y avait foule admirant et s'écriant, et le naïf ébéniste pleurait d'éloges et de gloire, sa facture à la main. Quand on se fut retiré, la dame lui dit : « Je vous ai fait un beau succès, qu'en pensez-vous ? Cela vaut bien une petite diminution ? » Le brave homme sortit de là ruiné.

Le beau meuble riche est trop cher, et celui qui n'est pas beau est indigne. Extravagance ou duperie. Si la raison nous revient, je crois que l'avenir s'en tiendra au meuble massif. De tout ce qu'a fait notre temps pour la réforme du meuble, celui-ci nous semble le meilleur, incontestablement. Le meuble massif se suffit à lui-même, et n'a de bornes ni dans ses merveilles ni dans sa simplicité. Il n'a pas besoin d'accompagnement ; tout seul il rayonne et illumine, faisant valoir ce qui l'entoure au lieu de l'écraser. C'est la vraie beauté, qui est parce qu'elle est. Un simple papier clair sur le mur lui suffit, comme un fond de ciel pur à une noble tête. Chef-d'œuvre ou chose toute petite. on le place bien partout, pourvu qu'il y fasse clair. Et puis cela est solide, cela est durable : un meuble en noyer vivra cent cinquante ans, un meuble en chêne trois siècles. C'est une valeur réelle à laisser après soi ; et les enfants. au besoin. le vendront plus cher qu'il n'aura coûté. Au lieu qu'un lit courant du faubourg, en acajou plaqué, vaudra. à revendre. le tiers de son prix après dix ans, qui sont sa vie moyenne en bonne santé : ayant alors perdu son apprêt et son faux lustre, étant écorché, contusionné. tuméfié, devenu invalide et guenille. On ne s'y attache pas, à celui-là, on ne l'aime pas comme l'autre. qui s'embellit à mesure qu'il vieillit. Pourquoi vendrait-on ce bon meuble sculpté. vieux témoin de la famille, première admiration de l'enfant, à qui peut-être l'homme devra son goût des choses vraies et fortes. son instinct de la beauté, de la grandeur authentiques ? On l'aura reçu et on le transmettra, comme la maison et le bien. comme le renom aussi, il faut l'espérer. Le massif ! le massif ! D'autant plus qu'il n'est pas besoin de beaucoup d'argent pour l'avoir. Il peut être beau sans sculpture, dans sa simple menuiserie, s'il vient d'une bonne maison : par la distinction des découpures, des moulures, des encadrements. par la science du dessin et la dignité architecturale. Il sera aussi peu cher alors que le permettra le prix toujours croissant du bois brut. On se meublera pour deux mille francs en même matière que pour vingt mille : la forme seule fera la différence. Quelle meilleure égalité ? Quel symbole plus vrai de l'unité des aspirations vers l'honnête, l'utile et le bien fait ?

Selon ce que nous voyons. voici donc quel pourrait être l'horoscope du meuble parisien. A l'ouvrier, à l'artiste, à l'avocat, au médecin, au savant. à l'homme de lettres. le chêne — ce bois fort. *robur*,

— et le noyer massifs, ou leurs analogues. Aux ménages riches, le sculpté dans la salle à manger, dans le salon et dans l'étude ; le plaqué Boutung ou celui de Godin dans la chambre à coucher. Aux châteaux, aux palais, les grands meubles, les cheminées, les lits à baldaquin, les bibliothèques, les serre-papiers, les cabinets, les armoires de grand art et de grand style ; le meuble polychrome où, dans des cadres à sujets, comme les demi-dieux de la renaissance nous en ont légués, brilleraient des panneaux inaltérables en laque de Paris, peints par des maîtres. Là aussi nos autres orgueils, les marqueteries de Wassmus, de Grohé, de Roux, de Diehl, de Gros, les Boulle et les Riésener modernes ; fantaisies de six mille, de dix mille, de quinze mille francs. Aux professions suspectes, aux opulences louches, aux boudoirs qui sont des comptoirs, la camelote. Qui se ressemble doit s'assembler.

# CHAPITRE VIII



« Aujourd'hui, nous dit M. Du Sommerard, qui est une si grande autorité, presque tous les fabricants de meubles ont compris qu'il y avait avantage pour eux à joindre l'art de la décoration à l'ameublement proprement dit. A de très-rares exceptions près, ils possèdent des ateliers montés pour les travaux de tapisserie. De leur côté, les tapissiers les plus renommés fabriquent chez eux ou font fabriquer à leur compte et sous leur nom les meubles de luxe et tous les ouvrages de l'ébénisterie. »

Ceci remonte assez loin déjà, et n'a pas contribué à établir une paix profonde entre les deux états. Réciproquement ils s'incriminent. L'ébéniste ne saurait consentir à la qualité des meubles que le tapissier livre, comme, de même et dédaigneusement, celui-ci refuse à l'autre de se connaître en rideaux. J'avoue que, sous certaines réserves, je pencherais vers l'opinion solide du premier. Il me semble, en effet, plus facile de couvrir un fauteuil que de le construire, et quand un grave et beau lit louis-treize est carrément planté sur ses quatre colonnes, y pendre les étoffes qui le draperont me paraît une résultante toute simple. Le tapissier procède beaucoup de son verbe ; il aime démesurément à tapisser. Il se plaît en de longs et larges développements de tissus. Ses mémoires se dévident et s'emmêlent dans des métrages infinis. Volontiers il cacherait le bois. Cela fit que long-temps il fut suspect aux architectes : le bois, au contraire, étant cher à ceux-ci. On les a vus, pour ce motif, dépecer jusqu'à la férocité les factures que le prévenu présentait. L'histoire contemporaine du meuble parle d'une fourniture de quinze mille francs réduite à cinq cents francs par la vertu de *règlements* accumulés. Un de plus, et le malheureux tapissier eût été forcé de rapporter de l'argent.

En rien il ne faut de trop cependant, et nous savons des tapissiers qui entendent le meuble très-heureusement. Les objets servant au repos sont surtout ceux qui leur conviennent à faire. On arrangerait, je crois, le différend, si on livrait à l'ébéniste les grandes pièces, salon, salle à manger, bibliothèque, et si on réservait à l'autre le boudoir et la chambre à coucher. Nous en prendrions pour preuve la savante et regrettable restauration, par M. Deville, d'un lit mazarin en velours rouge, sur lequel la pluie, qui, en certains lieux du palais, faisait beaucoup trop comme chez elle, s'avisa un jour de tomber si déplorablement. On a vu peu de choses aussi bien faites que ce lit.

Un autre tapissier avait construit une merveille qui fut seule et restera seule. Modèle et désespoir de quiconque au monde essayera quelque chose afin de ressembler à celle-là !

Les fortunés qui ont vu le jardin réservé de l'Exposition, conception heureuse entre toutes, et que la poudreuse et glorieuse pompe des revues futures ne nous revaudra jamais, se rappellent nécessairement une gracieuse chose en pierres blanches octogones avec dôme bleuâtre, quelques marches pour y monter et des cérames sous la console des balcons. C'était situé dans un isolement respectueux, entre deux ou trois corbeilles de petites fleurs ; pas trop loin de la tente où, quelquefois si belles, sonnaient et fanfaraient des harmonies militaires, maintenant destituées par raison de chevaux. Le grand état-major de M. Niel n'aime pas la musique.

Cette construction, mystérieusement close et qui s'est appelée le pavillon de l'Impératrice, ne recevait, par malheur, que des visiteurs élus. Elle s'est envolée sans qu'on l'ait vue presque, et son auteur n'a pas même eu la joie d'un succès populaire gratuit. Que du moins un peu de notoriété lui parvienne et le console.

M. Henri Penon, de la maison Penon frères, est un tapissier illustre. Et, comme on vient de le voir, nous ne sommes pas enthousiaste des tapissiers, lesquels, en fait d'art, empruntent beaucoup plus souvent qu'ils ne prètent. Mais celui-ci fait exception. Celui-ci est sérieusement un homme de génie dans son genre. Voyez plutôt.

L'auteur du pavillon de l'Impératrice, songeant à employer le terrain qu'on lui concédait, entreprit de créer un *kiosque dans un parc.* Ce n'était pas qu'il n'y en eût déjà, Dieu merci; mais personne, que nous sachions, n'avait, fût-il même architecte à ruban, distingué ces habitations mignonnes des lois d'ensemble et d'intérieur qui régissent les pièces banales de la grande habitation.

Étant donc donné ceci, un petit temple érigé à la rêverie et au secret, ou à l'intimité presque solitaire, parmi les arbres, les fleurs, la verdure et les cieux, comment en vêtir le dedans? Il y avait à choisir entre les nuances convenues et fausses de la décoration bâtarde et criarde, ou « les plus doux reflets des couleurs du bon Dieu, » ainsi que nous l'écrivait un jour le charmant et mélancolique artiste. Il a pris celles du bon Dieu, et c'est divin de voir ce qu'il en a fait.

De style, aucun d'arrêté. Une certaine préférence donnée au louis-seize pourtant, comme le plus féminin et le plus aimable. Le sujet, *le Matin,* un poëme. Et, pour chanter ce poëme dans la pièce octogone, quatre panneaux principaux, accompagnés chacun de deux panneaux latéraux. Les quatre autres faces percées à jour par de hautes fenêtres. Nature et lumière, éther et parfums.

Le tapissier poëte fit d'abord ses boiseries. Il y voulait un bois qui n'eût été employé de cette façon par personne : il prit le sycomore, qui se manie comme l'ivoire et est plus beau que lui, quand on le laisse dans sa teinte vraie de lait solide.

Les motifs de la sculpture des boiseries furent tout simplement des fleurs, non pas les fleurs savantes et royales des architectes et des ornemanistes, mais celles du houx et de l'aubépine, la rose sauvage et le muguet. Feuillages de peuplier, de platane, d'orme, de chêne : ce qui vit naturellement au dehors reproduit artificiellement au dedans, par hommage de la créature au Créateur. Je ne sais rien au monde de délicieux comme ces sculptures.

Ceci compris, que se passe-t-il, s'est dit M. Penon, quand le soleil se lève? Toute la vie s'éveille, et s'agite, et se réjouit : essayons, dans notre faiblesse humaine, d'exprimer cette phase sublime d'actions de grâce et de bonheur.

Et sur des panneaux en soie teints tout exprès en tons dégradés, depuis celui de satin blanc d'argent jusqu'à celui d'azur un peu obscurci, afin de reproduire le ciel, notre artiste et ses aides excellents figurèrent d'abord la blonde Psyché, que le bel Éros éveille en secouant un bouquet sur son front candide, tandis que matinals, au fond du tableau, des enfants joyeux dansent en rond. Puis ils y mirent le réveil des fleurs, ouvrant au soleil leurs pétales frémissants ; des Amours jardiniers les arrosent ; d'autres, destructeurs, en font des couronnes. Puis celui des oiseaux : le coq appelle en chantant ses poules et leurs poussins ; des colombes familières picotent le grain que leur jette un doux et caressant petit, tandis que les méchants lutins, ses frères, se disputent un nid de fauvettes. Le quatrième panneau enfin montre de jeunes faons et leur mère que des Amours chasseurs guettent et vont surprendre à l'aube : le père, attentif, flaire le danger, et soyez sûr qu'il les sauvera.

Tous ces groupes si jolis peints à la gouache et de teintes vigoureuses, afin de paraître vraiment inondés de feux. Chacun encadré de fleurs ou plantes sympathiques et spéciales qui grimpent à l'entour jusqu'à une petite treille architecturale d'un effet enchanteur. A Psyché, l'églantine et le chèvrefeuille ; aux fleurs, le rosier, trône de leur reine ; aux oiseaux, les fruits des haies ; à la famille du cerf, le lierre, la fougère et les lianes. Est-ce que ce n'est pas ravissant?

Même système de rapport et de dégradation des tons pour la décoration des fenêtres. A chacune d'elles des rideaux et des lambrequins. Les lambrequins en soie gris-bleu, dit *clair de lune*, brodés à la main de fleurs des champs en relief, qu'attachaient des rubans sortant merveilleusement du fond. Les rideaux en étoffe changeante, produisant deux tons clairs de façon à les marier avec la soie des lambrequins, puisque sur ceux-ci on retrouvait le ton des rideaux, et sur les rideaux le ton des lambrequins. Venait ensuite un grand et curieux tapis, chef-d'œuvre de façon et d'invention, qui d'abord, en touchant au mur, continuait le ton des rideaux, puis se dégradait insensiblement de la circonférence au centre, afin là de donner une nuance très-éteinte.

Ce tapis admirable était fait d'un canevas de paille, entièrement brodé à la main en branches naissantes de chêne et de marronnier, lesquels feuillages de ce vert jeune et vif se détachaient sur un fond bleu lilas, conduit lui-même jusqu'à peu à peu finir par la couleur propre au canevas, et expirer au bord d'un point central en étoffe d'or, sorte de réflexion renversée de l'astre du jour. C'était là le seul usage qu'on avait fait de l'or dans la tapisserie de cette pièce. Juste de quoi marcher dessus.

La calotte terminale du pavillon impliquait une coupole. Celle-ci y était en effet, réussie, distinguée, neuve. Une trouvaille pleine de goût. Par quatre lucarnes ovales, une prise de lumière était simulée. Trompe-l'œil saisissant, ces quatre faux éclairs avaient un entourage des feuillages que j'ai dits, chêne, orme, platane et peuplier, des arbres qu'on trouve non dans les serres, mais dans les parcs. A travers chaque lucarne, un autre artifice de pinceau faisait croire à un velum transparent et flottant, avec attributs relatifs à la décoration des panneaux que cette simulation couronnait. Et pour finir, le centre de la coupole nous représentait un ciel matinal encore un peu dans la pénombre, sur lequel s'envolaient cinq colombes blanches tenant chacune un ruban ; et ces cinq rubans aériens servaient à faire descendre du sommet bleu un lustre en cristal de roche aux branches figurant le houx, avec ses baies rouges en émail sur or vert. Ici seulement la critique était possible et venait nous soulager de l'admiration. Il n'eût pas fallu de métal du tout dans cette admirable création, si triplement digne d'un autre lieu, d'un autre temps et d'autres juges. Les bronzes dorés du lustre et des huit bras de lumière qui lui servaient d'inutile cortége, avaient l'inconvénient capital de troubler cette harmonie si douce. Et pourquoi? Le pavillon, évidemment, ne pouvait ou ne devait être qu'un retrait pour les longs jours d'été : à quoi bon ces appareils d'un éclairage invraisemblable ?

Les meubles garnissant le paradis lui ressemblaient. La conception était parfaite. Les siéges, d'une forme délicieusement et mollement étudiée, de bois de sycomore en nature, couverts de taffetas bleu *clair de lune*, avec broderies de fleurs des champs. Une table en brèche violette, portée par quatre zéphyrs que liaient des guirlandes d'aubépine. Une harpe peinte en camaïeux emblématiques. Un bureau de reine, chef-d'œuvre complétement inventé. Des coussins, des corbeilles, des miroirs, dont chacun était un bijou. De quoi faire, en la personne de ce prodigieux artiste, l'honneur ineffable du mobilier moderne.

Qu'est-ce que tout cela est devenu ?

Des autres tapissiers exposant dans le palais, M. Roudillon, de la rue Caumartin, apparaissait le plus splendide. Son étalage richissime occupait deux travées d'honneur dans le grand vestibule. Succédant au nom fameux et maintenant américain de Ringuet-Leprince, M. Roudillon, en 1855, marqua par un début mémorable : une cheminée louis-quatorze en chêne avec cartouche formant horloge et panneaux accompagnateurs, le tout d'une exécution superbe. Il nous revenait aujourd'hui, après douze ans de silence, dans des conditions à bouleverser un budget. Parmi ses opulences innombrables, il faut distinguer un lit à dais tout en étoffe, tel qu'il n'est permis qu'aux évêques ou aux empereurs d'en avoir, un canapé louis-seize de toute beauté, un meuble comme les imaginait Jean Goujon, portant ivoires et bronzes antiques, une table boulle à dessus en pierres d'Italie, et surtout un paravent chinois à panneaux de glaces et soies brodées, avec monture parisienne en bronze. De vastes plis en tapisserie, fermant les baies de ce reposoir du luxe, affichaient et justifiaient l'indication un peu ambitieuse que porte la carte du maître : *Fabrique à Aubusson.*

Il était sombre en diable le grand vestibule ; mais le grand magicien Faute-de-Mieux en avait fait une galerie d'honneur. C'est dans ce courant d'air redoutable que M. Du Sommerard, souverain arbitre du mobilier français, installait triomphalement les pièces qu'il estimait le plus. Les locaux ressemblent aux locataires ; il finissent par s'arranger de la destinée qu'on leur impose. L'Angleterre, pour sa bordure, avait la moitié de celui-ci. Elle y a mis les chevaux d'argent et les cavaliers d'or de MM. Elkington et Mason, prix de courses illustres, *testimonials* pesants et vaillants. *Testimonial* veut dire chez eux témoignage, hommage, attestation, certificat : cela se donne en anglais comme marque comptable et preuve effective de reconnaissance ou de considération. En français la munificence est plus spirituelle et se contente volontiers, jugeant votre joie d'après la sienne, d'une feuille de papier de dix centimes, ornée de blondes vignettes, timbrée, signée et encadrée. Fumée à laquelle j'en connais trop qui ont mangé leur pauvre pain. M. Wilms, autrefois des nôtres, qui est aujourd'hui comme le Constant Sévin du Barbedienne de Birmingham, nous montrait dernièrement le *testimonial* offert par une veuve anglaise au capitaine qui lui avait ramené le corps mort de son mari. C'est un vase en or massif. (Cela peut valoir cent mille francs avec les accessoires.

Nous avons peu de ces Artémises bourgeoises. Nos plus larmoyantes n'iraient sans doute guère au-dessus du laiton galvanisé. Que la forme y soit, c'est assez, se dit-on dans notre pays de l'art. L'orgueil et l'avarice trouvent ensemble des accords intrépides !

Deux grands meubles de fabrique française traversaient ce vestibule consacré, celui de M. Chaix, en ébène, et celui de M. Alessandri, en ivoire sur ébène. Le premier, plus sérieux, plus noble, plus magistral ; le second, plus charmant. Tous deux, mais différemment, sont pour nous rendre fiers. Nous y reviendrons. Puis sur la gauche, lisière de notre section, M. Henri Lemoine s'étalait en demi-jour, au coin inverse de M. Roudillon.

M. Henri Lemoine est le successeur de son père, successeur lui-même de l'ancienne et respectable maison Lemarchand. Fabrique de bonne école et de bonne souche, où l'on est resté fidèle aux traditions honnêtes. Cette façon de se porter bonheur en vaut bien une autre. A l'exposition de 1855, le nom de Lemoine fut remarqué pour un bahut de salon en bois de rose avec incrustations en étain gravées ; conception fine et gracieuse, main-d'œuvre aux détails presque tous parfaits. Alors on faisait encore bien le bois de rose, aujourd'hui très-déshonoré. Londres, en 1862, eut de cette maison une armoire à glace louis-seize, en bois de rose encore ; et je m'en souviens comme d'une rencontre restreinte, mais remarquable parmi beaucoup d'autres qui ne nous glorifiaient guère. Cette année, plus à l'aise en sa vaste place, M. Lemoine apportait un spécimen complet de ses œuvres d'ébéniste et de tapissier. Là-dessus il est entièrement sincère. Les objets qu'il nous montrait ont été conçus et dessinés chez lui, et travaillés par ses ouvriers habituels. Pas d'exceptions suprêmes. Il vous faudrait les pareils, heureux de la terre, que sa maison les referait aussitôt. Il ne s'agit point ici de *trente-mille* ni de *cinquante-mille*, comme s'appellent les morceaux qu'on ne fait qu'une fois, et pour cause. C'est de l'ouvrage normal d'où le tour de force est absent. Nous donnons la déclaration comme elle nous a été faite.

La principale pièce est une bibliothèque ou meuble de cabinet henri-deux, en bois de poirier noirci. Nous avons dit qu'on usait beaucoup de cette matière funèbre. La construction est celle d'une armoire à deux corps. Le bas, aux portes pleines, avec vides latéraux, est décoré de sujets sur émail symbolisant l'Étude et la Mémoire. Ces émaux sont d'un délicieux homme qui s'appelle Bérenger. Des bronzes bien faits rehaussent la frise, dont une tête de Minerve un peu lourde surmonte la sculpture touffue. Notre fabrique commence à chérir les ornements lourds et s'en justifie en les appelant opulents. Des colonnes de belle exécution supportent l'ensemble. Le corps supérieur est en trois parties, que ferment des portes vitrées ; au milieu les livres, des deux côtés les curiosités. Garniture intérieure en drap sombre. Sous les vitrines latérales sont deux petites armoires qu'ornent les médaillons en émail de Raphaël et de Galilée : les portes de ces armoires s'abattent sous forme de tablettes, en laissant voir de précieux tiroirs à médailles et de non moins précieux tiroirs à bijoux. De là montent des colonnes et des cariatides portant noblement une corniche excellente, couronnée par un fronton très-opulent qui a pour cimier une lampe antique, emblème ingénieux de la signification générale du meuble : lumière.

Ce qu'on pourrait reprocher à cette très-bonne pièce serait trop d'encombrement dans les ornements du corps inférieur. Il y a là comme une sorte de surcharge, qui rend pesante la partie médiane et diminue en apparence la solidité creuse des côtés. Voilà tout. Point d'or ; ce qui est preuve exquise de bon goût.

Deux gaines hautes et sveltes, en bois de marronnier blanc avec nielles bleues sur fond d'or, qui portaient des vases de Sèvres, accompagnaient ce meuble noir comme une royale illumination. Le jour ! le jour ! Que c'est beau, le jour !

Citons maintenant un petit meuble de cabinet dans le genre flamand du dix-septième siècle. Il est en bois de satin, — un adorable bois, — avec moulures en ébène ; portes pleines, à panneaux sculptés dans les deux corps ; colonnes doriques accouplées aux angles. Ces colonnes ont leurs bases et leurs chapiteaux en ivoire. Les fûts sont en ébène incrusté. Un bijou.

Puis un ameublement féminin de chambre à coucher louis-seize, en acajou, avec frises en nacre et bordures en bronze doré. C'est miroitant et coquet, bien que des lignes irisées donnent toujours des lumières fausses. Un cadre de miroir sculpté en bois de tilleul en fait

partie : on dorera ce cadre un jour. et ce sera grand dommage. Puis
deux meubles d'homme pour vêtements et cigares; l'utilité et la malpropreté. Le premier, armoire sur commode en bois de sycomore
sans teinte, avec moulures en acajou ; le second, en ébène et bois
d'Amboine, avec ferrures polies du quinzième siècle. Le tabac, sur
mon âme , est le mieux logé des deux.

Avec cela une collection de siéges de salon louis-treize, louis-quatorze et louis-seize, or, noir, noir et or. etc., dont surtout un fauteuil
louis-treize, couvert en velours cramoisi avec broderies de métal.
Ailleurs de l'aubusson. Tout cela très-bien traité. Valeur notable
comme art, témoignages puissants comme exécution. Le jury a été
juste en décernant à M. Lemoine la trop rare médaille d'or. Mais
d'autres aussi la méritaient, qui ne l'ont point reçue.

L'ancienne et bonne maison Jeanselme s'est présentée modestement. Nous aurions cru de sa part à des efforts plus grands. Renommée et richesse obligent. Le talent d'un homme tel que M. Godin
ne dit pas tout : il fallait des preuves. il fallait des sacrifices. L'indifférence est interdite à certains noms. Fut-il et sera-t-il jamais lutte
plus entière, plus solennelle, plus décisive que celle-ci? Le vieil ancêtre eût sans doute entendu les choses autrement. Souvenons-nous,
s'ils ne s'en souviennent, que MM. Jeanselme fils et Godin représentent la succession réunie des deux chefs dont l'ébénisterie française
contemporaine s'honore le plus, travailleurs morts comme il est beau
que chacun meure, enveloppé dans sa renommée : le PÈRE Jeanselme
et le PÈRE Jacob, comme disaient leurs ouvriers en leur affectueux
respect. M. Jeanselme fils est aujourd'hui le seul de son nom dans
l'industrie, et il est bon qu'on le sache, car ce fier nom est de ceux-là
surtout dont l'abus devrait être interdit. M. Godin, son associé, a été
l'élève de Jacob, et il est resté le continuateur des doctrines du maître
dans la construction relativement indestructible du meuble. Artiste
et serviteur du beau, allant en avant et à grands pas , sans routine
et sans parti pris, excepté sur l'honnèteté et la vérité. L'industrie de
MM. Jeanselme et Godin est très-considérable; elle occupe des bras
infinis. C'est une usine et c'est une ruche que cette maison de la rue
Harlay, au Marais, où les nouveaux se démènent d'un cœur à faire
sourire l'ombre des anciens. Le travail y consiste surtout dans la
grande ébénisterie bourgeoise et la fabrication des siéges. Nulle part

on ne saurait trouver meilleur, et nulle part, non plus, que je sache, meuble de commande sur composition et dessin n'est mieux établi, mieux fait ni à meilleur marché comparé. C'est la *bonne* maison dans toute l'acception du mot. La fantaisie n'y tient point en reine ses féminines assises, le luxe n'en chasse point la sagesse et la modestie. On y fait beau et on y fait durable. La fabrication n'y est pas vouée à un genre, à un style ; elle cherche intelligemment, sagement, à mettre en concordance acceptable tous les genres et tous les styles, prenant à chacun son esprit dégagé des exigences que lui imposait son temps, et cherchant dans celles du nôtre une place raisonnable pour lui. M. Godin, bon dessinateur, nourri de fortes études dans l'état, a surtout voulu dégager l'applicable et l'utile que pouvait renfermer la tendance actuelle à la régénération des formes grecques, si singulièrement exagérées, adultérées, défigurées, dans tout à peu près ce que nous osons en leur nom. La magnifique bibliothèque que sa maison a exposée à Londres en 1862 et qu'elle a rapportée au champ de Mars, est un spécimen capital de la réhabilitation essayée par lui avec les chaudes allégresses de la conviction.

On voit dans ce morceau combien l'auteur a regardé avec ferveur ce que tentaient naguère MM. Lenormand et Rossigneux dans leurs restaurations pompéiennes ; selon quelle bonne grammaire il a lu ce qu'écrivait M. Duban sur les lambris et les murailles des Beaux-Arts et du Louvre ; comment il a su saisir ce qui tombait de l'enseignement indépendant de M. Viollet le Duc. Il a senti dans tout cela comme un grand souffle venant de loin et de haut. Il y a vu le maintien nécessaire pour tous des éternelles lois antiques, avec une certaine liberté individuelle dans l'expression, selon les passions, l'éducation, le tempérament et l'esprit de chaque artiste. Et il a fait cette belle et mâle bibliothèque, sobre de lignes, tranquille, sérieuse, disant si bien qu'elle est une arche des études et de la science. Mettez là dedans des livres noblement reliés ; garnissez d'histoire naturelle les étagères des côtés ; dans la base, un peu massive, rangez de grandes poteries étrusques, et ce sera superbe.

Elle n'est pas en ébène malheureusement.

En face de cette grande pièce, qui a sa célébrité, était une sorte de psyché de cabinet formant cadre, ornée de fines sculptures en poirier naturel sur fond noir, et destinée à déployer de grandes cartes. Mor-

ceau tout à fait neuf et intelligent. Je n'en ai pas goûté la draperie
simulée en bois de noyer : le bois est toujours du bois. Un bureau
ébène et noyer l'accompagnait, bonne et sobre conception du meuble
d'étude, en fonds sérieux laissés dans leurs effets, avec de larges lignes
d'ivoire. Ce bureau, fait par l'excellent ouvrier Beckmann, se cambre
en arrière de façon à mettre l'homme debout qui s'y appuie en rapport commode avec celui qui s'y assied. Cela n'est pas dans les habitudes du métier, et les routiniers en riront; mais M. Godin compte
parmi les ébénistes rares qui, lorsqu'ils dessinent un meuble, recherchent surtout et s'imposent les conditions vraies de son emploi.
Qu'il fasse ainsi et laisse dire. Avec cela un charmant entre-deux
louis-treize, violette, amourette et bois noir, embelli d'applications
Rivart: un écran byzantin brodé à l'aiguille, et des siéges comme on
sait les construire et les garnir dans la maison où naquit, je crois, le
siége moderne, la vraie maison du bon mobilier.

MM. Racault et Cie, successeurs de Krieger, ont apporté une chambre à coucher parisienne d'un travail extrèmement considérable, en
bois aux tons roses restés mats, avec ivoires découpés et gravés. Je
ne sache rien d'aussi galant. Sans la draperie, peut-être, d'un jaune
vif jusqu'à l'impertinence, qui changeait les tons de fleur en tons de
brique, le lit de cette chambre eût été le plus joli de l'Exposition,
comme incontestablement celui de M. Fourdinois en était le plus
royal. L'exécution nous en a paru d'autant plus estimable et singulière
qu'elle tranche davantage sur le courant général de l'immense fabrication de MM. Racault. Que ne peut-on, même en ce faubourg Saint-
Antoine, avec les deux mots forts : Argent et Volonté! Nous aimions
moins, comme composition, un meuble d'appui à teintes plates donnant l'effet froid du biscuit. Une grande bibliothèque en bois noir, de
structure romane, aux ouvertures en plein cintre, avait, selon nous,
des parties fort supérieures.

Un ancien dessinateur de la maison Jeanselme et Godin, M. Lan-
neau, exposait une collection de chaises et de fauteuils néo-grecs
dont les types réussis indiquent de la fraîcheur et de l'audace. Qui
vient du bien doit aller au bien. Mais que de grec !

M. Gallais, successeur d'Osmont, M. Raulin, successeur de Meyer,
M. Germain, successeur de personne, représentent une spécialité
éblouissante, qui est le meuble en laque français, imitation et non

reproduction du laque asiatique. Sauf le secret de ces admirables vernis du fleuve Jaune, dont nos armes plus que conquérantes n'ont pourtant pas fait la conquête, les fabricants que nous indiquons possèdent quasi l'art chinois. C'est au point même qu'il y aurait à leur reprocher de ne point autrement employer leurs imitations fulgurantes. Ces hommes d'or, ces arbres d'or, ces maisons d'or, ces oiseaux et ces poissons en or, dans des cieux et des eaux en or, ne pourraient-ils servir, plus raisonnablement dessinés, à une architecture moins grotesque et moins pauvre? Pourquoi contrefaire ce qui est laid? La Chine est vaincue, c'est bien. Qu'elle soit libre. Laissons-la nous envoyer ses éventails, ses écrans, ses étuis, ses malles et ses coffres; mais servons-nous du laque français pour faire des meubles français. Cette espèce de porcelaine en bois, à reliefs d'or sur fond de glace rouge ou autre, nous donnerait des effets de décoration splendides.

Le reproche qu'expriment les lignes ci-dessus ne saurait s'appliquer à M. Gallais, qui nous est venu avec un meuble en laque blanc de toute beauté. Bien fraîche et bien jeune devra être la femme heureuse qui mettra celui-ci à côté de son visage! A ces mangeuses de tout bien, comme on dit à Dieppe, de savoir ce qu'elles risquent en de tels voisinages : mais il est trop vrai qu'elles ne s'y entendent pas toujours.

Le laque de Chine ou du Japon est un vernis naturel, sorte de résine qui coule du *Croton lacciferum* ou *Ficus indica*, et si pur, si parfait, si spécial, que par excellence il a donné son nom aux objets sur lesquels on l'applique. C'est de même sans doute que tant de gens disent les *meubles en boulle* : boulle, en leur pensée, signifie *écaille*. On a gardé en France quelques rares morceaux en laque de Chine, c'est-à-dire en bois verni, traités et complétés par des maîtres ébénistes tels que Boulle lui-même, peut-être. Ainsi les deux meubles de l'impératrice, établis si richement par M. Grohé, et le beau meuble, aux touchants souvenirs, réparé par M. Roux pour le ministère de la justice. Celui-ci est une grande table ornée de bronzes rocaille comme il y en a peu, s'il y en a. Le lendemain du 10 août 1792, la Commune la fit transporter des Tuileries au Temple, pour l'usage du roi notre prisonnier. Ce fut sur ce meuble que le bouc émissaire des péchés de la monarchie écrivit son testament superbe. Après le 21 janvier. Danton, qui était ministre de la justice, le mit dans ses bureaux. Il y est resté.

La mise en couleur du laque de Chine tient à des procédés qui nous sont inconnus. L'imitation qui s'en fait chez nous sur le bois, le carton ou la tôle, est même encore le secret de nos fabricants pleins de mystères. A Paris, la maison Osmont-Gallais est surtout renommée pour le meuble en laque. On m'y fit voir, il y a quelques années, un modèle de chaises dont il avait été vendu huit ou neuf cent mille. Voilà notre force : le modèle. Sur la pièce bien trouvée ainsi, en bois, en carton dit faussement *cuir bouilli*, ou en métal, et que l'on a préalablement séchée d'une manière parfaite, l'ébéniste laqueur, suivant ce qu'il veut obtenir, applique deux, trois, cinq, six, huit couches du vernis imitateur, ayant ou devant avoir soin, à chaque couche appliquée, de remettre l'objet à l'étuve, chauffée parfois à cent cinquante degrés. Lorsque la préparation par couches est à peu près terminée, l'artiste, selon son esprit ou celui bien autrement souverain de monseigneur le commissionnaire, incruste sur un dernier lit de vernis des feuilles ou des débris de feuilles de nacre, disposés dans leur plus bel orient. On remet à l'étuve. Arrive le peintre, qui jette sur la nacre les nuances chatoyantes, transparentes et criardes que le flâneur admire sous figure de fleurs, d'oiseaux, de feux, de ruines. L'or achève l'ornementation. Et toujours l'étuve fonctionne, car il faut que le vernis et ses annexes deviennent absolument comme une glace.

L'exportation enlève de ces meubles immensément ; des chaises surtout et des guéridons. La vente chez nous en est à peu près nulle. C'est, il faut le reconnaître, d'un mauvais goût très-remarquable. Composition, dessin, ornements, tout cela semble impossible. Je ne comprends pas beaucoup, je l'avoue, le mauvais goût par imitation. C'est de l'ignorance déplorable et profonde. La Chine a mauvais goût, mais elle a un cachet. Ses laques, ses éventails, ses ivoires, ses porcelaines sont des types. Cela a un sens, cela est une langue. En le contrefaisant à tort et à travers, savons-nous seulement ce que nous faisons ? Y a-t-il dignité ou même plaisir à se moquer ainsi de son art et de sa personne ? *C'est demandé ;* voilà la réponse. Réponse sans réplique, en effet.

Quelques fabricants plus ou moins bien inspirés ont apporté des spécimens d'habitation intérieure, architecture, tentures, meubles boiseries et tapisseries : voulant ainsi dire au passant qu'ils savent tout, peuvent tout et font tout. Prétention dont il faut au moins admirer la bravoure. Deux ou trois la justifient, parmi lesquels un Breton, venu de Nantes, et qui a maison à Paris. Voilà une nouveauté, certainement. Paris succursale de la province. La rue Saint-Gilles au Marais relevant de la rue de Briord, à Nantes! Cela renverse toutes les données, dérange toutes les habitudes, déroge aux usages, viole l'ordre et menace la société. L'eût-on souffert au temps des maîtrises? Jamais. Que deviendrons-nous, s'écrie le café Gibé, si la centralisation s'ébranle, si le cerveau voyage, si ailleurs qu'à Paris on s'avise d'avoir du talent? Eh quoi! à côté déjà de meubles de Bordeaux, d'Orléans, de Saint-Quentin, voici maintenant des meubles de Nantes qui ne restent pas chez eux, qui effrontément partent, vont, débarquent, s'étalent et se vendent, à deux pas du boulevard Beaumarchais, sous l'œil surpris du grand faubourg indigné? C'est à n'y pas croire. Des souliers et des chapeaux, on le comprendrait, à la rigueur : chaussures du lieu, coiffures du pays. De la toile et du drap, il se peut; mais des meubles! Pourquoi pas des bronzes, alors? Pourquoi pas des bijoux? Il n'y a donc plus la rue du Temple? Il n'y a donc plus la rue Charlot?

Nous sommes, quant à nous, sympathique à ce bouleversement. Il nous paraît légitime et salutaire que partout le vrai talent soit libre et s'affranchisse de la suzeraineté. Les grands milieux sont des foyers qui éclairent et des sources qui inspirent, nous le reconnaissons et le prêchons; mais ce n'est pas une raison pour soustraire quiconque se sent fort à l'exercice propre et privé de sa force. S'il s'est trompé, il le verra bien. Est-ce que tout l'art de l'Angleterre se fait à Londres?

M. Leglas-Maurice est l'héritier familial d'une industrie fondée en 1790 par son grand-père, M. Maurice, de Nantes. Comme toutes celles qui doivent durer, sa maison a eu des commencements modestes. Le chêne vient d'un gland. Celle-ci s'est accrue peu à peu par les effets mêmes de son travail honnête et progressif. Aujourd'hui c'est un grand établissement où l'on occupe trois cents ouvriers. Toutes les branches de l'ameublement et leurs accessoires s'y trouvent réunis : boiseries décorées, menuiserie artistique, meubles sculptés en vieux chêne ou en noyer, ébénisterie, marqueterie, siéges, lambris, tapisserie, miroiterie, serrurerie, peinture. La maison a ses dessinateurs et ses artistes, mais elle exécute aussi d'après les dessins d'autrui et sur les plans et modèles qui lui sont fournis. Ses affaires sont considérables, sa réputation honorable et solide. Dans toutes les expositions où elle a présenté ses produits, des récompenses l'ont distinguée. Quatre diplômes d'honneur et trois médailles d'honneur en sont la preuve : ajoutons-y une médaille *de prix*, obtenue à Dublin en 1865. Voilà qui conclut.

Une des spécialités notoires de M. Leglas-Maurice consiste dans l'ameublement des châteaux. La Bretagne est un pays de haute et vieille noblesse ; quelques-uns des noms qui l'illustrent furent jadis des noms souverains. Cent manoirs historiques y peuplent les monts et les vaux, entourés de grands domaines et de grands bois. Là, ces familles d'un autre temps vivent entre elles, loin des villes et de ce qui s'y fait, solitairement nourries de leurs souvenirs, étrangères aux exercices de la rente et aux divertissements de la Bourse. A l'époque des chasses, quand ces jeunes vieux seigneurs vont les uns chez les autres, Nantes les voit traverser ses rues tout à coup, avec des meutes de deux cents chiens et des équipages de trente chevaux, qui passent sans s'arrêter, à grands cris et à grand bruit. Mais, ayant ainsi arrangé leur vie, ils la veulent riche et belle néanmoins dans ce volontaire éloignement des cités, et ils y font ce qu'il faut : l'argent ne leur tient pas. M. Leglas-Maurice est un de ceux qui les aident. Studieux et connaisseur, il sait construire des meubles qui s'adaptent à leurs intérieurs féodaux ; il sait, au besoin, compléter ou remplacer ces belles boiseries des âges royaux, si naïvement et admirablement fouillées, et que les opulences à bon marché contrefont avec de la pâte. Les artistes qu'il y emploie sont du pays. Ils ont appris, ils ont grandi, ils se sont faits et ont vécu dans la tradition d'un art que rien n'a surpassé. Ils s'en tirent presque toujours à merveille : l'envoi fait à l'Exposition le prouve. C'est un vaste fragment de boiserie renaissance, ayant les lambris en chêne et les sculptures en noyer, avec un plafond à caissons, aux fonds d'érable encadrés d'amarante, et les solives en marqueterie ; panneaux du bas en bois noir et filets d'amarante. Quelque chose de plein et d'abondant. Cette pièce peut être, à volonté, une salle à manger ou un cabinet. En vue de ce dernier emploi, la voici habitée par une bibliothèque en chêne avec panneaux inférieurs sculptés, les médaillons figurant les sciences, puis, comme amortissement du corps supérieur, de beaux enfants en ronde bosse, symbolisant les arts, aux deux côtés d'un fronton grec ; ou, si l'on veut, par un autre meuble du même genre, en bois noir, très-bien construit, répondant à tous les besoins du travail et de l'étude. Deux tables, d'exécution diverse, dont une peut servir de bureau, achèvent cet important échantillon. Siéges, draperies des fenêtres, portières et tapis en rapport avec l'ensemble. C'est évidemment l'œuvre d'une bonne maison. Un peu plus de soin dans les détails n'aurait pas nui.

M. Quignon, un de nos excellents ébénistes, est celui qui, à Londres, en 1862, exposa cette belle bibliothèque en ébène, de style Jean Goujon, laquelle n'avait et n'a toujours de répréhensible qu'un motif terminal, qu'on peut du reste ôter comme un chapeau. Il nous offre de même que M. Leglas un intérieur abondant et bien fait, avec cheminée remarquable et panneaux de tapisseries savamment et richement encadrés dans le bois. Il a aussi son architecture, ce bon faiseur. Tous en veulent et tous s'y jettent. Comment se tirer autrement ? Une ligne mène à une ligne, un membre au corps, une partie au tout. « Tout est dans tout », disait Jacotot, cet homme oublié qui en valait bien d'autres. C'est pourquoi, devant leurs tentatives, généreuses au moins sinon toujours heureuses, je me rappelais la colère aristocratique et comique d'un maître en bâtiments décoré et titré, qui nous disait un jour, à nous jurés très-indulgents pour les petits efforts de chacun : « Je défends qu'un ébéniste fasse des figures, et je ne permets pas qu'il tire une colonne sans l'autorisation de l'architecte. » C'était bien absolu, cela, ô notre président très-cher. Combien je connais, et vous aussi, d'architectes faisant des palais, qui ne sauraient pas faire un meuble !

Celui d'une à peu près, sinon tout à fait grande dame des Champs-Élysées, dont la demeure dix ou quinze fois millionnaire devient plus fabuleuse d'année en année, n'appartient point sans doute à cette catégorie impuissamment théoricienne. M. Manguin est expert et familier dans la pratique des choses qu'il fait exécuter. Outre un guéridon de salon véritablement magnifique, à dessus de marbres précieux encerclé par un ruban de bronze, lequel tient probablement au mobilier sans égal de la maison ci-dessus, cet heureux architecte nous montre une partie de salle à manger en noyer, exécutée sur ses dessins par le maître ébéniste Kneib. C'est beau, sans contredit, et pourtant on y trouverait aussi à redire, si on le voulait bien. Voici un buffet magistral à coup sûr ; deux charmants groupes des chanteurs de Luca della Robbia en sculptent les portes : ce qui veut dire le concert pendant le repas. C'est parfait : mais que vient faire ce renard qui passe indiscrètement et inutilement sa tête par la lucarne du haut ? Le renard n'est point comestible. Un ébéniste eût mis là un lapin.

Le meuble d'appui en noyer est pleinement et positivement un chef-d'œuvre, et nous ne chicanerons pas à M. Manguin la part qu'il peut y avoir. Ce n'est point le premier venu qui trouve de telles ordonnances. Une autre pièce, tardivement apportée, devait cependant effacer, aux yeux de beaucoup de gens, le mérite de cette simplicité si paisible. C'est une armoire de musée en ébène, enrichie de tout ce que le caprice, la fantaisie, l'esprit, les belles matières et une façon absolument admirable peuvent entreprendre et réunir pour la robe de noces d'un meuble. Nous disons la robe, parce qu'il est évident que la construction en elle-même pourrait s'en passer et n'y rien perdre comme ensemble et comme vertus. Peut-être même y gagnerait-elle. L'antique ne t'habillait pas, ô Nudité déesse !

Quoi qu'il en soit, c'est riche et c'est beau. Deux qualités bien difficiles à mettre ensemble, n'en déplaise à ceux « qui ont le sac. » J'ignore ce qu'il convient d'attribuer à M. Kneib dans ce délicieux ouvrage : mais, si peu qu'il y ait fait, c'est assez pour que nous déplorions de le voir se retirer du travail national, devenu, dit-on, trop ingrat pour des serviteurs comme lui.

Un artiste dont le nom fait presque la synonymie du nom de Kneib, M. Knecht exposait un très-bon porte-fusils en noyer, style renaissance, dont le panneau central renferme la plus parfaite sculpture de chasse que nous ayons encore rencontrée. Le bois y est fouillé comme du cuivre et manié comme de l'argent. M. Knecht, qui est son propre sculpteur et aurait peine à trouver meilleur que lui, par Jupiter ! a mis ce morceau sous verre pour le garder de la poussière et des mouches. C'était nécessaire, et c'est dommage pourtant : le travail devient trouble sous le miroitage bombé de la lunette.

Avec quoi, de M. Knecht encore, un baromètre en bois de tilleul,

composition originale et charmante, traitée de la façon dont on trai-
terait l'ivoire. C'est à se demander s'ils sont humains, les outils qui
font obéir ainsi le bois et le plient, le frisent, le suspendent, l'enlè-
vent, l'envolent, sans jamais une écorchure, une contusion, une
érosion ! L'art, et un grand art, à part, bien entendu.

Mais ce n'est point à ces belles sévérités d'élite et d'exception,
chêne blanc ou brun, noyer ou tilleul tout seuls, que la foule se portait. Le temps est à l'or positivement, et nous voulons que nos meubles en portent la livrée. La fièvre californienne de 1850 dure encore ;
elle a tourné en ce jaune-là nos idées, nos humeurs et notre sang.
Tout sent l'or aujourd'hui, tout le respire, tout l'aspire. Hommes et
femmes, c'est à qui écrira qu'il en a, sur ce qui lui appartient ou
non, en devises vraies ou fausses, avec armes parlantes, or sur or ou
cuivre sur cuivre, malgré les lois du blason. Coucher dans de l'or,
s'asseoir sur de l'or, voilà le rêve. Du café d'en bas, l'or est monté
dans les chambres du cinquième. On se trouve heureux quasi, et fier,
quand un meuble rappelle le comptoir doré où l'on paye, de la maison dorée où l'on mange.

# CHAPITRE IX



Le faubourg Saint-Antoine. — Les petits ébénistes. — Emploi des machines
outils dans la fabrication du meuble.

Nous sommes un peu à bout d'adjectifs qualificatifs. Peut-être
même nous accusera-t-on d'en abuser. Mais il faut songer que cette
Exposition n'a pas été faite indifféremment, et que les producteurs
comme les produits qui la composent ont passé par des enquêtes et
des examens préalables, ayant pour but de donner à leur admission
le caractère d'une distinction et quasi la valeur d'une récompense.
Si donc nous disons de tant de choses qu'elles sont belles, c'est qu'en
temps ordinaire on pourrait vraiment le dire de toutes celles qui
sont là.

Jamais, nous en sommes convaincu, la main de l'homme n'est
allée aussi loin. Jamais l'outil n'a de façon plus parfaite transformé,
vivifié, ennobli, humanisé, divinisé la matière. Avec un peu plus
d'invention dans l'emploi et de nouveauté dans la forme, rien de ce
qui fut n'eût été comparable à ce qui est. Malheureusement aujour-
d'hui, en pierre comme en bois, en métal comme en étoffe, les fabricants cherchent peut-être beaucoup, mais les artistes ne trouvent
plus guère. On ne fait pas, on refait. Infiniment mieux sans doute,
mais analogue, sinon semblable. Ce n'est pas le temps de la flamme,
ce n'est pas le temps de l'amour, ce n'est pas le temps de la foi.

Et voilà qui peut nous expliquer pourquoi, par exemple, dans cette exposition, malgré tant de mérites particuliers à chacun, la plupart des meubles parisiens ressemblaient à l'édition surabondante d'un seul. Vingt fois le même buffet. Dix fois la même bibliothèque ! C'était à guérir de la renaissance et du grec pour l'implacable éternité. Je veux bien qu'on appelle cette monotonie un *caractère*, mais j'aimerais mieux, pour ma part, un peu d'esprit. L'art vit de l'individualité. S'emboîter ainsi le pas mutuellement, c'est marcher droit à l'usine. Pour tant de fabricants faisant de même, une seule fabrique peut suffire : le public y gagnera du moins le bon marché.

Hélas ! la force des choses fait qu'on y marche, j'en ai bien peur. Entrons ensemble pour un moment dans le faubourg Saint-Antoine.

Ce faubourg est la ville du meuble. Il se compose de grandes rues longitudinales, s'appelant du Faubourg proprement dit, de Charenton, de Charonne, de la Roquette, et d'un nombre presque inconnu d'autres voies moyennes et petites, rues, ruelles, impasses, cours, passages, qui en font pour le Parisien du centre une sorte de pays étranger sur lequel on n'est pas sans une certaine inquiétude.

Deux populations s'en partagent l'étendue : le commerce et la fabrique. Le commerce vend des meubles faits et vend aussi du bois pour les faire : partie riche, d'aspect heureux, hommes et femmes bien portants. La fabrique est de deux sortes, la grande et la petite : nous ne voulons à présent parler que de la dernière.

Le nouveau percement de Paris, si riche en façades ambitieuses, commence à gagner ces extrémités lointaines. La rue Saint-Antoine prolonge la rue de Rivoli. La place de la Bastille devient une étoile de boulevards. L'ancienne barrière du Trône rayonne, à l'autre bout, de chaussées plantées qui se peupleront un jour. A travers l'immense pâté on tranche, on coupe, on fait des volées. Si tous ces beaux dehors pouvaient amener une fois la salubrité des dedans, que notre reconnaissance serait profonde ! Mais là-bas les malheureux en sont encore aux sépulcres blanchis, et l'imagination n'inventerait jamais ce qu'on y voit.

Que le corbillard ne soit point en permanence à leurs portes, que le typhus n'y règne pas invincible, c'est à pousser des cris d'admiration. Le seuil est décent, les murs ont connu le badigeonneur, les baies extérieures ont des cadres et s'appuient parfois à des balcons. Mais ces ajours trompeurs ouvrent sur des intérieurs impardonnables.

Quand les maisons qui donnent dans des rues ont une cour, et toutes n'en ont pas, bien s'en faut, cette cour est encombrée toujours de matériaux, le plus souvent de bois en grume ou en plateaux posés à plat sur le sol, lesquels arrêtent dans leur écoulement les humidités de toute sorte et les organisent en dépôts malfaisants. C'est le commencement. Là-dessus débouchent des escaliers obscurs, où le défaut de lumière autorise et provoque le défaut de propreté ; étroits toujours, par économie d'espace, au point que tout meuble allant plus haut que la chaise est obligé volontiers de passer par la fenêtre.

Les industries diverses et misérables de la nourriture et du vêtement habitent malsainement ces rez-de-chaussée intérieurs. Quelques-uns servent de magasins, et c'est mieux. Je ne parle pas des boutiques : celles-ci ont la devanture pour les assainir et le trottoir pour les égayer. Cependant ne regardons pas au fond.

Les escaliers que nous avons dits montent ordinairement à des systèmes de cloisonnages tout particuliers, où, dans ce qui ferait une pièce honnête, il a fallu trouver l'atelier, le couloir et les dégagements. On voit qu'ici la menuiserie est l'industrie familière, et les charpentiers aménageurs de navires y prendraient d'utiles leçons. Le bois à employer est suspendu au plafond ou debout contre la séparation ; le bois employé est par terre. Les établis sont alignés et serrés de telle manière que l'homme qui travaille est toujours empêché de ses mouvements, gênant, par réciproque, son voisin qui le gêne. Figurez-vous l'irritation et le tourment chroniques qui en résultent. Quatre ou cinq s'efforcent et se courbaturent dans la bonne place pour un ou deux. Un petit poêle en fonte à tuyaux infinis, chauffé au rouge, sèche à la fois le bois, la colle, l'air et les poumons. Tout ce qui l'entoure est combustible au premier chef. C'est vraiment par grâce d'état que le feu n'y prend pas tous les jours.

Voilà où l'ébéniste travaille, avec sa famille ou ses aides. C'est là le bel endroit, il y fait jour. On se loge derrière, en avare, en coupable ; dans le silence de la discrétion et des ténèbres.

Et cela coûte cher. Les loyers de ces galetas ont suivi le tarif des loyers de palais. Le chant des propriétaires est aujourd'hui un hymne. Mais celui des locataires ?

Et, si les loyers sont chers, les gains, en revanche, sont petits. C'est pourquoi le vêtement est léger et la nourriture mauvaise. Pauvres hommes, pauvres femmes, pauvres enfants ! Quasi tous maigres et hâves. Si leurs joues se colorent, c'est de phthisie. Jeunes, en général ; le vieillard est rare dans cette vie pénitentiaire. Ce n'est plus du travail, c'est de la condamnation. Ce n'est jamais à ce régime qu'un homme peut faire de belles choses. La main ira, mais pas le cœur. On est trop triste.

Ailleurs on vit mieux, mais on ne compte pas. On est serviteur de la machine, agent passif du procédé. Allons voir ces grandes misères.

Le but pratique et mécanique de ce temps paraît être de diminuer les fatigues corporelles. Il faudrait avoir l'esprit bien mal fait pour l'en blâmer. Nous n'en sommes pas, Dieu nous garde, au dogme étrange des souffrances saintes et de la détérioration méritoire. Nous avons cessé de tenir pour méprisable et vil ce que les mystiques appellent l'enveloppe de l'âme ; et dussent ceux-ci, nos haïsseurs, nous traiter de matérialistes, nous considérons grossièrement le bien-être comme un devoir et les moyens de l'obtenir comme des acquisitions nobles. Aussi voyons-nous avec joie se produire l'invention et la multiplication de ces machines de délivrance, substituer la vapeur de l'eau à la sueur de l'homme, l'angoisse des métaux à ses angoisses, et leurs grincements à ses gémissements. Là-dessus, disons-le, notre satisfaction est si entière qu'elle nous ôte le désir de rechercher pourquoi elle existe. Peu m'importe comment tu te nommes, mobile de ce grand soulagement. Égoïsme ou Amour de mes semblables, je te salue !

Seulement prenons garde à l'excès, qui est notre chute mignonne et favorite. Le bien devient le mal par l'exagération. Indigestion vaut empoisonnement.

Voici, par exemple, que l'Exposition nous a montré complète la famille des machines à façonner le bois, à partir de la scie mécanique à grumes qui, dans un quart d'heure, tire vingt planches d'un arbre de cinq mètres. S'agit-il de dresser un de ces segments énormes : au lieu des efforts et des peines qu'à bout d'une gymnastique endiablée l'ouvrier autrefois s'y donnait, une machine-outil le prend, l'avale, et d'un seul coup le rejette uni et poli des deux côtés. Il n'était que planche, le voilà panneau. Voulez-vous à présent débiter et refendre ce panneau de chêne, le percer. le découper. le creuser en toutes profondeurs, figures et fantaisies ? la scie à ruban sans fin va s'en emparer et y entrer comme le fil de laiton des beurrières dans leur douce et molle marchandise. Voulez-vous mieux ? approchez de cet autre engin un bout de bois carré. En quatre coups vous recevrez un balustre selon les profils que vous aurez choisis. Une bûche à peine dégrossie sortira colonne octogone avec détails à désespérer la main. Je suis allé voir fonctionner chez Mazaroz la plupart de ces outils animés qui ont fait l'an dernier notre si grand orgueil ; j'ai ressenti ce qu'il a fallu que tout individu ressentît en voyant passer le premier train d'un chemin de fer, je ne sais quelle volupté mêlée d'épouvante, un partage étrange d'inquiétude douloureuse et d'admiration grande. Dans mon saisissement, cette pensée m'est venue aux lèvres : « Génie de l'homme, où nous conduis-tu ? » Voilà qui supprime la fatigue, et j'en suis fier. Voilà qui, au moyen d'un quart de cheval et d'un mécanicien tout seul, fait le travail de vingt ouvriers raboteurs de moulures ou blanchisseurs polisseurs de bois, et le fabricant s'en réjouit. Mais ce qui va plus loin, par l'abolition de l'émulation, ne conclut-il pas tout doucement à la suppression du talent ? La scie passe, mais la *toupie* est terrible ! La toupie est grosse de la machine à sculpter le bois ; le ciel nous préserve de l'accouchement ! Ce serait la perte de l'art dans le meuble, qui est aujourd'hui son plus beau gîte chez nous. Car, sans esprit, l'art est-il possible ? Non, puisqu'il est un esprit et ne saurait exister sans lui-même. Une moulure mécanique se comprend, étant par son fait répétée. continue, inanimée ; mais une figure d'être vivant ? Halte et respect, inventeurs ! Le rôle des machines doit être de laisser l'homme à sa conception, libre, fort et dispos, en le soulageant des difficultés matérielles. Arrivé là. ce rôle cesse. Serviteur toujours, concurrent jamais.

La grande maison parisienne des machines-outils pour le bois est celle de M. Périn. On ne les y a point inventées toutes, que je sache, mais on les y fabrique et pratique à merveille. L'idée de la scie à ruban sans fin, qui remplace par une descente rapide et perpétuelle l'ancienne déchirure du va-et-vient, remonte. dit-on. à Vaucanson. Il mourut au moment de l'appliquer. Depuis elle fut reprise et exécutée par un malheureux qui s'est coupé la gorge. Découverte est volontiers semence de suicide. Qui trouve trouve toujours trop tôt, c'est la loi. Si donc la misère et le doute reviennent de droit à ces travailleurs de la veille, sachons du moins comment ils s'appelaient, pour les honorer d'un peu de gloire ! Leurs successeurs auront l'or ; je suppose qu'ils ne s'en plaindront pas. Mais on ne sait jamais bien comment les premiers s'appelaient.

Une autre machine fabriquée par M. Périn a fait avec un immense succès sa première apparition publique. Elle fonctionne chez Mazaroz depuis deux ans, et son labeur étourdit l'imagination. Voici ce que c'est. La grande difficulté de l'exécution des vrais meubles en bois massif consistait jusqu'ici à prendre les sculptures dans la masse du panneau. Ce qu'il fallait enlever d'épaisseur, pour dégager le fond autour du motif, demandait beaucoup de temps et laissait toujours, affligeantes à l'œil, les traces plus ou moins onduleuses du pénible passage de la gouge. Certains fabricants s'en tiraient en faisant sculpter leurs motifs à même de morceaux de bois rapportés sur un fond mince. Cela tenait ou ne tenait pas.

En moins de temps que n'en demandait cet assemblage de bois, mariage forcé que les parties s'empressaient toujours de rompre, nous disait Mazaroz, la machine dont nous parlons, au moyen de mèches coupant en bout et s'abaissant ou se levant à volonté, supprime la matière inutile avec la propreté du rabot et la vélocité de la scie. C'est véritablement merveille que de voir cette toupie à deux manivelles si douces se promener, invincible et obéissante, dans tous les détours que le crayon lui a tracés, et les nettoyer comme l'éclair.

Car c'est une *toupie*, ni plus ni moins, et le mot dit bien la chose. De même que celle de Guilliet, d'Auxerre, à faire les moulures cintrées. Figurez-vous un arbre mécanique vertical mû par une courroie molle, brochant sur elle-même afin d'assurer l'emplacement parfait dudit arbre. Celui-ci fait trois mille tours à la minute ; c'est honnête, et voilà pourquoi on l'appelle *toupie*. Un outil circulaire en acier y est adapté, ressemblant à une fleur, rose ou tulipe quelconque, selon le profil qu'il s'agit d'obtenir ; son ajustement consiste en un pas de vis à l'inverse du mouvement. Il est entaillé six ou huit

fois dans sa circonférence : et ses entailles, légèrement repous-
sées en dehors, forment autant de parties coupantes. Trois mille
tours et huit coupants représentent donc vingt-quatre mille coupures
de bois par minute. Pauvre outil à la tâche, dans la main fatiguée
de l'homme, où êtes-vous ? Cette rotation sans pareille implique naturellement une facilité de conduite inexprimable : un enfant, en
effet, pousserait là-dessus le plus gros profil cintré qui se fasse, et la
pièce de bois donnée à dévorer glisse, polie elle-même, sur une table
en fer poli. Seulement gare à vos doigts !

Dans une maison comme celle de Mazaroz, ces magiques instruments réalisent l'économie de trente-cinq paires de bras sur quatre-
vingts. C'est un topique assez sûr contre les grèves ; c'est aussi, il
faut s'y attendre, la disparition prochaine et complète du métier.
Machines à raboter, tours ovales, mèches à mortaises, à moulures, à
rainures, outils à faire les tenons, mettent à bas tous les apprentis-
sages. Quand le menuisier noble et bon, qui fut Représentant du
Peuple, Agricol Perdiguier, entreprenait la moralisation des états et
la réconciliation des Devoirs du compagnonnage, il ne songeait guère
aux ravages qu'apporterait un jour la toupie dans son travail bien-
aimé. Aujourd'hui ses cours sont vides, au pauvre cher professeur ;
et ses classes sont désertes, et personne ne les repeuplera ! Ainsi
s'en vont toutes choses, et les bonnes plus vite que les mauvaises.
Bel art de Roubo, adieu !

Reste maintenant à savoir de qui nous vient la toupie. C'est
obscur.

Nous trouvons dans le recueil de M. Armengaud aîné (année 1851)
que vers 1834, un habile homme en ébénisterie, M. Émile Grimpé,
proposa au gouvernement de Louis-Philippe le moyen mécanique de
fabriquer des bois de fusil. Une commission fut nommée, comme
d'usage ; il y eut même des fonds votés, mais non versés, et l'entreprise manqua. on ne sait plus par quelle faute. Quatre ans après,
en 1838, l'inventeur prit un brevet, et ce brevet portait : « Emploi
d'instruments tranchants disposés sur la circonférence de disques
mobiles. » Était-ce déjà la toupie ? Si le brevet ne le dit pas, les surprenants travaux qui en sont sortis sembleraient l'affirmer. Le jury
de 1839 décerna une récompense à M. Grimpé. Une société mort-née
se monta aux Ternes, aujourd'hui faubourg de Paris, aux fins d'ex-

ploiter ses procédés, et depuis il n'en fut plus question. C'était aussi venu trop tôt.

D'autres renseignements cependant, tirés de source respectable au plus haut degré, nous apprennent qu'en 1831 ou 1832, le grand homme payé d'ingratitude, Philippe de Girard, fabriquait mécaniquement les bois des fusils dont il avait armé la Pologne, un moment victorieuse. Plus tard, six machines spéciales montées par lui à l'arsenal de Varsovie fonctionnèrent avec succès pendant les années 1838, 1839 et 1840. Deux hommes pouvaient fabriquer trente bois de fusil et plus par jour, et la description du procédé donne bien l'idée de la toupie actuelle. C'est l'invention de Philippe de Girard qui aurait, dit-on, été apportée et mal imitée par Grimpé, lequel n'avait là-dessus que des notions vagues, et surtout ne connaissait pas le secret, propre à l'admirable Girard, d'un procédé d'équilibre pour empêcher de vibrer la pièce sur laquelle on opérait, et la maintenir absolument captive de l'opération, bien que les gouges qui l'entamaient fissent trois cent soixante tours par minute, au lieu de trois mille comme la toupie de M. Guilliet. Les commotions constantes résultant de la vibration de son appareil incomplet furent, dit-on, ce qui tua Grimpé. Qui jamais saura, ô machines, le compte de vos victimes innombrables !

En 1841, touché de compassion pour la peine énorme que se donnaient les sabotiers de son pays, M. Durod, ancien élève de l'école de Châlons, imagina une machine à faire les sabots. C'était, paraît-il, une « mèche coupant à la fois par le bout et les côtés, et animée d'un mouvement de rotation rapide. » Cette mèche se promenait dans toutes les directions et permettait de finir tout aussi bien que de dégrossir. Voilà qui ressemble encore singulièrement à notre toupie revendiquée. Quel heureux écumeur d'inventions aura trouvé et ramassé celle-là ?

Puis des essais sans nombre se succédèrent : les temps ont leurs séries de recherches déterminées. L'exposition française de 1844 fit voir les bois de fusil fabriqués par Girard, qui mourut un an après. J'ai oublié de dire qu'on avait donné son nom à une rue. Que sa grande ombre nous pardonne quand elle y passe ! A cette exposition étaient aussi des faiseurs de toupies étrangères : un ingénieur portugais, M. de Barros, et la maison anglaise Withworth, de Manchester. Bref, aujourd'hui la toupie n'est plus guère à personne. Née d'un besoin ou d'un malheur, fille du progrès ou de la grève, elle s'est agrandie, développée, perfectionnée, à mesure qu'elle sortait des langes du brevet, au grand air libre du domaine public. Simple curiosité d'abord, la voilà devenue signe principal d'une révolution dans le travail des meubles. C'est pourquoi nous avons cru devoir en parler un peu longuement, tout en réduisant à leur vrai rôle d'industriels habiles ceux qui, l'ayant rencontrée sans emploi, n'ont eu que l'esprit facile de faire fortune à ses dépens.

Les machines à bois servent beaucoup aussi dans le charronnage, cette fabrique de meubles roulants. L'Exposition nous a fait voir des chariots et des voitures presque entièrement obtenus par leur usage. Les voitures de luxe même, travaillées à la main avant 1865, empruntent présentement à la mécanique une grande partie de leur construction. Il ne sera pas jusqu'à l'ingénieux et charitable coupé articulé de M. Sargent, carrossier-bienfaiteur des goutteux et des paralytiques, qui n'aura tiré de l'outil-machine quelque raison de sa multiplication économique. Les grèves ont l'effet nécessaire et désastreux de destituer l'homme au profit d'agents impassibles, et toujours dociles par conséquent.

L'immense établissement de la compagnie générale des Omnibus nous donne le spécimen le plus complet du genre. Ces ateliers colosses datent de la fusion des lignes en 1857 ; ils occupent dans la rue des Poissonniers vingt mille mètres de terrain. L'homme n'y est plus pour ainsi dire que la machine des machines. De même dans les grandes compagnies de chemins de fer. C'est un déplacement total et fatal de la main-d'œuvre. Nous ne voulons pas nous en plaindre : nous prions seulement et nous souhaitons que la transition soit clémente. L'outil qui vit est aussi parfois l'outil qui pleure !

# CHAPITRE X



Les procédés à sécher le bois avaient fait l'économie dans le capital du meuble ; les inventions mécaniques ont fait l'économie dans la main-d'œuvre. Ainsi le remplacement de l'ornement, autrefois pris dans la masse, par la sculpture et la moulure en application. On n'a pas seulement, comme avaient les anciens, la machine à guillocher sur le plein, le tour à faire les pieds tors et les colonnes torses : on a les machines à découper, et les scies jadis anglaises ou allemandes, aujourd'hui françaises, à refendre et à plaquer. On a la machine à faire les moulures. On a les mille outils à tout faire.

Ces engins remarquables ont chacun son mérite, et tous ont deux inconvénients.

Le premier inconvénient, c'est de supprimer les artistes. Et il le fallait bien. Par malheur pour le meuble parisien, la plupart de ceux qui le fabriquent ne savent pas dessiner. Ils ont reculé, comme leurs ouvriers reculent, devant le temps d'apprendre, et ils avaient de meilleurs motifs que ceux-ci : aucune école de dessin n'existait dans leur jeunesse. Et voilà pourquoi depuis quarante ans les meubles du faubourg ont si peu de style. On les appelle armoire à tulipe, parce que la corniche du haut a le profil d'une tulipe ; buffet à cadre, parce que le bâti du meuble possède une moulure rentrante qui

forme cadre : lit à modillon, à crosse, patins de table à griffons :
à cause de modèles très-chétifs, alors trouvés suffisants et magnifiques, et sur lesquels aussitôt l'industrie a monté des machines pour
les multiplier à l'infini. Ne cherchez donc pas la variété chez le meublier ordinaire ; vous voyez qu'il ne saurait l'avoir. C'est plus ou
moins bien fabriqué, voilà tout. Le passable constitue l'exception.
Les bonnes maisons, vieilles ou jeunes, ne prendront pourtant point
ceci pour elles : leurs enseignes sont et seront longtemps encore le
phare tutélaire de la consommation bourgeoise. Elles mettent, nous
le savons, de vrai bois de chêne dans les caisses, et plaquent avec
des feuilles sciées, à dix ou douze au plus par 27 millimètres (l'ancien
pouce). Ainsi travaille M. Boutung, modèle suivi par quelques autres.
Mais la basse manufacture ne se sert point de si belles matières. Ses
fonds sont en bois blanc : sapin, volige de Bourgogne ou de Champagne, bois mobiles, cassants, creux, vermineux, légers. Elle applique
là-dessus de l'acajou, du palissandre ou du noyer, tranchés ou dérou-
lés au couteau sur moins d'un millimètre d'épaisseur.

Cette méthode de trancher et de dérouler le bois est admirable en
ce qu'elle ne laisse point de sciure, laquelle est une perte sèche d'un
cinquième pour le moins. Le placage qu'elle donne n'a pas besoin
d'être poli ; il sort uni, lisse et soyeux comme un ruban. De la colle,
un petit coup de papier de verre, du vernis, et tout est dit. Les machines à faire ces miracles sont très-curieuses. Un plateau ou forte
planche de bois des îles ou autre, vigoureusement chauffé à la vapeur, est fixé sur une aire en métal, construite de façon à le soulever
à mesure qu'il diminue. Un long et terrible couteau s'avance en fau-
chant et le change en feuilles de papier. Voilà pour le *tranchage*. Le
*déroulage* est encore plus simple : un arbre aussi rond et droit que
possible est couché et tenu par les deux bouts sous le tranchant implacable d'un rabot mécanique immense qui, selon que l'arbre
tourne pour être dévoré, s'abaisse, lui, en raison de la décroissance
du diamètre qu'il dévore, déroulant d'abord et enroulant ensuite un
large copeau sans fin, qu'on détaille ordinairement par cinq mètres
pour les besoins de la fabrique. Le laminage du bois s'arrête au cœur
de l'arbre. M. Garand, un homme de génie, l'inventeur de ce rabot
magicien et de tant d'autres, exposa en 1855 un copeau long de *quatre
cents mètres*.

C'est ingénieux et c'est joli. C'est commode aussi, puisque cela se découpe avec des ciseaux comme de la toile. C'est à bon marché enfin, mais ce n'est pas bon. Le bois chauffé et débité ainsi a sa veine brisée partout ; il ne tient que par la colle et craque ou se lève au moindre signe de vie des dessous. A force d'inventer, si grand génie que l'on soit, on peut finir par inventer l'absurde.

Le placage en acajou d'une commode-toilette, obtenu par ce procédé, coûte environ *trois francs*. C'est pour dire qu'il y en a, et les vers nés dans le bois blanc des fonds n'ont pas grand'peine à s'y percer des fenêtres.

L'autre inconvénient des machines-outils est de compromettre la solidité du meuble. Nous parlons surtout ici du meuble qu'on appelle massif. Peu de maisons font aujourd'hui du sculpté dans la masse. Parce que beaucoup manquent de bois secs en épaisseurs convenables ; parce qu'il est bon d'éviter le déchet ; parce qu'enfin le sculpté par application coûte moins cher à établir, la machine à découper l'ornement prenant pour elle les trois quarts du travail. Cette machine est sans contredit spirituelle et favorable, mais il ne faudrait s'en servir qu'à découper des contours pleins, jamais pour superposer l'une à l'autre deux épaisseurs inégales, comme un fond tout d'une pièce à un dessus sculpté ; lesquels devront nécessairement jouer en sens inverse, et, se retirant ou se gonflant diversement, finir leur querelle par les éclats de l'un et l'incurvation de l'autre.

De même pour les moulures à la mécanique. Nous ne saurions trop le répéter, il n'y a de bons, de véritablement bons meubles que les meubles véritablement massifs, c'est-à-dire dont les détails, quels qu'ils soient, ont été pris dans la masse d'un bois bien choisi et séché naturellement. Les meilleurs artifices de la science se briseront devant cette loi, et il est temps que la fabrique y songe. Le goût du massif s'étend tous les jours. Nous l'avons vu un instant compromis, quand, avec cette ardeur qui est la vie des réactions, on se fut jeté sur le meuble antique, un peu par le sentiment vrai de l'art, beaucoup plus par ce qu'on pourrait appeler la *maladie du vieux*. Heureux d'une fièvre qui offrait des primes à leurs fraudes, les recarreleurs imitèrent alors, à coups de pointe de compas, jusqu'aux piqûres de vers des bahuts du moyen âge. Le meuble antique, reproduit selon cet esprit inintelligent, restait monotone en son architecture, presque informe en son exécution : sous prétexte de naïveté, de pureté, de *cachet :* les figurines et les sculptures repoussaient le goût par leur grossièreté sans inspiration.

Cependant on continuait de protester contre le plaqué de toute sorte, meuble fardé, enluminé, miroitant, frivole, fragile. Les hommes d'abord, que le romantisme entraînait ; les femmes ensuite, qui sentaient leur parure endommagée par le clinquant de ces boîtes fanfreluchées et pomponnées. Les reproductions des beaux modèles de la renaissance arrivèrent donner gain de cause à la restauration du massif. Un grand nombre encore, en suivant le goût qui triomphait, croyaient ne suivre que la mode ; ils cédaient sans le savoir à la puissance du vrai, sans lequel il n'y a point de beau. Aujourd'hui, voilà ce goût devenu une nécessité. Aux immenses robes qui s'étalent, il ne faut plus de meubles qui se renversent. Mais ce n'est pas tout. Nous l'avons dit en commençant, la composition manque dans notre fabrique. L'art antique, d'où tout découle, nous a pourtant donné les proportions de ses créations divines : nous avons les règles des colonnes, des chapiteaux, des bases et des corniches de tous les ordres d'architecture. Mais nous n'avons ni un livre ni un professeur pour apprendre aux ouvriers ébénistes les proportions d'un appui, d'une corniche, d'une porte, d'un meuble, relativement à l'harmonie de ces choses entre elles, ou bien à la hauteur, la largeur, la profondeur et l'éclairage de l'appartement. Ces questions premières et capitales sont laissées au jugement libre du fabricant. Il s'en tire comme il peut, vous pensez bien ! Quelques-uns, par nature ou par études de jeunesse, conçoivent et font de jolies choses : les grandes expositions depuis 1855 l'ont fait voir. Ceux-ci, probablement, auront inventé les formules dont la mécanique s'est emparée et que tout le monde suit. Mais en général ils manquent de la connaissance des styles, et c'est pourquoi tous les styles se confondent dans leurs meubles. On y voit des portes en plein cintre avec des ornements de corniche pompadour, et pour supports, des bases à plinthes découpées qui datent du gothique ou de la renaissance. Aussi un caprice les fait prendre et un autre les délaisse. Il n'y a de durable que l'harmonieux.

Il faudrait à l'industrie du meuble des écoles spéciales où l'on apprendrait aux ouvriers la partie dont ils ont besoin pour leurs travaux : lignes, principes, différence des styles. S'ils ont du goût, on le verra bien ensuite. Prenons aujourd'hui un ouvrier ébéniste habile, sobre, rangé. *Il sait travailler*, comme on dit, et fera bien un meuble sur un plan ; mais il ne sait pas faire un plan. Le sage appétit lui vient d'un peu d'architecture. Il va le soir à une école municipale : là on lui donne à copier et à laver des corniches de temples grecs. C'est évidemment la bonne base pour quiconque aurait le temps de devenir un artiste complet. Mais celui-ci, professeurs, n'a pas tous ses jours pendant dix ans à vous donner. Son pain et le pain d'autrui sont au bout de ses doigts ; il a deux heures par jour pendant deux ans, tout au plus. Et c'est encore à condition de manger peu et de dormir vite. Pourquoi, puisqu'il a besoin d'inventer des meubles, ne pas lui faire dessiner des moulures et des corniches moyen âge, renaissance, louis-treize, louis-quatorze, louis-quinze, louis-seize ; lui faire comprendre ces styles divers, en même temps que l'antique ; leur commune source ; lui apprendre à ajuster un pilastre ou une colonne selon la loi de chaque époque ? Et de même pour tous les détails, panneaux, frises, tiroirs, frontons, cartouches, supports de milieu, et le reste ? En quatre ou cinq cents heures d'un tel enseignement, de cet ouvrier bien voulant vous auriez fait un contre-maître, s'il est intelligent et de bonne vie. Or, que faudrait-il, dans la suante et souffrante république du travail ? Ce serait que tous les ouvriers pussent devenir contre-maîtres à leur tour, au lieu de rester, pour les neuf dixièmes, à l'état pauvre de machines vivantes n'arrivant jamais qu'à bien produire un détail de spécialité. Précieuse et triste force pour les grandes maisons, qui seules peuvent constamment employer une même âme à une même chose. Grand mal au fond : quel bien saurait jamais résulter de l'ignorance et de la mécanisation de l'homme ?

Et fatalement, naturellement, physiquement, il arrive de ceci que l'ouvrier se dégoûte de son travail sans attrait et sans avenir. C'est seulement des héros que l'on obtient tout par le devoir. Or l'ouvrier aux pièces ne croit pas au devoir envers son patron. Quand *ça ne lui vient pas*, il s'en va. Le déjeuner est toujours à deux pas des dominos, du bézigue ou du billard. Et le jeu, du moins, varie les sensations. Un fabricant nous disait un jour que certains de ses hommes aux pièces lui avaient fait seulement trente-six heures en une quinzaine. C'était déplorable des deux parts : l'un manquait ses commandes ainsi, les autres creusaient leur misère. Il est rare qu'à Paris, dans l'industrie du meuble, la journée d'un spécialiste sachant quelque chose ne lui rapporte pas cinq francs. Or un homme qui aimait les travailleurs et ne les grondait que pour leur bien calculait ce que l'observation du lundi pouvait faire perdre en quarante ans à un ouvrier de cinq francs. Voici les chiffres.

En quarante ans, 10.400 francs, lesquels, mis à la caisse d'épargne par quinzaine, auraient produit 32,330 francs. Doublons le chômage, nous aurons soixante mille francs. C'est énorme.

Mais quoi ! ce spécialiste est ignorant, comme tous les pauvres . quels méchants conducteurs dans la vie sont l'ignorance et la pauvreté ! Le 31 décembre 1852. sur 20.643 Français en prison, 568 seulement savaient un peu plus que lire et écrire : 10,874 ne savaient absolument rien. C'est mieux à présent, mais pas beaucoup. Les patrons se plaignent, et ils ont raison ; mais les ouvriers aussi se plaignent, et ils n'ont pas tort. Voyez ce qui se passe dans la moyenne fabrique du meuble. Un homme occupe dix ouvriers : il sera bien maladroit ou bien malheureux s'il gagne moins de trois mille francs par an sur leurs façons, soit un franc par jour de chaque tête. Au bout de vingt ans, le voilà avec un capital de soixante-quinze à quatre-vingt mille francs. Il se fait de petites rentes et s'en va finir de vivre en son pays. Et les ouvriers qui lui auront rapporté ce loisir par leur travail, que deviendront-ils ? Quand ils ne pourront plus rien faire, ils mourront de pauvreté, ou bien ils mendieront pour aller au dépôt, triste et farouche hôtellerie ! ou, s'ils arrivent à l'âge voulu, on fera, bien difficilement, entrer le mari à Bicêtre et la femme à la Salpêtrière : la charité désunira ces deux victimes usées, et leur ôtera la consolation de souffrir et de mourir ensemble. Et songez encore qu'il n'y a guère plus de dix mille places gratuites dans les hospices de Paris. Bien entendu que le vieillard admis dans cette retraite enviée a eu son livret toujours bien en règle ; sinon, non. Or nous savons trop, malheureusement, que de petits fabricants dissimulent leurs ouvriers pour ne pas payer une patente. Autant de livrets qui ne sont pas signés, par conséquent.

Mais ne nous arrêtons pas davantage à ces plaies réciproques, et souhaitons que les grandes maisons du meuble instituent elles-mêmes ce qui manque à l'instruction de leurs ouvriers. Sept ou huit, à Paris,

sout dirigées par des artistes : la plus importante de toutes peut-
être, au point de vue des affaires, du choix de ses bois, du mérite de
son personnel et de ses compositions, a pour chef un lauréat de
l'école des beaux-arts de Dijon. Celles-là le savent et le disent : le
nouveau meuble français sera d'un développement difficile tant que
le capital ne s'unira pas à l'intelligence et au savoir, leviers du travail
aussi bien que lui. Pourquoi, changeant le soir l'établi en table
d'étude, n'organiseraient-elles point un enseignement mutuel où le
chef serait le Verbe, où les contre-maîtres seraient les moniteurs ?
Tout le monde y gagnerait, il y a gros à parier, excepté peut-être
les louvres aux vingt billards et les cafés où l'on chante à la fumée
du tabac. Mais qu'importe le sort de ces établissements malsains ?

Quant au plaqué sur bois blanc, ceci entraînerait peut-être sa suppression, mais sans secousse. L'habitude en a encore pour longtemps.

Pour arriver à ce que nous souhaitons, il faudra travailler et prê-
cher. La routine est une rouille : elle mange la pièce où elle s'attache.
Ne comptons pas sur la fabrique vieille ; elle a gagné sa fortune à
faire mauvais. Parlons aux jeunes gens et disons-leur que ce temps-
ci les regarde. A eux le soin de rétablir dedans et dehors la réputation
du meuble parisien. Ils étaient des layetiers, il faut qu'ils deviennent des artistes. Il faut qu'ils aiment ce qu'ils font et mettent leur
honneur à le bien achever. « Aujourd'hui nous fabriquons d'autant
moins bien que nous fabriquons davantage, » a dit M. Viollet le Duc :
c'est le contraire de la justice et de la raison. « Le commerce ne
fournit plus rien de régulièrement fait, *il faut faire faire*, » ajou-
tait-il. Que de maisons se sont ruinées à ce système absurde ! Du
tout fait, personne n'en veut plus déjà ; et je sais des fabriques qui le
vendent à perte pour s'en ôter la honte.

Avant le vouloir, il faudra le pouvoir. Apprendre et étudier, voilà le
difficile. Ce pays-ci n'entend rien à l'éducation professionnelle, et
nulle part, je crois, on ne s'occupe moins des vocations. Tout est
donné au hasard ou s'arrange en famille ; de sorte que tel qui eût été
bon peintre devient mauvais horloger, et réciproquement. Aussi
l'homme perd-il toute sa jeunesse à chercher sa place, qu'encore il
ne trouve pas toujours. L'absence du principe entraîne celle des
moyens. Nous n'avons point d'écoles de métiers. Quelques fabricants

ont voulu, dit-on, en établir pour leurs propres ouvriers ; mais cela se propose et ne se fait pas. C'est affaire de l'administration et non des individus. Il faudrait à Paris des écoles publiques du meuble, du bronze, de la tapisserie, du bijou, où l'on enseignerait aux ouvriers de la fabrique universelle les immuables règles de la proportion, de l'harmonie, du beau. Là se révéleraient et se développeraient les aptitudes. N'est-il pas affligeant qu'en cette capitale des lumières et de l'art, le *non-savoir* soit la règle, comme dit Corbon, qui s'y connaît, et le savoir l'exception? Eh quoi! il se peut qu'on rencontre journellement un compositeur d'imprimerie qui ne sache pas mettre en pages? un peintre en lettres qui ne sache pas l'orthographe? un ciseleur qui gâte les fontes qu'on lui donne à finir? un mécanicien qui ne sache pas la mécanique? un sculpteur en bois qui ne sache pas dessiner? Que croire après cela de notre enseigne ambitieuse : Fait tout ce qui concerne son état? Nous reviendrons sur cette question grave.

Les fabricants distingués, ceux qui sont comme les prêtres de leur industrie, et, cherchant le bien fait, déplorent qu'il y ait si peu de gens pour le faire, voudraient, avec les écoles publiques gratuites, des expositions mobilières permanentes. A côté du précepte, la montre et la comparaison de ses fruits. Paris et les départements sont des catacombes de belles pensées, des oubliettes de chefs-d'œuvre. Avec ce qui s'y étouffe on renouvellerait tout ce qui existe. Mais comment le découvrir? Cela sera-t-il donné toujours au hasard? Etait-ce le vrai chemin, par exemple, qu'un officier de cavalerie en garnison à Versailles nous révélât l'auteur du maître-autel de Bon-Secours, cette beauté de l'exposition de Rouen en 1859 : un simple ouvrier nommé François Fédide, depuis cinq ans aux gages maigres de son curé? Une académie nombreuse, à laquelle il ne manque qu'une reconnaissance plus officielle pour faire, comme on dit, tout le bien qu'elle a dans le ventre, l'Académie nationale, agricole et manufacturière a mis un jour au concours le meilleur mémoire sur les *Expositions ouvrières*. Un de ses membres. M. Laury, ancien fabricant, avait attaché un prix de mille francs et des médailles d'or à cette étude, « dans son ardent désir d'appeler au grand jour de la publicité un nombre imposant de travailleurs, dont l'intelligence n'a su ou n'a pu franchir jusqu'aujourd'hui les murailles de l'atelier. » Honneur à la pensée, et honneur à l'homme! La Commission de l'exposition universelle de 1855 avait accueilli favorablement le projet de M. Laury, mais sans y donner suite, pas plus que celle de 1867 à tant d'autres bonnes choses du même genre, parce qu'en général, vous le savez, l'œuvre finie, on se disperse! L'Académie nationale a repris l'œuf et l'a couvé longtemps. Est-il éclos? je l'ignore.

L'administration du mont-de-*piété* (je n'ai jamais su ce que la *piété* avait à voir en ces histoires-là) a fait construire à Paris, dans la rue Saint-Maur, des magasins fort grands et fort secrets pour y déposer les meubles que les petits fabricants engagent; la riche prêteuse n'ayant plus de place en ses châteaux encombrés de misère. Que deviendront là ces meubles, la plupart originaux et beaux, peut-être, puisqu'aucun marchand n'a voulu les acheter? Qui les voit et y songe, si ce n'est, en pleurant, leur fabricant malheureux? Ne vaudrait-il pas mieux, ne serait-il pas à la fois plus humain et plus utile qu'en un beau local lumineux, dans un bon quartier bien vivant, comme le palais Bonne-Nouvelle, des exhibitions publiques se fissent, ouvertes aux producteurs exclusivement? Une commission, intelligemment composée, prise dans l'état et munie des capitaux nécessaires, serait là pour recevoir seulement les choses ingénieuses ou bien exécutées. Elle ferait à l'exposant une avance convenable, et vendrait le produit pour son compte, avances et frais remboursés. Ainsi seraient connus, ainsi ne vieilliraient pas, ainsi seraient sauvés de beaux et bons ouvrages qu'on vend pour le bois, le prêt ayant vécu, après ce qu'un an ou deux de séquestre ont pu y déposer de maladies. Ce serait là peut-être un moyen d'émanciper le pauvre *choutier* dont nous parlions: par ce bienfait périrait la *trôle*, cette lèpre, ce chancre du petit ébéniste. Laissez-moi vous dire ce que c'est que la *trôle*.

Le modeste fabricant qui travaille avec un ouvrier ou deux n'a jamais d'argent devant lui, cela se sait du reste. Le budget d'un employé à deux mille cinq cents francs se balance aujourd'hui par trois cents francs de déficit. Et qui voit l'un voit l'autre. « Qui travaille le plus gagne le moins; c'est la loi, » me disait en 1844, à Londres, un économiste écossais. L'a-t-on démenti depuis vingt-quatre ans?

A peine ce nain de l'industrie a-t-il achevé son meuble qu'il cherche les moyens d'en commencer un autre. Or le marchand de bois fait peu de crédit, et le marchand de placage, trancheur, dérouleur ou scieur, pas du tout. De même pour le tireur de moulures, etc. Le triste ébéniste s'adresse à un AUVERGNAT. Tout entremetteur de ces choses est Auvergnat dans le faubourg, quand même il ne serait pas de l'Auvergne. Pourquoi cela ? Demandez à la fatalité ! L'Auvergnat donc avance à notre homme soixante-dix ou quatre-vingts pour cent de la valeur réelle du meuble en façon : cinquante ou cinquante-cinq francs, par exemple, sur un lit qui, matière et journées, devra en coûter soixante et dix. Le lit fini, l'Auvergnat le met sur le crochet de ses porteurs et *trôle* pour le placer, de boutique en boutique. Il le vend quatre-vingt-dix ou cent francs, selon que la main est belle et la tournure bien venue. Ce qu'il rend là-dessus au fabricant, on n'a jamais pu le savoir. Moloch, ancien dieu mangeur d'hommes, tu t'appelles aujourd'hui Capital !

CHAPITRE XI



Signalons parmi ceux qui font principalement la sculpture MM. Guéret frères, maison importante et déjà bien souvent illustre. Leur exposition, très-riche et très-récompensée, se recommandait surtout par deux pièces de premier ordre. Une bibliothèque renaissance en noyer, avec enrichissements en bronze et le *Penseur* de Michel-Ange pour figure d'amortissement. Puis un grand dressoir de salle à manger en même bois, avec le sujet de chasse obligé, des chiens vainqueurs buvant à une fontaine qu'alimente de son urne la mieux portante des naïades. C'est là vraiment un beau travail, rappelant celui que ces artistes nous avaient montré à Besançon. Ils ont lutté et bien lutté, ceux-ci, mais ils sont arrivés. Une fois n'est pas coutume. Marcheront-ils encore maintenant? C'est la question.

L'estimable maison Vrignaud, Terral et Pitetti, dont la belle exposition de Dijon se souvient avec reconnaissance, nous présentait un buffet à deux corps avec figures de Diane chasseresse et Pomone fruitière, finement exécutées en noyer. Le panneau inférieur complète l'allégorie par un bas-relief de l'enfance de Bacchus. Le motif n'est peut-être pas très-neuf, mais il achève agréablement d'expri-

mer la trinité gourmande : le gibier, le raisin, le vin. C'est à vous
mettre l'eau à la bouche.

M. Drapier, de Paris, qui était placé d'une façon bien triste, lui
et tant d'autres, — que n'ont-ils eu les Anglais pour installateurs !
— n'en exhibait pas moins une montre très-honorable, dont une belle
et noble bibliothèque en ébène occupait le centre royalement. On se
venge des ténèbres par l'éclat. Que fait la nuit à qui porte avec lui sa
lumière ?

Le jeune M. Aubouër nous a fait voir un décor d'appartement à médaillons peints, qui doit être l'heureuse restauration de quelque chef-
d'œuvre expulsé et condamné, comme tous les jours l'entreprise
aveugle du Paris neuf les entasse et les fracasse impitoyablement. Je
ne sache rien d'aussi joli que cette boiserie, qu'on dirait être de la
jeunesse de Prudhon. Avec quoi un fragment de lit peint louis-seize,
qui nous a semblé très-fidèle et très-frais ; un prie-Dieu moins bien
trouvé, à notre avis, le prie-Dieu paraît être chose difficile à faire ;
et le célèbre baromètre en poirier, bijou qui commença le renom de
son auteur, mais qui a le malheur d'être un peu trop connu. Ils étaient
là trois baromètres, celui d'Aubouër, celui de Knecht, et celui des
frères Guéret : trois morceaux dont jamais on n'osera demander le
prix. C'est de la marchandise sacrée. Quelles superbes mains que celles
de tous ces hommes !

MM. Henri Clère et Drapier, de Bordeaux, une grande fabrique, n'en
déplaise aux Parisiens, exposaient un bahut renaissance que je sup-
'pose être la reproduction merveilleusement savante d'une création
de ce temps que les Goujon et les Pilon ont immortalisé. Notre époque sonnante n'enfantera pas leurs pareils, j'en ai peur. Elle sait
copier, celle-ci, et c'est à peu près tout. Seulement elle copie bien.
Le bruit courait là-bas que, depuis l'arrivée des meubles anglais, un
ébéniste français en avait refait un, des plus difficiles, et si parfaitement que ce serait à ne plus savoir lequel des deux a volé l'autre.
Quelle gloire, voyez donc ! On a eu la médaille d'or à moins.

Deux grands meubles, qui ont beaucoup fait parler, accompagnaient
l'admirable bahut de MM. Clère et Drapier : un lit et une armoire en
érable injecté de vert et poirier injecté de noir. Ces meubles, de style
oriental, aux couleurs et formes insolites, paraissent avoir déplu à
l'ébénisterie parisienne. Malgré l'affection vieille et l'intérêt vif que

nous lui portons, elle nous permettra là-dessus de ne pas être de son avis. Voici du moins, mes chers frères, des fabricants qui osent et ne se traînent point, quoique de province. Informons-nous d'abord du milieu dans lequel doivent être placés leurs meubles et nous verrons ensuite à les proscrire. Il est toujours temps d'affliger des hommes de cette conscience et de cette valeur. Je me figure, moi qui ai l'honneur de connaître M. Henri Clère, qu'il a eu toutes sortes de bonnes raisons pour produire ce qui vous étonne. Les nababs de la Havane, qui vivent dans le soleil, n'ont pas les goûts bornés de vos clients du faubourg Poissonnière. Et quand ce ne serait, au bout du compte, que pour protester contre l'épidémie du noir? Voyez MM. Allard et Chopin, dont la sculpture a tant de mine : jusqu'à un buffet en bois noir, avec sujet en relief rougeâtre et faïences dans les panneaux! Il est beau, ce buffet, bien que les faïences y donnent trop de lumière. Le noir n'appelle et ne veut que la nuit. Que de bois noir partout, juste ciel! quel abus épidémique de la livrée du corbillard! En bois noir la grande bibliothèque de M. Larivière, qui serait digne du cabinet d'un ministre. En bois noir celle non moins vaste de M. Semey, destinée, je crois, au cabinet d'un médecin. En bois noir la somptueuse chambre à coucher de M. Roll, relevée de lapis et de sanguine. . En bois noir, si ce n'est en ébène, une autre chambre à coucher exposée par M. Chaix, l'excellent maître Chaix, chef-d'œuvre incontestable de composition, de construction et de sculpture. Nous retrouverons tout à l'heure cet ébéniste architecte.

Parmi ceux qui ne sont point ou qui sont moins voués au noir, nous citerons, en première ligne, M. Maynard, un honneur du faubourg Saint-Antoine, auteur d'une chambre à coucher fort noble en palissandre, et d'un prie-Dieu en chêne blanc et velours bleu, tout à fait logique et réussi. M. Maynard est de ceux qui proclament leurs aides : nous dirons donc que M. Lhérault est un des siens dans les belles œuvres que voilà. Puis, après cette grande maison, M. Munz, faiseur d'une chambre à coucher aux formes neuves, ayant le style beau et la distinction grande. De riches bois mariés sur fond de noyer naturel, sobrement éclairés par une gravure en or. Chambre à coucher, dans nos indications, s'entend généralement d'un lit et d'une armoire. Le reste est toujours supposé : ils ont eu tous si peu de place! Avec M. Munz, M. Goeckler, apportant un lit et une armoire

en bois d'Amboine, avec appliques sculptées en bois noir, très-heureusement employé cette fois. Deux splendeurs d'ébénisterie. Ce
que M. Goeckler a dépensé là-dessus de bois et de façon doit être
énorme ; des ateliers de premier ordre n'eussent pas osé autant que
cet ouvrier simple et brave. A sa place, allant si loin, j'aurais mis de
l'ébène au lieu de poirier teint. A côté de cette magnifique chambre,
une bibliothèque, belle aussi, mais noire aussi. O l'indigestion de
bois noir !

MM. Gerson et Weber, qui sont des rois dans le petit meuble
avec les Sormani, les Diehl et les Tahan, abordaient cette majestueuse classe de la grande ébénisterie par un excellent et irréprochable meuble de cabinet néo-grec, à moitié noir seulement et le reste
en beau noyer. Dessin pur, lignes nobles, tournure distinguée. Fabrication hors ligne.

Un essai très-intéressant de laque à l'anglaise a été tenté par
M. Fournier, dans une grande armoire à trois portes et deux glaces,
toute simple. C'est très-réussi. Économique, commode, sans fierté,
sans fracas : de bon bois, bien sec, bien lisse, et par-dessus tout
quatre ou cinq couches d'aventurine passées à l'étuve. Le meuble
servant, plutôt que le meuble meublant.

. Dans l'imitation de l'italien, nous trouvons plusieurs artistes, entre
autres MM. Warnemunde frères, de la rue Comines, jadis habiles
travailleurs au compte de M. Tahan, maintenant libres chez eux et
plus habiles encore. Ils avaient porté premièrement au Champ de
Mars un petit meuble louis-seize en noyer illuminé de faïences ; c'est
vraiment une chose tout aimable où la jeunesse et la candeur respirent. Puis est venue une crédence renaissance en ébène, avec gravures sur incrustations d'ivoire, une très-jolie œuvre et qui sent la
bonne école. Avec eux, et peut-être même un peu plus haut, il
faut citer M. Huusinger, l'un des lauréats de l'Union centrale des
beaux-arts appliqués à l'industrie, un homme que le succès a fortifié,
et c'est ce qu'on ne peut pas dire de tous. Son grand meuble d'appui,
ébène et ivoire, rappelle les plus belles pages du dessin, quoique la
gravure en soit un peu sèche. Qui dit Allemand ne dit pas Italien.
L'ancienne maison Charmois nous en montre un, tout autre, il est
vrai, mais dont les détails sont bien plus doux. Partout ici le noir est
dans sa logique : l'ivoire ne se plait pas sur un autre fond.

Nous avions abondamment le buffet rustique avec reliefs en bois sculpté, le voici maintenant avec reliefs en céramique, aux sujets de couleur et ressemblant à la vie. M. Barbizet, le faïencier puissant et ardent, expose cette nouveauté hasardée, qui ne sera pas du goût de tout le monde, mais n'en est pas moins particulièrement estimable. Il est clair que ce meuble inquiète ; quiconque l'aura tremblera de le casser. C'est un peu comme la cheminée de Pull. Otez la crainte et tout ira bien.

MM. Mercier frères avaient une chambre à coucher extrêmement intéressante et distinguée. Bois mariés avec un bonheur rare, moulures en cuivre, quelques sculptures. Grande tournure et grand goût. M. Pecquereau, anciennement l'associé de M. Godin, outre un buffet renaissance important, nous donnait une jolie armoire en érable et bois d'amarante, ennoblis par des bronzes dorés bien traités. Nous aimions aussi beaucoup la bibliothèque en noyer de M. Bruland, le bureau-bibliothèque de M. Faessel, l'élémentaire et classique bureau *de bureau* exposé par M. Kuntz, dont c'est la spécialité ; et enfin le simple et charmant bureau de femme, en thuya, de notre ami Mariolle, de Saint-Quentin, à qui sa mauvaise chance vaut bien que nous donnions une mention particulière.

M. Mariolle est un fabricant de bon ordre, aimant et respectant ce qu'il fait, et c'est pourquoi notre attention lui appartient. Nous le connaissions de Dijon, où il avait, en 1858, un ingénieux bureau faisant pendant à un piano. Quand on baissait l'abattant de ce bureau, la tablette se développait, et les tiroirs du casier, qui étaient fermés, s'ouvraient : si, au contraire, vous redressiez l'abattant, les ressorts qui avaient abandonné les tiroirs les ressaisissaient. Vous donniez un tour de clef, et tout était dit. La précision dans la sûreté.

Récompensé à Dijon, et partout depuis, à Besançon, à Rouen, à Châlons, à Londres, M. Mariolle s'était longuement et vaillamment préparé pour Paris. Il avait de grands meubles comme il aime à les faire, s'inspirant de sa passion du beau et ne copiant jamais personne. Nous le savions, et ce fut pour nous une joie de lui donner bon espoir. Mais la place était rare et M. Mariolle était de Saint-Quentin : il nous fallut prier pour lui avec insistance et ferveur. Point vainement, hâtons-nous de le dire ; car la réponse vint vite, et elle était charmante. « Arrivez, » écrivîmes-nous là-dessus, et le cher exposant arriva, apportant des caisses grosses comme une maison. Il lui était accordé *quatre-vingt-dix centimètres !* Avait-on voulu être gai ?

M. Henri Ledet, de Bordeaux, qui travaille bien aussi, a été mieux partagé. C'est que Bordeaux est plus grand que Saint-Quentin. Non, jamais, même à Londres, en 1862, où le scandale fut illustre, nos meubles n'avaient eu si peu d'espace attribué ni de divisions plus déplorables. On cherchait sans trouver, on passait sans voir. Rien n'y a fait, ni le nom ni la gloire. Sauf les deux privilégiés du vestibule, tous étaient quasi les uns dans les autres. M. Boutung, ce plaqueur modèle, n'a pas eu la simple place pour monter le lit de son meuble, en si beau bois et de si bel établissement. Et, les uns étant dans les autres, on prenait les uns pour les autres. Pardonnez-nous, vous qui en souffrirez !

Un buffet en noyer, de M. Riechstaedt, avec glace au milieu, affectait un genre anglais de *side board* qui n'était pas sans mérite. Nous avons aussi découvert une élégante chambre en acajou teinté, je crois, avec draperies de très-bon goût, appartenant à MM. Bruzeaux, les hôtes tutélaires d'un charmant artiste, M. Bossé.

Sans compter les meubles en jonc de M. Walcker, si printaniers et si frais. Les inusables lits en fer de MM. Letourneur frères, successeurs dignes du célèbre Léonard. Les bois durcis de M. Latry, toujours plus surprenants et menaçants pour la sculpture future du meuble. Et enfin l'horloge noire de M. Passerat, avec sa tournure de riche veuve et ses tranquilles cariatides.

Puis au fond, dans les ombres, entre l'horloge de M. Passerat et les restitutions japonaises et chinoises de M. Raulin, se trouvait la toute petite montre du marqueteur de la Flèche, Cornevin, celui qu'on a appelé le bijoutier du bois. Figurez-vous le premier peintre du monde faisant avec du bois ce que nul Italien n'a jamais fait avec de la pierre. Le jury a infligé une mention honorable à ce prodigieux homme. A quelle perfection de travail, à quelle divinité de forme, à quelle magie de la couleur et de la lumière faut-il donc être parvenu pour sortir du rang jeune et petit des commençants qu'on *encourage ?* Eh quoi, voici que le hasard, imprévu dans ses rencontres, vous met par bonheur en face d'un homme unique, un miniaturiste, un mosaïste, un émailleur en bois comme vous n'en aviez vu et n'en verrez plus jamais : et tranquillement, à cet artiste, seul sur le globe, vous donnez un encouragement ! Encouragement à quoi ? A faire des sabots ? On voit ces choses-là, Seigneur, mais on n'y croit pas.

Même après cet homme incomparable il convient encore de citer les marqueteurs Galliéna et Céra, et M. Lombard, de Nice, naguère Italiens, aujourd'hui nos compatriotes. La marqueterie niçoise, fille de l'ébéniste Claude Gimelle, est fameuse. Il y a cinquante ans, ce glorieux ouvrier rêva, lui aussi, de faire des tableaux en bois comme Jean de Vérone, et dans ses loisirs il courait les champs en quête des couleurs qu'il lui fallait. Ce fut ainsi qu'il trouva l'olivier pour ses fonds gris veinés, l'oranger et le citronnier pour le jaune clair, le caroubier pour le rouge foncé, le jujubier pour le rose ; le houx lui donna le blanc et le figuier chauffé lui donna le noir ; l'arbousier fit les chairs et le fustet la lumière. Pas une teinture. Ce pays de là-bas aide les hommes : nous n'avons pas mal pris en le prenant !

Maintenant parlons de deux grands noms, M. Chaix et M. Mazaroz, rangés dans les tard venus par les hauts juges de la récompense. En vérité, nous ne saurions trop déplorer que de suprêmes arbitres aient trouvé bon de s'enfermer dans la lettre froide et sèche d'un règlement. Qu'est-ce donc qui les y forçait ? Devant quelle loi de salut public s'agissait-il d'abdiquer un droit ? Jamais, au contraire, droit et devoir ne s'étaient ensemble à ce point tenus et confondus ; ils ordonnaient tous deux la même chose à leur homme : *juger*. Et pour juger il faut attendre, car pour juger il faut connaître : on ne nous fera pas sortir de là. Incessamment nous l'avons nous même éprouvé, poussés que nous étions par les hâtes indispensables du compte rendu. Ce que nous avions dit une semaine n'était souvent plus à dire dans la semaine qui suivait. A telle case et sous tel nom figurait un jour un produit honnête, mais vulgaire, qui le lendemain était remplacé par une œuvre exceptionnelle. Pourquoi ? Parce qu'hier, nous l'avons dit, elle n'était pas finie encore cette pièce, dignement, chèrement et bravement entreprise en vue de la joute glorieuse ; et pour garder sa place, pour sauver officiellement le vide, l'auteur y avait mis la première chose venue. Nous pouvions l'ignorer, nous, rapporteurs suspects à qui rien ne se transmettait ; mais les comités l'ont su et les jurys ont dû le savoir. Être hors concours pour avoir trop bien fait, qu'en pensez-vous ? Pourquoi ne pas mettre aussi les fabricants en loge, comme on y met les élèves de l'école des beaux-arts ? Qu'elles vous soient légères, ô juges rapides, ces sentences avant l'instruction, source pour quelques-uns de désespoir et de ruine ! Mais comment nous faire oublier jamais que telle classe, par exemple, presque toute pleine d'objets charmants, a été examinée. pesée, creusée, emportée, votée en trois séances, mesurant ensemble quatre heures et vingt minutes ?

Bien heureusement qu'une décision suprême, qui décuplait, nous a-t-on dit, le nombre des récompenses, est venue forcer la révision d'une partie de ces choses. Le fait restera donc, mais l'effet a été atténué. Pas pour tous cependant. A commencement mauvais, fin mauvaise.

Réprenons.

M. Mazaroz est une valeur dans l'art. On lui doit, de concert avec M. Leroux, architecte, une partie notable de la décoration du vestibule, lequel, étant vaste, pouvait être beau. Il s'agissait seulement d'y voir clair. Mais, au lieu d'être transparents, les combles étaient pleins. Pourquoi? on ne l'a pas dit. A ce mystère nous avons gagné du moins qu'il n'y pleuvait pas, chose précieuse pour le lieu.

M. Mazaroz a fait les portes triomphales qui bordaient cette avenue sombre et par où l'on entrait, à gauche dans l'exposition de France, à droite dans celle d'Angleterre. L'avis général sur les portes, c'est qu'elles étaient belles. Elles valaient hardiment mieux que la maison. Nous avons entendu des savants du bâtiment discuter le droit d'un ébéniste à les faire; nous répondrons à ces formalistes dédaigneux que Boulle était architecte et que Jean Goujon faisait des meubles. Il n'y a qu'un droit, c'est le talent. Primordial, celui-là, et imprescriptible.

En devenant l'un, au surplus, M. Mazaroz n'a point cessé d'être l'autre. Trois pièces de lui le prouvent surtout, sans compter un fauteuil grec, le meilleur de l'Exposition. D'abord le lit en chêne de M. Paul Demidoff, imitation savante mais non servile du lit bourguignon ou flamand du musée de Cluny. En passant là devant, M. Du Sommerard a dû s'arrêter et se reconnaître. Quelle belle sculpture !

Ce lit célèbre fut, comme on sait, le chef-d'œuvre en ce genre de Hugues Sambin, auteur du portail de Saint-Michel, à Dijon, et architecte des derniers ducs de Bourgogne. M. Mazaroz, élève couronné de l'école des beaux-arts de Dijon, le savait par cœur et nous l'a rendu dans son apparat, superbe, monté sur l'estrade souveraine et drapé des tapisseries de son temps, merveilleusement restituées. Quelques personnes tristes ont discuté le ton historique de ces étoffes ; attendez que le bois ait un peu noirci, et vous verrez. A côté de ce lit, bien fier pour un jeune homme qui n'est que riche, M. Mazaroz avait une armoire grandiose, capitale, utile, meuble fort comme sa matière (*robur*), meuble de l'homme, meuble du maître, fait pour contenir tout ce qui le concerne, habillement, harnachement, ornement, armement. L'idée est anglaise, mais la forme est à nous ; elle se répandra. Après quoi une cheminée de château, en noyer d'Amérique et d'Auvergne sculpté, avec marbres représentant les symboles de la famille. Le peintre Gérôme l'a composée, qui n'est point le premier venu, croyez-le bien. Puis une bibliothèque renaissance, noire selon la coutume : les livres qu'elles doivent renfermer étant imprimés en noir, pourquoi ne serait ce pas une raison? Celle-là, supérieurement étudiée, décorée de philosophes antiques en bronze vert ronde-bosse, et plaquée d'émaux de toute beauté, occupait le centre du salon où s'exposait symboliquement l'union centrale des beaux arts appliqués à l'industrie. Il est fâcheux que les tons métalliques des lambris de ce salon, qu'on eût dit frottés de plombagine, aient nui par d'importuns reflets à un meuble aussi intéressant.

L'exposition des colonies françaises (Guyane) avait de M. Mazaroz un meuble de chasse, entre autres, sculpté en amarante massif. Ce meuble est très-sobre et très-simple : quelques lignes sur une caisse, que supportent deux chiens assis. Tout le mérite y est quasi laissé au bois, rare et riche, sorte de noyer carminé ou rosé, à vingt-cinq francs le kilogramme. Ce sont nos forçats qui le coupent et l'équarissent. Cayenne a fait de ces malheureux des forestiers, et peut être en refera des hommes. La nature a des spectacles qui corrigent.

Mais au dessus, croyons-nous, de tout ce que nous venons de dire il faut placer le tranquille et noble buffet exposé par cet homme de goût, à Londres d'abord, en 1862, puis là. Une forte chose.

Le fabricant de la rue Ternaux avait construit ce meuble dans une donnée très-logique. Les anciens, s'est-il dit, glorifiaient la matière et la tenaient pour sainte : son culte fut leur première religion. Ayant, en conséquence, à fournir un meuble de salle à manger, sorte d'autel domestique de la matière, pouvait-il mieux faire que d'adopter les formes et l'idée païennes dans ce que l'art de cette époque nous a légué de plus noble et de plus pur, le style grec?

Le buffet qu'il nous donnait était donc un buffet grec. Non pas de ces bahuts gréco-italiens, vénitiens, byzantins, pompéiens, parisiens, dans le goût quelquefois heureux, plus souvent douteux, toujours bâtard et anachronique, dont nous a doués la restauration, plus dangereuse qu'avantageuse, à mon sens, de la maison de Diomède, aux Champs-Elysées. Il est grec vrai, celui-là, grec pur, autant que possible en nos usages et nos climats marécageux. La chair, le vin, le dessert et la poésie antiques. Le sacrifice mythologique à la Vie et à la Santé. Le soin de la créature pris pour hommage au Créateur. En bas, la naissance de Bacchus le civilisateur, dans le labour et la vendange ; rustique et religieux bas-relief fait de jeunesse et d'allégresse, offrant les fruits, semant les fleurs. Pour supports de la tablette, deux cariatides puissantes, placides figures de bœufs, bellement et raisonnablement substituées aux difformes sirènes, aux impossibles griffons et lions cynocéphales des écoles municipales de dessin. Sur la tablette, point de départ du corps supérieur, en avant d'une colonnade où le regard s'arrondit et circule, deux figures bien motivées, d'après le Faune Flûteur et le Faune du Capitole. Des richesses dues au travail et bonnes à la vie sont renfermées visibles dans cette armoire à jour, tabernacle de la matière divinisée : les deux figures en représentent les conservateurs, forts, jeunes, rieurs, heureux. En haut est le buste de Jupiter Trophonius, l'Éternel d'autrefois, suprême intelligence dominant, réglant et protégeant la matière.

Bonne entreprise, en somme, mâle et ferme, bien conçue et bien exécutée. Chef-d'œuvre par l'architecture, par la sculpture et par le bois. Ce n'est pas du nouveau, et pourtant c'est inventé ; ce n'est pas copié, et pourtant c'est de l'antique. Jamais esprit plus fin n'a manié lignes plus harmonieuses.

Tout cela veut un peu dire que M. Mazaroz est quelqu'un dans le métier du meuble. Les ouvriers ne s'y trompent pas. Sur le livre d'or que leurs délégués publient pour immortaliser cette Exposition, ils ont gravé quatre ou cinq dessins du jeune maître. La maison dont il est le chef fait des affaires considérables. Tous les châteaux de France la connaissent ; Londres déjà lui demande une succursale, et si le meuble massif entre un jour dans les bons ménages, à bas prix pour sa durée éternelle, c'est à M. Mazaroz principalement que le bienfait en sera dû. Cependant cet exposant si vaillant n'a eu qu'une médaille d'argent, pour n'être pas arrivé à l'heure. Ce n'est pas juste. Pour être juste, il fallait ne rien lui donner du tout.

De même pour M. Chaix, un doyen, une illustration, un honneur. Il espérait plus, méritant plus; et un état qui ne le menait qu'à si peu de justice, après tant d'années dépensées et tant de beaux meubles construits, ne lui a pas paru valoir la peine d'être continué. L'Exposition de 1867 aura donc tué cette gloire de notre ébénisterie. Lui aussi avait apporté des meubles superbes, une armoire de duchesse, un lit princier; et surtout cet autre meuble, pensée de toute sa vie réalisée par un chef-d'œuvre, et que le respect tacite des juges avait fait placer dans le vestibule. Un mot sur celui-là.

M. Chaix, comme la plupart des maîtres de la fabrication, a trouvé qu'il était temps de retremper notre art aux sources maternelles. On s'égarait dans le labyrinthe des fantaisies décousues. A force de faire des pastiches sans limites et sans méthode, on installait le galimatias. Le fil conducteur était cassé. Quelques-uns l'ont renoué, heureusement. M. Chaix est de ceux-là. Selon lui, en art comme en tout, le proverbe subsiste : S'adresser à Dieu plutôt qu'aux saints. Or l'art antique est dieu. Tout ce qui nous est resté, tout ce qu'on aime, la renaissance, le louis-treize, le louis-quatorze, le louis-seize, en descendent. Mais on s'use, on se perd à recopier et paraphraser toujours ces styles transitoires : pourquoi n'aurions-nous pas l'ambition de trouver aussi le nôtre? Il faut pour cela remonter au vrai beau et nous inspirer directement de lui. C'est ce qu'a voulu faire M. Chaix. Son meuble est un meuble elliptique en ébène, destiné à parer le milieu d'une grande pièce. Les deux parties, l'une pleine, l'autre vitrée, sont pour contenir des œuvres d'art et de science. Nous avions tout à l'heure le temple de la chair, celui-ci sera le temple de l'esprit. Cette ellipse, aux courbes fuyantes et sévères, rappelle les lignes du Panthéon. Des cariatides d'un beau modèle en accusent utilement et vigoureusement les profils. Le corps inférieur est fermé par huit portes que séparent des pilastres, au-dessus desquels sont noblement posées quatre figures allégoriques, gardiennes demi-déesses du corps supérieur. Ce dernier est à jour et renferme une étagère en velours aux alentours ornés d'or, de peinture et de sculpture. Des colonnes composites soutiennent la corniche, dans laquelle jouent des génies enfants. Au sommet de la coupole, qui est pleine de grâce et de mouvement, la louve de Rhéa Sylvia allaite les jumeaux fondateurs de Rome.

Cette dernière allégorie a peut-être plus de rapports avec le style du meuble qu'avec sa destination, moins spécialement indiquée. Mais n'importe. De l'aveu même des confrères, la pinacothèque de M. Chaix est un tour de force en ébénisterie. C'est à ranger parmi les ouvrages qui marquent et demeurent dans la vie d'un homme et dans l'histoire d'un métier. Beau d'exécution en toutes ses parties, ce meuble hardi, comme celui de M. Mazaroz, lance le travail général au plein d'une voie large et réparatrice. Il faudra bien que le faubourg tienne compte de l'architecture désormais, et se dise qu'un meuble est une petite maison dans une grande, et qu'il faut de l'étude pour bâtir l'une comme pour bâtir l'autre. Des leçons ainsi données sont des services publics, et si nous ne disposons pas des faveurs qui payent les autres, qu'au moins notre admiration paye ceux-ci. Une médaille d'argent a frappé M. Chaix le retardataire. Pourquoi cette politesse cruelle ? Le cas était le même pour lui que pour M. Mazaroz. Hors de concours tous les deux. Pas d'entre-bâillement dans le droit ; il faut qu'une porte soit ouverte ou fermée.

# CHAPITRE XII



Tentatives de MM. Chaix et Mazaroz pour la régénération de l'ébénisterie.

Les deux hommes dont nous venons de parler avaient un autre mérite que celui d'être des fabricants puissants : l'ébénisterie leur doit encore des tentatives nobles pour la réorganisation de son état. Ils sont de ceux dont un jour le grand orateur Jules Favre a pu dire au Corps législatif : « *En France, le patron est le camarade et le collaborateur de l'ouvrier.* » Bonnes paroles, celles-là, dont le travail national doit être fier et s'efforcer toujours de rester digne. Proclamation du bienfait le plus grand que nous ait donné le suffrage universel : la fraternité par l'égalité. Cela n'est pas encore entièrement, bien s'en faut ; mais on a commencé. En voyant qu'ils avaient les mêmes droits, quelques hommes ont deviné qu'ils avaient les mêmes devoirs : se secourir et s'aimer. D'autres n'y sont pas venus, parce que, la découverte étant nouvelle, il leur fallait le temps de la connaitre et de l'apprendre. On ne se déshabitue pas précipitamment des divisions, des erreurs, de l'antagonisme et de la haine. Voici seulement que la lumière essaye de descendre dans l'ignorance profonde où fermentaient et se faisaient tous nos maux. Pour la rendre à jamais maîtresse et victorieuse des ténèbres, il faudrait que le divin triangle eût déjà ses trois côtés. La liberté manque aux deux sœurs évangéliques. Méritons-la donc afin qu'elle arrive. Une fois ce droit obtenu, aucun pouvoir n'y pourra : rien n'arrête ce qui est entré dans la force des choses.

Les efforts qui se font dans ce sens sont déjà considérables. Il y a vingt-cinq ans, un grand économiste, Pecqueur, posait ainsi le but de la société : « Si tous les hommes, disait-il, et les peuples étaient également éclairés au plus haut degré ; si toute découverte, toute vérité, toute lumière leur était communiquée à l'instant de son apparition, les supposant aussi devenus tous moraux et dévoués, il arriverait que la plus grande somme d'utilités de toute sorte étant facilement produite et mise en consommation sur tout le globe, l'humanité et tout individu auraient leur summum de puissance, de bonheur et de liberté. » Le beau rêve !

Et là-dessus, retombant dans la réalité, envisageant l'enseignement professionnel tel qu'il existait alors, Pecqueur, convaincu que chacun de nous est une note de la grande gamme humaine, déplorait les misères de l'apprentissage, cette transmission routinière, incertaine, aveugle, du père à l'enfant, du maître d'œuvre au manœuvre ; tromperie réciproque où ceux à qui l'on enseigne ne retiennent volontairement rien, où ceux qui enseignent auraient besoin d'être enseignés. N'ayant reçu, disait-il, que la copie éternellement servile, on ne saurait donner autre chose, et toute hardiesse d'invention est empêchée comme le serait un crime. Prenant bêtement à la lettre la prétendue vocation spéciale de chacun, on l'y enferme et l'y confine, sans songer que, pour être bien pratiquée, chaque spécialité a besoin d'être vue dans ses rapports avec toutes les autres. Comme si l'on pouvait jamais obtenir un bon orchestre en tenant chaque instrument hors de la science fondamentale, commune et nécessaire à tous ! Celui qui se plaignait, en son exil invincible, de n'avoir pas été un meilleur symphoniste social, Napoléon, à Sainte-Hélène, songeait tristement à cette condition abaissée du travail : « Si l'on m'eût laissé le temps, s'écriait-il, il n'y aurait plus eu de métiers en France, tous eussent été des arts. » Hélas ! pauvre Majesté, le temps n'est laissé à personne ici-bas ; il faut savoir et vouloir le prendre !

Les deux ébénistes mal jugés avaient eu l'idée douce de Pecqueur, et j'ai lu ce qu'ils ont écrit pour en extraire le fait. L'intérêt les y portait, c'est clair : il est au fond de toutes choses, bonnes ou mauvaises ; mais avec cela, et plus que cela, les poussait l'affection intelligente et savante de l'ouvrier. Leur vie s'est passée côte à côte de ce héros obscur et innombrable qu'on nous accuse si follement

exciter et de flatter. M. Chaix est le président de la société de se-
ours mutuels des ébénistes parisiens : M. Mazaroz, artiste qui s'est
fait industriel, voudrait voir, dit-il, les industriels se faire artistes,
afin d'être forts en étant complets. Tous deux ont demandé et provoqué l'instruction professionnelle des ouvriers, et en le faisant, ils
n'ont pas été les initiateurs d'un besoin, ils ont été surtout et particulièrement les organes d'un grand cri poussé de toutes parts. Depuis longtemps notre travail sent ce qui lui manque. Ce pays léger
compte des heures sérieuses où il regarde en lui, s'examine et se
juge. Ayant à un point très-haut l'instinct et le goût des arts, il nous
est facile alors de reconnaître que nous n'en avons point suffisamment
le savoir.

Cela se confessait et se disait tout bas. En divers lieux, à petit
bruit, des écoles professionnelles s'établissaient ; l'art appliqué à l'in
dustrie acquérait par-ci par-là des professeurs et des chaires. Une
institution illustre, l'école des arts et sciences industriels de Toulouse, s'était mise, dès 1827, sur le chemin de l'utilité. Et la France
n'était pas seule à se rendre justice dans l'espèce. Notre compatriote
Garnier, directeur de l'école de commerce de Nice, recueillait, en 1850,
cet aveu de la bouche même du grand ministre Cavour: « On n'a travaillé jusqu'ici qu'à faire des militaires, des prêtres, des gens de loi,
des bureaucrates et des rhéteurs. Pareil dédain des forces productives
est le malheur des sociétés. » C'est pourquoi sans doute aujourd'hui
l'école supérieure d'industrie et de commerce de Turin comprend dans
ses cours spéciaux l'art de l'ébénisterie et du placage. L'admirable
marqueterie italienne valait bien son entrée officielle dans l'éducation
nationale. Bon exemple pour nous, qui aimons volontiers à reprendre
chez les autres ce que nous leur avons inspiré.

A Paris, le mouvement a surtout été donné par une institution à
laquelle la presse s'est hâtée d'applaudir, l'exposition périodique des
beaux-arts appliqués à l'industrie. En mettant les producteurs de
l'art usuel en présence les uns des autres, en appelant sur leurs œuvres le jugement du public et des journaux, en invitant un jury spécial à décider de leur valeur comparative, la commission de cette
exposition a fait une chose excellente : elle nous a montré où nous
avions trop et où nous n'avions pas assez ; notre imagination en excès,
notre science en déficit. Elle    it honte aux paresseux d'une facile

manie, celle de copier les anciens et les voisins. Elle a prouvé que pour valoir il fallait innover, et que pour innover il fallait apprendre. On ne trouve qu'en cherchant, en effet, et l'ignorant ne cherche pas. Comment le pourrait-il, étant aveugle ?

Mais quand elle posait ces principes du travail véritablement beau, véritablement digne, la commission des beaux-arts appliqués à l'industrie prêchait des convertis. Si l'élite de la production parisienne avait tout de suite épousé ses tentatives, c'est qu'on y vivait déjà dans la communion de ses idées. Plus bas, on dormait tranquille sur les lauriers jaunis du passé, ou bien, si des inquiétudes existaient, elles étaient vagues et sourdes, comme lorsqu'on ne comprend pas encore ce que l'on sent. Il fallait pour dévoiler le mal une inondation de lumière. L'exposition universelle de 1862 s'en est chargée. Et cette inondation a été une explosion.

Ceux qui étaient à Londres ont pu constater cette révélation immense de la vérité sur nous-mêmes. Ils ont entendu l'aveu, arraché à l'amour-propre par la bonne foi, que depuis sept ans notre art industriel n'avait point fait un pas. Ceux qui se taisaient n'étaient pas les moins convaincus. Beaucoup sont revenus humiliés, quelques-uns découragés. Il ne fallait être ni l'un ni l'autre. L'humiliation ne convient qu'à ceux qui s'abaissent ; et, pour se décourager jamais, notre pays jouit d'une vitalité trop profonde. Nous étions stationnaires, en effet, mais stationnaires éclatants ; l'aiguille s'était arrêtée sur une heure magnifique.

Nous ne reviendrons pas sur ce que dirent du fait les commissions et les jurys : ce qu'il importe ici de rappeler, c'est l'effet produit parmi les travailleurs. Nous ouvrons le rapport des délégués ébénistes envoyés à Londres par la famille ouvrière, aux frais de ses maigres épargnes, et nous y trouvons une confession touchante. Le progrès des Anglais est par eux franchement reconnu, mais il leur a été au cœur. Ils en signalent les raisons avec noblesse, et, déplorant leur peu de savoir, ils demandent, comme vœux et besoins, qu'on leur donne surtout une école spéciale. « Cette école, disent-ils, devrait avoir une classe de dessin et de géométrie ; une classe de chimie appliquée aux arts ; un cours oral publié tous les mois et traitant des différentes espèces de bois, de leurs qualités et propriétés, de l'histoire de la corporation, des inventions et perfectionnements qui la touchent. » Si l'on entre dans cette voie, ils sont convaincus que la France n'aura plus de rivale à redouter.

Ces impressions, rapportées de la grande leçon de Londres, eurent d'abord et ont continué d'avoir des résultats significatifs. De toutes parts on résolut de devenir savant. Apprendre ! apprendre ! fut le cri du travail en émulation. Notre goût s'égare, se disaient-ils, réglons-le. Comment ? C'était la question.

Corbon, l'un de nos patriarches, avait donné à la Bibliothèque utile son très-bon traité de *l'Enseignement professionnel*. Un artisan de la même œuvre, convaincu comme lui et dévoué, M. Charles Gaumont, commença de publier, sous le même titre, une revue scientifique et industrielle, conçue et placée dans une ligne excellente. On y annonçait la fondation d'une société par MM. Perdonnet, Wolowski, Pompée, Tresca, Marguerin, Francolin et autres, à l'effet hardi d'encourager et de répandre l'enseignement professionnel à tous degrés et sous toutes formes ; d'examiner et de juger ce qui serait dit et fait dans ce sens ; d'intervenir dans les établissements et écoles, comme auprès des autorités, sociétés, conseils, chambres, comices ; de veiller, sur demande, à la rédaction et à l'exécution des contrats d'apprentissage ; de surveiller de même les apprentis, en s'occupant, comme par vice-paternité, de leur instruction primaire et d'état ; de publier des comptes rendus et d'établir un centre d'informations illimitées, etc. Voilà de l'ambition, sans contredit, mais de la plus noble ; et bénie soit-elle, quand c'est là qu'elle se met.

Nous ne parlons ici que des initiatives importantes. D'autres efforts plus humbles accompagnaient ou suivaient. En même temps aussi des femmes songeaient aux femmes. Mademoiselle de Marchef Girard et madame Lemonnier, ces deux grands honneurs de leur sexe, ouvraient à Paris une école professionnelle féminine, et cette école réussissait. Le dessin d'ornement industriel était du programme. Broderies, bijoux, dentelles, porcelaines veulent de la grâce, en effet. Et de qui vient la grâce ?

Enfin, chose considérable, notre commission libre des beaux-arts dans l'industrie, poussée au devoir par le succès et s'y soumettant de bonne foi, se constituait en union centrale pour fonder à la place Royale un musée et une bibliothèque d'instruction industrielle artistique. Elle y instituait des cours spéciaux, des lectures, des conférences publiques se rapportant à l'art appliqué. De plus, et c'était pour nous le meilleur, des entretiens familiers lui servaient à répandre, sans technologie, les connaissances qui font marier le beau à l'utile, fin et but de toute civilisation.

Donc instincts et volontés marchent déjà résolûment dans la ligne indispensable. Ils le feraient mieux sans doute, plus vite au moins et plus nombreux, s'ils étaient d'accord sur les moyens. Par qui et de quelle façon donner cette instruction personnelle sans laquelle il n'y a que routine ou fantaisies indigestes? Dans leurs publications sur ce sujet, M. Chaix et M. Mazaroz nous ont paru saisir la question par son côté le plus vif. Ce qui va suivre en est la traduction.

Faisons d'abord avec tous deux justice d'une calomnie à l'usage des oisifs. Il n'est pas vrai que l'ouvrier reste volontairement dans la routine. Ceux qui le disent ont pris l'exception pour la règle. Toutes les misères si l'on veut, mais point celle-là. Cet ignorant malgré lui déplore au fond sa condition. Ne croyez pas à son indifférence : il sent que l'art est grand et voudrait pouvoir le regarder en face. Vous figurez-vous qu'il ne partage point avec son patron la fatigue et l'ennui de répéter éternellement et machinalement les mêmes pièces? On le prend tel qu'il est, sans doute, mais on ne l'a pas tel qu'il devrait être. Si vous l'instruisiez, au lieu d'une seule chose, sur laquelle il se blase et s'abaisse, il en ferait avec joie et avec goût plusieurs ; et la fabrication qui aujourd'hui passe ambitieusement pour exceptionnelle deviendrait bientôt l'ordinaire. Il faut être aveugle ou passionnément prévenu pour méconnaître ce profond désir de l'ouvrier de Paris.

Allez aux cours du soir, chez M. Belloc, chez M. Lequien, à l'école Turgot, vous le trouverez écoutant debout, à la porte, faute de place. Il veut apprendre donc, et s'il ne le fait pas mieux, croyez-moi, peut-être est-ce qu'on l'enseigne mal. Il a peu de temps à donner, je le répète : ses douze ou quinze heures de tâche le poussent.

Il lui faudrait, disait M. Chaix, l'enseignement court et clair. Ce n'est point ainsi qu'on le lui fournit. « De ce qu'il a entendu dans une année, la moitié ne lui sert à rien, et nuit même à ce qui pourrait lui servir. » Les écoles populaires parisiennes ont une vanité qui les préoccupe, à ce qu'il paraît, comme la manie des maîtres de pension, c'est de faire recevoir beaucoup d'élèves à l'école des beaux-arts. Le reste est dédaigné, tombe dans l'artisan proprement dit, et n'a droit qu'aux miettes du festin scientifique.

A cette foule simple de menuisiers, d'ébénistes, de ciseleurs, le professeur ou ses aides donnent à copier ou recopier des nez, des oreilles et des yeux omnibus. Chez plusieurs l'ornement, qui est le pain d'art de ces jeunes hommes, n'est enseigné qu'à certains jours et dans les classes inférieures. Nous savons des écoles dites industrielles spéciales qui ne fournissent personne à l'industrie. Elles font, en revanche, des peintres et des sculpteurs. Comme s'il en manquait, hélas !

Là où un enseignement meilleur existe, il s'adapte mal à l'esprit de ceux qui le suivent ; il n'est pas assez complaisant pour être assez fructueux. Tous les jours, disent ces altérés, on voit paraître des traités de science mis à la portée des gens du monde, « et qui ne ressemblent pas à ceux où lisent les savants ; » pourquoi point des cours à la portée des gens de labeur, avec leçons différentes pour chaque état ? Un jour la chimie des graveurs, par exemple, un autre jour celle des ébénistes. Un jour la médecine et l'hygiène du fondeur, le lendemain celles du ciseleur. Il y a bien celles de l'homme de lettres et du militaire ?

Et de même pour les autres grands accessoires de l'instruction professionnelle.

Quant à cette instruction elle-même, voici ce qu'ouvriers et patrons, les ébénistes de Paris voudraient. Et qui dit ébénistes dit tous les travailleurs et fournisseurs de la décoration intérieure de nos beaux logis ; qui dit ceux de Paris dit probablement ceux de Lyon, de Marseille, de Nantes, de Bordeaux, de partout. Ils trouveraient raisonnable d'abord que les écoles industrielles d'art eussent pour directeurs des artistes industriels. Ils demandent qu'à des leçons théoriques sommaires, faites par des professeurs spéciaux, l'on puisse joindre des leçons pratiques émanant d'hommes du métier, les unes aidant les autres, le fait succédant à l'idée. De cette façon, croient-ils, l'ouvrier élève pourrait appliquer le matin à l'atelier ce qu'il aurait vu et entendu la veille. Ils requièrent qu'avec le dessin on leur apprenne des styles. Ils savent que le dessin est la clef de tout, la lecture et l'écriture de l'art. Quiconque ne dessine pas est obligé de confier sa pensée à un autre, lequel la rend suivant sa nature propre et non comme elle avait été conçue. Il est donc indispensable que chacun puisse se traduire lui-même et donner à son œuvre le cachet de son individualité. On aurait ainsi des produits variés et vivants, au lieu de ces épreuves identiques et neutres que répète à satiété le monopole des dessinateurs de fabrique.

Nos façonniers, par exemple, si habiles par l'instinct et par la main, végètent. Dépourvu d'instruction spéciale, le façonnier travaille mécaniquement sur les dessins qu'on lui fournit. On le paye aussi petitement que l'on veut. S'il savait ce qu'il ignore, il n'aurait pas besoin des gouffres qui l'exploitent; il vendrait directement au consommateur, et tous deux y gagneraient. Enseignons-lui à faire un plan ; il pourra prendre des commandes comme un chef.

C'est pourquoi à ce façonnier, manieur si précieux du bois, avec le dessin il faut donner les styles. Le dessin est la langue de l'art, les styles en sont l'histoire et la géographie. Pour qui ne les connaît pas, ce que les maîtres ont laissé dans les musées et les bibliothèques est incompréhensible. Les différences de ces beautés échappent à l'ouvrier simple, si intelligent qu'il puisse être : s'il cherche à s'en inspirer, il n'en tirera que confusion et anachronismes. Allons plus loin : le patron, en général, et son dessinateur n'en savent guère plus que lui. Où l'auraient-ils appris? Et voilà pourquoi nos plus beaux meubles, les mieux faits, les plus riches et les plus chers, quand même ils ont valu la croix d'honneur à leur fabricant, soutiennent si peu l'examen du véritable architecte. Et nous cherchons un style neuf, folie risible ! quand nous ne savons pas même reconnaître les vieux !

Or on a ce qu'il faut pour obtenir toutes ces choses. Les trésors abondent ; le précepte peut en sortir demain. Que la bonne volonté trouve seulement les pics et les pioches. Ne laissons pas dire qu'en ce pays un homme, notre frère, aura demandé à s'instruire et ne l'aura pas pu. Le pauvre ouvrier français est intelligent, à mériter que tous nous l'envient : élevons-le, dignifions-le par la science, afin qu'il n'ait plus de rancune ni de jalousie envers personne, et que si le malheur lui dure, ce soit à lui seul enfin qu'il puisse s'en prendre.

Quand il aura trouvé ou inventé quelque chose désormais, cet homme si ingénieux et si inquiet, toujours faisons qu'il puisse lui-même exploiter sa trouvaille et bénéficier de son invention. Il est

immoral que tant de petits brevets soient tous les ans livrés, faute de
pain, à des négociants dont l'intérêt est d'en enterrer les possesseurs.
Aussi M. Chaix proposait, avec l'école, un journal de l'école, où les
tentatives utiles seraient manifestées, au juste encouragement de
ceux qui, à défaut de profit, voudraient au moins un peu d'estime.
« On publie, disait-il, le nom du soldat qui s'est bien conduit à la
guerre, et l'ouvrier mourant à la peine n'a pas même une mention.
Sa nécrologie sera tout au plus qu'il est *mort de misère*, et Dieu sait
quelles charitables interprétations pourront s'ensuivre! » M. Chaix
avait dix fois raison.

L'école que cet excellent homme voulait aurait eu ses cours tous
les jours, de huit heures et demie à dix heures et demie du soir,
excepté le dimanche et le jeudi. Ni l'ouvrier ni l'enfant ne sont en
pierre ; il leur faut du repos. Les médecins prétendent que sept heures
de sommeil peuvent suffire à l'homme valide ; pendant cinq jours,
comme on voit, l'étudiant industriel ne les aurait pas tout à fait.
Douze heures de travail sans supplément, deux heures pour les repas
et le repos, deux heures d'étude et sept heures de sommeil ; il lui
resterait une heure pour les allées et venues. Ce n'est pas assez.
Les enrichissements de Paris le refoulent si loin tous les jours! Sa
cabane est à deux lieues de nos palais. Des deux heures d'étude il
ne prendra bien souvent qu'une : puisse-t elle lui laisser quelque
chose qui tienne !

Les cours, au reste, seraient facultatifs. On pourrait en suivre et
s'abstenir d'en suivre. En voici le programme.

Pour ne pas laisser s'égarer l'instruction, le directeur, pivot de l'é-
cole, devrait être un ébéniste. On aurait des cours pratiques et des
cours théoriques : les uns avec la matière et l'outil, les autres faits
de vive voix, avec démonstration au tableau. Les cours pratiques
seraient de tous les jours et renfermeraient le *métier* proprement dit.
Les cours théoriques, plus rares, comprendraient ce qui est la science
et ce qui est l'art. Des notions de géométrie, la levée des plans, le
toisé des surfaces, le cubage des volumes : il faut qu'un ouvrier intelligent puisse aller au besoin prendre et mesurer sur place, et devenir
contre-maitre un jour. On aurait aussi le dessin linéaire des **coupes**
et des pénétrations ; celui des escaliers ; les notions d'architecture
concernant les cinq ordres, donnant la loi des niches, des portes, des

fenêtres, des moulures : il faut que le jeune ébéniste sache construire un meuble quand on le lui commandera, et le fasse dans les lignes générales de l'appartement. Que de maîtres prétendus sont pourtant ignorants de toutes ces choses, et, ne voulant pas l'avouer, livrent des fournitures insensées, horribles !

Puis enfin l'ornement industriel d'après la bosse, la nature et les grands ornemanistes de tous les temps. Point question ici de nez ni d'yeux. Si l'ébéniste a besoin de la figure, il ira la prendre où on la fait. D'abord des cuirs, des cartouches, des mascarons, des fleurons, des feuilles d'ornement. Ensuite et à mesure, des frontons, des portes, des pilastres, des colonnes et des colonnettes. Il y a de tout dans les planches laissées par les maîtres, pour tous les emplois et aussi pour tous les cerveaux. Le professeur dira les règles ; le goût de chacun dirigera l'arrangement.

Comptez aussi sur l'émulation et le voisinage, œil à œil, coude à coude ; il y aura de l'enseignement mutuel dans ce travail évidemment plein d'attraits. Les anciens éclaireront les nouveaux : les avancés pousseront les tard venus. En copiant et prenant dans ces beaux modèles, le désir leur viendra d'en connaître les auteurs ; cela tout droit peut les conduire à l'histoire de l'ébénisterie et de ses maîtres, à la raison de ses prospérités, de ses décadences, et de ses variations aussi, dans le style et dans la forme. Voilà de quoi sagement et fructueusement les retenir, s'ils ont l'imagination trop vive.

Les Anglais, qui n'ont point d'imagination, travaillent pourtant bien déjà, parce qu'on a su leur donner ces écoles génératrices et régénératrices ; parce que même, où vont les ouvriers, l'étude et les modèles les suivent sous forme de musées ambulants. Donnons quelque part aux nôtres ce que ceux-là trouvent partout. Bientôt, où ils sont dix par le talent, nous les verrons être mille, et quelle concurrence la France pourra-t-elle craindre après cela ? Car les progrès de ces laborieux étrangers sont notre fait, au demeurant ; ils résultent, chose bizarre, du défaut d'instruction de notre grand nombre et de l'immense supériorité native de quelques-uns d'entre nous.

Les patrons que nous citons en conviennent ; on est froid chez nous et ingrat envers le talent excentrique. Le travail n'honore pas, ne nourrit pas même ses gloires. Après une exposition qui les met en relief comme celle de 1855 l'a fait, comme le fera encore celle de 1867, si l'Angleterre nous les enlève et leur donne la sienne à fonder, à qui la faute? Nous appelons nos exilés des renégats, n'ayant pas su les retenir : c'est profondément injuste. La patrie doit mieux que la misère à ceux qui l'enrichissent. Le pain est en question ici, non le drapeau. Ces hommes lumineux étant partis, il faut du temps à la masse pour en dégager qui leur soient semblables. C'est pourquoi instruisons-la, élevons-la, échauffons-la : elle ne s'en ira pas toute !

L'ingratitude qui les chasse a pour motif, on ne le croira jamais, une insolente doctrine du vieux patronage, que l'*ouvrier ne doit pas savoir dessiner*. Vechte, ce transfuge de génie, était ciseleur à la journée de quarante-cinq sous chez un fondeur fameux ; il fut mis dehors pour avoir montré à son maître un modèle qu'il venait d'achever. « Si mon ouvrier sait le dessin, se disait ce patron superbe, il pourra modifier mes plans. » Il n'y aurait pas toujours grand mal.

Et c'est surtout là le malheur. Qu'on ne dise plus que l'ouvrier fuit l'école : il ne demande, au contraire, qu'à s'instruire. Mais il a peur de rencontrer des patrons comme celui de Vechte.

L'école industrielle des ébénistes pourrait aussi être le bienfait des apprentis. Les grandes maisons reçoivent peu de ces enfants : on les place en général chez les *chambriers* (travailleurs en chambre) et chez les façonniers spécialistes. Là, dit encore M. Chaix, ils travaillent beaucoup et n'apprennent rien ; ce sont des manœuvres auxquels revient de droit la besogne la moins intelligente. Les pauvres petits usent leurs forces à gratter, vernir et refendre du bois, et leur esprit à refaire pendant des années le même travail tous les jours. Leur temps fini, ils entrent ouvriers où ils peuvent. Et que font-ils de bon, que gagnent-ils pour vivre, puisqu'on ne leur a rien appris ? Remarquez qu'à cela les lois sur l'apprentissage ne peuvent guère. L'école ferait pour ces enfants sacrifiés ce que les législateurs et les maîtres ont oublié de faire. Ceux qui, dépourvus comme eux, sont leurs tyrans à l'atelier, deviendraient peut-être là leurs conducteurs et leurs frères : les cœurs se fondent et s'unissent aux chaleurs douces de l'instruction.

Enfin, la grande partie à enseigner par-dessus celles que nous avons dites, c'est la raison, c'est la logique des choses. Que l'ouvrier qui fera un meuble soit d'abord pénétré de la destination de ce meuble ; qu'il en connaisse les fonctions, qu'il sache les lois de son service et de sa commodité. Beaucoup d'ébénistes s'en doutent-ils, à voir leurs bahuts qui accrochent et déchirent, leurs siéges qu'on ne sait par où prendre, leurs intérieurs mal conçus, mal menuisés, indigestes et inutiles? L'architecture des maisons a déteint sur le mobilier : des dehors fastueux, des façades augustes; de distribution, point. Faiseurs et garnisseurs de logis ont grand besoin qu'on les rappelle à leur rôle, qui serait beau, si, comme nous le dit M. Trélat après les Duban et les Labrouste, ce rôle consiste « à montrer aux hommes les habitudes de leur vie privée, les usages de leur vie publique et les caractères de leurs mœurs accusés dans les formes de leurs demeures. » Un autre précepteur parmi les illustres, M. Viollet le Duc, est aussi de cet avis-là. « L'art, » a-t-il écrit, et que ne fait-on toujours comme on écrit! « appelle l'étude partout et dans tous les temps; il laisse des traces dignes d'admiration toutes les fois qu'il a librement fonctionné chez les peuples et qu'il a traduit dans ses œuvres leurs idées, leurs coutumes et leurs mœurs. »

Or, c'est plus que jamais le cas de le demander : en faïence, en pierre, en fer, en bronze, en bois, qui est-ce aujourd'hui qui nous fait cette populaire traduction? Hélas! pour traduire, communément, c'est deux langues qu'il faut savoir : beaucoup oseraient-ils dire qu'ils en savent une seulement?

Quoi qu'il en soit, et même à cause de ce qui en est, soyons néanmoins vivement touchés du mouvement qui se produit, et poussons-y de toutes nos forces. Disons, nous les prêcheurs de l'instruction primaire obligatoire, que l'instruction professionnelle devrait être obligatoire aussi, parce qu'au bout de celle-là, comme l'a démontré Pecqueur, on verrait venir la sûreté du travail, l'augmentation des salaires et l'abolition de l'indigence. Faisons qu'enfin la routine tombe et dégage les destinées du travail nouveau. Les besoins d'à présent sont prodigieux : ce qui était le luxe n'est plus que le bien-être; ce qui était le bien-être serait aujourd'hui le dénûment. Il faut apprendre à se servir désormais de tout ce qui a été et sera trouvé, pour construire, multiplier, consolider, varier et embellir à bon marché les innombrables choses à l'usage de l'homme. Au lieu d'enfermer l'imagination et le goût de l'ouvrier dans quelques matières de tout temps consacrées, comme le bois, le cuivre et le marbre, il faut, par l'instruction, provoquer chez lui la recherche et la découverte. Ainsi s'élèveront son moral et sa condition. Sa tâche cessera de lui répu-

gner et de lui peser, parce qu'elle aura cessé d'être machinale, monotone et stupide. Sentant sa force et son utilité, ayant pouvoir et
droit de créer, puisque c'est le mot qu'on dit, et d'appliquer ses
créations, il aimera son état devenu un art; il sera heureux de le
transmettre; il y gardera sans crainte ses enfants, si leur vocation
s'en arrange, et il les y élèvera, plein de foi, sans, comme aujour-
d'hui, pleurer à l'avance ou s'étourdir sur leur misère indispensable.

Ainsi disaient et faisaient les deux patrons recommandables devant
lesquels le jury de 1867 a cru devoir passer sans ôter son chapeau.
Cela, pour M. Chaix au moins, la beauté de ses meubles à part,
eût pourtant bien valu les cent francs d'une médaille d'or. Ce bout
de bonne distribution, dans des récompenses plus d'une fois égarées,
eût sans doute empêché ce maître de prendre le désastreux parti de
rompre tout à coup avec son histoire industrielle, et de vendre, ou
plutôt de donner pour rien presque, des morceaux que l'Angleterre
met dans ses palais quand elle en possède, comme s'il eût craint que
désormais leur vue ne lui rappelât ses croyances, ses espérances et
ses folies d'artiste! On a froissé là un fier esprit et désolé un noble
cœur.

# CHAPITRE XIII



Avant de quitter les grands meubles de cette chère France, mauvaise à ses fils, saluons encore quelques beautés omises ou trop tard apportées, et que nous ne connaissions pas d'abord. Deux pianos, entre autres, de la maison Erard, la noble fabrique toujours soigneuse en toutes choses. L'un droit, en divine marqueterie louis-seize, avec ivoires gravés, bronzes dorés et camée sur fond turquoise. Comment s'appellent l'ébéniste et le ciseleur qui ont produit ce chef-d'œuvre? L'autre piano, à queue, en ébène, dans le style large de Louis XIV, porte singulièrement des peintures enflammées sur fond d'or se mirant dans un vernis de glace. Des bronzes qui rappellent Boulle le garnissent. Je crois avoir entendu dire que c'est, comme composition, l'œuvre de notre architecte décorateur Guichard, président de l'Union centrale des beaux arts appliqués à l'industrie, exposant lui-même d'un spécimen de galerie d'étude propre à l'œuvre qu'il dirige.

Puis deux crédences. L'une en noyer, style renaissance, panneaux en argent oxydé symbolisant les sciences, une belle figure antique en bronze entre les cornes du fronton : elle appartient à MM. Guéret. L'autre, par Sauvrezy, en ébène, figures cariatides en argent, émaux dans les panneaux, lapis, pierreries : un modèle. Puis encore le lit louis-seize de M. Fourdinois, splendeur dorée qui accuse nos mœurs sous les magnificences fraîches et fleuries de sa draperie sans pareille ; chose très-louée, très-critiquée et très-enviée. Rappelons aussi, et c'est juste, les mosaïques et les parquets de Marcelin, un prodigieux géomètre que nul n'égale. Les tables à manger à coulisses en fer de M. Ribal, solides, dit-on, jusqu'à l'indestructibilité. Les siéges à garniture orientale de madame Brun, laquelle garniture orientale est faite en canne enveloppée de soie ; chose galante et charmante s'il en fut. Beaucoup de siéges, puisque nous y sommes, et de très-beaux. Or, les seuls bons sont les beaux, parce que pour ceux-là on paye une façon convenable. Nos pauvres faiseurs de siéges communs ne gagnent pas leur vie : vingt francs à peu près ou vingt-cinq francs par semaine, la moitié de ce qu'on donne à Londres pour en faire moins. C'est une pitié. Une douzaine de chaises est moins payée que douze fois une chaise. Si l'acheteur capricieux exige quelque modification dans le modèle, ce surcroît de besogne passe par-dessus le marché. Et la détresse est commune : le fabricant rogne les salaires parce que le commissionnaire le décapite. C'est la raison qui fait que de bons ouvriers vont en Angleterre, et en Amérique aussi. La patrie, hélas ! ne retient plus ses enfants par l'amour comme jadis. *Primo vivere.*

Quelques-uns, moins abattus dans ceux qui restent, essayent d'un peu de crédit, afin de faire une fois pour eux-mêmes. Au bout d'un mois la trôle les a ruinés. Et les vivres montent. Et le loyer monte. Où est le bout ? L'association des menuisiers en fauteuils prospère, à ce qu'on dit. Tant mieux ; mais c'est une exception.

Le bois doré nous saute aux yeux de toutes parts. C'est maladif, et nul temps, je crois, ne multiplia plus son enseigne. Les Anglais dorent mieux que nous ; mais notre point est déjà satisfaisant. D'ailleurs on renouvelle. Notre richesse dure si peu, pourquoi lui faire des emblèmes tenaces ? Nommons, faute de pouvoir davantage, M. Ratte, M. Hubert, M. Reverdy, pour des meubles, consoles et encadrements à tout écraser dans un logis. Nous dirions bien que la miroiterie emploie et montre aussi le bois doré ; mais nous sommes en défiance du carton-pierre et de ses annexes dans le faux luxe. Ainsi, par exemple, une glace à cadre de M. Martin et les miroirs dits de Venise de M. Bay. Si c'est du bois, c'est très-beau ; si c'est de la pâte, ce n'est rien.

M. Duval, de la rue Louis-le-Grand, a encadré une glace et des miroirs dans du verre, et magnifiquement. Voilà qui est bien.

M. Alexandre jeune, avec moins de bonheur, a entouré les siens de bronze imitant le vieil argent. Voilà qui est riche. Mais le plus beau, sans contredit, de tous ces miroirs est celui qu'expose le grand artiste en ébénisterie Wassmus, ovale encadré dans une marqueterie louis-quatorze, avec moulures en or ciselé. A la bonne heure, ceci est de l'art et du grand. Par malheur on boit de l'eau à travailler ainsi, et les faiseurs de camelote vous raillent : deux raisons rédhibitoires. Notre époque aura sur la conscience Wassmus et Sauvrezy.

Il serait mal d'oublier un travail tout en glace de M. Raemaker, je crois, miroir, pendule et candélabres. C'est nouveau et c'est curieux.

Continuons de même nos éloges à l'emploi de l'acier dans l'ornementation des meubles, très-habilement pratiqué par M. Muré. Il y a là bien des écueils de logique et de lumière; heureux qui sait les éviter. La grande usine Tronchon poursuit hardiment le meuble tout en fer et en acier: elle y trouve du succès, comme M. Carré pour ses siéges, dont on s'étonna tant d'abord et qui sont partout maintenant. Des lits en métal figurent aussi dans l'exposition des sommiers et couchers de M. Tucker, lesquels sommiers ont le tort de contenir du bois favorable aux insectes. MM. Huret et Lochambou, faiseurs solides, ne brillent point par les modèles: nous trouverons mieux en allant voir nos ardents voisins.

Entrons maintenant chez les Anglais.

Ici, je l'avouerai, j'hésite. Je suis entre le patriotisme et la justice. Je voudrais, ambitieusement et follement, que mon pays fût le seul beau. Je prétendrais que, privé pour son malheur des dons sacrés de la liberté, il pût au moins, pour sa consolation égoïste, jouir sans partage de ceux du travail et du talent. J'oublie trop, en mon orgueil, que les uns ne vont plus sans les autres et que, pour rester soi, il faut garder son droit. J'oublie trop que l'homme de nos jours est devenu tout d'une pièce, et ne vit plus à moitié, le corps ici, l'esprit ailleurs, l'un à la joie, l'autre à la peine; et que si en lui la pensée est gênée, le choix contrarié, le vouloir empêché, aussitôt le cerveau s'oblitère, et le long des membres la paralysie descend. On n'aime point à croire ni à se dire ces tristes choses; mais quand elles sont cependant, quand on les voit, quand elles frappent, comment s'y soustraire?

Non. Et à ce fait les discours, ni les réprimandes, ni les menaces ne pourront. En France, désormais, rien de vraiment beau, rien de vraiment grand, rien de vraiment puissant ne sera plus sans la iberté. La liberté est le foyer, la liberté est le mouvement, la liberté est le pendule. Portez-y la main, tout se refroidit, tout s'atrophie, tout s'arrête : le présent n'est que du passé, l'avenir ne contient que ténèbres.

Restent toujours le droit et le pouvoir de produire de jolies choses. Nous avons cela dans le sang.

L'Angleterre, nous l'avons déjà dit, s'était fait au Champ de Mars une installation excellente. Tout en respectant la division par groupes, que nous approuverions complétement si, au lieu de circulaire, elle eût été quadrangulaire, les exposants de ce pays pratique n'ont voulu avoir affaire qu'à eux-mêmes : entreprise, ouvriers, gardiens, surveillance, police. Et, dans l'espace, relativement étroit quoique le plus vaste de tous après le nôtre, qui leur était accordé, ils ont su se bâtir une petite ville fraternelle, ingénieusement percée, logiquement distribuée, où personne n'usurpait, où chacun voyait, était vu, se déployait, se mouvait et respirait à l'aise.

Le 1er avril, au jour dit, la part des trois royaumes unis était entièrement prête, ouverte et peuplée. Ce fut la seule, je crois. Nous ne savons si le plan général du palais de l'Exposition est appelé à un succès quelconque de reproduction ultérieure, mais nous voudrions bien qu'on nous gardât celui des commissaires anglais. Quitte, plus tard, à le tenir pour nôtre : qu'importe?

Un ébéniste de Manchester et une douzaine d'ébénistes de Londres ont envoyé là des meubles de premier ordre. Avant de les examiner, il convient de dire un mot de la raison qui les fait faire.

Le meuble courant, le meuble bourgeois tel que nous le comprenons, n'est pas en usage chez nos voisins. Ils ont bien, comme nous, le meuble de tout le monde, mais dans la fabrication de celui-ci aucun art quelconque n'intervient. Le lit est en bois peint tout bête, sans bateau, appuyant ses quatre angles sur une colonne tournée dont un pinceau naïf a égayé ou rechampi les reliefs. La commode est de même, droite et roide, pauvre jusqu'à l'indigence dans la matière et dans la façon. Ainsi des meubles de toilette qui, à l'exemple des tables de nos traiteurs, cachent leur nudité sale sous des serviettes blanches. D'ordinaire les placards servent d'armoires.

Ceux qui dédaignent le bois peint usent du bois d'acajou, *mahogany*, lequel est employé massif et communément, ainsi que chez nous serait le bois de chêne ; mais sans plus d'apprêt, d'étude ni de façon que le bois peint. Le parloir, qui figure notre salon, contient n piano, un meuble à livres, quelques tables et des siéges. La salle à manger contient une table, un dressoir et des chaises. Le tout en acajou, matière belle mais triste, et conçu d'après les lois utilitaires et militaires de l'uniformité. Grande profusion de tapis par terre et sur les tables, en tresses et tissus de toutes espèces et catégories. Profusion ici ne veut pas dire luxe : en Angleterre, le tapis commence à la première marche de l'escalier et ne s'arrête que dans les combles ; mais on l'entend depuis la toile cirée jusqu'au velours. C'est une institution, et chacun s'y conforme selon ses moyens.

En tout ce mobilier-là, l'ébéniste homme d'art n'a guère à figurer ; le simple menuisier suffit. *Upholsterer*, en ce genre, et charpentier de navire se valent.

Mais loin, bien loin du meuble de tout le monde, qui n'est rien et que nous ne voyons pas, il y a le meuble de quelques-uns. C'est celui-là qui était exposé et c'est celui-là qui est magnifique. Ce n'est pas du meuble, c'est du monument. –

La richesse, en France, est abondante, mais elle est mobile. Tôt elle vient, tôt de même elle s'en va. Sauf quelques familles anciennes et dont on ne parle plus, vivant retirées entre elles dans la paix inerte de leurs châteaux, les opulences qui aujourd'hui se meublent préfèrent d'instinct ce qui brille à ce qui dure. La foi de leur stabilité leur manque. Étant pour la plupart suspectes, elles vont tout droit à leur semblable. Le clinquant attire le clinquant. Il faut à ces riches faux teint un mobilier en toilette, comme les maisons et les maîtresses. Des dessus et des façades. Au bout d'un temps, on change le tout, si la chance dure. Et d'ailleurs l'utilité publique n'est pas toujours seule à exproprier les gens.

C'est autre chose en Angleterre. Non qu'il y manque plus que chez nous de richesses hâtives, filles malsaines de la Bourse, et que leur mère dévore dès le bas âge ; mais il faut songer que, depuis bientôt neuf siècles, le sol de la Grande-Bretagne appartient, dessus et dessous, à cinq ou six cents familles, lesquelles, à tort ou à raison, mesurent leur avenir sur la longueur de leur passé. Si la possession éternelle d'un pays pouvait jamais être un fait accepté par sa victime, ces descendants de bandits français illustres en représenteraient la majesté. Neuf siècles déposent tant d'or sur le billon des origines !

Chez eux tout est puissant, fort, colossal, énorme. Le château a les murs de la forteresse; l'œil se trouble et la lumière s'use dans ses immensités. La lignée est dynastique et sans limites, le domestique est une armée, l'écurie un haras, la basse-cour un concours agricole. Et les festins sont comme les salles : la cuisine se fait comme au temps de la conquête. Il semble qu'on attende toujours le Bâtard. Un bœuf est servi coupé en quatre, il faut des plats d'argent pouvant contenir un mouton. Jugez du dressoir et du buffet.

De ces excès de splendeur est venu, par déduction logique, l'usage général des grands meubles qui font notre étonnement. Il faut que ceux de la ville procèdent de ceux du château, non aussi vastes peut-être, mais plus riches. Quant au prix, ce n'est jamais une question. C'est pourquoi, contrairement à ceux de chez nous, les fabricants d'Angleterre ne reculent devant aucune dépense pouvant amener un beau résultat. Leurs matériaux sont aux nôtres ce que les nôtres sont au bois que l'on brûle. Un ébéniste de Londres achètera une bille pour en extraire le placage d'une table. Selon ceux d'ici, le bois est toujours trop cher. Quelque part on leur a dit, ou bien ils auront lu ce beau paradoxe : « Que l'art ne s'inquiète pas de la matière. » Encore faut-il bien avoir l'art, ô mes amis ! Et belle toile n'a jamais gâté belle broderie, soyez-en sûrs.

De même, le fabricant anglais se défie des procédés expéditifs. Il cherche avant tout et veut ce qu'on lui demande et qu'on lui paye, l'implacable solidité. Donc il y met le temps de l'obtenir. Son ouvrier, par conséquent, travaille plus lentement que le nôtre; de plus aussi il travaille moins longtemps et reçoit davantage. Triple raison qui vient à l'encontre du bon marché. En 1862, le simple ébéniste anglais faisait des semaines de cinquante-six heures; cinq jours à dix heures, six heures seulement le samedi, le dimanche rien. Il recevait pour cela chaque samedi trente-deux shillings, c'est-à-dire quarante francs, ce qui mettait l'heure à soixante-dix centimes, et tous les jours de l'année à cinq francs cinquante centimes, travail et repos compris.

Comme nos pauvres choutiers à la trôle s'arrangeraient de cette moyenne !

Le meuble principal des Anglais était celui qu'exposaient MM. Jackson et Graham. Ce bahut en ébène, incrusté d'ivoires gravés, est positivement une merveille. La critique juste, si elle existe, n'y saurait, je crois, rien reprendre. Composition, lignes, dessins, détails, choix des matières, exécution, tout là dedans sent le grand, respire le beau, impose et entretient l'admiration. Seulement, comme chaque nation est de coutume une dans l'art et donne visiblement son cachet à ses ouvrages, on est surpris devant celui-ci de n'y trouver rien d'anglais. Il n'est pas roide, il n'est pas massif, il n'est pas criard, il n'est pas lourd. Il a ce qu'il faut et comme il le faut. On a donné des noms français pour expliquer ce phénomène : pourquoi ? La raison de ce qui nous surprend est peut-être tout simplement que MM. Jackson et Graham aiment beaucoup notre industrie et se la sont un peu incarnée, étant à Londres les correspondants et les dépositaires de Barbedienne. Or Barbedienne est l'homme qui vous gagne, celui dont le contact convertit. Il représente la vérité superbe du travail manuel et il la transmet. Voilà un motif. Quant à cet autre, que les grandes fabriques anglaises feraient faire leurs meubles d'exposition par des ouvriers étrangers, je trouve qu'il vaut moins. Toute fabrication implique une direction, et ce n'est pas, que je sache, l'ouvrier qui la donne. Si les vôtres avaient cette puissance, d'ailleurs, pourquoi donc, ô mes compatriotes, les avez vous laissés partir ?

Le clair et le vrai en tout ceci est que les Anglais ont infiniment d'intelligence, qu'ils cherchent de très-bonne foi d'abord, et s'attribuent ensuite et s'approprient le beau sans regarder à la dépense. De même sont et font ceux qui le leur achètent. Ces fabricants magnifiques ont des clients magnifiques. Les nôtres lésinent surtout parce qu'on les marchande. La femme d'un agent de change escomptera Sauvrezy sou à sou, traitant l'œuvre de ce poëte comme elle ferait de choux chez sa fruitière. Où donc l'argent va-t-il se nicher !

Ce qui venait après et à côté du meuble de MM. Jackson et Graham est une armoire en bois de citronnier, avec marqueterie, bronzes et biscuits, exposée par MM. Wright et Mansfield. Rien ne saurait peindre la douceur harmonieuse de ces éclats divers accumulés ; lumières dorées du bois et du métal, fleurs si riantes qu'on les dirait vivantes, camées blancs de Wedgwood sur fond hyacinthe. Quant à la construction, saurions-nous mieux trouver ? Je l'ignore. Il ne fait pas bon toujours enseigner ces écoliers-là. Une fois lancés, c'est souvent au maître de courir après eux.

M. James Lamb, de Manchester, avait un meuble de cabinet néogrec, à camées et médaillons, en vingt sortes de bois précieux, gravures d'or, incrustations d'ivoire, marbres, tout un écrin d'ébénisterie. De même une petite armoire à console exposée par le grand Crace de Londres, adorable folie faite de choses chères et brillantes innombrables. De même un autre meuble de femme, infiniment galant, avec miroir, et sous le miroir une armoire à jour en velours bleu, par M. Gillow. Ce qu'on peut reprocher à tous ces meubles écrits en langue étrangère, c'est évidemment d'abord la confusion de la profusion ; mais je vous assure qu'au bout d'un peu d'examen, on arrive à les lire et on y trouve du charme. Notre goût, toutefois, ne s'en arrangerait pas. Il en aurait une indigestion, le délicat.

Les ébénistes anglais paraissent posséder au même point que les nôtres le talent de main nécessaire pour faire ces belles marqueteries. Avec leur patience de plus. Pas un écart, pas un joint, pas un jour : c'est exact. Un bel art. S'il leur vient de nous, ils ont bien profité. Il nous vint, je l'ai dit, des Italiens. Nous l'eûmes simple et modeste sous Louis XIII, entouré d'éclairs et de rayons sous Louis XIV, abaissé, déshonoré, prostitué sous Louis XV. Sous Louis XVI, il se releva jusqu'à l'apothéose, par Riésener, par Campe, par le scandinave David, faiseurs de chefs-d'œuvre dont les moindres bribes restées sont enlevées dans les ventes à des prix fabuleux. La marqueterie française vit aujourd'hui de ces traditions, et la marqueterie anglaise aussi. Les trois hommes d'exception ci-dessus travaillaient pour des connaisseurs riches : on savait les apprécier et les payer. Ce sont aussi des connaisseurs riches qui, lorsqu'il se présente de leurs débris, les emportent. Dans vingt ans nous n'en aurons plus un morceau ; l'Angleterre aura tout pris, et ses ouvriers y auront tout puisé. On le voit déjà. N'en soyons pas jaloux. Heureuses les nations qui fécondent ! Pourquoi garderaient-elles, puisqu'elles peuvent toujours ?

Seulement il faut qu'elles veuillent. Et la nôtre semble ne pas vouloir pour le moment. Elle cherche peut-être ! Attendons qu'elle ait trouvé.

L'exposition anglaise nous a montré encore dans ses bonnes choses meublantes une chambre à coucher en bois de citronnier, par MM. Heal et fils. Nous n'employons plus ce bois lumineux et soyeux, et nous avons tort. Les tons sombres qui nous plaisent tant ne sont guère pour égayer nos intérieurs tristes. Il est vrai que les fuliginosités impériales de la bien-aimée pipe iraient mal avec le citronnier. Elles n'iraient pas mieux avec l'armoire à trois portes et la toilette en frêne de MM. Howard. Meubles de femme et point d'homme, doux, tendres, frais, appelant les neiges de la mousseline et de la dentelle, antipathiques à toute souillure, dénonçant comme un outrage un grain de poussière oublié.

Le Billard splendide de M. Thurston nous conviendrait mieux que ces délicatesses. Il est fait en chêne polard. Bois singulier, qu'une cause inconnue couvre en certains lieux d'excroissances radiculées ou vermiculées, participant de ce qu'on appelle en ébénisterie la loupe du noyer et la loupe de l'orme. On débite en fortes feuilles de placage ces excroissances énormes, dont l'intérieur, extrêmement dur, semble comme un marbre ligneux. Et cela fait des meubles d'une beauté extraordinaire. La table ronde de salle à manger exposée par MM. Filmer et fils est, dans l'espèce, le plus surprenant morceau que nous ayons jamais vu. A quels adorables caprices en tout sens l'inépuisable nature se livre, et qu'avons-nous à faire, nous ses enfants, sinon de sans cesse la suivre et la copier selon nos forces?

La belle table de MM. Filmer a cela de particulier qu'elle s'agrandit selon le nombre des convives, non point par des rallonges, mais par l'augmentation générale du circuit, avec une justesse assez parfaite pour raccorder exactement les veines et les accidents de son revêtement admirable. Les habiles gens sont partout, de nos jours; et nul pays n'exerce le monopole du bien faire. Il n'y a point comme les expositions universelles pour venir à bout des amours-propres nationaux.

La passion des ébénistes anglais pour les belles matières employées se fait surtout voir dans leurs buffets. On dirait que, chez eux, faire un buffet soit une fête. Pourquoi pas? En ce pays du dieu Bœuf, les boucheries sont des temples; il est juste que les buffets soient des tabernacles. Ils y excellent, quoi qu'on en puisse dire, et nous pourrions les imiter sans déroger. Peut-être même est-ce déjà chose faite.

Rien d'amusant et de gai, entre autres, comme le byzantin en chêne blanc exposé par MM. Holland et fils. Toutes les joies de la salle à manger y ont leurs cases, et c'est fabriqué de main de maître. MM. Holland sont célèbres d'ailleurs. Ils firent voir à Londres, en 1862, l'une des plus belles pièces de l'exposition : une table-guéridon en ébène et thuya, avec ornements d'ivoire et de tous bois. Un travail circulaire en marqueterie désespérante y encadrait les portraits fort bien gravés des cosmopolites illustres du seizième et du dix-septième siècle. Cela valait deux mille livres sterling.

MM. G. Trollope et fils — remarquez-vous comme en ce beau métier les fils là-bas accompagnent et suivent les pères? — ont un buffet monumental en noyer d'Amérique, dont la table est portée sur deux consoles toutes-puissantes, lesquelles, elles-mêmes, s'appuient sur un riche et solide soubassement. Deux enfants antiques, un peu courts, figurant la chasse et la pêche, décorent en ronde bosse le corps supérieur. Au centre, un panneau vide attend un sujet. Pour couronnement, un fronton avec les insignes de l'abondance. C'est allégorique et c'est pratique; il y a place là-dessus pour cent mille francs d'argenterie. Ajoutons-y hardiment vingt-cinq mille francs pour le meuble.

Un superbe encore est celui de M. James Lamb. Figures et bas-reliefs en noyer mat sur fond de chêne polard verni, avec moulures en ébène. Au centre supérieur, une nature morte très-bien peinte. Sur les côtés, deux femmes, Érigone et Cérès, le vin et le pain, exécutées comme à Paris. De quoi contenir, à droite et à gauche, tous les trésors du service. Une maîtresse de maison est fière d'avoir en main les clefs d'une telle arche d'hospitalité. Ce meuble ne vient pourtant pas de Londres, mais de province. L'art, chez nos voisins, ne se centralise pas comme chez nous. Londres n'empêche ni Manchester ni Birmingham.

Le jury de 1855, en classant les nations exposantes sous leurs mérites respectifs, attribuait surtout à l'Angleterre la force, la solidité, l'étendue, comme à la France le goût et tout ce qui s'y rapporte. C'était juste. Les meubles anglais sont étendus, solides, forts et lourds par conséquent : c'est la loi. Notre buffet de salle à manger commence à un mètre et va jusqu'à deux de largeur; le leur commence à trois mètres et ne s'arrête plus. C'est un portail, une façade, une maison : nous avons dit une *arche* : c'est le mot. Le grand buffet anglais, *side board*, n'est-il pas, en effet, comme un symbole de l'alliance domestique ? Il est vaste où le foyer est vaste ; il représente et mesure une vertu dans un bonheur, l'hospitalité dans la richesse. L'immense miroir qui le surmonte salue l'invité par sa propre image. Une vraie plate-forme lui sert de tablette par-dessus ses avant-corps robustes : elle vous paraît infinie, attendez. La dame du logis va venir, souriante et parée, ouvrir là-dessous, pour l'amitié, son trésor et sa cave, et les masses cossues, ventrues, que cet ouvrage couronne s'allégeront tout à l'heure et disparaîtront sous le fardeau colossal des métaux, des cristaux, des nectars abondamment sortis de leurs flancs.

Le plus agréable de tous et qui donne aux yeux le régal des plus beaux bois appartient à M. Gillow, de Londres. Changez la forme et le ton de la terre cuite qui occupe le panneau, et vous aurez une merveille. Sur la bande de ce dressoir engageant est écrit le mot si doux : SALVE. Bienvenue du convive dans la maison de l'hôte ! Il a, ce mot saint, de quoi réveiller en notre cœur une reconnaissance profonde, à nous pour qui la patrie fut une fois si sévère, et qui trouvâmes chez ce grand peuple l'abri, l'appui, l'estime et l'affection. Nous pouvons et nous aimons à le dire haut, l'accueil intime de l'Anglais est bien vraiment le *sweet home* du poëte. On l'obtient difficilement, sans doute ; il faut le gagner ; mais quand il s'est ouvert, il ne se ferme qu'à la mort. Sois désormais et toujours notre sœur, Angleterre, sol béni des amitiés fidèles !

# CHAPITRE XIV



On nous pardonnera de conserver, dans cette œuvre de revue posthume, l'habitude de parler le plus souvent au présent. C'est que vraiment il nous semble voir toujours les choses dont nous parlons. Que le lecteur veuille bien se prêter à notre illusion ! Ce serait bien mieux encore, s'il consentait à la partager.

D'Angleterre, sans transition, nous passons en Amérique, pays qu'on croirait prédestiné à la meilleure fabrication, puisqu'il possède les plus belles matières. A deux pas des rares produits que nous y trouvons se présente une salle, fraîche et de lumière mystérieuse, plafonnée et tapissée en toiles peintes à découpures de feuillage, ayant l'intention marquée de figurer une forêt vierge. Tout près, et comme s'ils la cherchaient, des chasseurs indigènes sont à cheval, empaillés, les pieds dans des étriers d'argent, une femme en croupe, mains jointes, brune et la rose à l'oreille : ces installations d'outre-mer offrent des amusements primitifs et bibliques ! La salle que nous disons renferme des bois en piles, bûches omnicolores et superbes, coupées en biseau pour la plupart, un côté poli, l'autre brut. On dirait de porphyres et d'agates. Pourquoi ne pas acheter ces bois-là, ô mes amis du Faubourg et du Marais ? Avec votre art particulier de bien vous servir de toutes choses, voyez donc, un jour, que de ravis-

semer.ts cela nous donnerait! Mais c'est cher, n'est-ce pas? à cause de
la distance, les moyens de transport étant difficiles et lents.

Les Américains, monde géant que la nature a tant comblé, n'ont
pas beaucoup, en revanche, cet art fin qui nous abonde et sur-
abonde. Les robustes caisses de piano qu'ils ont envoyées de New-
York sont de forme lourde et copiée. Les *rocking chairs* ou chaises
berceuses, un de leurs besoins nationaux, sont commodes, mais
laides; on y sent trop la hache et la main rudes du défricheur et du
pionnier. Un fauteuil mécanique en bois de fer, meuble de dentiste,
à ce que je suppose, affecte les dehors curieux et terribles d'un appareil de tourments. Le billard construit par MM. Phélan et Collender
ressemble un peu mieux aux choses que nous aimons. Le guéridon de quinze mille francs, en mosaïque de cent mille pièces de
bois, dans lequel son auteur convaincu, M. Pierre Glass, de Barton
en Wisconsin, a pieusement incrusté les portraits des anciens présidents des Etats-Unis, est une œuvre patriotique, sans contredit,
patiente, laborieuse, courageuse: mais l'exécution en est criarde et
la composition sans goût. Que ce grand peuple ne s'afflige pas de
son infériorité relative; il connaîtra toujours assez tôt les bienfaits
perfides des civilisations avancées. Quand Rome eut son grand art,
la république romaine mourut.

La Turquie n'a point de meubles: qu'est-ce que les Turcs en
feraient? Avec un tapis, des coussins, des sofas, quelques tables
basses et des coffres, voilà leur intérieur fait et son habitant satisfait.
Que faut-il de plus à une nation qui est fataliste et qui s'en va? On
avait cru cependant qu'en prenant nos habits elle prendrait aussi nos
habitudes. Le pantalon et les bottes n'admettent plus guère qu'on
s'asseye à terre, en tailleur, comme on faisait avec une robe et des
babouches. C'est pourquoi, sans doute, le tapissier Saïd-Mahmoud,
du vilayet de Syrie, village Souïka, exposait ce bouffon meuble de
salon louis-quinze, de douze chaises, s'il vous plaît, avec fauteuils et
canapé, en bois peint incrusté d'agréments de nacre, garni d'étoffe
tramée rouge et or, et rembourré de foin. Valeur, six mille francs:
quelle erreur profonde! On l'a bravement mis dans le pavillon du
sultan. Hélas! enfants du Prophète ou d'un autre, faisons donc ce
que nous savons faire et point ce que nous ignorons! Quelques essais
d'ébénisterie de Jérusalem, en bois d'olivier, ne sont cependant pas

sans mérite : une bibliothèque, par Stéfan, à Constantinople, en damier d'écaille et de nacre, arrête même assez volontiers le passant. Mais le vieux bahut ottoman, si simplement et anciennement décoratif, me plaît bien mieux. Pourtant, c'est à voir à distance encore, car il n'y eut jamais main-d'œuvre plus barbare. Idées charmantes, indications pleines de couleur, mais d'achèvement, point. La chose se tient debout, et c'est tout.

Après la Turquie, voici l'Italie. Son exposition est étourdissante. La jouissance de l'œil y tue la réflexion. Italie! Italie! beau pays au doux nom, qu'on nous apprend à chérir dès l'enfance, que tous ont désiré voir, que nul n'a oublié après l'avoir vu, comme vous êtes bien toujours la patrie sainte et séduisante dont est venu et s'est répandu tout ce qui instruit et tout ce qui plaît! Nation de la grandeur et de la grâce, de Michel-Ange et de Raphaël, des haines et des amours invincibles; terre des tyrans noirs et des héros splendides, des crimes immenses et des vertus infinies; peuple chez qui les sentiments sont extrêmes, où l'on ne sait rien être à moitié, comme c'est encore bien à vous qu'appartiennent dans les arts le droit et le pouvoir d'inspirer, de passionner, de transporter, d'éclairer et sans doute d'égarer aussi le vieux monde! A vous la forme, quand et tant que vous voudrez, à vous le verbe, à vous l'éclair! Le métier seul vous manque, et cela s'apprend toujours.

Personne, en regardant les choses que voilà, envoyées et signées par cette Italie mère des beautés, ne songera même à se demander si ces choses sont raisonnables ou utiles. Nul n'en recherchera l'emploi selon ses besoins quotidiens et domestiques. Qu'importe! Est-ce que c'est là son but, à ce peuple coloré, lumineux, joyeux, qui vit dans la musique, dans l'amour et ses peintures, dans la poésie, dans le soleil et dans les fleurs? Il lui faut ce qu'il aime, et ce qu'il aime est ce qui réjouit la vue. Il le fait. Demandez l'utile aux gens du Nord. L'Italien mettre une simple pensée de commodité dans un lit, dans une table, dans un meuble quelconque! Les Autrichiens l'auraient donc fait Allemand? Du charme, oui, de l'enchantement; tous les enchantements et tous les charmes, à la bonne heure! Chaque peuple est un arbre, et ne porte que ses propres fruits.

Les ébénistes géomètres et ajusteurs de bois, les colleurs hermétiques qui savent si bien et si invisiblement les joindre, les rois de

la coupe, les princes de l'onglet, auront sans doute des critiques amè-
res pour certains assemblages sans gène et certains profils risqués
comme on en rencontre un peu trop souvent dans les meubles de ce
pays caressé des cieux. Toute négligence est grave au fond. Il convient que partout les arts sachent leur grammaire, et la plus belle
prose comme les plus beaux vers déméritent à être lus quand on y
trouve des fautes d'orthographe. Maintenant surtout que l'Italie est
devenue une grande nation, maintenant que sa couronne unitaire
compte parmi celles qui jugent et règlent les destinées d'autrui, il
lui est imposé de se mettre en toutes choses au niveau de ses voisines les anciennes. Il ne lui est plus loisible d'arguer de sa jeunesse
pour laisser dans ses œuvres hautes ou basses des inadvertances et
des fantaisies d'écolier. Tout se tient. On est libre, il faut être digne;
on est fort, il faut être sérieux. Cette chère patrie sauvée trouvait
hier chez nous l'affection et la compassion; il serait bien que désormais elle y commandât le respect et l'admiration. Autres temps,
autres sentiments.

Ce qui distingue les meubles italiens exposés nous paraît être une
adoration profonde et générale des types et des formes de la renaissance. L'art de cette époque éblouissante s'y manifeste quasi seul,
demeuré constant à travers bonheurs et malheurs, comme le souvenir et l'emblème de la vie regrettée des républiques. Ses règles sont
complaisantes et ses prescriptions faciles; chacun, on le voit, s'y
meut à l'aise et selon son goût particulier. Il se prête surtout à la
parure, et c'est le péché mignon de ce monde péninsulaire qui, dès
qu'il eut le grec, lui mit de la toilette et des colliers. Ainsi M. André
Picchi et M. François Polli, de Florence, ont apporté des bahuts du
seizième siècle qui ressemblent à des châsses. L'ébène n'y est pour
ainsi dire que pour la construction : on dirait tout simplement un
bâti servant de prétexte à l'introduction fantasque de gemmes, marbres, porcelaines, ivoires, peintures et dorures infinies. Ont-ils, ces
artistes enfants, imaginé de loger en quelque niche ou corniche un
motif d'or, ils prennent le premier *clou* qui leur tombe sous la main,
statuette à peine modelée, ornement à peine fondu, sans ciselure
aucune : pourquoi faire? Et ils l'appliquent tel quel, sans s'inquiéter,
pourvu que la couleur y soit, pour tirer l'œil et éclairer leur lanterne !
C'est absurde et c'est charmant.

Après cela cinq ou six meubles, qui rappellent le même temps et le même style, en ébène travaillé d'ivoire. Des meubles de palais certainement. Sinon des cabanes, chez eux toutes les maisons quasi sont des palais. Quel joyeux orgueil ! J'ai entendu les Parisiens critiquer fort ces meubles. Qu'importe ? Pensons-nous qu'ailleurs on ne critique pas ceux de France ? La meilleure raison de blâme serait peut-être que les leurs ne sont point faits comme les nôtres. Or chaque pays procède ainsi par exclusion égoïste, et se mécontente d'entendre parler une autre langue que la sienne. C'est peu concluant, et j'avouerai que, pour être autrement beaux, les meubles dont il s'agit ne m'en paraissent pas moins beaux. La France a pris jadis la renaissance italienne et l'a modifiée ou, si l'on veut, corrigée à son usage : il ne s'ensuit pas que les Italiens aient eu tort de rester fidèles à leur déesse. Il est permis de ne point comprendre l'ornement à Milan comme à Lille.

L'un de ces meubles aux grands ivoires s'appelle une *écritoire* — nous dirions peut-être un bureau — et appartient, comme œuvre, au Milanais Gaetano Scotti. Le panneau du corps supérieur représente le Parnasse français. Les nôtres n'eussent point songé à une telle galanterie. Le mont, la fontaine, le cheval, le dieu, les muses, tout sort en demi-bosse de ce morceau d'ivoire magnifique. Au pied de l'éminence sacrée, trois figures à nous sont debout, portant au front la flamme des divins conducteurs, Corneille, Racine, Molière. Tout autour s'arrangent des détails ravissants. Que, selon nos habitudes et nos lignes, la chose soit mal construite, je l'accorde, mais elle séduit et elle emporte ! Est-ce que cela n'est point suffisant, messieurs du faubourg ?

Un autre, où l'ivoire gravé se combine seul avec l'ébène, porte le nom de Sixte Olivero, aussi de Milan. Celui-ci a paru réunir plus de suffrages ; il est mieux dans les données tranquilles du meuble français. Un autre, tellement beau que devant lui la critique n'ose, est celui de Louis Antoni et Jean Brambilla : ordonnance, dessin, arrangement, pensée, tout y empoigne son homme. C'est imposant, c'est grand, c'est digne de la ville du dôme. Deux petits panneaux délicieux, qu'on a pas eu le temps de graver, y sont remplacés provisoirement par des photographies. Ces lacunes fâcheuses apparaissaient fréquentes dans l'Exposition ; en bien des lieux prochains et lointains on s'est trouvé pris à court. Félicitons d'un tel morceau son heureux propriétaire, M. Angelo Amici. Si chez nous le bois noir avait toujours de ces parures, je ne le trouverais plus funèbre. L'ébène ici est une gangue dont l'ivoire est le diamant. A la bonne heure.

Citons encore de l'Italie un excellent buffet en noyer sculpté par les frères Levera, de Turin, et un prie-Dieu, en même bois, de Barbetti et fils, à Florence : celui-ci nous rend aux plus beaux temps de l'art. Nous reprocherons au dressoir immense de M. Bartolozzi la lourdeur capitale des panneaux du bas, et la cambrure disgracieuse des deux figures de la tablette. Laissons les pesanteurs aux Anglais, ils s'en tirent convenablement.

Reste la marqueterie en bois, cette spécialité si amusante et si variée de l'art italien. Tous nos éloges d'abord à une porte douce et superbe, exécutée par Vincenzo Corsi. Un tableau, son voisin, par Jean Fortunati, de la Chioggia, ne vaut quasi pas moins ; de même le touchant travail envoyé de Venise par l'institution populaire Manin, où l'on change en artistes les enfants pauvres. Ce grand nom revit partout dans le bien. Un coffre, de « magique fantaisie, » comme le dit l'étiquette, ouvrage d'un marqueteur de Sorrente, M. Almerico Gargiulo, te ferait plaisir, si tu revenais, père de la mosaïque teinte, Jean de Vérone, et non *de Vernes,* comme on nous le fait quelquefois dire ! Pourquoi faut-il qu'une grande chambre à coucher, envoyée de Milan par M. Ramelli, ait permis qu'on l'accusât de contenir des marqueteries faites en France ? Eh quoi ! la source irait donc boire au ruisseau qu'elle a nourri ?

Les ouvrages en pierre nous ramèneront bientôt dans cette section lumineuse. Mais avant de passer outre, nous devons un mot à trois chefs-d'œuvre, deux cabinets-écrins et une table, que déjà, je crois, en 1862, nous avions admirés à Londres comme la gloire exquise et spéciale du chevalier romain Jean-Baptiste Gatti. On ne connaît rien qui soit au-dessus de ces trois pièces d'ivoire.

Un pays qui se régénère, l'Égypte, témoignait ici d'efforts considérables. Les Égyptiens se souviennent d'avoir été. Les magnificences érigées dans le parc de l'Exposition avaient leur pendant notable à la quatorzième classe. Le style oriental est conservé dans les meubles riches fabriqués au Caire par M. Parvis et ses ouvriers indigènes ; il resplendit éclatant sur ces armoires et ces coffres ensoleillés de verre et de nacre. Mais la façon n'est pas absente comme dans les meubles turcs : c'est convenable, c'est propre, c'est fait. La conscience européenne s'y marie à la patience arabe. Sur les expositions précédentes il y a progrès très-grand.

L'immense empire du Nord cherche ou croit chercher la belle industrie. En attendant il a trouvé la riche, qui est moins rare. Ses matériaux sont des éblouissements. La nature jette ses dons ainsi, sans choisir ! Cette puissance superbement sinistre se montrait pour la première fois dans nos fêtes. En 1855, on lui faisait la guerre, à propos, je crois, de la clef des lieux saints ; ce n'était pas alors le cas des politesses. Aujourd'hui, on est provisoirement en paix, et la voilà au rendez-vous. Nous resterons justes en disant que son début a été des plus remarquables. Il y a de la force chez ces ogres, parce qu'il y a de l'argent. Mais c'est toujours un peu farouche.

Nous avons déjà parlé de la section russe comme étonnements et merveilles dans l'installation. Nous ne reviendrons pas sur cette menuiserie enviable et sans pareille, ouvrage attribué à M. Charles Briggen, de Saint-Pétersbourg, qui n'a guère un nom à le faire croire du pays. A plus forte raison le buffet en noyer, bien sculpté et mieux construit, qui figurait dans le salon principal de l'exposition russe, ne saurait être considéré comme russe, puisque son auteur, M. Léon Petit, est absolument notre compatriote. Une toilette louis-seize, du même, faisait aussi un de leurs ornements. Les cuivres de cette toilette sont assez mauvais : il se peut bien que nous les ayons fournis.

Nous n'en pouvons pas dire autant de deux armoires en lapis-lazuli, avec mosaïques et ornements en pierres dures façon Florence, exposées par la fabrique impériale de Peterhof. Il y a bien là-dedans de l'italien et du français, mais la traduction russe l'emporte. Elle se fait voir également dans l'entre-deux louis-treize qui les accompagne et serait, selon les jaloux, l'exacte copie d'un objet de même style fabriqué jadis par Mazaroz. Quant au choix, à la magnificence et au maniement des substances employées à enrichir ces meubles, notre luxe n'a là-dessus que des données ridicules. Ces plagiaires hors de proportion prennent des tas de diamants pour couvrir et consacrer leurs larcins. N'est ce pas faire honneur à ceux qu'ils dévalisent ?

Mais tout ceci n'est pas le vrai mobilier russe. Pour le voir, il fallait entrer dans la maison de campagne du parc. Il est plein d'amusement pour qui ne le voit qu'une fois. Nos besoins et nos études n'auraient, je crois, rien à y perdre.

Deux exposants équivoques étaient venus de Varsovie : la Pologne égorgée n'en est pas responsable.

La Suède manifestait son art du mobilier par un lit en chêne à demi-baldaquin, d'un fort bon dessin, quoique un peu écrasé. Les sculptures ont du mérite et de la noblesse. La tapisserie affecte un goût qui ne serait pas le nôtre, mais ce sont choses appartenant à des ensembles qu'il faudrait connaître. Exposant, M. Edberg, de Stockholm. Un autre ébéniste de la même ville, M. P. Dalin, montrait une armoire de style flamand ancien, à grosses colonnes et panneaux saillants aux grands angles. Ces coffres-forts du linge étaient robustes comme des citadelles. Genre d'ébénisterie blindé, qu'on n'entame qu'à coups de hache.

La Norwége n'offrait rien d'intéressant dans l'espèce. Nous avons cherché vainement les meubles de la villa royale d'Oscarshal.

L'exposition des Danois etait très-belle. M. Lund, ébéniste du roi, à Copenhague, avait exécuté, sur les dessins de leur célèbre architecte Heinz Hansen, l'installation remarquable des produits de ce peuple intelligent et bon. Il avait en outre envoyé une boiserie riche avec portes et panneaux, que meublait une crédence en ébène plaquée d'écaille à filets d'argent. Deux gaines du même genre avoisinaient cette jolie crédence, mal à propos chargée d'une inutile parure en bois durci ou brûlé, laquelle, au reste, tenait si peu que tous les jours le toucher du passant l'en débarrassait. A côté étaient un bureau fort distingué et une armoire de salon cintrée, à la mode noire de chez nous, avec portes gravées sur écaille fondue, à ce qu'il m'a semblé. M. Ottesen, de Copenhague, a très-bien fait ces deux meubles.

La marche visible du travail des Danois vers les beautés de l'art nous paraît tenir à une institution qui rappelle chez eux et remplace notre Union centrale des beaux-arts appliqués à l'industrie. La leur se nomme quasi de même : « Société pour l'application des arts à l'industrie, » et date de 1860. Nous ne sommes donc pas seuls à goûter les divins effluves ! Chaque année, sur les dessins d'artistes éminents qui en font partie, la société danoise commande à l'industrie des objets usuels, mais de forme élevée, lesquels sont mis en loterie et tirés

sept fois par an ; voilà, je pense, un mouvement fait pour solliciter
l'émulation chez tous les peuples. L'Exposition a possédé divers morceaux dus à cette initiative protectrice et bienfaisante ; ainsi, entre
autres, un bahut très-ouvragé, style du règne de Christian IV, dont
le dessin a été fait par Heinz Hansen, la découpure par M. Roenne.
la sculpture par M. Wille, la menuiserie par MM. Roenne et Jensen;
puis une porte d'oratoire belle, savante, accentuée, faisant partie de
la restauration du château royal de Frédéricksborg, une splendide
construction hispano-flamande, détruite par le feu en 1859. Dessin
du même Heinz Hansen, qui est un homme de génie, menuiserie de
Langballe, sculpture de Wille, ornements d'ivoire de Schwartz et fils.
C'est tout simplement superbe.

Le royaume de Grèce est pauvre en ces parures du logis. Dans une
installation de fort beau style d'ailleurs, ses producteurs nous ont
présenté un meuble de salon qui aurait pu tout aussi bien venir
de Paris ou de Vienne, avec la Vénus de Milo en bronze français sur
une cheminée de marbre qu'on eût dit prise rue Amelot. Quelques
marqueteries sans goût, sauf une table, mises à côté. Berceau sacré de l'art antique, terre illustre de Phidias et de Périclès, c'est
donc là, depuis dix-huit cents ans, ce que vos amis et vos ennemis,
vos oppresseurs et vos défenseurs auront fini par faire de vous! Eh
quoi! plus un souvenir? Eh quoi! plus une étincelle? Les peuples
morts sont tristes à voir, immobiles ainsi dans leurs vivants tombeaux.

L'ébénisterie portugaise nous a fait connaître deux exposants distingués, M. Miguez, de Porto, chevalier du Christ, et M. Plaffi, de
Lisbonne. M. Miguez est l'auteur d'un meuble à bijoux en ébène,
avec intérieurs en bois odorant, de forme et d'arrangement tout à
fait ingénieux et originaux. La fabrication vaut la composition. Successeur des anciens ébénistes portugais, qui étaient hommes de
patience et de vertu, M. Miguez exposait de plus un guéridon que
j'appellerais *de précision*, tour de force d'ébène incrustée de buis à
filets rayonnants. Ce soleil d'or en bois est d'une perfection humi-
liante ; les lignes concentriques en arrivent raisonnablement larges
et sont parties minces comme des cheveux. Il appartient au roi de
Portugal.

L'autre exposant, M. Plaffi, qui, pas plus que M. Miguez, ne me

parait un copiste, apportait un grand meuble de femme, en ébène toujours, avec table en marbre blanc et large miroir ellipsoïde. Bonnes
lignes, mais sculptures négligées. Le bois noir a sa vogue naturelle
chez ces Portugais d'humeur sombre. Puissent, au reste, leurs œuvres avoir été les bienvenues, à eux qui, en 1865, reçurent si bien
les nôtres !

L'Espagne a son ébénisterie à Barcelone, ville d'invention et de
travail, où la pensée est bonne, la main-d'œuvre habile, le progrès
incessant. Que Madrid dorme et s'aplatisse, qu'importe ! Les frontières sont debout et marchent : par mer comme par terre, nous y
soufflons. Voici un buffet construit à Barcelone, chez MM. Pons et
Ribas ; c'est assurément un des plus agréables de l'Exposition tout
entière. Ce buffet est de style renaissance, à deux corps ; élancé, leste,
frais comme une fleur, lumineux comme un astre. Où on le mettra,
tout s'en égayera. Son inconvénient grave sera d'être salissant, et
même, en ce pays bleu des insectes, il lui faudra peut-être une mous-
tiquaire. Il est en érable blanc, avec agréments par appliques d'érable gris, relevés de filets d'amarante ; toutes les claires galanteries
du bois, un printemps de salle à manger. Puis une bibliothèque anonyme fort recommandable, égarée parmi la chirurgie et ses horribles
instruments. Nous la croyons de Madrid. S'il en est ainsi, elle dimi-
nuerait la valeur de nos considérations sur l'état somnolent de l'industrie madrilène ; mais pourquoi peindre en bronze des ornements
de bois ? Quand on n'a pas de métal, on s'en passe, fils du Cid ! N'é-
tait-ce point assez du faux or et du faux argent qu'il nous faille à
présent inventer le faux cuivre ? Le vieil honneur castillan s'est-il
si fort modifié au frottement de nos industries financières ?

Un billard en bois de citronnier, très-bien fait, avec accessoires
grandioses, par Amoros y Pujol, de la même ville, ne nuisait point au
joli buffet. Aux alentours, çà et là, des choses qui signifient très-peu.
Mais dans un autre salon, parmi quelques siéges étroits, riches et
pesants, et des tables où l'on s'est donné beaucoup de mal pour rien,
madame veuve Canella, de Barcelone encore, exposait un ameublement de chambre à coucher comme il est rare d'en voir. Ce trésor se
compose de huit pièces en bois de palissandre, solidement et irréprochablement établies, sur lesquelles des mosaïstes incomparables ont à
profusion répandu toutes sortes de monuments, de paysages, de

chasses, de fleurs, de fruits, de cavalcades, d'attributs et d'armoiries, en ce travail fin, capillaire, imperceptible, de lames de bois debout assemblées, qui fait tant qu'on s'étonne et s'interroge en regardant certaines marqueteries allemandes. Les sceptiques qui prétendent expliquer toutes choses en les diminuant vous diront peut-être que ce n'est pas difficile. N'en croyez rien. L'auteur de ces huit pièces, M. Canella, a mis dix-sept ans pour les faire, et il est mort devant son ouvrage. Fallait-il que celui-là aimât passionnément ce qu'il faisait ! C'est à vendre par et pour sa veuve : souhaitons à celle-ci la visite heureuse d'un roi. Un fait triste pour notre industrie se rattache à l'histoire de cette chose comme on n'en verra plus. Quand elle fut achevée, il s'agit de la border et broder de cuivres, ainsi que l'exigeait son époque. On n'avait pas à Barcelone les modèles ni les hommes qui convenaient. Très-coûteusement on adressa le tout à Paris, à une maison recommandée ; ce qu'elle y a mis est à faire rougir de honte ! Des cuivres se remplacent, heureusement ; mais c'est au moins pour trente mille francs qu'il en faudrait ici.

A côté des Espagnes était installée la Confédération suisse, dans des conditions d'opulence et de goût qui lui font le plus grand honneur. Ces républiques en revendraient à nos monarchies   A droite et à gauche de la section des meubles on ne lisait guère qu'un nom : MM. Wirth. Ici MM. Wirth, là MM. Wirth, toujours MM. Wirth, de Brienz. Nous trouvions aussi mêmement ce nom écrit en France, à Paris, baptisant avec talent des productions nombreuses. Quel est ce mystère ? MM. Wirth sont-ils de Paris ou sont-ils de Brienz ? S'ils fabriquent à Paris, pourquoi Suisses ? S'ils fabriquent à Brienz, pourquoi Parisiens ?

Nous avions cru jusqu'ici que Brienz et ses mains naïves se bornaient à fournir l'écritoire, le porte-allumettes, le cartel, les petits sujets enfin, et la jardinière tout au plus : voici que maintenant il en viendrait des constructions immenses, cheminées et buffets avec cadres, bibliothèques peuplées de statues, bahuts en bois noir, lits, toutes les architectures et toutes les sculptures de la terre, et tellement voisines, si probablement parentes dans les deux pays, que nous ne savons plus en vérité si c'est en France ou en Suisse qu'on doit aller apprendre à faire des meubles ! De ce conflit pour nous quelque embarras résulte, et jusqu'à ce que là-dessus la lumière se fasse et close le débat entre Brienz et le faubourg Saint-Antoine, tout en rendant justice à certaines choses fort belles, nous croyons sage de nous abstenir. Si grand qu'un nom se puisse, il est trop petit pour deux pays.

Voyons maintenant les Allemagnes, les pays belges et les Pays-Bas.

L'Autriche n'a guère de beaux meubles. Il est étrange qu'un empire si peuplé de nobles et riches demeures n'entende pas mieux l'art somptueux, ou même raisonnable, de les habiter. Je ne suis pas bien sûr que les Autrichiens sachent ce qui est commode ; on s'introduit mal dans leurs fauteuils restreints, on s'assied incomplétement sur leurs chaises étriquées. Sans l'ingénieuse et solide industrie des bois courbés dans leur longueur, qui est la renommée grande et juste des frères Thonet de notre boulevard Sébastopol, la ville impériale de Léopold et de Marie-Thérèse, celle qu'à si peu de profit Jean Sobieski sauva des Turcs, n'aurait pas eu un siége présentable à nous offrir. Et ainsi du reste. La table autrichienne embarrasse, le lit autrichien inquiète. Sauf une pièce venue de Trieste, l'armoire, bien que dévote, donne en ses mérites une confiance médiocre. Les ornements sont des étonnements et des aveuglements, témoin ceux en corne de cerf ! Quand le bois est nu, passe encore : les menuisiers du pays sont excellents.

Le mobilier en fer y vaut mieux que l'autre ; il a plus de forme et de logique. Cependant, ô notre cher Léonard ! qu'il me soit permis de proférer tous les anathèmes et d'appeler toutes les révoltes du goût sur un meuble de salon, d'apparence amphibie, incroyablement orné d'ailes et de nageoires fantastiques, par M. Kloffetz, de Vienne. Impossible à un tapissier, fût-il Bas-Breton, d'employer plus mal son étoffe ; et nous savons pourtant si l'Autriche fait de belles étoffes ! On accuse, il est vrai, ce pays comme les autres, d'emprunter là-dessus nos dessinateurs, nos dessins et jusqu'à la mise en carte de nos jacquarts ; mais de ces accusations abusives il y a toujours à prendre et à laisser. Il faut se garder que les plaintes ne dégénèrent en banalités. Payons mieux nos gens, d'ailleurs, si nous voulons qu'ils nous appartiennent en propre. Les Romains achetaient leurs ouvriers d'abord ; puis ils les affranchissaient et les enrichissaient.

Cela n'empêche pas une table ronde en marqueterie sur pied qua-

drangulaire de faire exceptionnellement très-grand honneur à M. Jean
Linnen, de Vienne. Dessin et travail en sont tout à fait charmants.
Une autre table pour salon louis-quinze, en palissandre, avec incrustations d'argent, n'est pas non plus pour affliger son auteur, M. Ler-
chenfelder. Un troisième Viennois, M. Schenzel, que je crois tapissier, pratique en bois peint l'étude, peu réussie, des anciens modèles.
Il paraît s'y être fait une clientèle illustre : qu'il soit heureux ! Bénéfice rachète blâme, et l'apparence suffit aux gens sobres.

La Hongrie, impérialement et royalement remise sous le joug, est
déclarée autrichienne sur le catalogue officiel. Qu'il soit donc fait et
dit selon ce répertoire, que son prix, ses erreurs et ses oublis ont à
jamais célébré ! Un ébéniste de Pesth, M. Yanos Herold ou Stehold
(le catalogue dit les deux), a envoyé des meubles bien faits, en
frêne blanc, avec reliefs découpés et sculptés en chêne à filets d'or.
C'est d'un effet blond très-doux. Seulement le chêne (*robur*) me paraît
un peu *robuste* pour fournir des broderies au frêne. Affaire d'habitude peut-être; on fait comme on est. En Hongrie, les ornements
doivent être pesants et les bijoux énormes : voyez plutôt la description
du couronnement de François-Joseph. N'eût-on pas dit l'écroulement
national sous forme d'orfévreries?

M. Samuel Kramer, qui vient aussi de Pesth, exposait un meuble
de salon en noyer sculpté avec garniture grenat. Nous ne ferions pas
beaucoup mieux, nous qui sommes fiers et qui sommes forts.

Outre ses meubles en vannerie si curieux, la Bavière se distinguait
par des boiseries d'installation magnifiques. Se mettre en de tels frais
d'art et d'argent, c'est honorer à la fois son pays et le pays que l'on
visite. A celui-ci de comprendre les devoirs de la réception. L'école
royale des arts et métiers de Nuremberg était surtout remarquable :
on lui devait, entre autres beautés, la montre du fabricant de crayons
Faber, nom universel et symbolique s'il en fut jamais. L'Europe dit
maintenant Faber comme elle a dit Conté. Déplacement.

Un éloge de même ordre et très-légitime est dû à la montre de
mosaïque et de parquets de MM. Wirth et fils, à Stuttgart en Wurtemberg, rivaux quasi de notre incomparable Marcelin.

Le grand-duché de Bade n'a point voulu faire moins que les
royaumes. Deux exposants sont venus de Carlsruhe. L'un est
M. Karl Hasslinger, auteur d'une armoire à bijoux en ébène, orne-

mentée et figurinée en ivoire. Ce n'est point une invention, fort heureusement; si ces voisins inventaient, ils nous humilieraient ! Mais
c'est dans les imitations agréables. On n'y trouve pas les incompa-
bles douceurs de sculpture du meuble de M. Alessandri, qui serait
si beau s'il n'avait pas de bronzes, mais, comme travail de grand-
duché, c'est assurément très-suffisant. L'autre exposant est M. Stœ-
versandt, avec un excellent buffet en bois de noyer sculpté, coquet-
tement placé dans la transparence d'une grande glace de Manheim,
fabriquée à Saint-Gobain pour le compte de la société badoise.

Mayence représente les grandes forces ébénistes du grand-duché
de Hesse, et je vous assure qu'elle le fait vaillamment. Sans un peu
de lourdeur qui charge son corps inférieur, le buffet en noyer apporté par M. Bembé pourrait très-bien compter parmi les chefs-
d'œuvre de l'Exposition. Celui-là, je pense, n'est la copie d'aucun que
nous connaissions; il nous sort des latéraux rustiques et des étagères vitrées; on sent qu'il est le centre et la pièce capitale d'une belle
salle à manger, chaude, hospitalière et fournie. Une suite de panneaux
qui lui ressembleront devra nécessairement l'accompagner.

Un autre, appartenant à M. Heiminger, se rapproche davantage de
ce que nous faisons. On l'a déjà vu. Il est bien construit, d'ailleurs;
mais sa sculpture le surcharge et les deux grandes figures sont à
peine ébauchées. Le voisin de ces deux exposants très-bons, hors de
concours par sa notabilité qui l'a fait membre du jury, M. Wolfgang
Knussmann (on aime quelquefois à écrire ce dur prénom de Mozart)
exposait une brillante table grecque, un peu hasardée, à côté d'un
guéridon tout à fait délicieux et que Paris eût pris pour sien.
Tout cela parmi des parquets lumineux et pleins de gaieté, qui sont
là-bas le luxe et la santé des maisons. Ajoutons-y, pour être juste,
la boîte, en marqueterie très-originale et très-charmante, d'un grand
régulateur chronométrique à M. F.-W. Baab, un horloger d'Alzey.

De Mayence, nous passons dans l'Allemagne prussienne. Deux
Allemagnes ! n'est-ce pas comme qui dirait deux Frances ? A partir
de Vienne, le travail du meuble civil est en progrès, mais le meuble
religieux a disparu. Qu'est-ce à dire ? Devant ces petits États si alertes
et cette grande puissance endormie, faudrait-il, à l'exemple de
certains chercheurs dans les profondeurs, soulever une question
d'influence mystique ? Pourquoi pas ? Tout effet prouve une cause.
Que ceux qui ont à décider décident !

Donc l'exposition ébéniste où nous voici était moins nombreuse que celle de l'Autriche, mais son mérite nous a paru plus grand. On y sentait s'agiter la force et courir la vie, au lieu que là-bas c'est comme une nécropole. Citons premièrement deux sociétés berlinoises en commandite pour le travail du bois, l'une du nom de Lœvinson, dans la sculpture, l'autre du nom de Neuhaus, dans la mosaïque et la marqueterie. On doit à celle-ci l'exécution, sur les dessins de M. Heyden, de l'arche dix fois splendide dont un lampiste célèbre, M. Stobwasser, avait fait la dépense pour étaler ses produits. Nulle section n'a rien eu de semblable. Après quoi Berlin ne montrait pas grand'chose de remarquable. Mais, plus cruel que le fusil à aiguille de Sadowa, le catalogue a exproprié la Saxe et rendu Dresde ville prussienne. Et Dresde a M. Friedrich, et Dresde a M. Turpe, fournisseur de la reine et du roi !

Laissons de côté, quoique en ébène et belle, l'armoire un peu trop masculine de M. Friedrich, et présentons M. Turpe au visiteur. Présenter est bien le mot, les installateurs ayant logé ces meubles précieux, mais saxons, dans un cachot qu'il fallait connaître. Suite de la victoire toujours : malheur aux vaincus du catalogue !

Le meuble de M. Turpe est un bahut de la renaissance, en ébène, à panneaux de poirier naturel. Le bois noir y représente la part du menuisier, et le bois blanc celle du sculpteur. Excellentes toutes deux. Sur les portes, quatre panneaux, les quatre saisons d'après Watteau : Hébé, Cérès, Bacchus, Saturne. Sur les côtés, quatre panneaux encore, les quatre éléments : Jupiter, Neptune, Vulcain, Rhée. Sur le fronton et dans les niches, l'Amour et Psyché, la Vérité et la Poésie, figures en poirier comme les panneaux. A l'intérieur un corps quadrangulaire tournant sur pivot, l'une de ses faces concave, et dans la concavité, Flore, un bel ivoire. Tiroirs en bois de violette. Tout cela fabriqué avec une conscience, une pureté, une netteté exemplaires, et pour le prix relativement trop médiocre de dix mille francs. En dépensant deux mille francs de plus, on eût donné aux sculptures la perfection parisienne. Comparé alors à ce que nos beaux meubles coûtent, celui-ci en eût valu vingt mille pour le moins. Ce sont là des rencontres rares.

Je regrette de ne pas savoir à quel ébéniste appartenait un troisième meuble, également relégué dans ce réduit.

Ailleurs, en grande place et pleine lumière, deux autres, dont un
assez beau, mais trop court. Buffet en chêne avec moulures de palissandre, motifs sculptés dans les panneaux, au milieu une belle glace
en arcade, par MM. Encke et Wentzlau, de Magdebourg. Le second,
ambitieux, très-ambitieux! 3,000 rixdales (11,250 fr.): grand meuble
de salle à manger renaissance en bois noir, avec cadran, médaillons
d'argent oxydé, bronzes, vases, écureuils, ananas, poires, guirlandes,
une Diane, une bacchante, etc., par les frères Bauer, de Berlin et de
Breslau. Ceux-ci ne valent pas M. Turpe. De même qu'en art Berlin
n'a jamais valu Dresde. On fait ce qu'on peut.

La Belgique nous offre de curieuses disparates. Pauvre, quelquefois
même indigente dans l'ébénisterie proprement dite ; rappelant Paris
et Londres dans la construction de ses grands meubles ; superbe
quand elle ressaisit son vieil art, qui est le chêne sculpté. Ainsi, malgré des soins parfaits et une exécution presque irréprochable, le buf-
fet-bibliothèque néo-grec en ébène de M. Snyers Rang n'a frappé que
par ses dimensions. On a déjà vu et revu les détails fort bons qui le
composent, et ses lignes imitées n'affectent qu'une majesté vulgaire.

Le buffet renaissance, du même fabricant, en très-beaux bois sans
contredit, est un compromis visible entre le *side board* des Anglais
et notre étagère en noyer. Nous avons mieux aimé un meuble noir
louis-seize, il ressemblait moins. Les meubles de luxe exposés par
une bonne maison de Gand, M. Émile Gobart, n'ont de remarquable
que leur travail : il y a longtemps déjà que la fabrique française sait
rendre justice à la conscience et au talent des ouvriers de Belgique et
d'Allemagne. Un chiffonnier noir et des siéges du même, avec tapisseries d'Ingelmunster. Très-bons.

Mais s'il s'agit de sculpture en chêne, c'est une autre affaire. Nous
avons eu ici à constater la présence de deux chefs-d'œuvre, le porte-
fusils de M. Beernaert, au Rouge-Cloître, et le buffet de M. Snutsel,
à Bruxelles. Encore donnerais-je de beaucoup la préférence au premier meuble, trouvant le second coupable de certaines mièvreries
qui ne vont pas au roi des bois. On n'a nulle part manié celui-ci
mieux que ne l'a fait M. Beernaert, sans compter que son bahut est
admirablement bâti. Un grand succès, n'en déplaise au jury.

La menuiserie de MM. Tasson, à Saint-Josse-ten-Noode, était nombreuse et excellente.

La Hollande n'a rien dont on puisse lui savoir gré en fait de meubles. Ce pays, riche et payant bien, a dû, je crois, sa réputation ancienne dans l'espèce à ce que les Belges fabriquaient pour lui. 1830 est venu, et tout a été consommé. Il fait toujours bon de dissoudre ces unions forcées, où l'un a toute la peine et l'autre toute la gloire. Les choses actuelles d'Amsterdam et de Rotterdam sont d'un goût affreux.

Nous en avons fini à peu près avec le meuble en bois proprement dit. Resterait peut-être, avant de passer aux autres branches du meuble, à humblement exprimer notre pensée sur l'*art* à bon marché exposé dans la classe 91. Ici nous avouerons que notre admiration n'a pas été grande. Il faut le bon marché évidemment, et il le faut avec la solidité, mais il le faut aussi avec la forme. Ni une commission d'exposition ni un jury de récompenses n'ont de raison pour encourager l'extension et l'expansion de modèles mauvais. Que me fait un meuble de salon à bon marché, s'il est maussade et mal portant? Est-ce qu'un salon est une nécessité? Attendons que nous puissions le bien meubler pour l'avoir. Voici une chambre à coucher en noyer qu'on a vraiment l'air de donner pour rien : ne dirait-on pas qu'il y a quarante ans qu'elle est faite? J'aime certainement mieux l'assortiment louis-quinze en palissandre exposé par la société ouvrière Sorbet-Rouany; mais ce n'est pas encore le premier venu qui l'achètera. Quant au mobilier de prisonnier ou de pauvre homme, sorte de raillerie à la misère envoyée par une maison de la rue Chapon ou Transnonain, c'est à faire prendre en grippe son logis. Je ne comprends pas qu'on ait consenti à introduire cette tache parmi des tentatives honnêtes. Ce mauvais éclat de rire faisait mal.

## CHAPITRE XV



Nos besoins de civilisation ont des variétés gourmandes et sans
nombre. L'homme s'est définitivement saisi de la nature et prétend
se l'asservir tout entière. Les inépuisables caprices de son goût, les
insatiables fantaisies de son luxe s'adressent chaque jour à des substances inusitées, et les forcent, pour l'emploi qu'il veut, à prendre
la forme qui lui plait. Quand ce n'est pas très-fou, c'est très-beau :
l'art connaît tant de façons de maîtriser, d'assouplir, de soumettre
les rébellions de la matière! Et s'il n'en connaît plus, il en invente.
Voyez ce qu'il a fait du métal, devenu par lui dentelle et devenu
papier. Voilà maintenant que le bois ne suffit plus pour les meubles ;
ni les étoffes, ni le cuir, ni le bronze, ni l'ivoire. Il leur faut aussi la
pierre.

Jusqu'ici, excepté pour les cheminées, les fontaines ou les pendules,
on n'avait employé la pierre dans les meubles qu'à l'état d'ornement partiel. Marbre, porphyre, brèche, griotte, servaient en appliques, rehaussements et incrustations. C'était sage. Paris là dedans

15

possède une industrie très-superbe, où les habiletés foisonnent :
Hairion, Bourdon, Pouteau, Mercier, Ravinet, Gabriel, Trognée,
Bernard, Foulon, une foule ! Sans compter la grande et vraie sculpture. Il paraît toutefois qu'on n'y vit pas et n'y brille pas toujours
en raison du talent que l'on possède ; ce qui, d'année en année, fait
émigrer les hommes et enrichit les voisins à nos dépens. L'art est
tombé dans le commerce de façon à n'être plus visible ; voilà peut-être
pourquoi le marbrier bon ordinaire recherche peu l'instruction. Savoir
faire le courant lui suffit : à quoi bon payer des maîtres ?

Ce n'est point pour le courant qu'a été conçu ni travaillé l'étonnant
meuble en bois de chêne et pierre dure de Chauvigny, exposé par
M. Depont, d'Azay-le-Rideau. Nous en avions eu peur d'abord. Il
faut apprendre à lire dans de telles hardiesses. Ce meuble est de ceux
qui représentent l'existence et l'avoir absolus d'un homme. On n'en
fait pas deux en cinquante ans quand on est riche ; on ne devrait
jamais en faire quand on ne l'est pas. D'autant que cette merveille
d'exécution ne frappe aucunement d'abord. De la pierre d'un blanc
gris encadrée dans du bois d'un jaune gris n'a rien qui puisse éclater
beaucoup ni arrêter le passant, parmi l'or et les rayons dont ici nous
marchions enveloppés. Une construction dans le goût de la renaissance
italienne, quelque chose des finesses de Chambord et de Fontainebleau, pas de motifs saillants, pas d'appels en ronde bosse, une décoration neutre, un objet qui ne dit point son prix, voilà ce meuble
sur lequel cinq personnes ont fait deux ans de main-d'œuvre et
dépensé vingt mille francs de sculpture. C'est puissant, noble et
doux. Mais il faut véritablement adorer l'art pour lui offrir un tel
sacrifice. On m'a dit que M. Depont avait trouvé un acheteur. Je
m'étonnerais que ce rare oiseau fût de chez nous ; l'objet n'est pas
assez luisant.

De l'humble pierre de Chauvigny passons à l'onyx d'Algérie. Voilà
qui entre mieux dans nos relations et nos affections présentes. Le
temps est déjà vieux où, sur les routes d'Afrique, l'intelligence en
épaulettes du génie militaire faisait d'autorité casser ce marbre d'or
et le répandre vilement dans les ornières. De même, autrefois, dit-on,
le minerai d'argent servit à paver les rues de Mexico. Tous les pays
ont eu leurs voyers utilitaires. Au concessionnaire ainsi ruiné des
onyx d'Algérie succéda, je crois, la société Pallu, qui exposait à

Londres en 1862, puis à la société Pallu le titulaire actuel, M. Viot. Ce dernier a poussé jusqu'aux extrèmes richesses le parti qu'on peut tirer de l'admirable matière dont il s'agit. Rien n'est rutilant, fulgurant, splendide comme son exposition. On y voudrait même, j'ose le dire, un peu de sobriété. Tant d'or sur de l'onyx implique l'excès et la redondance. Onyx et or se nuisent. Cette pierre exquise accepte mieux les émaux ; leur mariage avec elle établit la lutte charmante des deux travaux pareils de la nature et de l'homme : l'émail étant positivement une gemme artificielle, très-digne et très-capable de s'associer aux gemmes vraies.

Et d'ailleurs, s'il faut du métal aux figures qu'habilleront vos opulences lapidaires, choisissez donc au moins un métal qu'elles ne puissent pas tuer. Ce qui représente le corps ne saurait être assujetti à ce qui représente le vêtement. Voyez comment procède Cordier, qui est le maître dans la statuaire polychrome ; il demande ses chairs au bronze rouge, quand il veut les draper d'onyx, plutôt qu'à l'or et surtout à l'argent. Les deux torchères de Carrier-Belleuse, de grandeur naturelle, accompagnement très-beau d'un groupe porte-horloge que les palais d'Italie se disputeraient, ont le tort notable, ayant leurs chairs argentées et oxydées, de se combiner et de se perdre, en nuances ternes et salies pour ainsi dire, dans les plis magnifiques à raies longitudinales qui descendent de leurs épaules à leurs pieds. Des vases, des lampes dont la matière est au-dessus de tout ce qu'on a vu, sont de même, à notre avis, loin de gagner aux appliques de bronze doré qui les gènent. Quand l'œuvre éternelle se manifeste à ce degré inexprimable, nous n'avons plus vraiment à l'entourer que de respect. Du dessin, des lignes, des profils, à la bonne heure. Mais quand là-dessus vous ciselleriez le métal comme un bijou, ce ne serait jamais nous donner que l'effet d'un estampage inutile et perfectionné.

Cette critique à part, l'exposition de MM. Viot et Cᵉ est une gloire.

L'emploi le plus curieux du marbre dans la fabrication du meuble est celui que pratique depuis longtemps déjà M. Géruzet, de Bagnères-de-Bigorre. Le dressoir en divers marbres des Pyrénées exposé par ce carrier souverain nous paraît un tour de force de sa spécialité : mais, soit prévention, soit vérité, c'est lourd, c'est redoutable, et surtout c'est froid à l'œil. Pierre n'est point pour qu'on en fasse des battants et des tiroirs. Bois non plus ne vaut toujours pour faire des colonnes ou des dessus. Suivons les Italiens en ceci, et ne changeons la destinée de rien ni de personne.

M. Larroque, un de nos très-bons billardiers, exposait une pièce en chêne noblement et sobrement construite, avec filets en amarante. La table est un morceau de marbre immense et magnifique. Je suppose, n'étant pas un juge, que ceci peut bien valoir l'ardoise, même quand elle serait de Caumont-l'Éventé. La pierre, c'est évident, n'a point contre les lois de son niveau les jeux irréguliers du bois, et si l'épaisseur en est convenable, voilà bien de quoi, ce me semble, résister à tous les *massés* ayant un peu le sens commun. Bon emploi donc, quoique rare en si belle espèce.

Nos maisons françaises affichent de plus en plus un luxe qui leur est propre, celui des cheminées. Ne pouvant les avoir bonnes, nous voulons du moins les avoir belles. Je dis bonne d'une cheminée qui chauffe et ne fume pas; or c'est l'ordinaire que les nôtres fument beaucoup et ne chauffent guère. Les meilleures fournissent bien un cinquième de la coûteuse chaleur qu'elles fabriquent; le reste de la somme tire et s'échappe malhonnêtement. C'est de longtemps déjà que Bassompierre les comparait aux discours tenus à leur manteau : « Autant de feu perdu que de paroles. » Et il disait cela des cheminées du Louvre, l'imprudent! On fit bien de le mettre à la Bastille. C'est pourquoi, en définitive, les architectes ne sachant et les fumistes non plus, nous nous sommes habitués à considérer dans la cheminée un morceau, un orgueil, une richesse portant des richesses. On y fait du feu pour la gaieté, afin de voir de la flamme : le chauffage est office du calorifère, quand la maison a l'esprit d'en posséder un. Qui donc empêchait d'imposer ce dessous pyrogène aux mille et mille maisons neuves du rebâtissement parisien? Cela eût bien valu les façades. L'eau et le feu oubliés presque partout, c'est fort. Comme au dedans, l'air et le jour. Ayons du dehors, citoyens! le dedans ne se vitre plus, on le mure. Et on a bien raison.

L'Exposition nous a montré l'*article* cheminée nombreux et varié dans sa splendeur : Marchand, Barbedienne, Mazaroz, Denière, Laperche, Baudon; l'ébénisterie, la pierre, le fer, le bronze. C'est beau, une belle cheminée en bois, malgré la contradiction de sa matière combustible! Nous avons tous mémoire de l'historique pièce de

M. Fourdinois père, et nous eussions revu avec joie celle de M. Grohé.
Les modèles sont bons à repasser toujours. Combien a été vif et
général cette année le succès du foyer en marbre et bronze de M. Marchand, morceau sur lequel nous reviendrons, gloire acclamée du
sculpteur Piat, trop tôt venue pourtant à Londres en 1862? Nous
sommes d'abord froissés et jaloux de ce qui nous étonne; puis arrive
la justice, et les fronts se courbent. On a réfléchi. Devant les œuvres
extraordinaires, le premier mouvement est presque toujours mauvais;
il faut que la raison ait eu le temps d'apaiser l'amour-propre.

Le marbre, après tout, est la vraie matière à faire des cheminées.
Barbedienne en a trois, diversement belles, une surtout, adorable
chef-d'œuvre dont nous aurons à parler plus tard, honneur triple de
Constant Sévin, de Carrier-Belleuse et du contre-maître Lecoq. Mais
les cheminées de cet exposant illustre manquent de la qualité monumentale, étant destinées à supporter ce qu'on appelle une garniture,
c'est-à-dire des pendules, vases et candélabres plus ou moins précieux. D'autres sont des architectures, de grandes pièces décoratives, dégageant leur chambranle de la muraille et y enfonçant leur
panneau. C'est la beauté principale d'une salle à manger, par exemple;
le type auquel devront se rapporter les tentures, les peintures, les
buffets, les dressoirs, le service et l'illumination. Cheminée, *caput*. Il
y en avait de magnifiques. Parmi les autres, quoique bonnes, c'était
un choix à faire. Partout la belle pièce est rare, et si jamais on ne fit
communément aussi bien qu'aujourd'hui, il est parfaitement vrai que
jamais non plus on ne montra plus de dispositions à rester dans les
formes insignifiantes et banales. Le jury ne paraissait point mécontent
de cette tendance; il y poussait au contraire de son mieux. On eût dit
un mot d'ordre. Comment autrement expliquer ces dures paroles d'un
examinateur à un exposant dans l'industrie du luxe : « Nous ne vous
demandons pas ce que vous faites de beau, les pièces principales ne
nous touchent pas : ce que nous remarquons et récompensons, *c'est
le bon marché*. » Alors, puissances du ciel et de la terre, pourquoi
Sèvres? pourquoi les Gobelins? pourquoi Beauvais? pourquoi même
Baccarat et Saint-Louis? Le prix d'honneur à M. Fourdinois est donc
une faveur ou une faute? Il nous faut donc entrer dans la mécanique
générale, faire de la manufacture spartiate, et expulser l'artiste de
l'industrie, ainsi que de sa république Platon voulait expulser le

poëte, comme tentateur, amollisseur et corrupteur? La belle besogne à venir, ô mes enfants !

En tête de ce monument de grande décoration, nous pensons qu'il faut placer la cheminée de salle à manger en marbre rouge exposée par M. Parfonry. Un motif blanc en marbre de Carrare en décore le cadre supérieur, et dans ce motif l'excellent, le savant, l'ingénieux sculpteur Cain a magistralement raconté le poëme touchant d'un canard dévoré et de sa femelle éplorée. C'est vivant et puissant jusqu'au pathétique ! Nous aimons moins les crustacés cuits qui décorent la tablette, et ne paraissent avoir eu pour prétexte que la teinte principale de l'édifice.

Viendrait ensuite la cheminée monumentale de M. Gouault, en marbre rouge aussi, avec de beaux cuivres et une figure de couronnement en marbre blanc. Pièce de palais mal construite, mais admirablement travaillée. Puis celle de M. Loichemolle, qui vaut tout à fait une mention spéciale.

La cheminée de M. Loichemolle est de style louis-treize, en marbre vert campan, avec panneau à bas-relief en marbre de Carrare; l'un des plus beaux décoratifs de France uni au plus beau statuaire d'Italie. La vallée de Campan, ce paradis des Pyrénées, nous fournit trois variétés de marbre : l'isabelle, le rouge et le vert. Le vert est le plus joli. Nuance douce et tendre, mêlée d'un blanc nacré qui semble appeler et justifier l'autre blanc magnifique et sans tache sur lequel est sculpté le sujet. M. Loichemolle a voulu faire une cheminée de marbrier. Comme d'autres, il eût pu se donner pour son argent le concours des éclats brillants et des métaux précieux, ou même emprunter à quelque voisin le service temporaire des adjonctions et des appliques à ramages. Le jury, plus enclin qu'on ne croit aux séductions du *tire-l'œil*, lui en aurait peut-être su gré. Il a mieux aimé rester dans les tons sobres et tranquilles de son beau marbre, soigneusement découpé selon les lignes sérieuses de la grande transition. Le panneau, au contraire, en carrare, ce sucre calcaire si blanc qu'on dirait de l'albâtre, fait un honneur très-juste à M. Bossart, son sculpteur. Les proportions du motif pourraient nous laisser à redire, mais il est convenu, en bas-relief de chasse, qu'un faisan peut être plus grand qu'un fusil. En somme c'est là une fort belle pièce, qui sent sa bonne maison, et que nous trouvons tout à fait digne des ateliers

dont elle sort. Grands ateliers, clairs, gais, bien tenus, et à peu près
arrivés à leur taille actuelle depuis 1850, époque à laquelle le brave
et loyal franc-comtois Loichemolle commença, fils de ses œuvres, d'y
faire scier et polir la pierre. Aujourd'hui leur maître livre de douze à
quinze mille cheminées par an, depuis dix francs, prix de la moindre,
jusqu'à quinze mille, prix de celle-ci. En marbre grand deuil et petit
deuil, jaspé, granitelle, languedoc, cipolin, jaune de Sienne, vert de
mer, brèche, griotte, brocatelle, turquin, serpentin, portor, que sais-
je! Une de ses glorieuses a été celle du salon de M. Émile de Girar-
din, en vert antique. Outre le travail qu'on lui fait à Paris, rue Saint-
Pierre-Amelot, il a des marbriers aux frontières de Belgique. Artistes
paysans, un jour aux champs et l'autre au chantier; gens d'habitudes
douces et de prétentions modestes, travaillant en ménage, la mère
aidant le père, et les enfants les deux. Un bon et saint labeur, s'il
vous plaît.

Une belle pièce encore est celle de M. Henry Bex, en marbre de
Carrare avec incrustations d'onyx émeraude *naturel*. Cet adjectif
trouve sa raison d'être dans la fabrication habituelle de M. Bex, qui
consiste en matières artificielles très-bien traitées. Les Anglais lui
doivent dans cette espèce une notable partie de la décoration intérieure
des salles du parlement.

Cheminée en marbre blanc statuaire de M. Marga. Grandes pièces
officielles pour châteaux et ministères, par M. Duchesne, marbrier du
gouvernement. Autres par MM. Pèretmère et Martin, M. Landeau,
de Sablé, et divers. Puis enfin, parmi les bonnes, une en granit des
Vosges, envoi de M. Colin, d'Épinal. Pièce de chef-lieu.

Nous ne sommes pas seuls non plus à bien faire les meubles qui
ne sont pas en bois. Tout le monde aujourd'hui s'en tire, et c'est
pourquoi partout l'amour-propre baisse. Les grandes rencontres de
la paix ont le même résultat que celles de la guerre, avec la différence
heureuse de n'y tuer personne. Toutes apprennent aux hommes
qu'ils se valent au fond, et feraient sûrement mieux de finir par s'aimer les uns les autres, en dépit et peut-être même à cause des variétés d'origines, de races, de mœurs, d'aptitudes et de climats. Réunir
l'ensemble pour le plaisir et le bonheur de chacun, n'est-ce point la
destinée enviable par quiconque ne porte pas de plumet?

On y marche, quoi qu'en puissent dire les instituts et les sénats. Le vingtième siècle sera grand. Cataclysme énorme d'abord, félicité profonde ensuite.

Dans le mobilier non en pierre, — ils n'ont pas de pierre, — mais en fer, les Anglais nous sont supérieurs, c'est évident. Ils l'ajustent moins bien que nous, mais ils le font mieux, et surtout plus diversement. On ne sait quasi plus rien qu'ils ne produisent avec ce métal, en forge, fonte, laminage ou étirage. Comment surpasser la literie dorée, laquée, émaillée, vernie, des Harlow et Cᵉ, des Peyton et Peyton, des Winfield et Cᵉ, et le reste, tous de Birmingham? Couchers régalants et splendides, à colonnes, à baldaquins, à dos découpés et rayonnants comme des soleils! Ils savent maintenant draper là-dessus des mousselines neigeuses, aux nœuds de rubans et de fleurs. Ils deviennent galants.

Cependant une chose m'étonne encore de ces fabricants logiciens. Le principe de la substitution du lit en métal au lit en bois tient à ce que les *bed rooms* de Londres et autres Angleterres sont historiquement célèbres par les punaises; or nous voyons sur de beaux fers peints en or se poser des fonds de bois peints en jaune. C'est inconséquent. De même aux nôtres sont les cadres des sommiers. Vouloir chasser la bête n'est pas pour lui laisser un nid.

D'autres fabricants de Birmingham, ce Lemnos plus fabuleux que la fable, MM. Crichley et Cᵉ, exposent abondamment des meubles en fonte de fer historiée et bronzée, tables, cheminées ornées, porte-chapeaux et porte-parapluies d'antichambre, armoires à mettre les bottes, guéridons, tout ce qui peut décemment n'être pas en bois. Les formes sont convenables en général, et quelques-unes sont belles. L'art usuel s'est mis en marche énorme dans ce pays des promptitudes. Ajoutons une suite de cheminées en fonte et tôle émaillée, à M. Benham, de Londres, et celles de M. Ferguson, si pimpantes, voisines des incomparables imitations de bois et de marbre de M. Taylor. Nous n'avons point les pareilles; et c'est, dit-on, à très-bon marché, en même temps que fort solide. Ces émaux bleu de ciel, roses, lilas, jaune clair, bravent la chaleur et la fumée du foyer, grâce un peu sans doute au frottement particulier des servantes irlandaises et galloises, lesquelles, à l'inverse des nôtres, n'épargnent ni leurs genoux ni leurs bras. C'est gai. Et lorsque, l'été venu, la grille de l'âtre

fourbie est fermée de festons entremêlés de bouquets, il ne se peut
rien de plus agréable.

N'oublions pas une exception déjà connue, la console en acier,
marbre et bronze doré, envoyée de Londres par M. Wertheimer. On
la dit l'œuvre d'un Français : qu'importe ? Quand l'art se réfugie, encore une fois, c'est la faute de ceux qui l'exilent. Si notre laborieux
ébéniste Kneib, qui vient de prodigieusement exécuter le meuble
trois fois comtesse ou marquise de M. Manguin, était réduit aussi à
nous quitter, comme on nous en menace, le pays qu'il adopterait en
serait-il moins son héritier légitime ?

L'empire ottoman, dont nous avons vanté les incrustations de nacre, qui ressemblent à de lumineuses rêveries, nous donnait en métal
deux magnifiques braseros, cassolettes immenses d'où la chaleur ne
saurait vraiment sortir que parfumée.

La Roumanie exposait un mobilier religieux polychrysochrome,
appartenant à M. Babik, de Bucharest. Le goût de ces dévotions
grecques nous a paru contestable, mais, pour en parler justement,
il faudrait connaître le milieu qui les reçoit. Cela peut être beau
relativement.

L'Italie nous met autrement à l'aise. Ici l'admiration n'a point de
bornes. Je regrette de ne pas savoir comment s'appelle l'auteur romain d'un guéridon en marbre où, fraîchement, s'épanouissent des
roses et des dahlias. Une table bacchante, en mosaïque, aussi venue
de Rome, ne manque point d'agrément ; mais cette tête vineuse, aux
tons crus, sent je ne sais quelle nourriture ecclésiastique et n'inspire
que des pensées de chair, au lieu que Florence et Venise nous avaient
envoyé des illuminations. Torrini, Rinaldelli, Montelatici, Bazzanti,
Barbensi ; quels artistes ! Pourquoi n'avoir donné qu'une médaille
d'argent à Torrini ? C'est se moquer. Où donc avions-nous concurrent
meilleur pour la médaille d'or ? La table de Torrini incrustée en
pierres dures, sur fond de porphyre, avec groupes de coquillages
et de corail ; son meuble à bijoux ; ses guéridons peuplés de fleurs,
de fruits, d'oiseaux becquetant et chantant ; celui des frères Montelatici, avec ornements en calcédoine ; d'autres encore, car il faudrait
tout citer, réalisent, ce me semble, un art sublime. Nous aurions pu
nous montrer plus justes envers lui. Lucques a donné une table charmante, envoi de Carlo Lucchesi et de Francesco Bianchi. Volterre,

Lavagna, Rimini, la Sicile, avaient des marbres, des albâtres, des
gypses de tout travail, de toute beauté. Florence encore apporte à
profusion des vases, des coupes, des groupes en marbre vert, en
agate, en serpentin ; les sculpteurs Vichi et Becucci fournissent
pour rien des ornements statuaires ; la manufacture royale de pierres
dures foisonne de jeunes talents. A côté de la matière ils ont la main,
dans ce pays chéri. Ils ont aussi l'espérance et l'ardeur, qui commencent à nous manquer. Mais cela reviendra.

Milan, Gênes, Naples, Palerme, exposaient de bons meubles en
métal ; nous citerons principalement des lits palermitains en cuivre et
fer plaqué de cuivre, par MM. Cavallaro et Pizzutto. Modèles anglais,
sinon français.

La Russie imite et suit Florence dans la fine et belle industrie des
pierres dures. En outre des meubles sans égaux, en ébène et lapis,
avec bas-reliefs de fleurs et de fruits, sortis de la fabrique *impériale*
de Péterhof, elle nous a présenté un guéridon dit par elle-même en
mosaïque *florentine*. Rien de supérieur ne saurait s'imaginer.

Puis les vases et coupes en jaspe et rhodonite de la fabrique encore
*impériale* d'Ekatérinbourg. Rhodonite veut dire pierre rose ; orgueilleux faiseurs de toutes choses que nous sommes, tâchons donc de
faire celle-là ! Et enfin les tableaux énormes et superbes en mosaïque
brute de l'établissement plus *impérial* encore de Saint-Pétersbourg.
Il est dommage que toutes ces splendeurs, d'un prix qui doit être
effroyable, laissent le spectateur inanimé. A quels souvenirs cela
tient-il ?

L'Espagne, qui n'a pas de cheminées et s'en fait gloire, exposait
naturellement des braseros en cuivre. Je voudrais voir avec eux revenir le trépied du dix-septième siècle, en fer forgé. Est-ce donc que
les réchauds modernes se posent simplement à terre, comme des
crachoirs ? Un lit en fer sur des pieds en bois m'a fait encore penser
aux punaises sauvegardées. Un délicieux berceau tressé de coquilles
nacrées, avec un palmier de même pour ciel et pour abri, rendra cher
aux mamans le nom doux de M. Botana.

La Prusse avait des meubles menaçants, en bois de cerf, par
M. Giesmar, de Wiesbaden : canapé, chaises, armoire, porte-manteaux, porte-lumières, et jusqu'à une pendule. Cela criait gare au
passant. Certains y voyaient un symbole. Un chardon terrible, sous

prétexte de lustre, par M. Bachnert, de Berlin, était tout aussi épouvantable. Ma passion trouvait préférables les fraîcheurs peintes sous glace du brillant et charmant M. Heckert, de la même ville guerrière Dire que ce chardon a eu la médaille d'or !

La Belgique était le vrai succès des cheminées en marbre. A part le dessin, sur lequel chacun peut dire et mentir même, nous ne voyons guère dans la marbrerie courante qui jamais mieux fit que MM. Leclercq, de Bruxelles, M. Louis Mélot, de Bruxelles, MM. Devillers, de Bruxelles. Il est clair que voilà trois noms sonnant la France des pieds à la tête : mais ce n'est pas une raison, et nous tenons pour belges leurs excellents ouvrages. Soyez-en fière, terre petite de l'hospitalité petite. Le jury a donné avec justice la médaille d'or à MM. Leclercq.

Dans l'imitation pratique, où la Belgique fut longtemps si fameuse, on remarquait les marbres et granits artificiels de MM. Delcourt et Cordemans, de Bruxelles. C'est vraiment pour que la Corse et les Pyrénées attaquent notre heureuse voisine en contrefaçon. Une très-bonne table, peinte à s'y méprendre, par M. Vanhoorde, d'Anvers, ajoutait puissamment au délit.

La Hollande se relevait un peu de son mauvais état mobilier par une cheminée en marbre noir simple et décente qu'exposait une maison, de Rotterdam peut-être, mais dont nous ne savons pas le nom. Au-dessus étaient des miroirs appartenant à MM. Eckhart. Un superbe paravent, en laque nacrée à sujets, appelait le plus grand lustre sur M. Nooyen, de Rotterdam aussi. Souvenons-nous à ce propos que les Hollandais furent les premiers qui reçurent et firent connaître les admirables productions asiatiques du genre. Il est tout simple que la tradition leur en soit un peu restée. De même font-ils de leur peinture immortelle. Quelques restes de cet art, qu'ils eurent si beau, éclatent encore dans les deux autels polychromes offerts à un bon marché inouï par MM. Cuypers et Stoltzemberg, de Ruremonde.

Une console avec glace, néo-grecque et bien construite, nous apprend le nom des miroitiers de la cour à Amsterdam, MM. Vᵉ Dorens et fils.

Nous pouvons compter encore, parmi les meubles autres qu'en bois, un poêle-cheminée capital, avec cadre de grande glace, en faïence blanche, à M. Akerlind, de Stockholm.

Le carton-pierre et ses annexes étaient partout. Si bien que lorsque ces ingénieux mensonges avaient une peinture sur le visage,
il n'était guère possible, avec la salutaire police des « ne touchez
pas » et « n'approchez pas, » de savoir positivement à quoi l'on avait
affaire. En somme, malgré ce que certains peuvent en tirer, tous ces
plâtres et plâtras, toutes ces pâtes et ces colles, le blanc d'Espagne
et le blanc de Meudon, qui sont les mêmes, composent une industrie
équivoque, pauvre, maussade, terne, devant laquelle nous ne saurions
brûler d'encens. Nous trouvons même fâcheux que, poussant le mal
au pis, ceux qui la servent et s'en servent aient inventé des fiches,
des mèches et des queues pour fixer dans le plafond et dans la muraille les blagues architecturales et sculpturales qui en résultent. Au
moins, quand ces choses tombaient, on s'en dégoûtait. Maintenant
qu'elles tiennent, on s'y habitue. Triste habitude.

Le jury n'a pas été de notre avis. Il a donné une médaille d'or au
carton-pierre dans la personne d'un fabricant, extrêmement distingué
d'ailleurs, M. Delapierre. Le salon louis-seize qu'il a exposé est fort
beau, le principe accepté. Et il faut bien que ce soit, puisque les
palais eux-mêmes s'en contentent. Impostures souveraines. Avec
M. Delapierre nous citerons MM. Razetti et Baillif, MM. Bandeville
et Bourbon, M. Hardouin, MM. Huber frères. Puis voilà le similimar-
bre et le similipierre de MM. Lippman, assez merveilleusement réussis
pour qu'il nous soit arrivé d'hésiter et de nous tâter avant d'oser tenir
pour authentiques le marbre, la pierre et l'émail de l'autel byzantin
qu'exposaient MM. Baud, Panel et Cᵉ, de Lyon. Ces erreurs possibles
irritent. Au point que même les stucs sans pareils de M. Crapoix,
qui rendent si admirablement les porphyres, les agates, les brè-
ches, toutes les beautés lapidaires, n'ont point pour nous le charme
absolu qu'ils devraient avoir. Il y a aussi M. Masseron, mêlant le carton-pierre au bois, à faire volontiers prendre l'un pour l'autre. Il y a
les frères Catherinet, faisant en peinture des marbres et des bois à
surpasser les Anglais. Il y a encore des mosaïstes et des carreleurs en
toutes matières, disant vrai et disant faux : M. Sorel, du ciment, qui est
décoré, MM. Nuty et Curie, MM. Mazzioli et del Turco, M. Mora. Puis
le dallage en pierre de la Sainte-Chapelle par madame Fontenella : à la
bonne heure ! je répondrais de celui ci comme je réponds des terres
cuites de M. Boulenger d'Auneuil. Voilà de la belle et brave industrie.

L'étranger, nous l'avons vu, s'est fait gloire de ne pas rester en arrière. Admirons sa généreuse émulation. Sans compter un meuble monumental dont les ornements pourraient bien être en sciure de bois durcie, tels que les obtient si bien notre imitateur imité Latry, l'utilitaire Angleterre exhibait avec orgueil la fausse cheminée, les faux plafonds, les faux lambris, les fausses portes de MM. Jackson, de Londres, *papier mâché* trompant si bien l'œil qu'il m'avait, au premier abord, paru nécessaire et patriotique d'attirer sur l'une de ces portes l'attention du grand menuisier Gilbert. Puis, avec les faux marbres et les faux bois de M. Taylor, ceux non moins faux et non moins beaux de M. Read et de M. Richardson. Ailleurs aussi l'Allemagne, la naïve Allemagne avait ses fausses portes comme les autres ! Cette destitution progressive du vrai dans le vieux monde nous paraît pleine de terreurs.

Jetons en finissant, comme par compensation consolante, un regard sur une industrie nouvelle, celle des ardoises décorées, mise pour la première fois en lumière par M. Charlier, de Caumont-l'Éventé. Dans ce schiste au ton bleu, qui vaut les plus beaux de ses concurrents, l'habile ingénieur a pratiqué tout un système charmant de gravure, de dorure, d'incrustations et de mosaïques inusables. C'est une ressource nouvelle et abondante pour la décoration intérieure et extérieure. Rien de plus doux et de plus soyeux à l'œil : rien aussi de plus ferme et de moins coûteux relativement. On en fait encore des meubles peints, vernissés, dorés et même laqués au four comme le seraient des produits de Germain ou de Gallais. C'est une découverte.

# CAAPITRE XVI



La classe 26, sur l'examen et le jugement de laquelle on raconte des choses pharamineuses, embrassait premièrement les petits meubles, les coffrets, la marqueterie, la tablettgrie, le laque. Puis la maroquinerie, la vannerie, la brosserie et les pipes.

Ici beaucoup de fabricants qui exposaient et ont été récompensés ne possèdent point de matériel et n'occupent pas d'ouvriers en atelier. Ils s'adressent, le comité d'admission l'a reconnu lui-même, aux ébénistes, tabletiers, bijoutiers et autres producteurs à façon. Ajoutons, et c'est le pire, qu'un certain nombre d'ouvriers travaillant pour leur compte, faute de pouvoir les vendre en personne, vont offrir leurs produits, bien souvent des chefs-d'œuvre, aux maisons spéciales de l'article ou aux commissionnaires de l'exportation. Heureux si la maison a des besoins ou si le commissionnaire a de la conscience ! Quoi qu'il en soit d'ailleurs, la signature de l'auteur est interdite. Un jour, à l'Exposition, je demandais au représentant d'un riche ébéniste le nom du sculpteur d'un coffret que j'admirais. « C'est fait dans les ateliers de la *maison*, me fut-il répondu. — Mais le des-

sin ? — Il est du chef de la *maison*. » Je savais précisément le contraire. Et comme j'insistais de façon obstinée, le jeune lieutenant
finit par me dire : « La *maison* a payé, donc l'objet lui appartient. »
Sans contredit, monseigneur. Mais alors si moi, passant, je vous
achetais l'objet, il m'appartiendrait finalement : c'est donc moi que
le jury devrait récompenser ?

Ce ne serait pas la première fois.

Paris est à peu près l'unique centre de la fabrication du petit meuble
bien fait. Cette fabrication, la maroquinerie comprise, représente un
chiffre annuel de douze à quinze millions. La France elle même en
achète les deux tiers ; le surplus est exporté en Amérique, en Angleterre, en Allemagne, en Espagne et en Russie.

De l'avis commun, c'est dans la classe 26 que le progrès des dernières années a le plus et le mieux montré son œuvre. La base d'art
de l'*article* étant le goût, ceux qui le font n'ont guère de concurrence
à craindre. Vienne a bien sa maroquinerie et l'Angleterre ses laques,
deux excellentes fabrications ; mais le goût ! Ailleurs qu'à Paris on
fait des brosses, des peignes, des tables à ouvrage, des nécessaires,
des porte-monnaie, des paniers, des gibecières, des sacs, des trousses ;
mais le goût ! C'est au point, je crois, que ceux d'ailleurs viennent à
Paris surprendre ce secret, qui est dans l'air. Et ma foi, quand ils y
sont, m'est avis que beaucoup y restent, tant la branche regorge de
noms allemands.

Examinons cet article enchanteur.


Le coffret doit être contemporain de la femme. Quand on trouve
l'une on trouve l'autre. La boîte de Pandore était un coffret. La boîte
de Psyché était un coffret. Vénus Anadyomène, naissant toute
grande de la mer, voit d'abord tomber à ses pieds un coffret. Le Pal-
ladium fut apporté dans un coffret : Minerve était femme, Pâris l'a
bien prouvé. C'est un coffret qui laissa échapper la vertu d'Hélène ;
c'est un coffret qui perdit la Marguerite de Goethe, comme ce fut
un coffret qui plus tard délivrait Anne d'Autriche après avoir empêché
l'évasion de Marie Stuart. « Sauvez surtout mon coffret ! » s'écriait
la maréchale d'Ancre. Amour, intrigue et parure, les trois grands
dangers de la femme ! Si loin qu'il y eut un secret, un souvenir ou
un bijou, — et qui nous dira quand ? — le coffret, cette petite arche,

*arcula,* — le mot est presque saint, — apparut aussitôt pour enfermer, soustraire, assurer, cacher la chose chère ou funeste, coupable ou sacrée, périlleuse ou précieuse. Le plus ancien meuble portatif fut un coffret. Lorsque le premier voyageur, pasteur nomade, se contentait d'un sac en feuilles ou de la peau d'une bête pour serrer ses vivres et ses hardes, sa compagne, encore plus légère de bagages, n'emportait que son coffret. Celui-ci pouvait bien alors être une courge, comme en ont toujours les Vénézuéliennes, ou une coquille, ou un fruit, qu'importe. Le prix ne fait rien à la chose.

Dans les peintures effacées par l'âge, sur les bas-reliefs frustes, parmi les ornements, débris de monuments perdus, on voit le coffret. Il est, avec l'oiseau, la fleur, la couronne et le coussin, un accessoire obligé de la décoration antique. L'art de tous les peuples s'est exercé sur ce rien charmant, depuis les données les plus naïves jusqu'aux combinaisons extra-savantes de la ligne. Indiens, Persans, Arabes, l'Égypte, la Grèce, Rome, ont travaillé à immortaliser le bahut minuscule. Ils ont fouillé ses faces et ses contours; ils l'ont sculpté, ils l'ont gravé, ils l'ont embelli et doublé de fantaisies, d'emblèmes, d'étoffes, de métaux et de richesses. Ils adoraient la femme en l'adorant.

Les modernes héritèrent de ce culte ancien du petit meuble favori, et nous le suivons, d'après nos moyens, à peu près tel qu'ils nous le transmirent. Nous ne créons point, à la vérité, nous arrangeons; mais c'est si bien, que c'est tout comme. Quand les géants de la renaissance étaient fatigués de faire des architectures et des statues, ils dessinaient, modelaient, ciselaient, découpaient et damasquinaient des poignées d'épées, des chenets, des lames, des marteaux de porte et des coffrets. Il y en a de Ghiberti et de Donatello, de Michel-Ange et de Cellini, de Jean Goujon et d'Énéas Vicus. Parmi ceux d'aujourd'hui, certains auraient peur de déroger en de tels délassements; c'est peut-être que ceux-là sont petits. Après le coffret renaissance vinrent le louis-treize, le louis-quatorze, le louis-quinze, et enfin le louis-seize, qui fut, comme dit M. Brandely, « le fond du creuset, la dernière étape du beau. » Que de reines et de maîtresses de roi ! Que de cadeaux et de mystères ! Le coffret alors était châsse d'amour et reliquaire de politique. On ne le vit jamais plus ingénieux, plus spirituel ni plus mignon.

La République austère et l'Empire batailleur fermèrent rudement la porte à ses complications gracieuses. Il devint alors une boîte simple et triste, roide et froide. Toutefois l'art néo-grec cherchait à s'y faire jour. Aujourd'hui nous sommes en plein dans cet art. Que deviendra-t-il et qu'en restera-t-il? on ne sait. Il est probable qu'on finira par ne plus copier, recopier, et mal copier Boulle, Bérain, Riésener ou autres gloires mobilières semblables. Mais ce néo-grec, après tout, pourrait bien n'être que la renaissance déguisée : quel rang lui donnera l'avenir? A quels signes même le reconnaîtra-t-il? Notre temps est nombreux, mais il n'est pas fécond. L'amour est le seul vrai producteur, et nous n'avons guère que de l'amour-propre. Passion pauvre et déserte, finissant communément par le suicide de Narcisse !

Ce qui n'empêche pas quelques noms vivants d'être de fort beaux noms ; et je crois qu'au grand banquet rétrospectif, les Pierre Woieriot, les Virgile, les René Boivin, les Étienne de l'Aulne communieraient et trinqueraient de bon cœur avec Aubouër, Brandely, Burckle, Constant Sévin, Guérin, Manguin, May, Nivillers, Party, Piat, Prignot, Rossigneux, Sauvrezy, Wassmus. Nous les rangeons, ceux-ci, selon l'alphabet, par frayeur des querelles de préséance. *Genus irritabilissime!*

Et que d'autres encore, si l'étouffement patronal permettait toujours de savoir comment ils s'appellent ! En ce travail parisien que tout surpasse, artiste et artisan ne font qu'un. Voyez combien en voilà seulement pour les meubles couronnés de M. Fourdinois, le grand prix : ébénistes, Appel, Bousquet, Lafage, Vendekerchof ; ébaucheurs-sculpteurs, Hilaire, Primat, Quillart, Reine dit Vincennes ; finisseurs, Arnoux, Bonjour, Colin, Junotte. Douze mains valant assez la tête qui les commande.

Chez M. Diehl, dont nous allons d'abord parler, ils abondent aussi. Guillemin, figuriste ; Charles Boudeville, Ivorel, Lévy, Poirier, découpeurs ; Point le merveilleux, Lesueur père et fils, L'Hôte, Bennès, ciseleurs ; Malarmet, monteur, etc. Et pour chefs, Blancheteau, Brandely, Frémiet, Philippe May. Dans le coffret, cette maison Diehl était la reine. Que le jury s'y soit trompé, c'est son affaire; mais par-dessus le jury sont les hommes de l'état, par-dessus tous est le public. Plein pouvoir à ceux-ci de reviser et de casser.

Nous l'avons dit sans souci du scandale, et nous le répétons : c'est à

**M.** Diehl que l'ébénisterie française de 1867 doit ses efforts les plus visibles dans le grand meuble. A risques insensés, il a voulu et osé rompre avec les vénérations syndicales, avec le fossile professionnel, avec un *sine qua non* consacré, mais décrépit. Il a été aidé par un artiste hardi, étrange, homme d'entreprise et de prime saut, doué d'amour pour tout ce qui marche et d'éloignement pour tout ce qui s'arrête, respirant et soufflant l'horreur superlative du commun ; beau dessinateur, du reste, ayant sucé les bonnes mamelles, poëte à ses heures et curieux faiseur de trous dans le rideau de l'avenir. M. Brandely était le compagnon qu'il fallait à M. Diehl pour sa tentative grosse d'aventures et de sacrifices. Aussi tous deux ont-ils richement travaillé, et leur armoire mérovingienne ainsi que leur table aux griffons dorés, chefs-d' œuvre dont les juges inquiets ont cru se tirer par une médaille de bronze, resteront comme un point de départ audacieux et lumineux auquel Aujourd'hui ébloui se refuse, mais que Demain clairvoyant saluera.

Même nouveauté dans le petit meuble. Ici les vieillards ont été moins froissés ; ils admettent la fantaisie dans le portatif. Sous ce rapport, et les concurrents eux-mêmes en conviennent, la vitrine de M. Diehl offrait un ensemble unique et triomphant, où la folie coudoie la sagesse, où la raison s'accouple à l'incompréhensible, sans que jamais le trivial s'y mêle, avec la plus parfaite distinction toujours. Bois aussi beau que le métal, métal aussi beau que la pierre, art dominant la matière de tout ce qui est entre le corps et l'esprit. Pour bien dire sur ces bijoux, il faudrait les décrire tous, et c'est trop. Ainsi d'abord le coffret dit coffret Wassmus, avec un manteau jeté sur le couvercle ; un rien de plus ou de moins eût suffi pour tout gâter. Ils s'y sont mis cinq, le chef compris. Cet autre, blanc et virginal, fantaisie indienne en ivoire, rien qu'en ivoire, a demandé sept mois pour parfaire ses onglets sans pareils. Ouvrez-le, vous trouverez toute une séduction : plafond rayonnant, pendentif sculpté, parquet en damier ivoire sur ivoire. En voilà un qui semble retrouvé du grec, en bois de citron avec guirlande de lierre en marqueterie, lyre antique, et les deux petites bêtes en bronze, une coccinelle et un scarabée. Puis deux autres de pur ébène, celui-ci avec ivoire, celui-là avec argent oxydé, simplicités royales renfermant des magnificences inouïes. Les mille difficultés du travail une à une à plaisir abordées et vaincues. Les ferrures travaillées comme on fait l'or, par l'orfévre-serrurier Huby, ce prodigieux homme qui coupe le fer ainsi que d'autres l'ébène, intrépide et splendide, ayant les trois puissances victorieuses, art, goût et volonté.

Nous disons les ferrures, mais non pas les serrures. M. Diehl n'a point voulu risquer de couper ces fines lignes, ou de planter un trou à clef dans le cœur d'une arabesque. Tel coffret s'ouvre en dérangeant une fleur, tel autre en pressant une rosace. Ce qu'on appelait magie au bon temps. Et des gentillesses à côté de ces richesses; deux petites boîtes louis-seize, tout en bois, avec marqueterie de muguets et de rinceaux sur fond de violette, merveilles nôtres et abordables, celles-là, qu'on peut acheter sans être millionnaire ou fou, ou bien la grande maison Jackson et Graham, de Londres, laquelle n'a voulu laisser à personne une étagère, chef-d'œuvre à deux tablettes, dont l'une nous donne *la Fileuse*, marqueterie de Poirier.

Arrêtons-nous, je m'y perdrais. Mais plaçons ici une observation curieuse. En 1855, l'artiste général de ces choses, M. Brandely, outre la médaille de première classe pour ses dessins, en avait obtenu une en bronze pour coopération dans la marqueterie. Cette fois-ci, comme il valait davantage, on ne lui a rien donné.

Il trouve que c'est un progrès, ce philosophe.

Un autre exposant hors ligne nous semble être M. Germain dans cette classe. Il a dérobé aux Chinois et aux Japonais le secret des laques, comme le prodigieux peintre céramique Lebourg leur a fait du secret des porcelaines. S'il ne l'a point dérobé, c'est donc qu'il l'a trouvé et réinventé? Depuis que sa maison existe, elle nourrit, et c'est justice, les imitateurs et les contrefacteurs. Le croirait-on? elle envoie des laques jusque dans les Indes et en Chine, où le laque lui-même fut inventé! Et, quand on les y a portés, ils en reviennent, et faire se peut que nous les rachetions pour authentiques: le commerce a tant d'esprit! M. Germain nous rend aussi le vernis Martin, si longtemps célèbre, admiré et perdu, dont les restes vrais, quel que soit leur délabrement, sont encore payés si cher. Avez-vous, par hasard, de ces vieilleries exquises et singulières qui jadis s'étendaient de la tabatière à la voiture, M. Germain sait les rajeunir et les refaire à ravir en admiration Martin leur père, si le digne homme, ce qu'à Dieu ne plaise! s'avisait d'y revenir voir. Madame Germain —

dans ces richesses et ces abus de finesse et de grâce le goût de la femme prévaut — partage et parfait l'œuvre de son mari. Un autre dessin eût mieux fait pour leur grand meuble : il fallait être plus français dans cette pièce capitale. Quant aux *fac-simile* du japonais et du chinois, mariages du laque noir avec la nacre, ils avaient là des tables, des boîtes, des plateaux, des corbeilles auxquels le magnifique paravent de Rotterdam pouvait seul être comparé. On ne saurait se faire une idée de ces jeux de lumière éblouissants, de ces chatoiements irisés et kaléidoscopiques dont à chaque mouvement l'aspect change. C'est le régal perpétuel des yeux.

Voyons à présent la collection de M. Tahan, l'heureux titulaire de la médaille d'or. M. Tahan n'est pas un fabricant proprement dit ; c'est un homme d'imagination, d'arrangement et de ressources qui, je crois, en remontrerait à tous les fabricants réunis. Ce n'est point pour rien qu'un nom devient populaire et typique. Nul mieux que M. Tahan ne sait combiner les forces et les choses, mettre ensemble les spécialités, composer un tout d'éléments inconnus et disparates. Il a dans la main tout le Paris du petit meuble, et vous pouvez vous fier à sa fantaisie : quand elle le trompe, c'est encore pour lui fournir autre chose que du vulgaire.

On s'accorde à lui reconnaître la paternité du coffret moderne. C'est peut-être beaucoup, si l'on veut songer à tout ce qui est sorti du coffret, cave à liqueurs, boîte à cigares, boîte à jeux, boîte à thé, boîte à gants, etc. Mais qu'importe ? Quand ce chercheur connaisseur veut sérieusement faire une jolie chose, il n'a point à craindre qu'on le dépasse. Seulement il ne veut pas toujours, et ses intentions charmantes ont leurs jours de caprices. Il possède Ahrens, Brandely, Burckle, Chevrel, Marais, Meyer, Sauvrezy, Schillmans, Warnemunde frères, Winkelsen, et pourtant l'envie lui prend parfois de chercher mieux. L'impossible !

On devient un peu femme à tant travailler pour les femmes.

Trois pièces étaient surtout à distinguer dans son exposition, qui aurait pu être moins mêlée. Premièrement, un petit guéridon en émail, véritable et souverain bijou dont il faut, je crois, attribuer l'exécution à M. Gossart. Ensuite un meuble louis-seize en noyer, tabernacle du dieu Tabac, offert par souscription au sénateur baron Heeckeren, ci-devant démocrate, pour y mettre ses cigares invariables. Ce meuble, superbement sculpté par Coisgebeur, porte sur son panneau principal un paysage en marqueterie naturelle, ouvrage remarquable de Wolker, l'excellent artiste que nous avons perdu. Une suscription élégante sur marbre, placée à ravir, fait encore diversion au ton mat de l'œuvre et la rehausse avec bonheur. Il est fâcheux qu'un hommage surabondamment rendu par le sculpteur au blason de l'illustre destinataire soit venu, comme un placard, charger le haut, déjà fort embarrassé de vases. L'intérieur, tout à fait réussi, est un travail japonais à porte-pipes et tiroirs qui recevront le précieux narcotique. Un pot à tabac, de Barbizet, dessiné par Brandely, y est conséquemment posé comme un ostensoir. C'est complet et religieux, et l'esprit subjugué s'y prosterne ! Pourtant, si nous logeons si bien les vices, où donc mettrons nous les vertus ?

A côté de cet ouvrage des frères Warnemunde, qui a pu leur servir pour celui qu'ils exposaient sous leur nom, était un bahut de mariage dessiné par Burckle, un artiste. Nous aimons moins cette chose noire et blanche, où l'ivoire et l'ébène mêlent leurs notes funèbres, selon le triste usage qui partout se répand. M. Tahan avait autorité pour en finir avec cet égarement singulier et communicatif. Pourquoi ne l'a-t-il pas fait ? Un coffre de mariage en deuil, qu'est-ce ? Une satire ou un présage ? D'autant que, si pure et bien découpée que soit cette marqueterie d'ivoire, encore belle à côté de celle donnée par Joseph Heffer à MM. Jackson et Graham, elle accable de sa lourdeur les jolis petits pieds qui la supportent. Pourquoi aussi avoir laissé les côtés vides ? A quelle économie fâcheuse faut-il attribuer ces pentures en cuivre, bonnes pour des portes de dix écus ?

Mais tout ceci n'est pas la faute de l'ébéniste à façon, et nous n'en félicitons pas moins M. Marais, excellent parmi les bons.

L'exquise maison Sormani a perdu son chef : mais elle a gardé la tradition du chef : la veuve et le fils continueront le père. Héritage vénéré. Tout a été dit sur ce sanctuaire de la fabrication du petit meuble ; nulle part on n'a fait plus beau ni meilleur. C'est plaisir et fierté nationale de voir travailler ainsi. Nous aimons à rappeler que le nom de Sormani figure aussi dans le grand meuble, à un rang digne de son éclat. Le henri-deux en bois noir et le bureau de femme louis-seize qui portent cette bonne signature ont dû faire songer plus d'un orgueilleux voisin. Deux adorations !

Un double emploi du même genre distingue MM. Gerson et Weber, autre maison d'ordre élevé. Bonne place ici et là. J'imagine que notre classe 26 doit beaucoup procéder de l'Allemagne ; la moitié des noms y sont allemands. Si les hommes en paix se prêtent réciproquement leurs forces, que vient-on toujours nous parler de la guerre? Nous avons remarqué de MM. Gerson et Weber une belle papeterie en ébène et ivoire, un coffre de mariage en bois d'Amboine, une boîte à ouvrage en poirier naturel à filets bruns, et une cave à liqueurs aux quatre murs de cristal richement enchâssés de bronze doré. Tout cela fabriqué sur de bons modèles et dans les conditions les plus honorables. Le nom de la France est porté haut par de tels messagers.

La vitrine de M. Bork méritait un examen particulier. Ce fabricant est du petit nombre de ceux qui disent la vérité au public ; on trouve en sa personne l'homme de sa marchandise, et ce qu'il montre il le répète par douzaines. Selon l'image pittoresque d'un maître, « il ne monte pas encore sur les chevaux de bois du jeu de bagues aux médailles. » Sa boîte à châles en ébène rehaussé de lapis-lazuli est néanmoins une chose royale. Caves à liqueurs aussi, et boîtes à gants, en marqueterie bien faite, honnête, solide. Témoignage partout d'un travail bon et consciencieux. Que le destin protége M. Bork! Je le soupçonne pourtant d'employer le bois durci dans ses ornements ; pourquoi ne pas laisser à M. Latry cette gloire artificielle dont il use si bien?

La maison Giroux, aujourd'hui tenue par MM. Duvinage et Harinkouck, n'est pas plus une fabrique que celle de M. Tahan, mais elle dirige et fait établir de façon plus ou moins recommandable. Je n'aimais point, et bien s'en faut, la jardinière avec aquarium dont il lui avait plu de décorer l'un des passages, et qui semblait une ombre portée de l'œuvre suisse de MM. Wirth. Nous n'avons point été heureux en jardinières. La place de ces négociants dans la classe 26 était meilleure. Deux armoires en cristal bien montées de bronzes sobres, une pendule en ébène marquetée avec rehauts en émaux byzantins, un coffre à richesses en ébène aussi, relevé d'émaux de Sèvres, avec l'intérieur rouge, sont de bonnes choses assurément. La singulière boîte à jeux de toute sorte, dont les employés qui la montraient semblaient faire si grand cas, nous agréait moins ; et moins encore une manière d'Alhambra émaillée et poncée qui, faute de pouvoir paraî-

tre jolie, essayait par vengeance d'avoir l'air vieux. Il n'est bon d'a-
buser ni de soi ni des autres : on vend cher, il faut vouloir et savoir
payer cher, afin de fournir sûrement et bien. Autre chose. Tous ces
objets ont leurs auteurs : pourquoi ne pas le déclarer, maisons riches
et économes qui exposez, vendez, gagnez et vous attribuez l'essence
des ouvriers que voilà ? C'est votre droit, heureuses boutiques, puisque vous avez payé l'inconnu dont vous jouissez: mais n'était-ce
pas le sien aussi, à ce pauvre homme, qu'en livrant son œuvre on y
mit au moins son nom? Ce que je fais vous appartient, mon maître ;
mais ce que j'invente est à moi. Art et nourriture sont deux.

M. Leruth fabrique beaucoup pour l'exportation. Ceci, volontiers,
serait synonyme de mal faire; il y a chez nous tendance violente à
traiter familièrement l'étranger. M. Leruth dément cette imputation
mauvaise par un choix abondant et honnête qui tout embrasse, du
nécessaire au porte-montre. De plus, il nous apprenait les habitudes
disparates des nombreuses nations qu'il fournit. Ainsi la table à
ouvrage d'une Parisienne ne servirait point à une Péruvienne ; on
brode assis en France et couché à Constantinople. Dessins élégants,
formes de bon goût, travail supérieur à presque tous ceux de même
destination. Quelques marqueteries pourtant nous ont paru d'une
exécution un peu lâchée : mais les commissionnaires, qui payent si
peu, vous font aller si vite !

Le nom de M. Boulanger cache le labeur d'un fabricant ouvrier de
premier ordre, homme pour tous notable et respecté, M. Martin
Tiefenbruner. Personne ne travaille sa besogne avec un sens plus
pur ni une conscience plus minutieuse. Voyez comme ces bois
en frise sont bien alignés : pas un défaut, pas une tache. Il est telle
cave en thuya qu'on dirait venue d'un seul morceau. Associez un
crayon habile à cette main superbe et vous aurez des chefs-d'œuvre.
Les réductions de grands meubles nous ont fait moins plaisir chez
M. Boulanger; chaque dimension doit avoir sa forme. Un coquetier
n'est pas le nain d'une urne.

La cave à liqueurs, orgueil mignon de la ménagère bourgeoise, est
chez nous l'objet d'une fabrication considérable. M. Raymond s'y
distingue particulièrement par le nombre, l'excellente façon et le bon
marché général : sa maison est une puissance et une renommée.
M. Maréchal passe pour être l'introducteur du bois de thuya dans

cette branche amusante du petit meuble ; il s'en tire bien, quoique ses modèles nous semblent pauvres : à la fin du diner de famille, la cave à liqueurs doit apparaitre riante et rutilante comme un bouquet. M. Duthoit et MM. Briy ajoutent à la cave le nécessaire, la papeterie et la boîte à gants : M. Duthoit, avec abus visible du genre boulle, lequel ne va bien qu'aux choses immobiles. On voyait pour la première fois M. Duthoit, ce vieux et jaloux faiseur de bonnes choses, lequel n'avait jamais voulu exposer, « de peur, disait-il, de ceux qui volent les modèles. » Hélas ! monsieur Duthoit, devant une telle crainte il ne faudrait point vendre non plus. M. Chevrie, en homme qui sait son monde, complète la cave à liqueurs par le porte-cigares à musique : tous les goûts sont dans la nature. Et d'ailleurs, rien n'aide au narcotisme comme ces sons de guimbarde obtenus mécaniquement.

M. Zimberg, autre fabricant d'objets d'exportation, présentait une corbeille de mariage infiniment galante, en bois noir, avec application d'émail. C'est très-recommandable d'opulence et d'effet. N'oublions pas la jardinière et les autres petits meubles de M. Jules Houry, le céramiste, en faïence sur bois : peinture et sculpture. M. Diehl avait aussi un coffret de ce genre, tentative très-fine et très-hardie faite sur une composition élevée : nous l'eussions mieux aimé coffre que coffret. Ce retour sur M. Diehl nous ramène au souvenir du coffre de mariage exposé par MM. Allard et Chopin, morceau de sculpture délicate et dessinée dont on n'a pas voulu nous dire l'auteur ; à celui du coffret à bijoux d'Aubouër, des chefs-d'œuvre centimétriques en ébène de Sauvrezy, etc. Il n'est plus chez nous d'ébénistes grands qui ne s'essayent dans ces fantaisies attrayantes. Chaix a eu des coffrets charmants. C'est comme les couplets que riment parfois les grands poëtes. Même délassement des fortes cervelles et des forts crayons. Après la *Légende des siècles,* la *Chanson des prés et des bois.*

C'est peut-être ici le cas de parler de meubles très-décents, en palissandre et autres beaux bois, avec moulures et sculptures, servant à cacher des coffres-forts en fer. M. Haffner avait de ceux-là, et il y est renommé. Pour nous, chercheurs de vérité, le fer tout nu semble préférable ; c'est une force qui garde une autre force, franchement et visiblement. Aurait-on par hasard peur ou honte d'être riche, quand c'est à qui voudra pourtant le paraître ? Dans la donnée du coffre-fort clair et sans hypocrisie, nous aimons beaucoup le morceau d'acier exposé par M. Huby fils, ce jeune prince des serruriers.

Par une singulière fantaisie de classement, la sans pareille exposition de M. Huby se trouvait déraisonnablement occuper la classe 65, du sixième groupe, dite *matériel et procédés du génie civil*, parmi les pierres, les briques, les tuiles, les ardoises, le zinc, le plomb, l'asphalte, les appareils de salubrité, le ciment, le plâtre et la grosse ferronnerie. Il fallait le savoir pour le voir, et le voir pour le croire. La place de cet homme-là était au mobilier, visiblement et positivement. Son coffre-fort et ses coffrets en acier sont des meubles ; ses serrures ciselées, ses clefs découpées, ses crémones, ses entrées, ses mille ornements des portes et des fenêtres, sont de la belle, et bonne, et pure orfévrerie : ce qui n'ôte rien, bien s'en faut, au mérite mécanique des combinaisons et de la fermeture. Nous l'eussions donc cherché et rencontré avec joie dans les richesses et les préciosités de l'ameublement, à portée de Barbedienne l'enchanteur, entre le meuble aux aciers à M. Roudillon, qui vient précisément de lui, et les belles dinanderies de MM. Lerolle ; aux environs de Philippe, dans le rayonnement des Fannière : à la bonne heure ! Pourquoi soustraire quelqu'un à son milieu, et le mettre où personne ne saura le juger ? C'est injuste, et c'était inutile.

Mais c'est fait, et nos pauvres discours n'y peuvent. Prenons donc les choses comme on nous les a données.

Le coffre-fort de M. Huby est dans le genre de la renaissance, en acier travaillé à la main, tous les détails absolument pris sur la masse. Les moulures extérieures sont ajustées d'angle, comme les bons faiseurs le font dans l'ébénisterie ; si bien qu'on peut, au besoin, les démonter et les remonter pour l'entretien du poli. La composition très-remarquable de ce meuble, qui n'a point de rival, appartient à M. Manguin, un architecte dont nous avons déjà parlé. L'exécution extérieure est de M. Hoerner, un grand ouvrier ; la serrure et ses accessoires, de M. Leduc. Le maître veut que l'on connaisse ses aides. Nous ne saurions reprendre ici qu'une chose, c'est le bronze doré des ornements : leurs élégances brillantes auraient figure plus sage s'ils étaient en acier comme le reste. A part cette faute de couleur, tout est d'un grand mérite. Voici maintenant des clefs, et je ne sais pas si, parmi les plus admirables choses du genre que nous ont laissées les beaux temps anciens, on peut signaler pareils bijoux. M. Huby fait ces clefs de cinq cents francs lui-même. Il prend un morceau d'acier brut et le forge à chaud ; il l'ébauche, le tourne, l'égalise et le recuit une première fois. Vient ensuite la gravure du dessin, après quoi le foret fonctionne ; telle découpure à jour représente plus de cent cinquante percements. Second recuit et passage à la lime. Là-dessus arrive le ciseleur, qui s'appelle Poux, Renault, ou quelque autre des ateliers de M. Nanthier. Remarquons bien qu'en ces difficiles travaux la scie à découper ne saurait servir ; tout se fait au foret, à la lime et au burin. Une petite clef exécutée ainsi prendra vingt jours ou un mois de main-d'œuvre. Et quelle main-d'œuvre ! Ce ne sont point là des ouvrages qui devraient se marchander ; cependant on les marchande, jusqu'à la honte parfois. Jamais, je crois, vendeurs ni fournisseurs n'eurent moins qu'aujourd'hui le respect du talent.

L'autre chef-d'œuvre, avec le coffre-fort, était une serrure louis-seize que l'industrie du bronze tout entière a trouvée magnifique. Cette serrure comporte avec elle une clef, une paume et une crémone de même valeur. La composition est de Prignot, l'ornement et la figure par Chéret et Carrier-Belleuse, la fonte par M. Lachapelle, la ciselure comme dessus, et l'achèvement par le jeune maître. Je suppose que voilà une assez belle réunion de mains et d'esprits. Maintenant, oublions l'orfévre et voyons ce qu'a fait le serrurier.

La porte de son coffre-fort double et incombustible n'est qu'une serrure immense dont on ne se lasse point d'admirer le jeu. Cette serrure comporte deux systèmes, et pourtant le petit doigt d'un enfant la fait marcher. D'un côté est le mécanisme à pompe, par lequel sortent du même coup dix pênes distribués sur les quatre faces ; de l'autre est le travail à gorge mobile, qui d'un tour de clef fait tomber les dix pênes en crochet dans l'intérieur des parois, et, pour remplir le vide laissé par cette course, appelle immédiatement d'autres pênes, lesquels viennent prendre la place des premiers. Tout crochetage ou forçage par écartement est donc ici radicalement impossible. Ajoutons la présence ingénieuse d'un *délateur* venant apprendre au caissier qu'on a essayé d'ouvrir sa caisse, et de plus une combinaison double pour le secret de l'ouverture légitime, à savoir six boutons à chiffres et six boutons à lettres ; un nombre et un mot que l'on change quand et comme on veut.

Ce meuble, que véritablement rien ne balance, représente seize mille francs de façon. Mais. beautés d'architecture et d'ornement à part, M. Huby peut livrer un solide coffre possédant toutes les sûretés que voilà pour cinq ou six cents francs. C'est l'idéal, pour le riche, du sommeil tranquille à bon marché.

Revenons à nos gentillesses.

Marcelin, notre admirable mosaïste en parquets, a voulu aussi payer son tribut au petit meuble par un coffret indien qu'on dirait venir de Calcutta ; et comme pour nous donner raison dans nos origines, madame la comtesse de Dampierre a mis à l'œuvre ses mains patriciennes. Hommage plus légitime ne se pouvait.

En somme, et les exceptions à part, belles comme laides, nous avons là un petit art ravissant ; mais nous ferions bien, je crois, d'y moins mêler le métal. En ces agréables jeux, le bois doit suffire au bois. Des legs d'ornements de tous genres que nous ont faits les époques grandes, louis-treize, louis-quatorze. louis-seize, la seule marqueterie de bois est restée convenable, quelquefois belle même, et parfaite, comme par exemple les quadrillés de Riésener, que nous recommençons aussi bien que lui. Mais, pour l'amour des honnètes gens, gardez-vous donc et gardez-nous des affreuses contrefaçons d'un soi-disant boulle appliqué dans du louis-quinze, en étains et cuivres remplis de déshonneur, sur fausse écaille ou écaille-pinson, hontes et misères sans réparation possible, proie légitime du ver et du vert-de-gris !

Sachons-le et disons-le, dans l'emploi aux œuvres petites et fines, le métal n'admet pas ou n'admet plus qu'on le néglige. Ce que ma main présente d'inutile à mon regard doit le satisfaire ou être rejeté. Voilà pourquoi, malgré un désir prématurément exprimé en 1866, quand nous vantions sur parole les promesses parisiennes de l'Exposition, il nous est aujourd'hui à peu près impossible d'accorder une mention favorable à l'article dit des *petits bronzes*. Si on ne l'arrète où le voilà, c'est une industrie perdue. Ni sens, ni forme, ni façon.

Exceptons pourtant M. Millet, qui tenait la place donnée à un ivoirier, M. Coidon. Celui-ci était donc absent, et il a eu la médaille ; M. Millet, présent, n'a rien eu. Singulier !

## CHAPITRE XVII.



A partir du coffret et de ses annexes grandes et petites, on se noie
un peu dans les détails, et la ressemblance des travaux force à répéter la formule de l'appréciation. C'est l'inconvénient de la classe qui
nous occupe en grande partie. Comme on a pu déjà le voir, ses exposants, sauf quelques maisons importantes, appartiennent à l'espèce
des pauvres petits producteurs au talent souple, au génie multiforme,
dont le charmant travail va journellemeut s'engloutir, ignoré, usurpé,
anonyme, sur l'étagère égoïste de l'âpre et mal payant détaillant.
Nous tâchons, en ce qui nous concerne, de rétablir un peu de justice
et de lumière à l'égard de ces artistes troglodytes que le consommateur n'a jamais connus. Puissent nos efforts en consoler quelques-
uns !

Une autre branche, très-délicate et charmante, est celle des faiseurs
de paniers. On l'a poussée jusqu'à imiter la dentelle, et j'espère que
c'est fini. Mais de ces fragiles inventions est tout à coup sorti un art
presque grand, la vannerie décorative, dont M. Renaudin et M. Muttet
nous ont apporté des spécimens surprenants. Que de douces et mo-

destes femmes se sont arrêtées rêveuses devant le petit meuble de
M. Muttet et sa belle jardinière en jonc! Faut-il ranger dans la vannerie ou dans la passementerie la *corbeille* de mariage en tresses
blanches qui faisait la renommée de M. Renaudin? Il doit y avoir
eu des fées pour nouer ces tresses.

L'amusante classe comprenait aussi la tabletterie, grosse branche
aux mille et mille feuilles. Paris, Dieppe, Saint-Claude, Beaumont,
Beauvais, Méru, Noailles, les environs d'Évreux, l'Aisne, Maine-et-
Loire, la Moselle, les Vosges; l'or, l'argent, l'étain, le cuivre, l'ivoire,
l'écaille, la nacre, toutes les cornes, tous les os, tous les bois, l'ambre, l'*écume de mer*, le caoutchouc, le carton, le crin, etc., etc. Cinquante millions de production annuelle, dont vingt millions à Paris;
vingt corps d'état pour le moins; de cinq à six francs par jour aux
hommes, de deux à trois francs aux femmes : voilà l'effectif, la statistique et le budget.

Les tabatières en sont, art curieux qui jadis avait ses collection-
neurs. Le plus fameux que j'aie connu fut le journaliste Merle; le
dernier fut Lablache. Aujourd'hui la pipe a presque éteint la tabatière, où M. Mercier reste seul et souverain. M. Mercier, homme
abondant et généreux, qui depuis trente ans fait des modèles et les
laisse prendre à qui les veut, ce qui pourtant n'empêche pas son
succès et ne lui ôte pas son rang. Certains riches peuvent être volés
et rester toujours riches. C'est un don.

La pipe dite en *écume de mer* — nous ne viendrons jamais à bout
de l'appeler autrement — constitue en France une industrie toute
jeune et déjà forte pourtant au point de fournir la Prusse et l'Autriche. Admirable conquête! Elle est entrée dans nos mœurs, cette
pipe, tyran auquel rien n'échappe. Autrefois les femmes donnaient
aux hommes des cravates: aujourd'hui la cravate n'est plus, elle est
devenue le *cache-nez*, un mot malsonnant et malpropre, et les femmes,
désespérées, donnent des pipes. C'est lâche. Il y a des pipes en *écume*
de deux mille francs, ornées de sculptures difficiles et étranges. Le
tabac heureusement n'y est pas meilleur. Nous y comptions quatre
ou cinq exposants, dont une forte maison. MM. Bondier, Donninger
et Ulbrich, deux noms allemands sur trois: c'était bien le moins. Pipe
et bière sont sœurs. Le promeneur parisien en connaît particulièrement une autre, travaillant de ses mains, M. Sommer, du passage

des Princes, — pourquoi plus passage Mirès? — Peut-être aussi
M. Goetsch, du passage des Panoramas. Ceux-ci se font voir. Une
foule curieuse est toujours à leurs vitres, contemplant, désirant et
soupirant. Elle voit entrer là des femmes jeunes et belles. Jeunesse
et beauté ne leur suffisent plus; il faut encore la pipe pour retenir le
seigneur et le garder. Nous devenons Turcs tout doucement, et la
Française tourne à l'odalisque. Cela promet, n'est-ce pas, pour l'avenir
des idées? Le pouvoir y gagne et s'en arrange : où la pipe choppe,
liberté s'achoppe. Fumer gêne pour parler, et pour penser aussi.
Quant à l'action, « vous attendrez que j'aie fini ma pipe! »

Le plus habile faiseur de pipes est, selon nous, M. Charles Six.
Cet homme simple et de bon goût a su donner une sorte de sévérité
aux formes généralement vulgaires et sans valeur que semble chérir
une industrie démoralisatrice. Sa vitrine contenait un Vercingétorix
d'une grande beauté, un chef-d'œuvre, absolument parlant. Jamais
l'*écume de mer* — puisque le mot persiste en dépit de la nature et de
l'histoire — ne servit à modeler figure plus noble. Est-ce un symbole que de te trouver là, vainqueur de Gergovie, notre grand ancêtre, si fier d'abord et si soumis ensuite dans la prison où César
craintif t'étrangla?

Les ouvrages en ivoire ont une bonne place. Nous l'aurions voulue
magnifique. Il s'en va, le bel art des ivoiriers de la renaissance. Dieppe
s'est sentie si faible qu'elle n'est pas même venue : la pauvre ville
voit tout s'enfuir, le poisson et le talent ! Il lui reste les bains, un
métier doux.

Citons alphabétiquement MM. Allessandri, M. Brisvin, M. Canelle,
M. Coidon? M. Correaux, M. Gateau, M. Moreau, M. Poisson,
M. Turbot. Au premier est échue la médaille d'or. Je suppose que c'est
pour son grand meuble, si magnifique de détails, arrivé trop tard dans
sa catégorie. Une monnaie tellement superbe excéderait le mérite des
billes de billard et des touches de piano que nous trouvons exposées
ici. Une belle chose que ce meuble. MM. Alessandri en réclament
l'invention, et tiennent à ce qu'on sache qu'il a été exécuté *dans leurs
ateliers;* ils font bien. On se vanterait à moins. Une sorte de temple à
richesses bâti en ébène, ayant trois mètres de haut, avec figures, reliefs
et bas-reliefs en ivoire d'un travail délicieux; le tout taché, malheureusement, et chargé, et surchargé d'or, mais réalisant cependant

quelque peu des rêves splendides de notre cher Eugène Sue, lorsque, dans le *Juif errant*, il bâtissait la porte de mademoiselle de Cardoville. Une audace à la Barbedienne, une fantaisie comme en conçoivent les chanteuses et les impératrices. Seulement Barbedienne, qui est le goût et l'esprit en personne, n'aurait pas mis du bronze doré là-dessus. Nous avions cru d'abord devoir attribuer au maître Prignot une part dans cette conception, et les fabricants ont protesté. Tant pis pour les uns, mais peut-être aussi tant mieux pour l'autre.

M. Moreau, sculpteur professeur en ivoire, avait mis un beau coffret de sa main dans la région des métiers fonctionnants. C'était assez difficile à trouver : non loin du prodigieux travail de M. Michel, artiste découpeur unique en son genre sans doute, lequel, livrant des bois de toutes essences et couleurs aux scies et toupies mécaniques de l'heureux et glorieux M. Périn, en a tiré un de ces chefs-d'œuvre qui jadis immortalisaient leur homme dans son corps d'état, et ne passent plus aujourd'hui que pour des tours de force inutiles. L'honneur en revient au patron de la case, et c'est tout. Si l'ouvrier se montre exigeant, on le chasse. Je paye, dit le maître, donc je suis.

Le premier homme de la tabletterie riche est sans contredit M. Pingot. Ce qu'il produit, c'est la beauté dans le respect. Il choisit parmi les coins d'ivoire vert et les carrés de bois précieux, rejetant et reprenant jusqu'à ce qu'il ait trouvé. Puis il arrondit sa pièce, et la mord et la creuse, pour qu'elle devienne une boîte, un écrin, un étui, sans rien qui soit coupé, rapporté ni sculpté même, si ce n'est peut-être un chiffre ou un insigne, allant tout chercher ainsi dans la sûreté douce des lignes, la pureté du galbe et l'immaculation de la matière. Pour monture et pour garniture, point de richesse fausse ou à moitié, luxe indigent et voleur des cadeaux économiques ; de l'or ou de l'argent, ni plus ni moins, purs, vierges, ou au premier titre. Il n'y avait certainement dans aucune montre travail de cette tournure et de cette qualité.

M. Pingot fait admirablement aussi la reliure en ivoire, dans le même système de considération pour sa pièce. Au lieu de rattacher ses deux plaques à un dos, au moyen de charnières malhabiles ou des forces équivoques d'une doublure dont rien ne répond, il les évide et les courbe pour les rejoindre sur le dos lui-même par une suture unique qui devient un ornement dissimulé. On ne se figure pas quelle liberté cela donne au jeu parfait de l'ouverture. De même pour les carnets et les agendas. Quant au goût qui distingue toutes ces choses, si M. Pingot n'était pas le premier tabletier de Paris, il resterait encore un des grands artistes de l'industrie générale. C'est assez dire.

Non loin de M. Pingot, il convenait de voir et d'admirer M. Cossard, charmant fabricant d'émaux montés qui donnent envie de les voler. Nous avons parlé de M. Cossard à propos du guéridon exposé par M. Tahan. Le catalogue nous avait fait écrire Gossart; renvoyons-lui la bévue. *Suum cuique*.

Un voisin de ceux-ci, que le jury aurait pu, nous le croyons, mieux traiter, était M. Cléray, fabricant de tabletterie riche en écaille.

Entre autres grands et petits objets exposés, M. Cléray nous apportait la Bible de Gustave Doré, reliée en écaille illustrée d'or et d'émaux, le dessin par Charles Samson, les émaux par M. Bau; moulages, posé, incrustations et le reste, par l'exposant lui-même. C'est là un travail sans exemple, complétement splendide et magnifique, qui a coûté dix mille francs à son auteur. Le jury a trouvé ici qu'une médaille de cuivre suffisait, c'était son droit. M. Cléray a refusé, c'était aussi son droit. Le cercle est donc vicieux. Seulement, en 1848, M. Cléray a été transporté. Il avait vingt ans. Revenu après sept ans, pauvre et nu, il lui a fallu, seul, sans appui, sans argent, se recommencer et se refaire. Aujourd'hui il a une maison. Tant de courage et de labeur ne sont peut-être pas une raison pour manquer tout à fait de talent. Est-ce que les antécédents politiques seraient un grief dans les expositions?

Les peignes et les brosses de toilette sont aussi dans la classe 26. Deux grands *articles*, sujets d'une fabrication immense, laquelle emplit le monde et se l'assujettit par la recherche et l'élégance des formes. C'est sur quatre et cinq millions annuels que certaines maisons travaillent. Malheureusement la qualité manque parfois, et rien n'est rare presque comme une bonne brosse bien faite. Quant aux peignes dits en écaille, en des lieux pourtant bien fournis la tortue est la dernière bête qu'il faudrait en accuser. Le bon marché répond de ces petits crimes; et nous l'acceptons. C'est à blâmer, mais c'est fatal. Reste la ressource de payer cher. La brosse n'était pas exposée pour le crin, bien entendu, mais pour la monture. Les Thévenot, les Gauchot, les Paillette avaient de belles choses. M. Paillette père est le premier qui, en France, ait substitué le chevillage à l'ancien plaqué sur couture dans la monture des brosses. Il y a de ces montures en ivoire qui touchent presque au chef-d'œuvre. La mode riche nous en vient d'Angleterre, le pays qui sait le mieux payer son luxe. Une illusion que je m'étais faite, a-t-il été dit, à propos de certaine brosse à pantalons achetée jadis très-cher rue du Temple et effrontément fourrée de baleine, m'a valu de la part de MM. Dupont et Deschamps, grands fabricants de brosserie fine à Beauvais, des renseignements bons à répandre. Premièrement, selon ces messieurs, le géant Paris s'attribue à tort le privilége des brosses bien faites. Sa fabrication en ce genre est à peu près restée ce qu'elle était il y a vingt ans, routinière et insignifiante; on s'y souvient sans remords du temps où la brosserie fine de France ne valait pas même pour l'exportation. Il n'est point mauvais de quelquefois rabattre ces grandes vanités établies. Le brossier parisien brille surtout par le *frappe à l'œil*, moyen séducteur qu'il obtient en payant — et assez mal, par parenthèse — des artistes vertueux qui lui sculptent un manche de brosse comme un coffret. Personne, j'imagine, n'empêcherait ceux de la province d'en faire autant s'ils le voulaient.

La vérité est que le progrès dans la fabrication des brosses et de beaucoup d'autres objets de tabletterie appartient principalement à notre département de l'Oise, et c'est grâce à lui qu'aujourd'hui nous fournissons les Anglais, lesquels hier encore nous fournissaient. Ainsi MM. Dupont et Deschamps exportent à cette heure le quart de leurs produits annuels, qui s'élèvent à deux millions de valeur. Huit ou neuf cents ouvriers à eux seulement en vivent, sur les cinq mille que le département entier occupe à une industrie presque toute neuve au bout du compte, et dont le développement est grandement dû aux moyens mécaniques introduits depuis douze ou quinze ans par cette maison puissante; tels, par exemple, qu'une machine à faire les manches qui déjà figurait à l'Exposition de 1855.

Quant aux brosses fourrées de baleine, il n'y en a plus, paraît-il. Non parce que les brossiers sont devenus plus honnêtes, mais parce que la baleine coûterait autant que le sanglier. Cherté force probité.

De même que celle de la brosse, la fabrication du peigne est considérable. Bonne et belle en outre, de temps immémorial. A côté de la grande maison Fauvelle Delebarre, aujourd'hui veuve, et de ses

17

rivaux dans l'écaille magnifique, comme les Cassella, les Guiraud, les Margage, les Desruelles, etc., il convient de citer deux intéressantes fabriques du département de l'Eure, MM. Martel frères, à Ivry-la-Bataille, et M. Alexandre Fontaine, à Ezy. On travaille dans ces provinces modestes. Ainsi les peignes fins en ivoire piquaient la tête depuis l'éternité et coupaient les cheveux : MM. Martel frères ont trouvé moyen tout à la fois d'abattre les vives arêtes de la dent, en adoucissant celle-ci et la polissant à l'intérieur, puis d'arrondir les pointes en goutte d'eau, de façon à les rendre glissantes. L'article leur doit de plus un grand peigne à manche se repliant en deux par une charnière qui complaisamment le fait tenir dans le gousset. Les voyágeurs de commerce et messieurs les officiers rechercheront ce genre de peigne. M. Alexandre Fontaine, successeur de M. André Jourdain son beau-frère, fabrique particulièrement les peignes de toilette en corne, buffle, irlande, blond sans tache, etc. C'est une maison qui dure depuis trente ans, toujours avançant et se perfectionnant. Soixante ouvriers, dont vingt femmes, y font mille peignes par jour. Ce n'est pas très-abondant peut-être, mais c'est parfait, et le jury l'a justement reconnu. En outre, on a là dedans des soucis paternels et l'on s'inquiète de la sûreté de son monde. Ainsi les métiers vont par la force hydraulique, motrice d'arbres de couche qui les commandent : M. Fontaine a inventé un système de débrayage qui permet à chaque travailleur, en tirant simplement un cordon de sonnette, d'arrêter à l'instant, et sans quitter son métier, le mouvement de tout arbre quelconque. Si loin qu'il était, le péril cesse. Mettez mille ouvriers au lieu de soixante, on n'y eût peut-être pas songé. Les grandes usines sont des États où l'individu se perd.

La classe 26 contient encore la maroquinerie, qui se divise en grande et petite : la grande, comprenant les nécessaires, les trousses, les sacs de voyage, les portefeuilles ; la petite, encore plus répandue sous forme de porte-monnaie, porte-cigares, etc. Paris est son centre de fabrication, et presque tout s'y fait à la machine. Maisons notables assez nombreuses, allemandes pour la plupart. Midocq et Gaillard, la première peut-être par le chiffre ; M. Crestmacher, les frères Scherff, les Keller, M. Marx, si bien pareil aux Anglais que les Anglais lui prennent presque toute sa production ; MM. Triefus et Ettlinger, qui sont encore tabletiers comme le maître Pingot, sinon aussi bien que lui. Puis MM. Simon Schloss et neveu, concurrents-nés des maroquiniers de Vienne, qu'ils égalent toujours quand ils ne les surpassent point : MM. Schloss, les empereurs du porte-monnaie. Tout chacun ayant et portant de l'argent a connu le porte-monnaie Schloss. Des noms qui ne sont guère de chez nous, mais qu'importe ! Talent et probité nationalisent mieux que les lettres. Qui donc donnera à l'humanité la grande unité qu'elle cherche, si ce n'est le beau travail généralisé et moralisé ? Ajoutons que commercialement tous ces noms valent et sont la marque de bonnes choses, en maroquin du Levant et autres, ou bien en cuir dit de Russie, aux senteurs célèbres. Quelques-uns ont appliqué la peau à des innovations heureuses : ainsi le jeu d'échecs de voyage de MM. Schloss, tout en pièces souples, de même qu'un coffre-fort et des cache-pots. Napoléon a acheté le jeu d'échecs. Cette maison Simon Schloss est dans la bonne voie du droit de chacun sincèrement reconnu. Hors de concours comme membre du jury, le chef a voulu reporter sur ses collaborateurs les récompenses auxquelles il n'avait plus à prétendre. Ils étaient dix signalés par lui, et que le jury a couronnés. Nommons-les, c'est beau. MM. Louis Fadin, son contre-maître depuis vingt-sept ans ; Léon Pineau, chef mécanicien ; Joseph Jardin, chef horloger ; Mongé et Texier, portefeuillistes ; Bahrmann et Prutz, maroquiniers ; Lesage, bijoutier ; Kress, ébéniste et Bertrand, sellier. Ces égalités-là sont bonnes et conduisent à la fraternité rare.

M. Alain Moulard, qui a la spécialité du porte-monnaie brodé, cachait galamment un nécessaire dans un manchon : dé, ciseaux, fil, aiguilles et flacon. Ce n'était peut-être pas indispensable, mais qui sait ? M. Aucoc, l'un des arbitres de la classe, exposait surtout de l'orfévrerie. On aurait pu le cantonner mieux dans sa richesse principale. La très-considérable fabrique de gainerie Gellée frères a reçu la médaille d'or : c'est tout dire, et qu'est-ce que notre critique y ferait ? Nous l'eussions peut-être mieux aimée donnée à Pingot ; mais le métal attire le métal.

Un mot me revient à propos de médailles, sans allusion possible à qui que ce soit. Certain exposant de nos amis, trouveur ingénieux et tout à ses risques, obtient péniblement une mention honorable. Un juré qui le connaissait vient à lui, par condoléance : « Si vous faisiez un million d'affaires, lui dit-il, nous vous aurions donné la médaille d'argent. » Qu'est-ce donc que vous récompensez, messieurs? Le succès? Alors pourquoi voir les produits? Il suffirait de voir les livres.

N'oublions pas, en quittant cette section divertissante, l'excellente tabletterie des montagnards de Saint-Claude ni les prodiges, dans un art perdu, de M. Leroy, tourneur et guillocheur à Nantes. Que n'avait-on ici placé et couronné ce beau joaillier du bois, Cornevin, de la Flèche, si profondément claquemuré dans la quatorzième classe?

Si maintenant nous allons chez nos voisins chercher la comparaison de leurs œuvres, il se peut qu'un certain déplaisir nous saisisse. Nous avons l'amour-propre à très-haute dose, et les quémandeurs de popularité nous ont tant prêché nos qualités exquises que *français* a fini par devenir un superlatif. L'art français! le goût français! synonymes d'idéal et d'absolu. Ce ne sont point là des habitudes sages, et le patriotisme même devrait avoir sa modestie.

Les grands peuples sont de grands enfants: le mot est vieux, mais il est vrai toujours. La preuve, c'est qu'aucun de ces grands peuples n'a encore trouvé le moyen d'être heureux. Or, que font les enfants quand on les flatte? Ils ne font rien.

Et nous avons à faire, ô mes compatriotes! Beaucoup à faire, et sans relâche. Notre rôle est d'être en avant toujours. Qui nous dépasse nous surpasse. En 1855 nous étions sans doute les premiers dans l'art usuel, mais nous l'avons trop su, trop vu, et on nous l'a trop dit. Voilà le malheur! Depuis ces douze ans, nous n'avons plus marché, ou guère; nos forces et notre génie se dépensaient autrement, je veux le croire : il se fait parfois des travaux sourds qui laissent le sol tranquille autour de leur germination imperceptible, et tout à coup, l'instant venu, éclatent et se mettent debout parmi les tonnerres du renversement. Visiblement au moins, nous en sommes où 1862 nous avait trouvés. Les autres, ces arriérés, étaient partis de loin, et de bien loin. Aujourd'hui les voilà. Le lièvre et la tortue, apologue immortel! Aller au pas toujours vaut mieux que galoper quelquefois.

Il nous reste, à la vérité, la douceur de nous dire que ceux-ci n'ont fait qu'après nous avoir vus faire. C'est une ressource.

Donc le vestibule franchi, qui était comme un pas de Calais, signalons d'abord un joli petit bureau de dame louis-seize, en bois d'amarante et citron, avec cuivres assez soignés, à M. Wertheimer, de Londres ; c'est ce qui nous ressemblait le mieux. Puis un guéridon marqueté sur trois pieds, à M. Gillow, l'homme d'un buffet illustre. Puis la collection de *laques* en tout genre, grands et petits, de MM. Bettridge et Cᵉ, à Birmingham. Les Anglais disent *papier mâché*. Leur mot ne vaut pas mieux que le nôtre.

Après quoi venait une admirable suite de nécessaires, sacs et commodités portatives de toute sorte, en métal, en ivoire, en bois, en maroquin, en velours, par MM. Betjeman et fils (un nom qui n'est point anglais), Jenner et Knewstab, Johnson et Rowe, les frères Schafer (autre nom germanique), et enfin W. Leuchars de Londres, le Tahan de Piccadilly, exposant parmi cent trésors un coffre de voyage pour quelque pairesse couronnée des trois royaumes, boîte d'ébène massive, dont l'intérieur efface en richesse le possible et l'impossible. Joignons-y les très-bons travaux en nacre, genre oriental, pour caves à liqueurs et autres menues sûretés, de deux fabricants de Birmingham, M. Chatwin et M. Mooran.

Une brosserie anglaise en ivoire, solide et magnifique, mais lourde, nous était présentée par MM. Kent et Cᵉ, Condron, Fentum, et l'excellente maison Pemberton, de Worcester. Les brosses doubles à tête qu'exposait celle-ci attendent chez nous un imitateur : rien de plus pratique et de plus prompt. Peignes d'écaille de toute beauté, par M. Heinrich, un troisième Allemand. Vous allez voir que toute cette industrie vient d'Allemagne.

Suivons. L'Amérique, dans la classe qui nous occupe, ne possède guère que les pipes, très-allemandes aussi, de M. Kaldenberg, à New-York, en ambre et *écume de mer*, mensonge partout accepté. La pièce d'honneur a pour sujet Macbeth devant les sorcières. Cette pipe tragique n'aurait-elle pas été faite à Vienne ? Sous le ciseau, la matière blanche et terne qu'on appelle écume est d'une sécheresse caséeuse à faire regretter ce qu'elle coûte. Un caprice dépravé qui passera, espérons-le. Le nouveau monde ne saurait être l'héritier forcé de nos vieux vices.

L'empire ottoman toujours apporte et rapporte ses coffrets en forme de petites malles, gaiement peints sous leur vernis peu consistant. Quelques pièces en incrustations de nacre, des pipes en terre damasquinées d'argent, qui sont des œuvres d'art tout à fait natives, des bouquins, des écritoires à mettre dans la ceinture, fourreaux, étuis, etc. Un art, en somme, qui ne signifie plus rien. Le costume changeant, il fallait tout changer. Qu'est-ce qu'un Turc sans turban ? Qu'est-ce que l'Orient en paletot et en bottes ?

L'Italie, ressuscitée laborieuse, nous donnait les ouvrages exécutés dans l'institut industriel et professionnel de Pierre Giusti, c'est-à-dire de vivantes restitutions de la renaissance ; la reproduction en ivoire de la fontaine Jaia, un coffre sculpté et marqueté de la main du maître, pour l'heureux comte Gori Pannilini ; le cadre en noyer à écussons qui contiendra l'histoire numismatique de la maison de Savoie, etc. En disent tout ce qu'il leur plaira nos saints sacrificateurs de l'ajustage hermétique et de la fermeture pneumatique, ce travail-là respire et inspire ce qui l'anime, l'enthousiasme, la passion, l'amour ! Quelque chose de mieux souffle-t-il donc du nôtre ?

Rome, par-dessus ses très-excellentes marqueteries d'ivoire, ajoutait le coffret magistral de Rafaële Vespignani. Que reprocherons-nous à ce morceau d'ébène ? La papauté n'a pas tout étouffé là-bas. On se souvient.

La Russie, comme échantillon de petits meubles, exposait une curiosité à angles arrondis, en un bois dur inconnu et superbe. L'étiquette appelle ceci *bureau* EN CAPE. Qu'est-ce ? Cette merveille naturelle, car la seule matière en fait tous les frais, figurait sous la rubrique du ministère des domaines ; exposant, Valérian Karnowitch. La main qui s'en est chargée n'est point certes une main d'apprenti ; il faudrait une loupe pour trouver les joints.

Le contingent suédois se compose d'ouvrages en bouleau qui n'ont pas de valeur comme art. Mettez avec cela une quenouille, des peignes de corne et des brosses. Le nécessaire et pas plus.

La Norwége a plus de mérite. Les petits ouvrages en bois de MM. Borgersen, à Thelemarken-Skien, sont pleins de grâce naïve et très-heureux de forme. L'ouvrier de ces choses doit aimer ce qu'il fait.

Copenhague a envoyé un chef-d'œuvre. C'est une corne en ivoire doublée d'argent et montée sur pieds de griffon, formant ce que les Danois appellent un bocal à vin, et appartenant au prince Oscar, duc d'Ostrogothie. Cette superbe pièce, ouvrage de M. Schwartz, exécutée sur les dessins de M. Peters, est historiée finement de bas-reliefs qui représentent les principales scènes de la saga de Frithief, poëme d'Isaïe Tegner. Rien n'est à ce point hardi, gracieux, singulier et bien campé. Tout musée qui l'aura s'en honorera.

L'Espagne avait quelques patiences assez informes en bois sculpté. On dirait des loisirs de prisonnier ; c'est triste. Avec cela une grande et étrange malle de voyage à toute sorte de secrets, portant cases et tiroirs en ébénisterie ; le dessus très-original, en cuir, genre et dessins moresques. Vieil art jadis proscrit par une religion aveugle. L'objet vient de Madrid et porte un nom mal écrit : Nueda ou Nuida. Huit cents francs. C'est cher.

Madère avait une table à ouvrage et un bureau de dame en marqueterie, par M. Gaspar, de Funchal ; la Belgique, ses boîtes de Spa, toujours demandées, toujours aimées ; la Suisse, les mille fantaisies de M. Heller, à Berne, des frères Wirth et de M. Fluck, à Brienz. Mais qu'est-ce que tout cela, Suisse, Belgique, Angleterre, Espagne, Sud, Nord, j'oserais presque dire nous-mêmes, devant l'exposition de nécessaires, buvards, albums, sacs, écritoires, écrans et le reste de la fantaisie, de la tabletterie et de la maroquinerie d'Autriche ?

Cet art-là nous vient d'Allemagne évidemment. — Je ne parle pas du coffret. — Londres le sait, Paris le sait, pourquoi ne pas le dire ? Qui fait mieux quelque part et moins cher, plus ingénieux, plus amusant, plus varié, que M. Auguste Klein et M. Girardet, de Vienne ; MM. Schlender et Edlinger, de Vienne ; M. Antoine Krebs, M. Franz Bergmann, M. Franz Theyer, et les frères Rodeck, ces maroquiniers auxquels le jury a donné la médaille d'or ? Reconnaître la valeur d'autrui, est-ce donc diminuer la sienne propre ? Non pas, c'est l'augmenter. Justice et vérité sont preuves de force. Et d'ailleurs un fait ne se supprime pas. L'expliquer vaut mieux. La raison d'une production si abondante, si naïve, si simple à la fois et si riche de tout ce qui peut être offert et donné sans prétention comme accepté sans scrupule, ne serait-elle point que l'affectueuse et souvenante Allemagne est la terre classique du cadeau ? Pays des fiançailles sans fin et des amitiés sans limite, où la fidélité va du berceau jusqu'au tombeau ; le seul où l'on garde à table le siége du mort et le couvert de l'absent ! Les Anglais et les Anglaises ont un peu de cela, mais avec un certain faste. Nous l'avons moins encore.

M. Ch. Steinzel, de Vienne, s'était singularisé par une curieuse exposition d'objets en bois imitant le gaufré et le piqué de la peau. On n'a pas saisi très-bien l'utilité de ce trompe-l'œil. Solidité? Pourquoi? le bois se casse.

La collection des pipes avait quelque chose de sublime. MM. Hess, Hiess, Hofmann, Hartmann et Eidam, Jaburek, Brix, Fuchs, Goldmann, Kanitz surtout, le grand Kanitz, et ses têtes de zouave olympiennes. C'était à rendre possédés les fumeurs pauvres qui passaient. Fumer un zouave en *écume*, le beau rêve! Quelques grillages n'eussent pas été de trop par-dessus ces vitrages entraînants. Cela invitait au vol comme les sébiles d'or des changeurs. Une flatterie gracieuse à notre endroit nous montrait la famille impériale française groupant ses trois bustes autour d'un même fourneau : le père, la mère, l'enfant. Symbole.

Dans la tabletterie fine allemande, une spécialité remarquable était à signaler : c'est le peigne en caoutchouc de M. Reithoffer, de Vienne, si bien représenté à Paris par M. Erckman, le frère du romancier si populaire et si vrai. Solidité, propreté, élégance, souplesse, cet article, parfaitement fait, réunit toutes les conditions. Il est en outre frappant de bon marché. Nous l'avions, et nous ne l'avons plus; pourquoi?

Nous aurions bien voulu pouvoir dire quelques mots de la classe 26 prussienne; mais le voisinage de l'Autriche dominait tout le reste comme une invasion. L'éblouissement vous ôtait le regard. On cherchait et l'on ne trouvait plus.

# CHAPITRE XVIII



Voilà qui est encore immense. La moitié de la France premièrement s'y emploie. Les tapis et les tapisseries comprennent chez nous et célèbrent Paris, Beauvais, Aubusson, Felletin, Amiens, Abbeville, Nîmes, Tourcoing, Tours. Les lampas, les damas, les brocatelles, toute la couverture en soie, font mouvoir et s'émouvoir Lyon et Tours encore. Les reps et les tapis de table sont à Nîmes et à Paris. Amiens donne les velours autrefois dits d'Utrecht, en laine, en poil de chèvre, en coton, cet Amiens, hier connu seulement pour le velours vert ou bleu de la veste et du pantalon de l'Auvergnat fidèle. De l'habillement de l'homme on y est passé à l'habillement du meuble, c'est plus riche. Roubaix, Tourcoing déjà nommé et Mulhouse font les damas de laine, les étoffes de crin, les popelines, autrefois *papelines*, étant d'abord faites à Avignon, terre papale; les algériennes, ainsi baptisées parce qu'au lieu de venir d'Alger elles y vont, etc.

Paris les aide et les guide. Rouen, Claye-en-Brie, l'Alsace, Mouy, fournissent les perses, les cretonnes, les lastings et les draps pour impressions. Paris encore y contribue de sa grande part, Paris Gargantua et mère Gigogne, mort et vie universelle, sans cesse dévorant et sans cesse produisant.

Les mousselines brochées et brodées, qui du lit font un trône et de la fenêtre une arche, viennent de Saint-Quentin et de Tarare. Les coutils propres à la housse, au matelas et au store, portent la marque de Lille et de Flers. Est-ce assez de tributaires et de luxe ainsi, pour nous asseoir et nous coucher? Sans compter le tapissier, s'il vous plaît.

Quant aux matières premières, nous ne les avons pas toutes ; que le traité de commerce soit béni! La laine des tapisseries est à peu près entièrement anglaise, et celle des tapis l'est à moitié : de 8 à 15 francs le kilo. La soie nous vient beaucoup trop du dehors, depuis cette affreuse maladie française du ver, laquelle peut-être dénote une acclimatation vieille et finie; du Piémont les chaînes, de la Chine et du Japon les trames, aux prix énormes de 130 et de 120 francs. La bourre de soie pour mêler aux laines du reps et du tapis de table vient de Suisse, et vaut de 50 à 60 francs, ce qu'autrefois la belle soie valait. Tout est dépense énorme en ce travail. Le poil de chèvre vient d'Angleterre, le beau crin vient de Buenos-Ayres ; le coton de partout, et il est bien cher encore. Le fil de lin est mécanique et nous appartient; Lille le fabrique superbement.

Soixante millions de production à peu près. La main-d'œuvre y prend de dix à trente pour cent. Dans l'étoffe elle occupe un tiers de femmes environ, mais déjà beaucoup de fabricants ont adopté le tissage mécanique. M. Mourceau, qui est un chef, fait ses tapisseries avec le métier Jacquart perfectionné. Ce métier sert aussi pour les étoffes brochées; demain peut-être il mettra sur le pavé nos brodeuses.

L'exposition suisse en est là déjà, et nous montre des broderies exécutées mécaniquement. Le grand tapis lui-même fait connaissance avec ces moteurs impassibles. Dans dix ou quinze ans, c'est évident, l'homme aura moins de peines et de sueurs pour vivre : mais comment vivra-t-il?

Le velours d'Utrecht picard est une bonne chose, qui se fait à la campagne, au foyer du village. L'ouvrier s'y porte bien et sa famille aussi. Quelques tissus unis à la main lui assurent le même avantage. Qu'est-ce que le grand avenir nous garde en échange de ces petits ateliers?

Une exposition universelle de tapis est toujours de plus en plus curieuse, comparativement parlant. Chaque pays pousse sa main-d'œuvre dans la voie du nombre et du bon marché. Quoi de meilleur et de plus utile que ce meuble ? La France y tient entre tous un rang royal : souvenons-nous pourtant qu'en 1806 ce fut la fabrique de Tournay qui, la première, obtint chez nous la médaille d'or. La Belgique, à partir de là, s'est toujours soutenue. Elle consomme. Je ne sache pas même que nous ayons fait des progrès bien sensibles depuis les expositions dernières ; mais déjà nous étions en possession d'un summum satisfaisant.

L'usage s'étend de cette bonne doublure du sol intérieur ; les maisons neuves du Paris neuf commencent à en garnir leurs escaliers. Il est vrai que les propriétaires font payer le loyer de ceux-ci sur le pied de cinquante pour cent, si bien que le seuil du logis passé, on n'en trouve plus, faute d'argent de reste. Aubusson, vieux berceau européen du tapis ras, suit toujours et perfectionne ses traditions de mille ans et plus : qui dit aubusson dit excellence. Aussi ne s'en fait-on faute, et il n'est si mince tapissier qui en tête de ses mémoires, lesquels sont des grimoires, n'inscrive : *Fabrique à Aubusson*. Ce coin paternel du tapis fait aussi le velouté à nœuds, genre extrasolide d'un établissement qui fut longtemps illustre et s'appelait la Savonnerie.

Après Aubusson c'est Nimes, où les frères Flaissier poussent la fabrication très-avant dans le bien ; puis Tourcoing, où M. Chocqueel est roi ; Abbeville, qui répond au nom de Vayson, et Amiens, avec M. Bernaud Laurent et M. Delétoile. Nous ne parlerons ni des Gobelins ni de Beauvais ; leur fabrication, comme celle de Sèvres, est hors du droit commun. C'est superbe sans contredit, mais à quel prix est-ce superbe ? Et encore si le canapé et les deux fauteuils sous verre que Beauvais exposait pour l'Élysée, et dont le maître Grohé a fait les bois, surpassent positivement tout ce qui existe dans l'espèce, faut-il donc en dire autant de l'*Aurore*, du Guide, vieux tableau poussé au noir et copié en tapisserie neuve par les paisibles magiciens de la rue Mouffetard ? Puisqu'on est d'accord pour reconnaître un mérite si précieux à cette peinture de laine, où la palette est remplacée par la navette et le pinceau par le fuseau, je comprendrais fort bien que lorsqu'une grande page de quelque vivant vient, par fortune étrange, exciter encore notre admiration, l'art merveilleux des Gobelins s'en saisit et la reproduisit dans sa fraîcheur. Mais un vieux tableau !

Après la France ou avec la France, c'est donc la Belgique dans le grand tapis. Puis l'Angleterre, l'Autriche, la Prusse, la Hollande. Il va sans dire que pour la beauté des dessins, la France reste toujours la maîtresse. Les Sallandrouze, les Chocqueel, les Braquenié, ont l'honneur de voir les leurs adoptés et copiés partout. C'est notre avantage, mais c'est aussi notre charge et bien un peu notre ruine. Nos hommes font si facilement des dessins si charmants qu'à chaque instant il leur en faut faire de nouveaux. Rien ne plaît longtemps en notre pays sauteur. Telle fabrique anglaise qui livre annuellement au commerce plus que Tourcoing, Aubusson, Nîmes et toute la France réunis, dépensera pour ses dessins la moitié de ce que dépense M. Sallandrouze ou seulement M. Chocqueel.

Aussi les Anglais peuvent-ils, mieux que nous, fabriquer économiquement et mécaniquement, répondant à des goûts sages, lesquels voient dans le tapis un meuble et non pas un ornement. C'est donc avec grand plaisir qu'aujourd'hui nous constatons chez les nôtres et chez les autres une tendance générale et prononcée à s'éloigner de la fantaisie. On en voit bien encore, mais on en voit moins, de ces tapis horizons, maisons, plafonds, olympes, bosquets d'amour et paysages, qui font le visiteur marcher parmi des ciels et essuyer ses pieds sur des figures. En même temps qu'à l'instar des Anglais, nos maîtres dans l'épargne industrielle, nous saurons de plus en plus faire à la vapeur des moquettes imprimées sur chaîne, peu à peu nous renoncerons à de déraisonnables magnificences, et, retrouvant l'antique voie perdue, nous rentrerons dans les sobriétés tranquilles et superbes du tapis vrai, juste et noble, qui fut et sera toujours le tapis d'Orient. C'est chose si simple pourtant que d'aller chercher l'inspiration et le modèle d'un objet aux lieux mêmes où cet objet a été et continue d'être une nécessité répandue, absolue, triomphante! Cette fois enfin nos dessinateurs ont vu le travail de la Perse; j'espère que les voilà ramenés et guéris. Nos tapis ne seront plus désormais pour qu'on s'y tienne la tête en bas, par respect.

Ces petites réserves faites, rendons fièrement et joyeusement hommage aux splendides exécutions qui nous ont frappé. M. Sallandrouze, mort, hélas! comme M. Barbezat, quand sonnait pour eux une heure de renommée si belle, exposait un tapis et des panneaux pour la salle du Trône, à l'hôtel de ville de Paris. Même dommage encore par déviation ; le Paris de l'empire neuf et de M. Haussmann est là, par terre, sous figure d'une belle femme assise au milieu de ses boulevards, de ses halles et de ses égouts. Il vous faudra marcher insolemment dessus. Cette grande chose sur commande officielle et froide laisse d'ailleurs beaucoup à désirer. Combien j'aimais mieux deux adorables rideaux-portières à fond blanc, et les chasses et les pêches, leurs vivantes voisines !

MM. Braquenié frères, à côté d'un vaste tapis oriental à fond rouge, dont la composition mériterait une signature, exposaient en panneau l'allégorie du Travail, une femme aussi, mais plus belle que l'autre, tissée, je pense, à Aubusson, d'après un carton de M. Mazerolle, le décorateur exquis. Avec quoi un paravent à sujets mythologiques en tapisserie travaillée sur fond d'or, des camaïeux, du beauvais, toutes les finesses et les richesses que peut donner une glorieuse et bonne maison.

La troisième exhibition princière, et la meilleure peut-être, était celle de M. Chocqueel, seul demeurant resté de l'association Réquillard, Roussel et lui-même. C'était de tout point une merveille. Jamais l'industrie privée n'a manié l'aiguille avec plus d'enthousiasme. Les fables de La Fontaine avaient été bien aimablement et bien spirituellement peintes par ce pauvre Gabé, mort à la tâche comme les vrais artistes meurent, et pourtant ici la laine est allée, je crois, plus loin que son pinceau. Le grand tapis gréco-romain me plaît moins en sa splendeur : il y a des figures. Quant aux siéges de palais que nous montre là M. Chocqueel, si Beauvais n'avait pas son canapé et ses deux fauteuils impayables, en surplus d'un écran qui vous désespère, et du panneau célèbre en nature morte avec chat et chien, par MM. Chevalier et Dufour, je pense en vérité que l'impériale maison serait relativement battue. Ce que nous disons est sans doute énorme, mais quand on coûte au pays l'argent des Gobelins, de Beauvais ou de Sèvres, il faudrait constamment tenir les autres à cent lieues de soi.

MM. Duplan et Cᵉ, travaillant de même à Aubusson, avaient une grande chasse au loup d'après M. Jélibert ; ce fut le succès populaire de notre section. Ils y avaient joint de magnifiques siéges, dont les bois parfaits sont aussi l'œuvre de M. Grohé. Un vaste sujet champêtre en tapisserie, appartenant à M. Paris jeune, d'Aubusson encore, fait honneur très-légitime à son compositeur, M. Guichard, et l'exécution ne l'a nullement trahi. Une excellente maison du même lieu, M. Castel, exposait des chasses extrêmement réussies. L'art véritable entre là dedans de plus en plus.

Voilà pour Aubusson, la cité mère. Aux trois médailles d'or qui l'ont raisonnablement récompensée, il convient d'associer fraternellement et sincèrement les deux gloires de même valeur attribuées à deux maisons de Nîmes, M. Arnaud Gaidan et MM. Flaissier frères. Fait comme le font ces maîtres habiles, le tapis du Gard pourra valoir désormais les tapisseries de la Creuse. Là aussi il est resté du ferment sarrasin.

Tout ceci est du neuf. Disons un mot du vieux maintenant, et voyons comment on le répare.

L'art de la tapisserie doit être contemporain des premières aiguilles. Il est né au foyer domestique, dans la vie laborieuse et close du ménage. N'attribuons pas à l'homme la grâce de l'avoir conçu. Dès que la femme, abeille toujours en quête de plaire, trouva possible de passer quelque part un fil coloré quelconque, elle s'en servit pour broder et pour brocher. C'était sa peinture, son poëme, sa langue. Des fleurs, des oiseaux, des papillons, des étoiles ; tous ses amours et toutes ses imaginations. Sur des peaux d'abord, peaux des bêtes tuées par le chasseur. Sur des toiles ensuite : la toile de Pénélope était une tapisserie. Les jeunes filles qui brodent sur canevas des pantoufles et des bonnets à leurs vieux pères travaillent comme travaillaient la reine Pénélope et ses femmes. On commença dans l'Inde, en Orient, dans la Grèce. La forme et la couleur en viennent, nous l'avons dit ; et c'est toujours là qu'on les puise. Puis il fut trouvé mieux que l'aiguille, qui avait d'abord été une arête, un os d'oiseau, une allumette avec un trou, un fil de cuivre plié en pincette.

Un inconnu de génie inventa le métier vertical, qui sert encore et qu'on appelle de *haute lisse,* double rangée ou nappe alternative et perpendiculaire de fils blancs, dits de *chaîne,* entre lesquels passe et s'ajuste le fil teint, en soie ou en laine, qui décrira et peindra l'objet à représenter. Ceci est la *trame,* palette arachnéenne dont l'œil, le goût et la main disposent ; le pied, passif instrument, suffit à faire mouvoir et obéir la chaine.

C'est sur ce métier, suppose-t-on, que Tyr, Sidon, Milet, Pergame, Babylone et Carthage ont accompli leurs chefs-d'œuvre disparus. La tradition les a embellis, très-probablement; c'était son rôle. Pour que des souvenirs persistent, il faut les exagérer. Point d'histoire ni de religion sans cela. C'est aussi sur ce métier qu'aujourd'hui même les Gobelins travaillent. Gobelin veut dire, dans la langue du faubourg Saint-Marceau, un homme qui fait de la grande tapisserie. Et comme longtemps on dut tenir pour sorciers ceux qui se livraient à ce travail admirable, la légende naïve des bords de la Bièvre trouverait facilement une parenté entre les gobelins tisserands et les gobelins lutins de la nuit, assez connus encore du côté de Bicêtre.

La vérité sur les tisserands, c'est que les premiers ont été d'obscurs teinturiers, obligés, au quinzième siècle, de quitter leur ville de Reims, parce qu'ils n'y vivaient pas heureusement. Paris les attirait comme une destinée. Ils s'établirent dans ce faubourg, arrosé par cette eau noire qui rend la teinture si riche et si solide, à ce qu'on disait. L'un d'eux, Jean Gobelin, y fit une fortune, et ses descendants après lui. Si bien qu'ils eurent là un palais, et qu'au bout de quelque cent ans, les Gobelin n'étaient plus teinturiers, mais correcteurs des comptes et trésoriers de l'épargne : ce qui leur faisait une noblesse de robe. L'un d'eux fut le marquis de Brinvilliers, célèbre par les crimes de sa femme. C'était, je crois, le dernier.

Aux Gobelin teinturiers succédèrent les Canaye, qui, s'étant adjoint des ouvriers flamands, commencèrent à faire de la tapisserie, car les Gobelin n'en ont jamais fait. Ces gloires de famille sont presque toujours des usurpations, mais le baptème qu'elles confèrent n'en est pas moins indélébile. Le mensonge mord les planches de l'histoire bien plus fort que la vérité.

On attribue au roi chevalier l'honneur d'avoir, le premier, royalisé l'industrie tapissière, entrée dans notre travail privé depuis les Mores d'Espagne et les croisades. Ce roi brûleur d'hérétiques, qui n'a point du tout restauré les lettres, était un viveur galant dans ses bons jours, et rien de plus. Il avait les goûts de ses maîtresses, aimant particulièrement les recherches d'ameublement et d'habillement.

La manufacture royale fut d'abord à Fontainebleau, à peu près italienne, soufflée par Serlio, le Primatice et les autres maîtres de la renaissance transalpine. Puis à Paris, par Henri II, aux Enfants-

Bleus de la Trinité, sous la surveillance plus française du grand Philibert Delorme. Puis au Louvre et dans le vieux palais des Tournelles, par Henri IV, toute flamande quasi, très-belle et coûtant cher malgré Sully, le ministre grognon et ennemi du luxe, dont l'avis, assez juste d'ailleurs, était qu'il faut laisser à chaque pays ses productions.

L'établissement de la Savonnerie date de Henri IV ou de Louis XIII. Ce fut la transformation d'une assez pauvre usine dont le nom indique l'espèce. Là, comme aux Enfants-Bleus, les maîtres tapissiers devaient prendre leurs apprentis parmi les jeunes indigents ; la jalousie des corporations avait eu le bon effet d'imposer cette charité.

Enfin l'état actuel, Gobelins et Beauvais, remonte à Colbert, en même temps que la réorganisation des vieilles fabriques sarrasinoises d'Aubusson et de Felletin. Ce fut alors qu'arriva aux Gobelins le grand maître d'Oudenarde, Janssens, dont nous avons fait Jans, avec une vraie colonie de vrais tapissiers, aimant leur art et y croyant, nourris des admirables modèles de Lucas de Leyde et d'Albert Durer. Car la belle tapisserie à personnages est flamande, quoi qu'on dise ; et quand aujourd'hui nous copions, *à s'y méprendre*, les Louis XIV de Rigaud et les madones du Titien, nous sommes encore loin des batailles de Scipion d'après Jules Romain, achetées par François I<sup>er</sup> vingt-deux mille écus aux tapissiers de la Flandre. On demandait alors à ces grands artistes des cartons pour faire de la tapisserie ; on n'avait pas la prétention de reproduire leurs tableaux.

Lorsqu'on rencontre par hasard de ces vieilles tapisseries d'invention si spéciale et d'effet si puissant, conçues pour la couleur en laine et non pour la couleur à l'huile, elles sont à peu près dans un état notable de détérioration. Sales, fanées, mutilées, trouées. L'entretien en était difficile, le déplacement pénible et dangereux ; on les a laissées se défaire et périr.

Et le dommage est selon le poids. Toutes ne sont pas restées, loin de là, attachées à leurs murailles premières ; on les a déménagées et transportées comme on a pu. Trop grandes, on les a coupées comme on eût fait de la première tenture venue. Trop petites, on les a maladroitement rallongées et rapportées. Laissées en place humide, la moisissure, le salpêtre, les ont saisies. Roulées dans les greniers d'un garde-meuble, les bêtes les ont rongées.

Comment réparer le désastre ? Passe pour la poussière et les taches ; mais que prendre pour refaire ces coutures, rapprocher ces fragments, combler ces lacunes, dissimuler et fermer ces trous ? Les restaurateurs de toutes choses, comme il s'en présente effrontément, raccommodaient volontiers le chef-d'œuvre, ainsi que nos portiers les culottes. Ils coupaient une pièce dans un lambeau du même ton, et la cousaient où le trou était. Un morceau d'arbre s'ajustait à la déchirure d'un marbre ; une main réparait une tête : du ciel refaisait de l'eau, et réciproquement. Sens dessus dessous quelquefois, mais qu'importe !

Dans les maisons royales, on y mettait plus de propreté sans doute. Ainsi les comptes de Fontainebleau nous donnent le nom de Jean Legouyu, comme ayant, de 1540 à 1550, « vacqué à recouldre et regarnir des tapisseries qui étoient gastées, » entre autres le *Roman de la Rose* et l'*Histoire du Purgatoire des Amours*. Mais comment faisait Jean Legouyu ? Il opérait à l'aiguille très-probablement et très-lentement aussi, à en juger par la modicité du salaire. De nos jours il s'est trouvé un homme, le seul jusqu'ici, mais qui veut faire des élèves. C'est M. Vellaud, longtemps attaché à la manufacture de Beauvais, maintenant employé à la conservation et aux réparations du Garde-Meuble. Nous avons assisté à son travail merveilleux.

M. Vellaud ne répare pas, il refait. Une tapisserie lui est présentée avec un trou, si grand qu'il soit, ou avec une coupure dont le fragment a disparu. Il commence par donner à la plaie des bords réguliers. Puis il recompose une chaîne dont il sait relier les bouts par une adresse toute magique. La chaîne de la tapisserie se faisait en laine il y a trente ans, et son élasticité se contrariant avec celle de la trame, il en résultait à la longue un grippé désagréable, affreux quelquefois. La vieille tapisserie n'a point cet inconvénient : sa chaîne est en fil tordu. C'est dur, mais c'est fixe. Aujourd'hui on fait la chaîne en coton ; c'est le mieux : fort et souple. La chaîne refaite, M. Vellaud étudie le sujet endommagé, et devinant par les rapports ce que le temps ou les accidents ont supprimé, il le recompose. A la fois peintre et tapissier.

Mais où trouver dans la laine neuve ces tons fanés par la lumière et par l'âge, ces verts jaunis, ces bleus blanchis, ces carnations éteintes, afin que la pièce ne saute pas aux yeux comme une fraîcheur insultante? L'admirable réparateur du Garde-Meuble a le secret de vieillir toute nuance quelconque, et de l'amener juste à la gamme vénérable qu'il s'agit de compléter. Vous le voyez courant les étalages des passementiers et recherchant les échantillons dévorés par le soleil, avec l'amour du bouquiniste en quête de vieilles éditions. Ainsi muni, il a préalablement nettoyé et rafraîchi le vieux corps, de même que le restaurateur fait d'un tableau; ravivant tout ce qui respire encore, enlevant l'oxyde des ors et des argents. Puis il pose la pièce sur le métier, et, ses broches garnies, sa palette faite, il recrée les contours, les lignes, les figures, les ornements. Et quand il a fini cette résurrection, à laquelle je ne sais encore comment croire après l'avoir vue, il rejoint le nouveau à l'ancien par des procédés invisibles. On ne dirait pas même d'une soudure, on dirait d'une refonte.

L'invention de M. Vellaud est du plus haut intérêt pour l'art.

Passons à une autre personnalité non moins étrange et valeureuse.

Il y a vingt-cinq ans à peu près, une jeune et brune ouvrière de Corbeil, mademoiselle Lepiquant, arrivait à Paris et y devenait madame Saulière. Elle était simplement couturière en robes, et son mari chapelier. Des deux parts se montrait grand désir de bien faire, comme espoir naturel et juste de devenir heureux en travaillant bravement et longtemps. Ces honnêtes ambitions-là n'avaient rien de trop ridicule il y a vingt-cinq ans. Les esprits d'en bas, encore simples et timides, ne se portaient pas autant qu'à présent sur les primes des emprunts et le tirage des obligations. On ne parlait de millions qu'avec respect, en parlant des caisses publiques, et les négociants se retiraient avec les épargnes d'un chef de division. Un temps petit.

Quoi qu'il en fût, toutefois, Paris n'était pas la province, et la plus vive étoile du ciel de Corbeil pouvait assurément y tomber sans briller. C'est ce que ne tarda pas à voir et à se dire la jeune femme rêveuse, en comparant les modesties monotones de toilette qu'elle savait si bien faire aux hardiesses déjà démesurées et changeantes dont elle ne s'était jamais doutée. Grand fut d'abord son chagrin; d'autant plus qu'à coudre ces jupes excentriques, le gain ne paye pas toujours la peine qu'on se donne : nuits entières passées sans pouvoir dormir et jours entiers sans pouvoir manger. Qu'est-ce à Paris, juste ciel, que vingt heures de couture sur vingt-quatre? Sans compter que pas une fois cette richesse ne songe à cette misère!

La boulangère du jeune ménage était une femme excellente, et connaisseuse par état de toutes les ressources du quartier. Un jour elle dit à sa pratique : « Vous ne valez rien pour la robe, et la robe ne vous vaudra jamais rien. Il faut vous mettre dans le tapis. » Avait-elle donc la prescience, cette bonne madame Cloquemin? Parler de tapis tout à coup à qui n'en avait jamais vu? Il y a de ces illuminations.

Aux environs de là demeurait quelqu'un, homme spécial pour nettoyer, raccommoder et tenir en pension ces merveilleux tissus, seul bienfait tangible qui nous soit resté des croisades. On conduisit chez lui madame Saulière. Une richesse malade était par terre, éraillée, ridée, trouée : quelque grande pièce de la Savonnerie sur laquelle avaient marché les rois.

*C'était cela.* Ce qu'elle avait tant de fois demandé sans savoir comment l'appeler, ce que partout et depuis si longtemps cherchait sa vocation inquiète, elle le trouvait, le voyait, l'avait! Quelle joie de fouiller dans cet inconnu superbe! Quel régal que ces grands dessins, ces couleurs saillantes et profondes, ces bouquets géants de fleurs immenses, et tant de beaux mariages de lignes et d'entrelacs, pour une nature qu'à son insu dévorait l'amour des splendeurs décoratives! Elle s'y plongea avec le ravissement que donne la révélation. et tout à coup presque, comme subitement instruite, elle sentit et comprit ce qu'il fallait qu'elle connût pour dignement traiter et réparer les désastres qu'on lui faisait voir. Ainsi marchent les ouvriers de génie, poussés, menés par ce qui est en eux, une flamme.

Madame Saulière, devenue savante, ayant appris la peinture et la chimie, quitta bientôt pourtant les vieux tapis pour les vieilles tapisseries. C'était plus vivant, plus peuplé, plus tableau. Il y avait tâche plus belle, à son avis. et plus difficile, à reconstruire des paysages et des figures, refaire des fonds et des ciels, raviver des lumières et des chairs. A celle-ci la travailleuse vaillante est devenue et demeurée maîtresse inimitable. Ses procédés lui viennent d'elle-même positivement, et leur magie n'a rien emprunté qu'à la science. Allez rue des

Lions Saint-Paul, dans la maison qui fut au cardinal Fleury, montez
un escalier dont la rampe en bois est un désespoir de sculpture, vous
trouverez tous les pays de la tapisserie, tous les âges, tous les points,
qui, de ruines à jour et de lambeaux rongés qu'ils étaient, sont re-
devenus entiers, bien portants, éternels désormais, sans avoir le
moins du monde perdu leur cachet et leur ancienneté. Ces vieillards
vénérables ainsi radoubés et remis debout, nettoyés, rentraits, re-
teints, repeints, ornent aujourd'hui les musées et les palais comme
si le temps n'eût fait qu'un petit peu les ternir. Madame Saulière en
a pourtant repris qui étaient en sept cents morceaux. Autant dire
mille. C'est à n'y pas croire, même après l'avoir touché. Dessus et
dessous, esprit et style, tout est revenu, tout tient, et tient bien.

Maintenant, en regard de tant d'opulences il convient de mettre
d'ingénieuses simplicités. Longtemps encore chez nous la tenture en
laine du parquet et du lambris restera inaccessible au grand nombre.
Sans l'impression et le feutrage, qui sont comme les ombres du vrai,
quelqu'un, même dans l'exception riche, saurait-il beaucoup ce que
c'est qu'un tapis? Aussi, selon nous, et en conscience, le jury devait
mieux qu'une mention honorable à l'industrie charmante de M. Bardin.
M. Bardin est l'auteur du tapis de plumes. Dans son usine de Join-
ville-le-Pont, tout ce qui se perdait jadis en cet habit de l'oiseau,
gros plumages de volailles, restes de plumes à écrire, cure-dents,
plumeaux, balais hors de service, débris vils dédaignés par le chiffonnier lui-même, est reçu, bien venu, trié, nettoyé, et débité en
lamelles infinies, lesquelles ensuite, purifiées et blanchies ou teintes,
deviennent, au moyen d'un tissage merveilleux et particulier, de
bons et durables tapis de pied, foyers, descentes de lit, atteignant
même, au besoin, des dimensions plus hautes. C'est doux, c'est
moelleux, c'est touffu, et c'est pour rien. Et par millions de kilogrammes. Et beaucoup de monde en vit. Cela pourtant valait bien une
médaille.

Une autre chose simple et bonne, dans laquelle nous sommes supérieurs, est la toile cirée, dite par les Anglais tapis d'été, et pouvant
fort bien rester posée l'hiver. Industrie sœur ou fille du papier peint,
elle dépense de même fort peu et rend des services considérables en
salubrité, propreté et gaieté. C'est joli à voir faire. M. Maréchal,

fabricant à Montreuil et au chemin de Reuilly, a bien voulu nous le montrer. Il y est aussi fort et mieux inspiré que personne.

Pour la toile cirée à couvrir les parquets, on emploie économiquement le *phormium tenax*, qui vaut mieux que le chanvre et coûte moins. L'ouvrier commence par foncer cette toile forte dessus et dessous, à coups puissants d'une brosse immense imprégnée d'ocre à l'huile et de blanc de Meudon. Puis, sur la bande étendue, étroite ou large, il applique son dessin à la planche gravée en relief, en autant de planches que de couleurs, comme pour le papier peint; avec la différence qu'ici les couleurs sont à l'huile, et qu'au lieu de faire marcher la pièce sous l'impression, c'est le chariot de l'imprimeur qui marche sur la pièce, d'un bout du rouleau à l'autre bout.

La toile cirée du meuble se fait un peu différemment, par exemple celle pour imiter le bois, un genre de perfection saisissant. L'étoffe, ayant son fond à l'huile, est étendue perpendiculairement ainsi qu'une toile que l'on va peindre, et l'artiste y applique une couleur à l'eau dans le ton du bois qu'il s'agit de reproduire, acajou, palissandre, noyer, chêne, etc.; puis, trempant une éponge dans l'eau fraîche et l'exprimant entre ses doigts, il la promène simplement et rapidement sur la toile. C'est ainsi qu'il obtient et dessine, à vous y tromper, les veines, les ronces, les mouches, tous les caprices, tous les amusements, toutes les poésies du vrai bois. Comment? Demandez-le à ces mains parisiennes, qui, dès qu'elles travaillent, deviennent fées.

Après quoi on sèche, opération longue et chanceuse qui fait que soigneusement et précieusement sont conservées, dans ces ateliers, l'araignée et sa toile, vampire et piége de la mouche indiscrète. Puis on vernit. L'envers, simulant le drap, se fait en laine moulue, à la manière du velouté des papiers.

Avec l'excellente maison Maréchal et ses parquets d'une beauté rare, il est juste de citer M. Baudouin, exposant d'un dessin cachemire qui était un chef-d'œuvre; M. Roze, M. Cerf, M. Lecrosnier, M. Martin Delacroix, M. Langlois, etc., se valant tous, ce me semble, avec des mérites divers. L'élévation beaucoup trop sidérale à laquelle les commissaires avaient juché ce genre de produits n'en permettait, au reste, qu'une appréciation lointaine: voilà pourquoi nous n'avons pas pu savoir si c'est sur toile ou autrement que le rival de Dulud,

M. Boucart, reproduit les anciens cuirs de Cordoue. Dulud! un grand artiste dont la mode s'est détournée. Pourquoi? Est-ce qu'elle le sait!

Nous pensions que la Belgique venait tout de suite après la France dans la fabrication des tapis ; le jury, notre maître, n'a pas été de cet avis. Ingelmunster et la manufacture royale de Tournai n'ont eu que des médailles d'argent. Faisons-le remarquer en passant, Ingelmunster est un lieu et non pas un homme, comme certains de nos confrères l'ont cru ; la fabrique d'Ingelmunster, près de Roulers, appartient aux frères Braquenié. On y fait le tapis genre aubusson fort bien, et fort bien aussi la tapisserie dite des Flandres, à dessins et à sujets : deux panneaux d'après les Téniers et de fines tentures en sont la preuve. C'est doux de ton et favorable aux meubles ; cela orne et ne tue pas.

Le vieux Tournai étalait, entre plusieurs, un grand tapis de palais composé dans les données solennelles qui faisaient l'orgueil de nos pères ; à savoir, le centre historié et les quatre coins illustrés de médaillons antiques. Puis un autre, dont le riche dessin grec est l'œuvre de M. Janlet. Belles et bonnes moquettes, par M. Paul Dumortier. Cartons-cuirs repoussés pour tentures, imitant l'ancien cuir de Malines, par M. Learch, de Bruxelles. Notre fabricant Armengaud, illustre dans cette industrie charmante, exposait à la section belge.

La sixième médaille d'or — la France ayant eu les cinq premières — a été donnée aux tapis de l'Inde anglaise, et la septième à ceux de la Perse. C'était justice haute. N'ayez peur, fabricants de Tourcoing et autres lieux ! commerce, et douane aussi probablement, s'empressent à détourner de vous cette concurrence immortelle ; tapis de l'Inde et châles de l'Inde sont également inaccessibles. Ce que font pour si peu de salaire les bergers de ce pays bleu nous arrive renchéri de vingt pour un. Mais comme c'est beau et puissant ! Des prairies de laine.

La fabrique royale de Deventer, en Hollande, imite assez heureusement le tapis de Smyrne, et Arnheim donne l'exemple du bon marché par ses tapis en poil de vache. Faire épais et chaud, voilà la loi ; après quoi la matière est à peu près indifférente.

L'Angleterre est superbe. Deux ou trois médailles d'or, à mon sens, ne la récompensent pas assez. Je n'ai rien touché de doux et de bien fait, ni les autres non plus, comme les tapis de foyer de MM. Templeton, de Glascow : c'est la perfection du genre. Kidderminster, l'Aubusson des Anglais, a les moquettes de MM. Brinton et Lewis, les grands tapis de MM. Morton et fils, les traductions turques et persanes de MM. Woodward et Grosvenor. Les possessions tourmentées de l'Inde profitent à la fière nécropole : dans l'étude des modèles orientaux, ses fabricants sagaces ont ouvert la voie que nous commençons à suivre. Les frères Lapworth, Watson et Boutor, Humphries et fils, Hoff et fils, Southwell et C$^e$, et tant d'autres, emploient à leurs veloutés et à leurs bruxelles les plus belles toisons du monde, solidement trempées de couleur, sur dessins sages et sobres qui se mêlent et se fondent en leurs réciproques éclairements. Plus ou presque plus de ces assemblages criards, implacables déchirements du bon sens et des yeux, comme cruellement il s'en trouve dans la malencontreuse célébration du traité de commerce anglo-français, caricature impériale et royale déjà trop vue à Londres en 1862, et rapportée chez nous en 1867 par MM. Tapling, Beall et C$^e$. S'obstiner dans sa faute est encore plus que la commettre.

Le même goût indien, qui est positivement le bon, reparaît dans les feutres foulés et imprimés à Leeds par MM. Wilkinson et la Patent Woollen Cloth Company. Des produits d'un bas prix incroyable.

Une industrie nouvelle et qui paraît bonne est celle des tapis de pied en caoutchouc et *kamptulicon*, nombreusement représentée ; de même que les paillassons et nattes en toute sorte de fibres végétales, avec noms propres et devises artistement écrits dans le tissu.

Des toiles cirées de Birmingham, à dessins turcs, nous ont paru très-remarquables.

L'Allemagne travaille aussi très-bien. En tête de ses fabriques connues nous placerons MM. Haas père et fils, de Vienne, dont l'exposition si vaste, tapis, tentures, étoffes, est assurément de toute beauté. Croix d'honneur et médaille d'or. Double récompense contre laquelle personne ne réclamera, leur eût-elle été donnée seulement pour une admirable copie du tapis persan de Pierre le Grand, soleil de couleurs, merveille de lumière, qui défie la comparaison et l'imagination. Ce fanal met le jour dans une pièce, quels que soient l'heure et le temps qu'il fasse ; le peintre qui l'a trouvé avait le secret de l'optique.

Un fabricant de Hanau, M. Leisler, hors de concours comme membre du jury, était le seul Prussien pouvant lutter avec les Autrichiens.

Puis deux grandes expositions encore : les tapis de Silésie de MM. Gevers et Schmidt, à Schmiedeberg, pour la plupart dans le genre smyrne, qui est un des bons, et les foyers très-variés de MM. Léopold Schœller et fils, à Duren. Cela ne vaut pas l'Angleterre évidemment, mais c'est convenable. Tapis en feutre de Hanovre. Toiles cirées de Berlin.

L'Espagne avait quelque chose : Madrid, des moquettes copiées ; Cadix, des nattes ; Valence, des portières lumineuses et originales ; Barcelone, de la sparterie. Tout cela n'est pas absolument triomphant. L'art des Arabes s'en est allé avec les Arabes, voilà ce que rapportent les religions armées. Le Portugal avait des nattes charmantes ; la Grèce, des tapis de laine affreux, une destitution ; la Russie, quelques moquettes bien peintes et bien faites, et des tapis brodés à l'aiguille par les gens du Caucase, en arabesques qui parlent et chantent comme des poëmes : l'Asie ! Le Danemark avait des toiles cirées qui vous faisaient froid ; l'Italie aussi, avec des nattes, mais il y fait chaud. Une maison de New-York, M. Wismer Townsend, fabrique ou paraît fabriquer le tapis d'été aussi bien que M. Maréchal. Ce n'est pas peu dire. Dans dix ou quinze ans, cette Amérique ne nous prendra plus rien. Notre camelote alors se repentira, mais trop tard.

Puis ce sont les pays musulmans, Maroc, et ses tapis à raies de Rabat. Tunis, le cruel et somptueux Tunis, qui a la fabrique de Deridi. La Turquie, avec deux cents exposants et chacun le sien, c'est à peu près dire toujours le même : une médaille d'or collective les a démocratiquement récompensés. L'Égypte enfin, la belle Égypte, dont la présence à cette exposition laissera chez nous des souvenirs impérissables de grandeur et d'hospitalité ; l'Égypte, qui déjà nous rend autant et plus qu'elle ne nous prend ; l'Égypte, notre amie sans réserve et notre sœur affectueuse dans cette vaste entreprise de Suez, laquelle changera tant de destinées. Tissus en laine et poil de chameau, nattes en joncs et en feuilles de palmier, tapis comme ceux des Turcs, dont chaque point est une fleur, et chaque fleur un mot. Dans ce que font ces peuples pensifs, tout signifie, tout parle. Par malheur nous n'y savons pas lire ; c'est peut-être pourquoi nous sommes fiers. Vraie science est toujours cause de modestie.

Après les tapis et leurs similaires, il nous faut parler des étoffes et travaux qui servent à l'embellissement. Or c'est là une affaire qui n'a ni commencement ni fin. Tout y figure, depuis le calicot très-humble à dix sous le mètre — avant la guerre d'Amérique, il y en avait à six sous — jusqu'aux soieries et cachemires tramés d'or à cent écus ; depuis la chose malsaine, mal faite, poisseuse, honteuse, qui s'appelle moleskine, jusqu'aux cuirs orfévrés de Dulud et leurs rivaux les maroquins du Levant. Point de fil, point de poil, point de végétal et d'animal qui ne serve en ces dessus de siéges, et de tables, et de lits ; en ces courtines, rideaux, coussins et baldaquins. Ce qu'on ne brode pas, on le broche ; ce qu'on ne broche pas, on l'imprime. Il n'est intérieur si mince qui ne montre orgueilleusement quelque chaise en bois rouge revêtue d'une galette en damas de laine, laissant sous ses affaissements à jours s'échapper et fuir la filasse qui lui sert de crin. La fine paille d'autrefois valait mieux, et de même les tresses en rotin d'aujourd'hui. Mais l'amour-propre !

Là-dessus est tombée une rosée de médailles jaunes, blanches et brunes. À Paris d'abord, notre grande maison Mourceau, qui a lassé la louange, et sans cesse ajoute des prodiges à ses prodiges. Trop hardie même dans certaines tentatives ; une tapisserie au métier ne saurait jamais être un tableau. MM. Walmez, Duboux et Dager, imitateurs un peu ternes d'Aubusson et de Beauvais, qui donnent des produits excellents mais répètent trop le même sujet dans leurs pièces. M. Bossé, de Paris encore, un artiste charmant, un trouveur, un peintre, un poëte, lequel a découpé en drap de couleur toute la comédie italienne sur coussins et dossiers de chaises, exposés par le bon tapissier Bruzeaux : rien de joli et de vif comme ce dessin et ces traits obtenus par une piqûre burinée. M. Jules Imbs, fabricant de tissus dits *indiens*, en déchets de soie et de laine recouverts d'impressions : du neuf fait avec du vieux peut-être : qu'importe ? Notre Dulud, déjà nommé, et ses savants reliefs en peau qui sont de la sculpture élastique. Les tapis de table de M. Herbet. Amiens ensuite : par M. Bernaud-Laurent, ajoutant des tissus inventés et façonnés à ses curieuses portières brochées en fil de métal qui frisent ; par ses velours d'*Utrecht* beaux et bons comme les véritables, à MM. Payen et Cᵉ, Bougon, Durand, Beauvais, Boquet, Jourdain-Herbet, Bulot et L'Hôtelier : il faudrait les nommer tous dans cette

industrie, qui a le malheur, comme bien d'autres, de trop pousser au
bon marché. Nimes, et M. Rouvière-Cabanne, et les magnifiques
reliefs de velours à fond d'or que fabriquent les frères Flaissier. On
s'assied sur l'or aujourd'hui, et on s'y couche. Gare au réveil! Tourcoing, avec sa grande maison Bouchard-Florin, reine du reps ; et les
popelines, et les reps encore, et les damas de M. Flipo-Flipo : production, abondance et renommée.

Roubaix fait à peu près les mêmes choses, à égal degré sinon
moindre : cité devenue colosse, mais qui se dit ruinée, où les
maîtres logent dans des palais, et l'ouvrier sur le pavé souvent, ce
qui n'implique aucunement le bien-être pour tout le monde.
M. Mazure-Mazure, dont les belles étoffes doivent tant aux teintures
magnifiques de Rouquès, MM. Herinckouck et Cuvillier, MM. Allard
et Crombé, MM. Cateau et Cᵉ. Ces fabricants accomplissent tout ce
que vous rêvez : la laine dans leurs mains devient soie, et maintenant il leur faut tant de laine qu'on leur élève les moutons
seulement pour la toison. Or bonne laine signifie mauvaise viande ;
à ce train, qu'est-ce que nous mangerons bientôt? Puis Mulhouse et
ses impressions qu'il suffit de nommer ; l'usine de Claye (Seine-et-
Marne), à MM. Japuis, Kastner et Cᵉ, autres imprimeurs illustres.
Enfin M. Cocheteux, de Templewe, fabricant de damas mécaniques,
dont la teinture nous a paru manquer d'éclat, à cause d'un faux jour
peut-être. Ce sont là, certes, de grandes villes et de grandes individualités dans le lainage, et qui nous donneraient de la vanité si nous
ne savions que Bradford, le Roubaix de l'Angleterre, produit par an
pour cinq cents millions, et qu'un seul fabricant, Titus Salt, y a bâti
et peuplé un bourg où tous les jours ses machines soufflent la force
de quinze cents chevaux !

Le coton est moindre. On le mêle. Vire a les étoffes de M. Lefour-
nier-Roullin, et Rouen les toiles-cuirs françaises de M. Cantel. La
fratricide thébaïde du Nord et du Sud américains a pour longtemps
démonté l'industrie cotonnière. C'est une phase à subir.

A l'étranger, sauf l'Orient et ce qui en dérive, c'est-à-dire tous les
éblouissements de l'art et de l'or, de l'argent, de la pourpre et de
l'azur, la production, comme goût et comme attrait, n'a rien qui puisse
nous effrayer. Nos dessins règnent et gouvernent en Europe, et les
concurrents de notre travail ne dominent que par la médiocrité des

prix. C'est assez simple ; à qui copie la création ne coûte guère. Se
rendant justice sur ce point, l'Angleterre s'est abstenue. Un sage
peuple. L'Allemagne s'est avancée, étant plus autorisée. Vienne, par
la famille Haas, dont les opulentes soieries n'attendent que l'éclat lyonnais pour ressembler à celles de France ; Elberfeld, par l'autre splendide maison Krugman et Haarhaus, M. Mengen, et M. Lohse : velours, damas, reps parfaitement faits ; Fulde, par les impressions sur
laine de M. Burkard Muller ; et Chemnitz, en Saxe, par deux noms
excellents, M. Dürfeld et M. Robert Hosel, beaux faiseurs d'algé-
rienne et de damas. Sur bien des points, cette Allemagne nous coudoie.

Dans les tentures d'alcôves et de fenêtres, la Suisse apporte à nos
hommes et à nos femmes une rivalité des plus sérieuses : Saint-Gall
se présente énorme. Tant mieux. Il fait beau vaincre ce qui est grand.

L'agréable industrie des passementeries nous laisse plus tranquilles. Pour les embrasses, les crêtes, les franges, les glands et le reste,
je pense que le monde entier est tributaire de la France. Où que vous
regardiez, vous trouverez nos modèles reproduits. C'est que là, si
précieuse qu'elle soit, la matière occupe une place médiocre ; de
ces arrangements en soie et laine tordues, en métaux filés, en choses
encore plus riches entremêlées, ôtez l'invention, la poésie, l'adresse,
la grâce, non pas même françaises mais absolument parisiennes,
et vous n'aurez plus rien qui vaille. Lyon passe encore, à condition
qu'il procédera de Paris. L'Allemagne y est épaisse et l'Angleterre bru-
meuse. C'est pourquoi, pour cette branche, où l'inspiration et l'aptitude
individuelles sont presque tout, nous nous expliquons mal que le jury
des récompenses soit allé comme ailleurs chercher ses lauréats dans
les gros chiffres ; et, tout en ratifiant avec déférence ses justes hommages à des maisons telles que les Truchy et Vaugeois, Louvet,
Camille Weber, nous sommes affligés de voir qu'il ait laissé une place
si pauvre à un artiste dont ses pareils disent que de sa vie il n'a fait
une mauvaise pièce, Adam, de la rue Thévenot. Il y a des distinctions
qui ressemblent à des charités, et les charités ne sont pas toutes charitables.

MM. Truchy et Vaugeois nous ont montré, entre autres choses,
comment ils savent faire une bannière d'orphéon. Souhaitons que nos
ouvriers chanteurs soient tous un jour assez riches pour voir mar-

cher en tête de leurs files harmonieuses le ralliement éblouissant dont cette bannière était le spécimen. Mais ce qu'ils gagnent, plus volontiers ils le donnent; bienfaisance et musique sont sœurs. Dernièrement un ministre populaire le disait à ceux de Paris : « Qui sait de combien d'oboles fécondes vous avez secouru les malheureux? » Voilà leur pure et vraie gloire sans contredit; pourquoi donc le signe qui les conduit ne serait-il pas modeste? Un oriflamme tout simple peut suffire à ces hommes de cœur : MM. Truchy et Vaugeois le leur fourniront tout aussi bien que ce chef-d'œuvre dont la simple façon a coûté dix mille francs. Et elle les vaut, j'en atteste Arachné, la brodeuse antique !

*Passementier* vient de *passement*, action de *passer*, c'est-à-dire d'entrelacer et de combiner des fils plats ou ronds d'or, d'argent, d'étain, de cuivre, de soie, de laine, de lin, de crin, de bourre, etc. Au temps des jurandes et des maîtrises, les passementiers de Paris faisaient aussi les boutons, les dentelles, les éventails, les rubans, les fleurs, les plumes. Aujourd'hui, leur art plus logique se renferme dans ce qui garnit les siéges, les rideaux, les voitures, les chapeaux, les habits de cour et de livrée, les harnais riches, les uniformes, les costumes de théâtre, les tentures et décorations de fêtes joyeuses, cérémonieuses ou funèbres. C'est pourquoi ils y joignent principalement la broderie, coûteuse et somptueuse. MM. Truchy et Vaugeois datent de 1811, et leurs affaires se chiffrent par millions. Ils exportent dans les Amériques, en Angleterre, en Turquie, en Egypte, autour du Danube, jusqu'en Chine. Les matières premières qu'ils emploient, traits, filés, cannetilles, bouillons, frisés, milanaises, passés, cordonnets, sont fabriquées par eux-mèmes à Lyon; c'est pourquoi leur exécution a tant d'ensemble et de cachet.

Leur exposition étincelait comme un empyrée. Entre autres émerveillements d'or, on y admirait une suite d'épaulettes d'officiers étrangers, lesquelles sont des objets d'art incontestables; puis des ceinturons, des dragonnes, des embrasses, des guirlandes. Une bannière travaillée chez eux pour l'orphéon du Puy-en-Velai décorait la vitrine des dentelliers de ce pays; difficile et magnifique broderie d'insignes sur dentelle, laquelle a coûté deux mille cinq cents francs. L'autre, pièce de montre incomparable, sur fond de velours vert frangé de passementeries splendides, réunissait tous les points de

broderie que comporte l'industrie que voilà. Aucun morceau d'étoffe
rapporté : tout fait à l'aiguille, absolument et exclusivement. Les
blasons réels ou idéals qui composaient l'écusson, Paris, Rouen,
Nancy, etc.; la réduction ornementale et charmante des bannières de
Saint-Macaire et de Montmorency ; les légendes, les devises, la guirlande terminale aux reliefs si puissants ; l'aigle en ronde bosse superbement modelé par Cain ; la couronne murale, qu'on eût dit une ciselure en plein métal : la figure et les mains de la sainte Cécile, belle à
défier quasi Popelin l'émailleur : tout cela, sans exception, avait donc
été produit à la main par les ouvriers de la maison, sur les compositions de la maison, aux grands frais, mais aussi au grand honneur de
la maison. Un succès capital.

M. Weber vaut aussi qu'on le recommande.

Aux abords du grand quartier des étoffes qui s'appelle rue des
Jeûneurs et rue du Sentier, celui-ci a installé une fabrique et des
magasins pleins de charme et de mouvement. La passementerie est
sœur de la tapisserie, et son rôle dans l'ameublement a beaucoup
grandi. Nous n'en sommes plus aux simples câblés qui serraient jadis
les plis humbles de nos rideaux, devenus à cette heure des monuments. Le passementier est aussi le bijoutier des siéges ; où ne se
met pas le bijou ? On trouvait dans l'exposition de M. Weber toutes
sortes de fraîcheurs nouvelles, entre autres une embrasse pour
boudoir pompadour, en bergeries à la jacquart merveilleusement
travaillées sur fond gris ; une seconde pour salon louis-seize sur fond de
satin rouge éclatant d'effet et de richesse ; une troisième de style
pompéi avec camées blancs, d'une réussite incroyable. Ailleurs rien,
encore une fois. En tous lieux l'étranger nous copie, et il le reconnaît.
A Londres, à Vienne, à Berlin, il n'y a de crêtes, de franges et de
rosaces que les nôtres, importées ou imitées. Ou bien l'absurde.

Quant à la broderie, elle est magnifique partout. Cependant, pour
les tapis de table brodés, c'est encore à la Turquie la palme. Rien,
comme éclat et choix des couleurs, charme du dessin, finesse du travail, ne saurait être mis au-dessus des produits de l'école chrétienne
de Constantinople, ruche orientale dont les abeilles sont de petites
filles de douze ans. Les jolis aiguillons que leurs aiguilles !

# CHAPITRE XIX



L'industrie est en des mains de deux sortes, les spéculateurs et les travailleurs. Les uns ont quelquefois notre admiration, les autres auront toujours notre respect. Les premiers se mettent dans une branche sans la connaître et parce qu'on y gagne de l'argent; les seconds s'y mettent parce qu'ils la connaissent et qu'ils l'aiment. Elle risque assez volontiers de s'égarer et de périr, affligée, abaissée au besoin par ceux-là; elle s'élève, elle est glorifiée, elle progresse, elle devient utile et grande par ceux-ci. Occasion et fantaisie d'une part, devoir et conviction de l'autre, également abondante partout, la production nous apparaissait sous les deux espèces en ce champ clos des nations. Inutile de dire vers laquelle notre humble éloge s'est senti attiré. Nous aimons servir à ceux qui servent et non à ceux qui nuisent. Sauf erreur toutefois.

Deux surtout, parmi les exposants dont nous allons dire les noms, appartiennent, selon nous, à la bonne espèce. Ils ont un passé qui les honore et un avenir qui nous plaît. Un mot général premièrement sur les travaux curieux dans lesquels ils se sont distingués.

La fabrication des papiers peints n'est pas ancienne en Europe.

Les Chinois, dit-on, la connurent et la perdirent, comme ils connurent et perdirent à peu près toutes les belles industries. Quant à
leurs procédés, on en est aux conjectures. Ce peuple faible a été bien
fort : avis à ceux qui sont forts et qui abusent. Pour ce qui nous
regarde, très-sûrement le papier peint est né en France, à Paris, il y
a cent ans, dans le faubourg Saint-Antoine, vieux berceau tapageur
que ce démocrate n'a pas encore quitté. Des essais, au dix-septième
siècle, avaient précédé son avénement définitif. Ainsi Rouen a gardé
mémoire de la famille François, qui, au travers d'un tamis, répandait
un fin hachis de laine, les uns disent sur du papier, les autres disent
sur de la toile, préalablement revêtus d'un enduit encore frais, afin
d'imiter les tapisseries flamandes ou autres, si interdites à la bourse
du commun des mortels. Cette supercherie, bisaïeule enfantine de
nos veloutés splendides, pouvait tout de même avoir du bon. D'autres
Normands, les Lebreton, dont l'histoire parle, fabriquaient du papier
peint marbré à l'usage des relieurs de beaux livres ; ils en rehaus-
saient la tranche par des stries d'or et d'argent. C'est un goût qui
est fort revenu.

Mais rien de tout cela ne donnait le papier peint de nos jours, et
quiconque n'avait point d'étoffe ou de cuir à mettre sur son mur
était tenu de le garder dans son indigence. Les sages le boisaient
et s'en trouvaient bien, la dépense une fois subie. Lorsque, en 1760,
dans la rue de Montreuil, parut Réveillon, successeur d'Appert, qui,
le premier, s'imagina d'appliquer au papier la planche gravée dont on
se servait pour imprimer les toiles. Le bon luxe bourgeois universel
doit tout à ce nom qu'une grande date a fait par hasard si célèbre.

Et ce fut tout de suite très-joli. M. Gruchy, l'habile dessinateur
de la maison Bezault, nous a fait voir des fragments de papier peint
du temps, où, sans un peu de crudité dans les tons, tout serait encore ravissant. Ces anciens étaient des artistes.

Alors les papiers ne se fabriquaient pas comme à présent. On
ignorait les machines merveilleuses qui, par une extrémité, avalent
le chiffon immonde et font par l'autre, sans fin, se dérouler une
nappe éblouissante. On employa, imprima et peignit d'abord feuille à
feuille ; les vingt-quatre feuilles de la *main*, réunies bout à bout,
composaient un rouleau. Plus tard, comme à Rouen, chez Fresnoy,
on fit cette réunion premièrement, et l'opération ensuite. Même avec

le papier sans fin, la dimension du rouleau est restée fort approchant de ce qu'elle était, huit mètres environ. Ni trop ni pas assez.

Jusqu'en 1810, la manufacture Appert-Réveillon, appartenant alors à M. Jacquemard, et qui, vingt-cinq ans plus tard, comptait encore des ouvriers octogénaires, fut à peu près la seule à Paris que l'on pût remarquer et recommander dans l'espèce. On y avait du talent. On y faisait surtout des ornements en fleurs rares et étranges économiquement mutilées d'après la nature en serres chaudes du jardin des plantes. Le bourgeois, ainsi tapissé, s'endormait naïvement dans un paradis relatif. On y gagnait beaucoup d'argent, et partant l'on ne marchait guère, quand un jour arriva de Mâcon un tout petit industriel, M. Joseph Dufour, lequel, aidé d'un grand dessinateur, M. Mader, créa le genre noble des architectures et des figures antiques en grisaille, et les faux rideaux grecs pour tenture de chambre à coucher, Ce fut un long succès. On en montre des débris. Puis M. Mader devint fabricant lui-même, délaissant le rouleau pour le panneau, tandis qu'à Rixheim, l'illustre M. Zuber commençait sa glorieuse maison. Puis 1830 changea le goût et fit brûler ce qu'on avait adoré. Le moyen âge nous prit à la gorge dans la décoration ; ensuite ce fut la renaissance, ensuite et longtemps le louis-quatorze et le louis-seize. On a l'air aujourd'hui de vouloir s'en retourner un peu et réadorer ce qu'on avait brûlé. A la fin n'inventerons-nous donc rien, pauvres gens de tant d'esprit que nous sommes ?

Pendant ce temps avaient flori M. Délicourt, M. Genoux et le magnifique M. Desfossé, qui porta l'industrie jusqu'aux beaux-arts dans les expositions de 1855 et de 1862. A côté d'eux apparaissait et commençait le papier peint mécanique. Les maisons devenaient successivement nombreuses, et le progrès s'ensuivait, car il aime la concurrence et les gros bénéfices le gênent. Activité et sobriété se tiennent ; la richesse rend indolent.

Aujourd'hui le papier peint parisien est roi. Ni le reste de la France, Rixheim excepté, ni l'Europe, ni l'Amérique ne sauraient soutenir sa comparaison. Il n'est plus du papier, il est du cuir, du bois, de la soie, de la laine ; il est du velours, du satin, du damas. Il n'est plus la décoration, il est le bas-relief et le tableau. Qui entre dans le papier peint de Paris devient tout de suite un peintre. Ailleurs, on n'est presque toujours qu'un ouvrier. Que de flamme souffle sur

cette ville ! On en fait sans doute ailleurs qu'à Paris. Ainsi à Lyon,
à Caen, à Toulouse, à Metz, au Mans : entre toutes, l'usine de
Rixheim (Haut-Rhin), est particulièrement célèbre ; mais Paris ab-
sorbe, Paris commande, Paris surmonte. Le faubourg Saint-Antoine, quartier du papier peint depuis Réveillon et Jacquemart tout
seuls, compte aujourd'hui plus de cent fabriques employant plus
de quatre mille ouvriers, lesquels produisent chacun pour quatre
mille francs de marchandises en moyenne : total seize à dix-huit
millions. Pour cette production, chose assez rare, le pays se suffit
absolument : feuilles, couleurs, apprêts, tout est français, jusqu'au
bleu jadis d'outremer et à l'or faux dit d'Allemagne, qui maintenant
sont faits chez nous. Les planches et le bois des planches, les rouleaux et la gravure des rouleaux nous appartiennent. Quant aux
dessins, la chose n'a jamais fait question. Donc fermez la France
demain, bloquez Paris, le papier peint s'imprimera tout de même. Il
est ici aborigène et autochthone ; on a essayé de l'en ôter, impossible :
les autres vont mais Paris leur passe dessus. Or tout privilége,
pour sa justice, peut et doit imposer des charges. C'est pourquoi, en
dépit des traditions, nous supplions les fabricants du faubourg de
rendre prochainement leurs ateliers plus sains et plus propres, de
changer au plus tôt la fabrication infecte de leur horrible colle, et
surtout de substituer quelque chose d'innocent au vert d'arsenic,
qui est beau, mais qui est un poison. Quand on y perdrait un peu
d'éclat, cela, je pense, n'est pas à mettre en balance de la santé des
hommes. Le vert Guignet est bon, dit-on, pourquoi pas le vert Guignet ? Ce que nous demandons se peut. Nous connaissons au boulevard du Prince - Eugène une manufacture qui est un modèle
d'installation intelligente et salubre ; elle appartient à MM. Turquetil
et Malzard, fabricants excellents. Faites comme eux.

Les exposants n'étaient pas nombreux. Beaucoup s'étaient abs-
tenus. Pourquoi ? Il est de fait que la nature des espaces offerts
par la Commission à l'industrie décorative dont il s'agit n'avait rien
de bien engageant pour eux. S'appliquer au mur, le long de passages
étroits, sans recul possible pour la perspective, n'était pas condition
de grand attrait. Certains avaient demandé qu'on les étendit dans la
galerie des machines : c'eût été bien. D'autres avaient eu la hardiesse
de convoiter les nudités sacrées qui enceignaient le jardin central ;

c'eût été moins bien. La Commission a mieux aimé donner ce qui n'était pas bien du tout. *Pro ratione voluntas.*

Depuis la grande exposition dernière, l'industrie du papier peint s'est de plus en plus partagée entre deux manières de faire : le travail tout entier à main d'homme, par impression sur fonçage au moyen de planches plates contre-plaquées avec reliefs en bois ou en métal, et le travail mécanique, à peu près absolu aussi, où le dessin gravé sur un ou plusieurs cylindres reçoit la couleur automatiquement et la transmet au papier avec obéissance, par une action incessante, régulière, mais irresponsable.

La première méthode est celle des anciens, qui donne le plus beau et le meilleur, mais qui coûte aussi le plus cher. Nous lui devons notre réputation dans l'espèce, et cette réputation est grande.

La seconde est relativement nouvelle. Depuis trente ans seulement on la pratique. Elle a son avantage dans la rapidité et le bon marché. Chaque machine qu'on y emploie agit comme vingt-cinq hommes. Au lieu de cinq francs, vingt-cinq centimes. Quand on la connut premièrement, elle faisait avec humilité des papiers rayés monochromes, du genre *coutil;* maintenant elle aborde sans scrupule le décor à quinze et vingt couleurs. Elle réussit diversement. Un homme d'exception s'y distingue aujourd'hui, modeste pourtant et simple, un de ces hommes rares qui trouvent tout en eux-mêmes, qui prennent toujours les difficultés au collet et ne les quittent qu'après les avoir vaincues. Nous parlerons de lui tout à l'heure.

Les choses en sont donc, entre le papier à la planche et le papier mécanique, que vigoureusement celui-ci menace son ancien et le reléguera bientôt dans les exceptions pittoresques et glorieuses, à moins de quelque transaction fortunée, œuvre hardie d'un industriel puissant, lequel, réunissant et menant de front les deux méthodes, les oblige à se prêter un mutuel appui. Les splendides imaginations de l'une servies par l'invincible et sobre activité de l'autre, ce serait le salut. Pourquoi non? Cherchez. Mettez, par exemple, M. Bezault ou M. Hoock avec M. Leroy, et si c'est trouvable, ils le trouveront. Il est toujours temps, en industrie, de dire que ceci a tué cela.

En attendant, la fabrication à la planche, dédaignant les tentures communes, ferait bien de regagner ses beaux horizons d'autrefois. Un homme qui est une autorité, et la première de toutes peut-être

dans les arts de l'ameublement, nous le disait. Le souvenir des expositions de 1855 et de 1862 lui faisait regretter de ne pas retrouver
en 1867 la continuation des tentatives mémorables qui voulurent
alors pousser le papier dans le domaine de la peinture. Où sont
l'*Orgie* et surtout la *Prière*, exposées en 1855 par M. Desfossé? Où
est la *Fête de village*, de M. Délicourt prédécesseur de M. Hoock?
Ces premiers essais, quoique saisissants, ne rendirent peut-être pas
tout ce qu'on pouvait espérer, mais on y entrevoyait suffisamment
la popularisation future du grand art.

1862 montra des merveilles. Nous eûmes à Londres les *Vues des
Alpes*, exposées par la maison Zuber, de Rixheim, qui est d'ancienne
noblesse dans le papier peint, et ce que j'appellerai le *Jardin vierge*
de M. Desfossé, fabricant superbe, resté cette fois-ci sous sa tente
souveraine. Ces chefs-d'œuvre relatifs avaient le malheur de coûter
cher : ils étaient trop des tableaux. Vienne donc aujourd'hui un
artiste jeune, décidé, éclairé, qui consente à se rendre compte des
moyens d'exécution, qui fasse des compositions larges et simplifie la
coloration; un faiseur de fresques sur papier enfin, préoccupé de la
ligne et des effets, mais non pas des détails, travaillant par centaines
et non par milliers de planches, et la maison qu'il favorisera peut
s'ouvrir un avenir immense.

C'est demandé, ce que nous disons là. C'est désiré, c'est attendu.
Chacun soupire après sa demeure belle. Seulement chacun n'a pas à
donner l'or d'une toile ou d'une tapisserie. Quelle plus belle application pratique des beaux-arts à l'industrie? Quelle meilleure voie
ouverte aux pauvres peintres qui font grand?

Les vues suisses exposées au Champ de Mars par M. Zuber étaient
quasi dans cet ordre d'idées. La même maison, respectable et respectée justement, présentait un grand décor à fleurs, composé par
un maître éminent, M. Chabal Dussurgey. Le mérite de cette pièce
est incontestable, seulement le fond gagnerait à être moins dur; et
la difficulté de bien voir dans ces placements désagréables nous a
fait trouver, à tort peut-être, que l'ensemble manquait un peu
d'air.

Un jeune fabricant, M. Bézault, seul resté de la maison Polge et
Bézault, avait une exposition nombreuse et soignée. Celui-ci a été
élevé dans l'état. Il a commencé par le commencement, le saut tra-

ditionnel sur la barre de l'ouvrier imprimeur. Pendant vingt ans il fut le collaborateur de M. Genoux. En 1859, il s'associa avec M. Polge: leur raison figurait honorablement et fut récompensée de même en 1862. A une profonde expérience de son industrie, le jeune et loyal fabricant joignait un goût sûr, une volonté ferme et des dispositions spéciales particulières : il lança très en avant et très-heureusement la tranquille maison aujourd'hui si active dont il devint le chef unique en 1864. Actuellement, M. Bézault imprime cent mille rouleaux par an ; c'est lui, sans contredit, et M. Desfossé qui font le plus gros chiffre en papiers fins. Il occupe à peu près cent cinquante ouvriers, avec cinquante *tireurs*, ces espiègles sauteurs de barre dont l'imprimeur ne peut point, dit-il, se passer. La main-d'œuvre est assez bonne dans le métier ; fonceurs, imprimeurs et doreurs gagnent de six à sept francs par jour. M. Bézault a pour dessinateur M. Théodore Gruchy, médaillé à l'exposition de 1855, et qui fut dix-sept ans dessinateur chez M. Genoux. Son contre-maître est M. Schmidt. Étant fier de ses coopérateurs, il est heureux de dire leurs noms.

Le superbe panneau louis-seize exposé par M. Bézault, et qu'on a tant remarqué, a été commencé en 1864, sur un modèle expressément demandé à M. Jules Petit, élève de Ciceri, l'un de nos meilleurs décorateurs d'appartement. Le fabricant avait très-judicieusement pensé que pour le papier peint, qui est une décoration, il fallait s'adresser à l'esprit pratique d'un décorateur. La traduction pour la fabrication est de M. Victor Dumont : un homme habile était nécessaire pour décomposer cette jolie toile et la distribuer en quinze ou seize cents parties d'impression. Les parties d'impression sont des planches en bois de poirier, plaquées sur deux épaisseurs de bois blanc croisées : sur chaque planche on grave en relief un détail du dessin, lequel attentivement vient s'appliquer en son lieu, empreint très-soigneusement de la couleur juste qu'il comporte. Chaque planche coûte à peu près dix francs ; il en a fallu seize cents pour le panneau que voici, ce qui veut dire une dépense spéciale de seize mille francs. Ces planches représentent à la fois la richesse et la charge d'une maison. Quand le dessin n'est plus de mode, elles y servent de parquet ; les ateliers de papier peint sont donc pavés d'objets d'art ! Pavage solide et sec aux pieds de ces hommes, pour lesquels la chaussure est trop souvent un luxe.

Terminons en expliquant que ce panneau si charmant se divise en trois parties, lesquelles peuvent. étant prises à part, composer chacune une décoration distincte ; et voilà précisément en quoi consiste l'art et peut consister le bénéfice de cette ingénieuse et coûteuse industrie. Chaque partie, en outre, est imprimée sur une seule feuille de papier. Or la principale a deux mètres de large et près de trois mètres de haut ! Ceci constitue, comme travail, une victoire véritable sur des difficultés immenses. Qu'en eussent dit les anciens, avec leur tremblante impression de vingt-quatre feuilles à la main ?

Une médaille d'or a récompensé M. Bézault.

Un proche voisin de M. Bézault était M. Seegers, le premier des fabricants actuels qui ait appliqué le gaufrage à l'ornementation des papiers de tenture. M. Seegers est un véritable artiste qui avait commencé par être un merveilleux relieur. Nous avons vu chez lui des chefs-d'œuvre de son ancien état. En 1838, la pensée lui vint d'appliquer au papier peint ce qu'il mettait si bien sur le maroquin et le velours. Pour cela. il lui fallut tout faire. Les planches gravées d'une seule pièce eussent coûté trop cher et demandé trop de temps ; il inventa des fers mobiles partiels dessinés au point de vue de combinaisons infinies. Les balanciers en usage portaient sur des plateaux en fer fondu avec plaques et coulissons qu'on chauffait toujours irrégulièrement ; il trouva des plateaux plus simples et les chauffa par la vapeur.

Il employa le zinc en gravure et découpure, pour simuler sur le papier velouté les caprices du velours de soie façonné ; et pour la fabrication même de ces veloutés, si funestes à la santé des ouvriers, qui sans cesse aspirent de la laine en poudre, souvent teinte au moyen de toxiques. il imagina un système de tambours qui rend cette aspiration impossible, tout en procurant une économie notable. La concurrence, comme de coutume, lui volait ses inventions à mesure : il persistait. Il est ainsi arrivé à tenir aujourd'hui le premier rang, en laissant loin derrière lui ses faciles imitateurs. Son exposition était ce qu'il y a de plus riche et de plus éclatant : broderies d'or et d'argent sur semblants d'étoffe, reproductions de cuirs à reliefs dorés, etc., le tout avec une perfection et un goût dont rien n'approche. Le genre oriental irait très-bien à cette manière somptueuse ; nous engageons Seegers à l'essayer. A puissance pareille on a droit de tout demander.

Les frères Hoock, successeurs de l'heureux M. Délicourt, ont exposé des paysages très-réussis, et avec eux une composition magistrale, à l'architecture grandiose et superbe. C'est une main savante, à coup sûr, qui a jeté là dedans ces bouquets si frais et si vrais. Les dimensions vastes de ce magnifique morceau rendront peut-être son placement difficile. Nous le regrettons.

MM. Ballin frères, héritiers de la grande maison Genoux, nous montraient aussi des décorations fort belles. Impossible d'être dans une meilleure voie. Même éloge aux bons papiers de commerce de MM. Riottot et Pacon.

La jeune fabrique Pollot et Paupette avait de charmantes imitations d'étoffe : c'est le grand luxe bourgeois du papier. Pour être juste, au reste, il faudrait ici nommer tout le monde.

Quelques maisons ont en outre exposé des papiers à la main, non comme fabricants, mais comme décorateurs. Leurs imaginations ne sont pas toutes bien originales. On fait ce qu'on peut. Dans le nombre cependant il nous faut citer un homme supérieur, c'est M. Duluat. L'Exposition lui doit plusieurs choses de premier ordre, entre autres une très-heureuse reproduction des peintures du château de Blois, ainsi qu'un papier imitant la toile peinte à s'y méprendre, et qu'il peut livrer au prix très-médiocre de 6 fr. 50 c. le rouleau. Choix élégant, goût sobre, variété infinie, tout ce qui plaît et qui convient.

C'est à peu près tout, quant au papier fait à la planche. Voyons ce que donne la production mécanique.

*Ceci tuera cela*, avons-nous dit. Je ne le croyais pas hier, mais aujourd'hui j'en ai peur. J'ai vu. *Cela* signifie le levier humain, et *Ceci* signifie la mécanique ; or l'avenir est à ceci, car déjà presque le présent lui appartient. Tout ce qui est ingénieux s'y jette, et peut-être aussi tout ce qui est généreux. D'une part, la mécanique diminue, si nous ne disons pas encore qu'elle supprime la fatigue corporelle ; de l'autre, et c'est ici son rôle le plus élevé, elle tend à affranchir l'ouvrier de la monotonie avilissante, abrutissante et meurtrière du travail extradivisé. Figurons-nous que voilà un homme, en effet, jeune, bien bâti, bien portant, ayant un cerveau, ayant ce qu'on appelle une âme, lequel est honnête, bon, et n'a commis aucun méfait, et, si vous vouliez l'instruire, deviendrait votre égal, sinon plus ; et que pourtant vous prenez cet homme et le condamnez, de votre chef,

sans appel jamais ni recours en grâce, à perpétuellement faire une
seule et même chose ou partie de chose, sous prétexte qu'il a commencé par la faire mieux que les autres ! Vous ne savez donc pas,
contre-maitres, chefs d'industrie, notables commerçants, membres
des académies, prud'hommes, citoyens d'ailleurs honorables et ho-
norés, que c'est là cruellement sacrifier et mettre à mort une intelligence ? Car la loi de nature est semblable pour l'esprit et pour le
corps ; et de même que celui-ci succombera si vous le nourrissez d'un
seul aliment, l'autre aussi, qui est suprême, s'éteindra cependant si
constamment vous le concentrez sur un point unique. Le code des
hommes est athée et ne punit point ces choses ; ce n'est pas une
raison pour nous y livrer démesurément.

Mais au contraire, si, respectant comme il convient cet entende-
ment que nul n'a le droit de fermer, vous lui confiez la garde et
la conduite d'un de ces beaux animaux en fer et en feu que sans cesse
invente et multiplie le sublime génie de la production contemporaine,
bientôt vous le sentirez s'éveiller, s'éclairer, se passionner. Le pauvre
homme humble oubliera sa misère pour se faire le répondant et l'a-
moureux de sa machine. On a vu, sur les chemins de fer, des mécaniciens pleurer et d'autres quitter le service parce qu'on les changeait
de locomotive. Au contact constant de cet engin, son compagnon et
son ami, en l'étudiant comme il est nécessaire, en le suivant, le
poussant ou l'arrêtant dans ses forces et dans ses faiblesses, dans ses
perfections et dans ses écarts, il pourra un jour s'élever et monter
jusqu'à la valeur de l'invention elle-même et la corriger, l'augmenter,
l'améliorer, la transformer. Cavé, notre illettré immortel, est devenu
mécanicien en nettoyant les engrenages chez M. Hindenlang. Un
jour, la machine à vapeur s'était arrêtée, et son auteur n'y pouvait
mais. Cavé y entra et la fit marcher. Il la connaissait si bien !

Certes, il est magnifique de voir, comme l'an dernier nous l'avons
vu chez M. Isidore Leroy, une imprimeuse rotative et dodécagone
s'emparer d'une bande de papier sans fin, large de 50 centimètres et
longue de 800 mètres, et sans fin aussi la restituer, nettement et cor-
rectement empreinte d'un dessin à douze couleurs, qui sont toutes
appliquées dans un même tour, humide sur humide, vert foncé sur
vert clair, bleu sur bleu, rouge sur rose, sans confusion, sans absorption, sans qu'un trait nuise à son voisin, sans qu'une nuance

écrase ou boive l'autre nuance. Il est fabuleux comment ensuite, et
à mesure, une accrocheuse automatique saisit spontanément cette
interminable nappe peinte et va, roulant doucement dans ses hauteurs,
la suspendre par ondes égales aux tringles infinies du séchoir. Et
puis, si l'on veut la suivre, aussitôt séchée qu'accrochée, c'est encore
chose amusante et pleine d'intérêt que de regarder découper cette
pièce, d'un quart de lieue quasi, en cent petites longueurs mathéma-
tiques de huit mètres, qu'une manivelle enroule uniformément et
mécaniquement. Tout cela est superbe. Mais ce qui plaît et séduit plus
encore, selon moi, c'est la satisfaction intelligente que montrent les
conducteurs de ces phénomènes ; c'est la dignité tranquille avec laquelle tout cela fonctionne ; c'est enfin la certitude que le moral de
l'ouvrier prend ici son niveau dans la hauteur de l'œuvre. On sort
émerveillé et content. C'est moitié plus qu'ailleurs en général.

Dans ce travail mécanique, et notre avis n'est qu'un retentisse-
ment, M. Leroy nous paraît hardiment le premier. D'autres maisons
que la sienne sont grandes et fortes, elles font et font bien des affaires
immenses, mais M. Leroy nous offre vraiment plus de valeur. Son
nom est populaire ; sa clientèle de province lui en a fait un titre par
calembour affectueux : elle le dit *le roy du papier peint*. Tout est
preuve en fait de jugement public. Si, comme c'est notre conviction,
le papier peint mécanique remplace un jour absolument le papier à la
planche dans la consommation courante, le plus grand honneur en
reviendra aux travaux de M. Leroy. Le papier à la planche, cet ancien, n'aura point encore un trop mauvais sort ; il lui restera les
richesses, la dorure, le panneau, le décor, le paysage, la figure, tout
son grand art pictural et trompeur, qui de plus en plus prend et se
développe. Seulement, le consommateur qui s'appelle tout le monde
payera son modeste papier la moitié de ce qu'il le paye, et les marchands en détail ne vendront plus malignement l'un pour l'autre.
D'ailleurs même, celui-ci n'empêche pas celui-là ; nous avons vu du
mariage du cylindre et de la planche sortir des effets véritablement
ravissants. Pour être des rivaux on n'est pas des contraires.

M. Leroy date de 1842 dans la fabrique. Il est le premier qui se
soit occupé sérieusement de l'impression cylindrique. Nous savons
qu'entre le papier à la main et le papier mécanique, il y a cette différence que le dessin ou la partie du dessin de l'un est gravé sur une

planche plate dont l'imprimeur use autant de fois qu'il le faut, tandis que l'impression mécanique se fait par le passage non interrompu du papier sous le tournant d'un cylindre. Nous devons à M. Leroy, et très-justement il s'en vante, le premier emploi du cylindre gravé en relief dans l'établissement des dessins. Car, de même qu'à la main un dessin un peu varié se compose de plusieurs planches, de même, à la mécanique, il lui faut plusieurs cylindres. Autant de couleurs, autant d'instruments. Combinaison par divisions.

Ajoutons ceci. A mesure de sa marche ascensionnelle, M. Leroy inventait lui-même ses moyens. La plupart des procédés qui partout s'agitent proviennent de ses brevets tombés. Ceci lui établit un mérite supérieur et incontestable. On lui doit les brosses qui égalisent et réparent les couleurs sur les rayures. La machine ne pouvait imprimer ces rayures que les unes à côté des autres, il exigea d'elle et en obtint des rayures à couleurs multiples simulant les baguettes et les moulures avec une régularité et une netteté que la main n'atteignait pas. Pour cela, il fallait procéder par réapplication : M. Leroy parvint d'abord à rendre invariable la course du papier ; puis il régla la pression et la marche de ses cylindres de façon à opérer la parfaite rentrure des couleurs. Enfin il découvrit le moyen d'unir et de lisser les teintes mates, qui jusque-là venaient toujours rugueuses et lourdes, si bien qu'aujourd'hui, — et nous en avons fait l'épreuve, — entre deux exemplaires du même dessin tirés l'un à la planche et l'autre à la mécanique Leroy, il est presque impossible de trouver une différence.

Parlons maintenant du bon marché.

En 1861, lors des premiers effets du traité de commerce, la fabrique française jeta les hauts cris. Le papier peint mécanique fut surtout désigné pour un prochain trépas ; l'Anglais allait faire irruption et tout dévorer. M. Leroy ne s'émut point plus que de raison : il s'ingénia, chercha, et définitivement créa un nouveau genre d'articles dit *coloris à plusieurs couleurs*, dont le succès et le rapport furent immédiats. Tenir tête à tout ce qui arrive est le propre des grands producteurs. Le travail est une guerre où l'on n'a besoin de tuer personne pour vaincre. Émulation n'est pas destruction. Lors de l'exposition de Londres, l'année suivante, M. Leroy livrait un million et demi de rouleaux (12 millions de mètres) et faisait 700,000 francs : en 1866, il a livré trois millions de rouleaux (24 millions de mètres), représentant 1,300,000 francs. Voilà le mal que lui a fait la concurrence anglaise. Que les ennemis du libre échange se le disent !

Ainsi donc, M. Leroy nous paraît être sans conteste le premier de nos producteurs mécaniciens. Loin de nous la pensée de diminuer le mérite de MM. Gillou et Thoraillier, qui sont ses concurrents les plus considérables. Nous savons que leur maison fait des affaires immenses, et qu'ils ont été des premiers à introduire en France les machines anglaises, grâce auxquelles ils ont pu arrêter l'invasion croissante du papier de nos voisins. Battre l'ennemi avec ses propres armes était peut-être chose assez facile, mais enfin il s'agissait de le battre, et il a été battu. Joie donc et gloire aux vainqueurs ! Cela pourtant ne saurait nous empêcher de dire que notre autre fabricant français est depuis vingt-cinq ans l'ouvrier réel de son œuvre ; que le premier et le seul d'abord il s'est occupé sérieusement de l'impression des dessins sur papier par les procédés cylindriques ; que cette impression mécanique, véritablement sa création, lui doit quantité d'inventions et de perfectionnements dont aujourd'hui les autres ont tout simplement la peine de se servir ; qu'au moyen de ces inventions qui sont siennes, il donne au papier mécanique l'apparence et la richesse du papier à la planche ; qu'il imprime ainsi supérieurement depuis une jusqu'à douze couleurs, et peut livrer au commerce à partir du prix fabuleux de *quinze centimes* le rouleau ; qu'il occupe trois cents ouvriers, fait un million et demi d'affaires et fabrique par an trois millions de pièces ; qu'il est un bon maître enfin, ne se bornant pas à faire travailler les hommes, mais songeant aussi à les instruire, tant et si bien que la plupart des ouvriers mécaniciens employés ailleurs sont sortis de son école, sans compter ceux qui aujourd'hui sont eux-mêmes fabricants.

Voilà bien quelques titres, ce me semble, sans parler de l'estime universelle.

Nous serions injuste en refusant l'hommage qui leur est dû aux papiers peints anglais de MM. Scott, Cuthbertson et Cᵉ, Jeffrey et Cᵉ, Woollams et Cᵉ. Hors de France est encore le salut. Ajoutons qu'une médaille d'or a été décernée à MM. Potter, d'Over Darwen, comme inventeurs de la fabrication du papier peint par machines à vapeur ; mais rappelons qu'en 1835 et 1865, un Français, M. René Marchais, fit connaître avant eux — c'est au moins sa prétention — des procédés mécaniques importants qui sont aujourd'hui la propriété de M. Carpentier.

L'Allemagne aussi produit à bon marché, si ses dessins ne valent point qu'on les cite ; et, dans les articles inférieurs, elle nous fait une concurrence dangereuse. Le bon marché de la vie, pouvant établir sainement le bas prix de la main-d'œuvre, lui donne sur nous, à cet égard, un avantage invincible. Nous luttons cependant par la variété et le bon goût, si bien que, malgré tout, les Allemands restent encore nos tributaires sans que nous soyons les leurs. Loin de là. Si nous prenons quelque part, c'est plutôt à l'Angleterre.

Mais, en fait de bon marché, l'Amérique l'emporte sur tout ce que fait l'Europe. Ce n'est pas beau, hélas ! mais c'est innombrable et c'est pour rien. Qu'un peu de goût vienne à ces hommes, et, je le répète, le vieux monde n'aura plus guère à leur fournir. Nos fautes y auront été pour beaucoup.

# CHAPITRE XX



Une voiture est un meuble qui roule : quelquefois même cela peut être une chambre mouvante, où certains affairés et studieux illustres ont leur bureau, leur garde-manger, leur bibliothèque et leur lit. Mettons, en conséquence, les voitures avec les meubles : qui s'en plaindra ? Notre carrosserie était brillante d'ailleurs, et le jury l'a placée au premier rang trois fois sur quatre. Voici les quatre médailles d'or : première, MM. Belvalette frères, de Paris et Boulogne-sur-Mer ; deuxième, MM. Peters, de Londres ; troisième, les omnibus de Paris ; quatrième, M. Ehrler, de Paris. Donc nous avons eu le pas sur l'Angleterre par les voitures : certains disent que, depuis *Gladiateur*, nous l'avons aussi par les chevaux. Cela fait déjà deux gloires, en attendant celles qui viennent.

Excepté quelques voitures anglaises, toutes celles qui nous portent sont nôtres. Les belles se font à Paris beaucoup, et un peu à Lille, à Bordeaux, à Lyon, à Toulouse, Caen, Abbeville, Colmar et Boulogne-sur-Mer. Chaque année en donne environ cinq mille, qui valent à peu près quinze millions ; landaus, calèches, coupés de ville. Puis les victorias, les phaétons, les américaines, etc. Puis les omnibus. Puis les voitures de *campagne*, que l'on fait partout et qui varient de formes

selon l'usage et l'espèce des chemins. Puis enfin les voitures de louage,
de place, etc. Production totale, trente-cinq à quarante millions,
dont on exporte en Espagne, en Égypte, en Portugal, en Turquie,
en Russie, en Amérique et même en Angleterre. Quant à l'importation, elle se fait si peu que c'est comme si elle ne se faisait pas.
Autant de preuves en faveur de notre fabrication. Ajoutons que
toutes les matières dont se compose une voiture sont maintenant
sous la main des carrossiers français. Les ressorts et les vernis nous
venaient jadis de l'Angleterre ; nous les avons. Bois, fer, acier, cuir,
drap, galons, étoffes de laine, étoffes de soie, crins, maroquins, couleurs, qu'est-ce qui nous manque ? Où sont plus habiles que nos
charrons, menuisiers, forgerons, serruriers, selliers, bourreliers,
tapissiers, passementiers, lanterniers, peintres, sculpteurs, pla-
queurs, etc. ? Car il faut des artistes en ce beau métier et il y faut
des mains. Les machines, dont on a tant fait peur, ne peuvent que
dans les modèles très-répétés, comme, par exemple, ceux des voitures publiques, wagons, omnibus ou autres, et les petites boîtes
roulantes qui forment l'empire rude de M. Ducoux. Quant à la belle
voiture de ville, cette richesse, elle suit la mode et change avec elle,
ayant toutefois pour garde et pour guide le goût sûr et la science des
grands fabricants. Ce mouvement est salutaire au progrès ; c'est
pourquoi, et les commissions le constatent, depuis vingt-cinq ans,
de jour en jour, nos voitures sont mieux faites, plus solides, mieux
fabriquées, plus commodes ; leurs modèles plus variés, plus appro-
priés ; comme aussi la fabrication en est devenue plus prompte, grâce
à un outillage meilleur et à la distribution plus logique du travail.
Faut-il dire, en outre, qu'il est peu de branches où l'ouvrier soit aussi
intelligent ? Pauvre cher travailleur, faire si bien des choses dont lui
ni les siens ne se serviront jamais !

Il y a vingt ans, notre carrosserie n'en était pas là. Londres avait
la belle marque. Bruxelles et Varsovie étaient encore célèbres. Maintenant les voitures françaises servent de modèles aux carrossiers
étrangers. La maison qui tient aujourd'hui la tête des récompenses
est pour beaucoup dans cet avantage relatif. MM. Belvallette frères
exposaient quatre voitures irréprochables : une calèche princière
sur huit ressorts, de celles dites à la Daumont, qui, par son ampleur,
l'élégance de ses lignes et l'opulente harmonie de sa décoration, a

mérité d'être appelée la *meilleure* de l'Exposition ; un *mail-coach*, sorte de diligence à l'anglaise, ordinairement conduite à quatre chevaux, où s'entassent six personnes dedans et douze ou quinze dehors, cornant et fanfarant, quelque chose de très à la mode et de très-étrange à voir passer. Cette forme de voiture était unique dans la section française ; elle frappait par ses proportions, son agencement et sa solidité. Enfin un landau léger, et un coupé de ville très à considérer par la nouveauté et l'excellence de l'avant-train.

Ce que l'on remarque surtout dans la fabrication des frères Belvallette, c'est le fini normal de l'exécution. Il est visible qu'un achèvement si parfait des détails ne saurait être le fait exceptionnel d'un travail particulier, et qu'il doit au contraire résulter d'habitudes prises pendant une longue marche en avant. Or c'est bien ici le cas. Depuis la première exposition universelle, en 1851, ces habiles faiseurs ont toujours progressé, cherché, approprié, trouvé. On leur doit des nouveautés de construction et des variétés de distribution adoptées depuis par leurs confrères de tous pays. C'est reconnu et les juges l'ont toujours constaté : à Londres, en 1851 et 1862, *prize-medals;* à Paris, en 1855, médaille de 1re classe ; cette fois enfin, première médaille d'or : voilà des preuves. Leur maison est déjà une vieille maison : parmi les contre-maîtres qui en font partie et que le jury a voulu nominativement distinguer, l'un d'eux compte quarante-deux ans de bons services. Réciproque honneur, s'il en fut, car long séjour implique condition heureuse. Les autres patrons le savent ; aussi M. Belvallette aîné était-il leur délégué auprès de la Commission. C'est un hommage significatif.

Chacun des deux frères dirige une usine, à Paris et à Boulogne-sur-Mer, une ville anglaise plutôt que française : voilà ce qui explique certaines tournures britanniques de leur fabrication. La même bonne économie gouverne l'un et l'autre établissement. Qui visite l'un peut dire avoir visité l'autre. Quatre cent soixante ouvriers sont occupés dans les deux, et y font usage d'un outillage perfectionné que la vapeur met en mouvement. Plus de travail, en conséquence, et moins de fatigue. Tout se fait là, depuis la charpente jusqu'à la garniture : menuisiers, charrons, forgerons, ajusteurs, peintres, selliers, tapissiers. Le seul maniement du métal tient vingt-six feux allumés. Acier substitué au fer, pour avoir même force avec

un poids moindre et des formes plus sveltes. Approvisionnement de
bois énorme, afin de ne l'employer que lorsqu'il est bien sec. Ateliers
tout modernes et établis avec un luxe industriel qui prodigue partout
l'air et la lumière. De là partent des produits qui vont ici et là, en
France, en Espagne, en Russie, au Brésil même, et jusque dans
l'Inde anglaise, quoi que dise et fasse la métropole. Leur durée porte
surtout à les rechercher en ces lointaines terres, où les réparations
sont difficiles. Bonne maison, en un mot, deux fois bonne, et que l'on
ne saurait trop recommander.

Dans cet art M. Ehrler est aussi très-grand. Sa maison, qui existe depuis quarante ans, était déjà fort honorée lorsque le président de la
république, qui se connaissait en équipages, le prit en 1848 pour
fournisseur de ses voitures de ville et de ses voitures de cour.
Il l'est toujours resté ensuite, à des titres que personne ne dispute.
Les souverains qui ont visité le nouveau règne, la reine d'Angleterre,
le roi de Portugal, le roi de Suède, le roi de Prusse, l'empereur de
Russie, le sultan, le vice-roi d'Égypte sont donc tous montés dans
les voitures de M. Ehrler. Il ne fut jamais pour un fabricant exposition
privée plus heureuse ni plus illustre, comme de même, en prenant
l'envers, nulle n'aurait pu être plus dangereuse, Pour être sûr, il a
voulu essayer de la grande, ce dont bien lui a pris.

M. Ehrler exposait quatre modèles qui sont quatre objets d'art. Nul
carrossier ne saurait aller plus loin. Un grand coupé de ville à flèche,
monté à soupente sur huit ressorts. Caisse havane à moulures noires,
armes ducales en camaïeu sur les panneaux. Train noir et réchampis
havane (sorte de couleur bronze-tabac), plaqué très-riche en argent
ciselé. Housse en drap blanc et velours, avec armes en argent mat.
Intérieur en soie de la couleur de la caisse. Cette voiture, d'un campement superbe, doit avoir la douceur d'un ballon.

Un landau à flèche, monté de même. Caisse vert olive à moulures
noires, armes en camaïeu. Train noir plaqué de noir. Intérieur en
drap et maroquin noirs; les galons verts.

Un coupé Dorsay à flèche sur huit ressorts comme les deux autres.
Très-élégant. Caisse jaune avec moulures noires. Train noir à réchampis bleus. Plaqué noir, excepté les poignées et les chapeaux d'es-
sieu, qui sont en cuivre. Intérieur en drap et satin bleus.

Et enfin un cabriolet (elle revient, cette jolie voiture rajeunissante!)

à deux roues et soupente sur six ressorts. Caisse peinte comme celle du landau. Train noir réchampi en jaune foncé ; filets jaunes détachés; un filet blanc borde la bande jaune. Intérieur en drap et maroquin vert olive. Chef-d'œuvre de goût et de légèreté.

Après ces voitures princières, voici un équipage plus modeste mais non moins recommandable, que le jury a trouvé digne de la première médaille d'argent. Celui-ci est un coupé de ville à deux places, la caisse couleur de terre d'ombre unie, avec chiffre et armoiries discrètement indiqués en rouge, le train et les roues de même couleur que la caisse, sauf un petit filet rouge à cheval sur les réchampis. Léger, ample, élégant, roulant. Le dedans confortablement garni en maroquin sombre, ayant les accessoires en ivoire vert, avec un aménagement ingénieux de tiroirs et de miroir pour la toilette rapide entre deux visites, jusqu'à même un doux éclairage intérieur permettant de lire et d'écrire infiniment mieux, je le suppose, que dans les premières classes de nos chemins de fer inhumains.

Cette excellente voiture, très-remarquée et bien jugée, était seule à signaler les ateliers de M. Poitrasson, une maison de la rue symboliquement appelée des Petites-Écuries, maison d'un demi-siècle déjà, fondée en 1818 par M. Molard. M. Poitrasson n'habite point le quartier des grands seigneurs; il travaille au sein du commerce, dans ce qu'on nomme le centre de l'exportation; naturellement il s'inspire des besoins et des convenances qui l'entourent. Commodité, solidité, bonté, voilà son lot et son but habituels, bien qu'il puisse, le cas échéant, aborder comme d'autres l'infinie somptuosité. Entre le *panier* de mille francs et le coupé de trois mille cinq cents, il y a toujours place, quand on veut, pour une fantaisie de cinquante mille. Une bonne clientèle sérieuse dans le monde des affaires, l'exportation dans l'Amérique du Sud, en Russie et en Espagne, sont le cercle constant et fructueux de la fabrication dont il s'agit.

C'est ici, ou nulle part, le lieu de parler du compteur des voitures, instrument qui, en établissant d'une manière certaine les rapports triples entre le loueur de place, son cocher et le public, fera cesser la position fausse qui fait passer le premier pour un tyran et une dupe, le second pour un fripon, et le troisième pour une victime niaise. Plusieurs modèles étaient exposés, entre autres celui de M. Robert,

constructeur ingénieux que nous avons déjà cité deux fois, et celui
plus complet de MM. Meuley et Verdier. Ce dernier est une merveille
qui prévoit tout, suppute tout. révèle tout ; qui est inviolable, infaillible,
tient compte, le jour et la nuit durant, des moindres actes de la voiture, et les écrit de sa main sur un registre caché que le receveur
ouvre quand la voiture rentre. L'idéal. M. Meuley est un horloger de
précision, bon élève de Breguet. M. Verdier est Charles Verdier de
la Maison dorée.

Les instruments de musique sont-ils des meubles ? Personne ne
dit non en voyant un piano, une harpe ou un orgue. Pourquoi pas les
autres ? Nul doute que la vitrine des instruments d'Adolphe Sax, par
exemple, ne fût décorative au plus haut degré. Oserions-nous ranger
le violon parmi les simples outils, comme un rabot, ou la guitare
comme une scie à refendre ? Je ne le crois pas. Cette vitrine donc
était pleine d'agréments, et nous savons vraiment tout faire de toutes
choses. Composer des ornements avec des trompettes ; dessiner en
saxhorns des palmettes et des rinceaux ; ployer et mêler ces cuivres
indociles en devises orientales, en enroulements apocalyptiques de
dragons et de salamandres ; c'était pousser loin la fantaisie heureuse et
de l'absurde faire sortir le charmant. Maintenant que dire, après ce
qu'on a dit, sur la valeur propre des instruments ainsi disposés et
entrelacés ? Où le nom de leur facteur sans pair n'a-t-il pas pénétré ?
Qui n'a usé et abusé de Sax, imité Sax, contrefait Sax, honoré Sax,
insulté Sax ? Quelle harmonie, quelle fanfare, quel régiment, en France,
en Belgique, en Allemagne, en Europe, sont sonores, éclatants, complets, illustres sans les instruments de Sax ? Au concours pour les
grands prix de l'Exposition universelle, trois fanfares sur le nombre
immense avaient été jugées dignes de la lutte suprême : l'une de
cinquante-six musiciens, l'autre de cinquante-deux, et celle de Sax,
qui n'était que de quinze, mais formés, inspirés, animés et conduits
par le maître, Adolphe Sax en personne. C'est la fanfare de Sax qui a
gagné le premier prix ! J'y étais. J'ai entendu là Hollebecke, Robyns,
Mayeur et les autres interprètes superbes de ces prodiges d'intelligence et d'invention. Ils ont joué la fantaisie célèbre de Demersseman
sur le *Carnaval de Venise*, dans laquelle, quand l'auteur vivait, sa
flûte enchantée faisait la partie inouïe que fait aujourd'hui le saxo-

phone. Pauvre Demersseman! Mourir si jeune, lorsque peut-être il allait devenir grand ! Il savait admirablement ces instruments précieux, et il les aimait comme il les savait. Chaque jour il y trouvait des ressources, des éclats, des pouvoirs nouveaux. Il avait fait d'eux les franches voix de ses compositions hardies, et il pouvait tout leur demander sûrement, puisque déjà, grâce à leur inventeur intrépide, qui sans cesse et toujours les enrichit, les assouplit, les multiplie, les perfectionne, il n'est déjà plus rien qu'ils ne puissent donner. Tout ce qui vibre, tout ce qui sonne, tout ce qui chante ; toutes les splendeurs, toutes les terreurs, toutes les douceurs, toutes les émotions. Demersseman a manqué deux fois à ce beau succès dont la seule pensée, un an plus tôt, le rendait tout palpitant. Ses camarades en auront consolé son ombre !

Celui-là qui est mort se repose au moins, et bien de ceux qui vivent n'ont pas tant de bonheur. Voyez Sax tout le premier. Quelle vie ! Il me le disait ces jours derniers encore, le cher homme de génie. Depuis vingt-cinq ans il est dans la rue Saint-Georges, et six fois déjà autour de lui, régulièrement et fatalement, il a vu, comme arrive une rente, arriver la fortune périodique du personnel héréditaire des épiciers et marchands de vin de son quartier, gens au cœur mort, à l'humeur froide, à l'esprit lent, ayant dans le cerveau plus de craie que de phosphore, bornant leurs frais d'imagination au soin prudent et négociant de ne rien vendre avec excès dans le poids ou dans la qualité. Et tandis qu'ainsi germaient, poussaient, florissaient et fructifiaient ces puissances comestibles auxquelles le bien vient selon les encoignures, il luttait, lui, sans profit, trêve ni pitié, inquiet, veilleur, devin, divin, ne tenant ce qu'il voit que pour le commencement de ce qu'il cherche, trouant de son front les ténèbres, parce que derrière il sent la lumière inconnue ! Les hommes tels que Sax ont le sort de ne s'arrêter jamais : architectes de maisons qu'ils n'habiteront pas, dresseurs de festins où ils ne s'assiéront pas, trouveurs de félicités qu'ils ne goûteront pas. Dans l'art comme dans la science et le reste, il y a de ces Moïses auxquels la terre promise est défendue.

Celui-ci est vraiment prophète et législateur des choses où l'homme puise ses plus pures et ses plus nobles jouissances. La musique, seule langue que tous entendent et parlent, lui doit le renouvellement presque total des outils qui la constituent. Il a rendu leur timbre primitif et vrai à des instruments que l'ignorance et la routine avaient pervertis, dépravés, dénaturés. Il a transformé ces instruments. Il a retrouvé les profils exacts des canaux sonores par lesquels circule et sort la note juste. Il a, par inventions sur inventions incessantes, donné au cuivre la voix humaine et l'âme humaine, rendu salubre ce qui était malsain, fait de la fatigue une gymnastique, d'un cas morbide une force hygiénique, de la peine un plaisir, d'un exercice féroce un divertissement céleste. À cela voici vingt-cinq années qu'il travaille, c'est-à-dire tout l'âge actif et vaillant d'un homme; il a dépensé en inventions et en procès soutenus pour les défendre quelque chose comme un million et demi, une découverte toujours mangeant et détruisant sa précédente, par la loi despotique du plus substitué au moins. Et ces procès, chose dont l'avenir rougira, lui ont été faits par des gens qui le volaient. « Tout ce qu'il prétendait inventer existait depuis longtemps, disaient ces intrépides, et si l'on ne s'en servait point, c'était parce que cela ne valait rien. » De sorte que le volé était cru le voleur, par dérision splendide! Si bien qu'un jour, il y a longtemps déjà, il enferma une invention brevetée et couronnée, s'engageant à ne point la produire avant l'expiration de son brevet, et défiant ses adversaires de montrer quoi que ce fût qui lui ressemblât. Ils ne montrèrent rien, en effet : c'était sous clef!

La contrefaçon a pris cinq ou six millions à Sax. Le fait résulte des arrêts. Sur ces reprises, qui seraient une richesse, la prescription a étendu son manteau. Lors de l'union des facteurs de vieux instruments contre le novateur insupportable, un d'eux, le plus spirituel, vint le trouver et lui proposa de se mettre ensemble pour s'enrichir en ruinant tous les autres. « Je ne mange point de ce pain, » répondit-il. Hélas! quel est le pain des faiseurs de découvertes? *Væ inventoribus!*

Adolphe Sax a inventé les instruments à pavillon tournant, à pistons et tubes indépendants, à pistons et à clefs, les nouvelles timbales en acier, les saxhorns, les saxotrombes, les saxophones. Son nom est une racine. La mémorable musique des Guides, sur laquelle se formèrent les autres musiques de la garde impériale, lui doit son organisation. Il a créé une chaire pour son enseignement, fait et entretenu des élèves et un orchestre qui jouent et voyagent à ses frais, entrepris et payé la composition et l'édition de morceaux spéciaux pour ses instruments inconnus. En 1849, pour ne partir que de cette époque, il a été médaillé d'or et décoré ; l'exposition universelle de 1851 lui a valu la grande médaille du conseil sans partage, et celle de 1855 la médaille d'honneur par exception semblable ; en 1862, même chose encore à Londres. En 1867 enfin, le seul grand prix décerné dans la facture instrumentale de tous les pays, c'est encore lui qui l'a eu, faveur nominale et dérisoire d'une médaille hors module. Il est maintenant célèbre plus que jamais ne fut un homme ; ayant, à lui seul, travaillé autant que vingt, étant l'unique peut-être qui sache et puisse faire de ses mains tout ce qui se fait chez lui. Il a ainsi produit trente ou quarante mille instruments, copiés et contrefaits peut-être à cent ou deux cent mille. Il devrait et allait être heureux et riche à la fin : savez-vous ce qui lui arrive, fatalité dernière ? Au moment où, se préparant à une fabrication plus grande, il finissait, à dépenses énormes, la reconstruction de ses ateliers, le ministre de la guerre, par pénurie de chevaux, supprimait la musique de quatre-vingts régiments. Jusqu'à celle des Guides elle-même, modèle et jalousie du monde entier !

Indépendamment d'ateliers parfaitement construits, baignés d'air et de lumière, où le travail paisible et visible est fait par des hommes pour lesquels celui-ci est un frère et un père, ayant le pouvoir parce qu'il a le savoir, et le droit à cause de l'affection, la maison de la rue Saint-Georges contient une salle de musique, bonne et hospitalière, que toutes les illustrations de l'art et de la gloire ont visitée. Puis une bibliothèque pleine d'ouvrages ignorés et curieux, réunis pièce à pièce et pour ainsi dire page à page, par cet infatigable colligeur de tout ce qui touche à la passion dont il vit et dont il mourra. Puis un musée unique, et qui semble impossible, de tous les instruments quasi dont le présent a fourni un exemple ou dont le passé a laissé un débris, en quelque pays que ce fût ou que ce soit, Grèce, Rome, Égypte, Inde, Chine, Afrique, Amérique, jusqu'à une trompe en airain de l'âge de bronze, trouvée dans les tourbières du Danemark : des fantaisies incroyables, des moyens d'expression sublimes à force d'être insensés !

Il avait demandé à exposer au Champ de Mars une salle de concerts. Ici nous apparaît l'un des plus grands efforts inventifs de ce cerveau inépuisable. La physique du son a des principes absolus, dont ne paraissent se préoccuper ni même se douter la plupart des architectes constructeurs de lieux publics où l'on parle, déclame, chante, etc., Une salle de concerts, par exemple, devrait être, avant tout, un appareil de résonnance ; ils en font galamment une vitrine à exposer des toilettes, et rien de plus. Généralement les lois de l'optique sont observées dans la construction des phares, des belvédères, des observatoires ; celles de l'acoustique sont toujours oubliées dans le plan des palais de la musique et des discours. L'acoustique est un *hasard*, nous disent les commissions de bâtiments. Il était logique que le trouveur de tant d'instruments nouveaux cherchât un jour, à bout de hasards mauvais, la forme d'édifice la plus capable de les faire valoir. Adolphe Sax a pensé que la vraie pouvait être ceci : « la forme engendrée par une parabole plus ou moins ouverte et tournant autour de son axe. La tribune, la scène, l'orchestre, le chœur, occupant un espace relativement restreint, sont le foyer ; et, d'après les propriétés de la courbe générative, tous les rayons réfléchis se dirigeront en faisceaux parallèles sur le public. »

Donc il a imaginé un vaisseau qui donnerait la figure intérieure d'un œuf ayant la pointe en bas et l'axe incliné de façon à former avec l'horizon un angle de trente à quarante-cinq degrés. La scène et l'orchestre dans le petit bout ; le reste, jusqu'en haut, distribué en banquettes, loges et ce qui s'ensuit. Si c'est un théâtre, l'orchestre, au mouvement si gênant pour l'illusion, au lieu d'encombrer le pied de la scène, sera caché sous l'avant-scène, dans une excavation parabolique, ne voyant que son chef et laissant celui-ci seul visible à l'exécutant ou au chanteur, que l'accompagnement servira et soutiendra dorénavant au lieu de le couvrir et de le dominer. Rien de séduisant ni d'apparence infaillible comme les explications données par Sax à ce sujet. Il avait offert son projet à la Commission de l'Exposition : on lui a préféré la déception illustre du théâtre international. Tous les goûts sont dans la nature.

## CHAPITRE XXI



L'espèce décorative des fontes d'art, zinc d'art et autres imitations
a été riche et nombreuse. Non pas différemment de 1862, mais plus
couramment et généralement. Si l'invention du modèle a fait faute,
l'exécution surabondait. C'est autant d'acquis, en attendant. On
cherche. Et ce ne sera pas en vain. L'origine de toutes ces choses
nous l'affirme. Leur père a un nom sacré : il s'appelle l'Art, quelque
tristes que chez nous aient été ses premiers enfants. Elles procèdent
du grand dieu des grands âges, le bronze, un noble métal auquel,
dit si bien Barbedienne, chaque peuple ancien ou moderne semble
avoir confié le soin de transmettre aux générations les manifestations
de son génie particulier. Tôt ou tard il faudra bien qu'elles lui ressemblent. Voyez déjà où en est la fonte de fer, leur toute jeune branche.
Comme à Londres, en 1862, date de sa plus grande et de sa plus
étonnante manifestation, elle exposait des figures, des fontaines, des
candélabres, des coupes, des vases, des autels, des croix, des balcons, des grilles. Or c'était, il y a trente ans, une industrie ménagère
et grossière, qui s'élevait à peine au-dessus de la marmite et du
poêle. Aujourd'hui l'art s'en empare, et, grâce au vil prix de la matière, la voilà qui défraye à bon compte les ambitions ornementales

de nos grands seigneurs en papier. Mondaines ou dévotes, à discrétion. Ces lions, ces vierges, ces héros, ces fleuves, ces christs en fer fondu sont un signe des temps, comme certains nous disent. On les peint, on les pousse au vieux bronze, et cela sert à contrefaire Versailles ou le couvent dans les jardins que le portefeuille a plantés.

Par flatterie même, — où n'irait-on point? — des manufacturiers de ces choses trompeuses laissent croire à leurs clients, pauvres de lettres, que les fontes des frères Keller étaient en fer. La Saône de M. Ducel, aux membres zébrés de rubans verts pour imiter le lavage oxydé de la pluie, prêtait merveilleusement au solide mensonge que voilà. D'autres peignent ce fer en marbre blanc ou de couleur, carrare, paros, rouge antique. Ainsi, la très-importante fonderie du Val-d'Osne, à côté du *Piqueur aux deux chiens* de Jacquemart, si bien venu en faux bronze, nous montrait un grand candélabre louis-seize, œuvre capitale de Piat d'après Lafosse, badigeonné comme un spécimen de l'art polychrome du vitrier. Pauvre Piat!

Cela n'empêche pas les fonderies de MM. Ducel et Barbezat d'être parmi les plus merveilleuses qui soient. Les aigles du pavillon de l'empereur, le groupe des trois enfants, le Rhône lyonnais de Coysevox, faisaient la gloire de l'usine de Pocé; de même que nulle part mieux qu'au Val-d'Osne on n'eût rendu sans doute les modèles de Liénard, de Diébolt, de Salmson et de Mathurin Moreau. Nous préférons cependant la manière d'exposer de M. Durenne : il nous montre ses produits de Sommevoire sans retouches ni couverture, dans la naïveté de leur grain, tels qu'ils sont sortis du sable. A la bonne heure, et, tout en croyant, peut-être à tort, que son grain de 1862 était plus doux, nous n'hésiterons pas à féliciter premièrement M. Durenne. Ses épreuves de fonte fine en bas reliefs de petit module rivalisent avec ce que la Prusse a envoyé de plus étonnant; et, dans une autre espèce, les deux lions funèbres de Canova sont d'admirables colosses. Indiquons pour mémoire la fontaine de notre cher Klagmann, *diminuée*. Celle-ci nous rappelle le *Moïse*, quand on n'en jouait plus que deux actes. Citons aussi la bonne fabrication de M. Zégut, de Tusey.

Car, il faut en convenir, on fond bien le fer en Prusse. L'usine d'Ilsenburg, au comte Othon de Stolberg-Wernigerode, et celle de Lauchammer, au comte Einsiedel, nous ont pris et très-bien pris deux médailles d'or, par des travaux magnifiques, en vérité, surtout dans les œuvres petites et délicates. C'est un exemple que de voir cette grande noblesse étrangère s'occuper d'art industriel. Nous avons eu, nous, le duc de Luynes, une nature superbe, mais il n'était pas fabricant. Là-bas ils mettent hardiment leur blason sur leurs factures : *Labor honoris causa*. Les nôtres aiment mieux aller tuer ou se faire tuer pour le pape. C'est un goût.

Donc nous fournissons de statues et d'ornements en fer l'Angleterre, l'Amérique, la Russie, et un peu l'Allemagne elle-même. Seule, la Prusse a su se passer de la France. Des gens à présages y voient une menace pour l'avenir. Qu'importe? Il nous reste la beauté des modèles, ce que ni la Prusse ni le diable ne nous ôteront.

Les Prussiens sont aussi nos rivaux dans le zinc, mais de beaucoup plus loin. Ils nous ont précédés, mais nous les avons dépassés. Ainsi faisons-nous volontiers à ceux qui s'en mêlent. Il y a vingt-cinq ans, le zinc, ce métal désagréable et rebelle, nous servit d'abord à mettre en l'air des choses parfaitement horribles : des flambeaux, des dessous de lampe, des pendules, hélas! des pendules, si souvent et si longtemps le ridicule et la honte de notre production métallique. Cela se fondait massif, aussi lourd que c'était laid; et puis on le barbouillait en chocolat, en jaune ou en vert, aux fins effrontées d'imiter le *bronze* antique et le *bronze* doré. Il y a quelque opprobre à penser que les premiers qui le firent y gagnèrent un argent fou.

Puis une autre industrie naquit, toute française celle-là, et qui s'appela *bronze stannifère*. C'était un composé d'étain, de régule et de plomb, que l'on coulait, *au renversé*, dans un moule en cuivre où le travail d'un ciseleur patient avait reproduit en creux les reliefs et les détails du modèle. Cet alliage, souple, joli et très-doux dans ses effets, n'eut point une grande durée. Mais il avait suffi pour éveiller l'industrie du zinc de sa torpeur infime et lui ouvrir la voie claire dans laquelle aujourd'hui nous la voyons cheminer. L'un des grands prodiges du temps, le revêtement métallique par le galvanisme, survint en outre à son aide. Elle put, à la faveur d'un dépôt magique de cuivre, donner à ses produits l'apparence et presque l'éclat du bronze vrai.

De plus, cette couverte saine permettait désormais d'appliquer une dorure analogue et solide, comme le faisait et le fait toujours si bien M. Mourey, bienfaiteur sauveur du zinc et de ses annexes.

Restait à sortir des formes déplorables que l'avarice et l'ignorance avaient atrocement multipliées. La main-d'œuvre attendait, toujours prête à devenir belle : la fonte se perfectionnait ; certains creux étaient déjà des chefs-d'œuvre. Le progrès définitif dépendait d'un effort : il a été fait, et glorieusement fait. Grâces en soient rendues aux bien inspirés qui l'ont tenté. Un certain nombre de maisons refusent encore de s'y associer, croyant faussement qu'il est utile de faire des économies dans l'art, et qu'un mauvais modèle coûte à reproduire moins qu'un bon : le succès grandissant de celles qui pensent et pratiquent autrement sera pour elles la meilleure leçon. Nous savons très-bien que leurs difficultés sont grandes et leurs risques aussi, et que la première épreuve d'un beau zinc donne plus de mal à venir qu'un beau bronze, celui-ci pouvant toujours être retouché, quand l'autre, en sa sécheresse, s'y refuse absolument. Mais ce n'est pas une raison pour des fabricants français. Parisien veut dire dompteur.

A la tête des jeunes usines qui feront du zinc une beauté industrielle, nous plaçons celle de MM. Blot et Drouard, et le jury, pour cette fois, a été de notre avis. Peu de chose prêtait au blâme dans l'exposition très-variée et très en vue que nous lui devions. Certaines perfections de travail y retenaient le regard et l'esprit ; presque partout y régnait une grâce exquise, avec la double intelligence parfaite des propriétés de la matière et de la destination des objets. MM. Blot et Drouard sont de ceux qui savent que le zinc n'est pas du bronze, et lui demandent seulement ce qu'il peut. Leur maison nous paraît particulièrement intéressante, étant partie de commencements petits, sans autre guide que l'instinct et la bonne volonté du chef. Tout de suite, dès l'abord, elle s'est mise dans le vrai. Qu'elle marche ainsi toujours et ne craigne point de s'adresser aux maîtres de la forme. De grandes hardiesses lui sont permises. Dès à présent sa place est faite et son avenir est sûr.

L'ancienne et célèbre maison Boy continue à tenir son rang dans les pièces puissantes, et il ne nous semble pas que le jury lui ait fait justice. Si quelques détails laissent chez elle à désirer comme travail, nul ne saurait lui contester un choix de formes qui va jusqu'à la magnificence. Le prie-Dieu à l'ange, la Minerve louis-seize, les Chinois et le trépied de Piat, les torchères statuaires de Carrier-Belleuse, les admirables souvenirs de la grande République, fifre et tambour de

Sambre-et-Meuse, du patriote sculpteur Poitevin, sont des choses qui valaient certes une distinction plus haute. Des erreurs aussi çà et là. Ainsi nous reprocherons au fabricant d'avoir, selon le singulier goût qui court, colorié comme du biscuit ses deux sublimes pieds-nus. Mais cette faiblesse n'était point un cas de déchéance. Le torrent à toutes eaux de la mode en a entraîné bien d'autres !

M. Jules Lefebvre, très-bon faiseur, nous a donné une pendule hors ligne, la Cornélie, sujet couronné de Mathurin Moreau, sur un socle de trois façades, en marbre noir et ornements verts, composé et modelé par Piat. Du même Piat une autre pendule charmante, sujet louis-seize de chambre à coucher. Nous n'aimions point beaucoup les candélabres qui accompagnaient la Cornélie ; il y a des voisinages difficiles. On doit, dit-on, à M. Lefebvre l'application de la galvanoplastie à la confection des creux. Économie, sinon progrès.

Les frères Miroy, dont l'exposition fit à Londres une sensation si grande, avaient tenté cette fois des essais différents et moins heureux. Le jury de la classe 91 leur a donné la médaille d'or pour des pendules à bon marché. Ce sont là matières où l'art n'a rien à voir.

Nous en dirons autant de la patine bleue imaginée par M. Chassagne, ancien associé de M. Boy. N'avions-nous pas assez de la verte, dont trop on abuse, dieu merci !

MM. Garnier et Vandenberghe, successeurs de Duchâteau et de M. Besnard, MM. Régent et Martin, successeurs de Journeux, exposaient beaucoup d'objets de mérites divers ; nous y aurions désiré plus de choix. Malheureusement, dans la fabrique, le sujet *qu'on demande* est toujours le bon. Pourquoi aussi, chez MM. Régent, des articles en bronze à côté d'articles en zinc ? Le public n'y voit pas déjà trop clair ; c'est pitié que de l'égarer.

Citons encore parmi ceux qui travaillent bien M. Brichon, M. Foubert, MM. Lambin, Saguet et Fouchet, M. Bavelaëre, qui fait aussi le bronze. Ajoutons-y un beau trépied de MM. Robin, les deux pages porte-flambeaux de M. Bogaert-Boutron, quelques animaux heureusement venus, par M. Commun et un autre ; enfin les petits sujets, encriers, coupes, porte-allumettes, etc., de MM Patry et Juglar, et nous aurons à peu près indiqué ce qui, dans cette industrie renaissante et vaillante, promet et tient déjà le plus. Mais des modèles, ô mes amis, des modèles ! Ne craignez point, ne reculez point. L'argent qu'on donne à l'artiste est une semence en terre d'industrie, et aucune semence n'est chère quand elle est bonne. Jadis, pauvres pétrisseurs de bonshommes, vous n'aviez personne à pouvoir nommer; aujourd'hui vous avez les Moreau, les Carrier, les Piat, les Comoléra, les Salmson, les Arson, les Dumége, les Peiffer, que sais-je; à côté de ce que ceux-là vous font oseriez-vous mettre ce que vous faisaient les autres? Alors le zinc rapportait cinq cent mille francs par an, aujourd'hui il rapporte six millions; au lieu d'être six, vous êtes trente; au lieu de cent ouvriers, mille. A quoi cela est-il dû? Aux modèles.

Quant à une branche grotesque et fructueuse, à ce qu'on nous dit, laquelle bravement et plaisamment consiste à prendre des figures de métal et les colorier, les barioler, les illustrer, puis leur mettre des jarretières, des colliers, des bracelets et autres historiettes en émail à deux sous, nous comprenons·très-bien qu'on y gagne de l'argent, mais ce n'est point pour nous en vanter devant le monde. Ceci soit dit sans blesser personne.

La Prusse a sa grande maison Pohl, de Berlin, dont le jury a mis les produits à la hauteur de ceux de nos meilleures. Ils en sont dignes certainement, quoique peut-être chez nous la matière soit mieux maniée et le dépôt électrique plus robuste dans ses effets. De belles formes parfois, et qui rappellent la France.

La Belgique avait des choses très-bien faites; ainsi une pendule fort originale de M. Luppens, à Bruxelles, où deux personnages du moyen âge s'entretiennent, accoudés sur un balcon finement ouvragé. De plus, un essai de statuettes en fonte de nickel, ressemblant à de l'argenture oxydée. Les États-Unis, cette nation en si grande marche, ont envoyé les ouvrages de M. Tucker : lampes, pendules et sujets de cheminée en fonte que je crois être de fer, revêtue d'un bronzé particulier. Formes sobres et justes : ce qu'il faut et pas plus. Des produits d'hommes pratiques.

Et c'est à peu près tout, quant aux imitations.

Sur le même rang de mérite que nos belles œuvres en fonte de fer il convient de placer l'industrie, précieuse au bâtiment, des métaux communs repoussés par le martelage et le tour. Cette industrie, florissante au moyen âge et à la renaissance, a été récemment relevée du long abandon où l'avait laissée l'architecture plus moderne. On recommence aujourd'hui à s'en servir pour couronner les faîtages et entourer ou encadrer les jours pris sur les couvertures.

MM. Monduit et Béchet font en ce genre des choses grandes et magnifiques. Les statues exécutées ainsi ont l'avantage, si colossales qu'elles soient, d'unir une légèreté surprenante à une solidité invincible. Les planches de métal qu'on y emploie ont passé au laminoir, et cette opération robuste, en resserrant les molécules du cuivre, assure à celui-ci une résistance et une durée que le bronze le mieux fondu ne saurait posséder. Le martelage arrive par-dessus et y ajoute encore. C'est le vrai procédé à employer pour les décorations exposées à la pluie. Cela vaut mieux que le zinc principalement, qui toujours se pique et noircit sous sa chemise cuivrée. La façon est coûteuse, mais on la regagne par l'économie du poids.

La collection des bronzes véritables a été sans contredit le côté le plus surprenant de l'Exposition. On se souvient que, dans les premiers mois de 1867, en proie aux désastreuses difficultés d'une grève sur les faits et raisons de laquelle nous n'avons point à revenir, les fabricants de bronze réunis avaient demandé à la Commission un répit pour exposer. Il leur était impossible alors de prévoir une époque certaine de délivrance. Tout était arrêté, tout chômait : le métal dans son moule, le ciseleur sur sa fonte, le monteur sur ses clous, le réparateur sur ses rivets, le négociant sur ses commandes. Seule travaillait l'araignée diligente, tissant partout ses toiles tristes. Ouvriers et patrons cependant s'assemblaient, discouraient, récriminaient et s'incriminaient ; s'étant réciproquement tracé des cercles sans issue dans lesquels inutilement ils tournaient.

Et l'on montait parfois de part et d'autre à des hauteurs d'amertume telles que nul rapprochement ne semblait probable. Or, sans parti pris sur le débat, nos vieilles sympathies nous portant plutôt vers l'ouvrier que vers le maître, nous déplorions cette fainéance hostile. Quelques semaines après, éblouissement ! les travées désertes de la vingt-deuxième classe voyaient ranger sur leur velours ces bronzes inespérés, plus abondants que jamais, frais, nouveaux et bien traités comme toujours, à faire douter si un obstacle eût même essayé d'exister. Il faut qu'en notre industrie parisienne la force des choses soit bien grande, et les ressources aussi !

Le bronze traverse aujourd'hui une crise qu'il était peut-être facile de prévoir, mais que personne n'avait le pouvoir de conjurer. Cette crise est la transformation du goût. Les hommes de distinction et de bon vouloir qui, depuis quelques années, et en 1865 surtout, ont entrepris et obtenu de faire publiquement admirer les merveilles historiques de l'art industriel ne savaient guère à quel affreux massacre des vivants leur religion des morts les conduisait. Tant de beautés anciennes tout à coup révélées nous ont rendu hideuse la fabrication courante. A tort ou à raison, je m'entends : constater n'est pas juger.

Cependant le fabricant honnête avait fabriqué sur des modèles chèrement payés quelquefois, ressemblant de très-près aux précédents le mieux réussis. Il espérait avec justice et attendait le rapport de son capital. Illusion! Le *client*, comme ils disent, a vu là-bas les bronzes de la renaissance italienne; il regarde ceux-ci, compare, soupire et passe. C'est lui que vous rencontrerez courant les ventes ensuite, et cherchant du vieux, même très-mauvais, au refus d'un neuf qui ne le séduit plus. Faute d'en trouver, il achètera pour sa cheminée de ces simples marbres qu'on appelle des bornes. L'extrème toujours : plutôt rien que pas assez.

L'exposition de 1867 a signalé, c'était sûr, ce retour salutaire et excessif des esprits. Mais que de pendules à la fonte, et leurs garnitures avec elles! Tout au plus en sauvera-t-on pour décorer les cafés de Melbourne et dire une heure immobile dans les boudoirs jaunes de la Californie.

Si l'on se souvient de ce qu'étaient les bronzes il y a trente ans, si même on se reporte aux productions qui précédèrent la première exposition universelle, l'état présent de la marchandise pourrait nous paraître comme la fin du progrès et l'idéal de la perfection. Alors la pendule bourgeoise, un peu sortie du genre chevalier, abordait fructueusement le genre odalisque, et l'or mat des formes impossibles qu'imaginaient et procréaient des figuristes ténébreux continuait à bien se vendre sous la tutélaire cloche en verre lutée d'une chenille de la couleur du socle. Il fallut l'invention Collas pour un jour faire quelques-uns tressaillir sur nos misères, et, par un brusque retour aux nudités sévères de l'art antique, déshabituer l'œil du culte malsain des obscénités habillées.

C'était violent, mais les révolutions ne se font point avec des caresses. Quand l'aspect de l'homme divinisé par ces majestés immortelles eut assez modifié la note des esprits, les vaillants sauveurs de l'art industriel élargirent la donnée du beau en nous rendant et nous appropriant, par le même procédé étrange, les œuvres différemment sublimes des illustrateurs de la Renaissance, Ghiberti, Donatello, Lucca della Robbia, Michel-Ange, Cellini, Jean de Bologne — ainsi nommé parce qu'il était de Douai — Jean Goujon, Germain Pilon, etc. Puis, continuant le cycle immense qui, parti de Phidias, aurait pu de nos jours s'arrêter à Clésinger, ils ont, pour notre salut, mis en petit format les maîtres français du grand siècle, lesquels s'appellent Puget, Lepautre, Coysevox, Girardon, les deux Coustou, et leurs successeurs plus faciles, Allegrain, Clodion, Falconnet, Pigalle, Houdon, Canova. Et le goût du public a été changé. Quoi qu'on fasse et veuille aujourd'hui, il n'est plus de moyen de le ramener aux erreurs et aux horreurs des cinquante années en cuivre expirées le 24 février 1848. Les modèles de ce temps dérouté, s'il en reste, doivent aller à la fonte, et, purifiés par le feu, redevenir propres à un emploi plus digne. Il se peut encore que des commissionnaires, négociants dangereux et de mauvais aloi, en fassent le sujet perdu de quelques exportations lointaines ; mais la bonne fabrication repousse et repoussera toujours, je l'espère, la solidarité de ce commerce interlope.

C'est un fait acquis désormais. Pour vivre autrement que de l'ancien si superbe, il faut à l'industrie du bronze le meilleur dans le nouveau. Nos bons artistes le savent et tous les jours s'en rapprochent. On en est aux fiançailles, sinon au mariage solennel, et tout nous dit que c'est une union qui durera. L'ouvrier aussi le sait : fondeur, tourneur, monteur, ciseleur. Car l'ornement s'est mis sur le pied de la figure. Il ne s'agit plus d'y aller sans façon et de gratter son cuivre comme un légume. Cette beauté de formes impose le respect et gagne l'atelier. Qui ne se sent pas fort souhaite de le devenir ; la voie est nouvelle et veut une éducation nouvelle. L'artiste est reconnu pour le maître et le chef que les autres doivent servir et suivre. A l'école donc tout le monde, et promptement : avant de faire, il faudra que l'on sache.

Sans compter que le fabricant lui-même subit l'influence salutaire de ces belles choses, et n'oserait plus comme autrefois mutiler indifféremment une figure par sacrifice exterminateur aux économies de la main-d'œuvre. Il consulte son statuaire avant que de l'amputer, et celui-ci règne, au moins, s'il ne gouverne pas encore.

Il faudrait peut-être qu'il gouvernât. A condition de prendre une instruction qui lui manque, la fabrication. Autrefois le fabricant était inconnu. L'artiste qui avait modelé son œuvre la fondait lui-même et l'achevait, tandis qu'aujourd'hui c'est le fabricant qui s'en charge, à l'aide de fondeurs et de ciseleurs trop souvent pris au meilleur marché. Il serait important de les avoir irréprochables, afin que la conception du maitre fût comprise et respectée par eux ; mais ici le fabricant est juge, et ce juge relève lui-même de deux juges, son client et son argent. Cela peut faire une juridiction suspecte, par l'épargne et le mauvais goût qui se promènent. Voilà pourquoi certains artistes, parmi les grands, se font à l'envi les éditeurs de leurs œuvres, afin de n'avoir affaire qu'aux fondeurs et ciseleurs qui leur plaisent. Cela se voit surtout dans la sculpture d'histoire naturelle ; ainsi Barye leur roi, Mène et Cain, qui sont le Buffon et le Delacroix du bronze, Moigniez, et peut-être bientôt Comoléra. Une salutaire émulation.

En raison donc de la phase honorable et pleine de vie où l'industrie d'ornement par le métal est entrée, nous eussions voulu, nous autres, qu'une justice plus grande et plus franche fût rendue à ces artistes, inspirateurs et coopérateurs des œuvres quelquefois si parfaites que nous contemplons. Le jury ni la Commission ne nous paraissent s'être suffisamment intéressés à eux. Ces deux corps tout puissants, et fiers d'eux-mêmes en conséquence, ont été trop préoccupés du rôle que joue le capital dans la production. Certes l'argent est grand et fort partout, mais seul ici que pourrait-il ? Qu'ailleurs il mette les machines à la place des hommes, substitue l'eau du piston au sang de nos veines, et fasse ainsi mécaniquement venir un vase, un habit, un chapeau, un soulier, un meuble, un canon, c'est admirable. Mais pour qu'une figure humaine se modèle et se fonde, pour qu'elle devienne une chose vivante, et qu'elle me parle, et me séduise, et m'enchante, que représente le capital, je vous prie, sinon le très-humble serviteur ?

Et le ciseleur, cet homme patient que vous payez six ou sept francs par jour, quelquefois moins, quel sac d'écus pourra aussi lui faire balance ? Ciseleur aujourd'hui peut signifier Vechte, Fannière, Attarge, Morel Ladeuil, comme autrefois Ballin, Germain, Gouthière.

Quand le ciseleur est à la fois habile et respectueux, quand il a ensemble le savoir et l'esprit, l'audace et la sagesse, l'intelligence et la main, — on en connaît! — ce rare ouvrier devient comme le soleil du bronze, et chaque pas que fait son outil peut ajouter un louis à la valeur d'une pièce. Donnez-lui donc sa place et proclamez son nom. Un bronze ressemble à un livre; il y a l'auteur du livre et ceux qui ont aidé l'auteur, peintre et graveur des images, imprimeur du texte, relieur de la couverture; puis il y a le libraire. Tous leurs noms y sont; nous demandons qu'au bronze tous y soient. Est-ce qu'on ne dit pas déjà un éditeur de bronzes? Ayez donc la chose, puisque vous avez le mot.

Parmi les artistes dont cette fois la part de travail a été le plus considérable et que nous aurions voulu voir mieux récompenser, il faut premièrement citer M. Piat. Il est du trop petit nombre d'hommes possédés de la pensée généreuse qu'une époque doit avoir son art qui la représente, l'explique et serve un jour à la caractériser. C'est celui de tous incontestablement qui soit allé le plus loin dans l'ambition patriotique et touchante d'ajouter un nom à la légende assez souvent martyrienne des serviteurs qui osent, croient et créent pour l'intérêt, la gloire et la beauté de leur pays. Ils sont deux ou trois ainsi, Constant Sévin, Piat, Carrier : et après? Les autres vont et viennent çà et là, sans patrie, cherchant la meilleure fortune. On en a eu si peu de souci! Et puis il leur a manqué sans doute quelque chose.

L'œuvre de Piat était sans nombre à l'Exposition. Plus spécialement attaché à la jeune et brave maison Marchand, il lui devait aussi le meilleur partage. On connaît déjà leur admirable cheminée en marbre noir, bronze vert et or, l'entreprise la plus hardie et la plus neuve des dix dernières années. Tout ce qui se pouvait d'éloge et de critique a été prodigué à cette pièce unique en sa beauté. En opposition à une grande page dont les témérités superbes avaient choqué tant d'esprits obéissants, Piat a voulu présenter cette fois une petite fontaine en argent oxydé sous émaux bleus de Limoges, qui rappelle avec tous les bonheurs du monde la station si jolie de l'art décoratif entre le quinzième et le seizième siècle. L'originalité de la conception et la délicatesse des profils ne le cèdent ici qu'au fini de la ciselure, véritable honneur du contre-maître Lebeau. On dirait une renaissance italienne retrouvée.

Après quoi un lustre en cuivre poli, tout à fait neuf et dans l'espèce primesautière des audaces qui sont familières à l'artiste. On copiera beaucoup ce lustre. Une grande horloge louis-treize à gaine nous a moins frappé ; de même qu'une jardinière louis-seize en ébène et bronze doré, dont l'exécution est irréprochable. Cependant c'est une force qui respire là dedans, et c'est un élan qui voudrait en sortir. Des coupes, des vases, des candélabres.

Chez M. Paillard, producteur modèle dont le nom veut dire beau travail, devoir et loyauté, Piat expose une fontaine sur vasque à mettre dans une serre. Splendide assemblage de marbre rouge et de figures en bronze argentées et dorées. L'ornement principal consiste en une femme d'une beauté étrange, cuirassée d'arabesques, et dont les ailes encadrent la tête, coiffée d'un casque que surmonte un cheval marin. Cette néréide guerrière soulève avec amour et respect une statuette de son maître Neptune. Elle est divine à voir ainsi. Des enfants renaissance appuyés sur des cartouches entourent adorablement le support de la statue. Je n'aime pas beaucoup le dauphin pelotonné sur lequel la nymphe a les pieds ; pourtant sa condition tortionnaire indique une souffrance qui était sans doute dans la pensée de l'artiste. Quant à l'exécution générale, elle est de M. Paillard, et c'est tout dire.

M. Boy, maison que le jury a sacrifiée, avait de Piat beaucoup de choses. D'abord un prie-Dieu moyen âge, où un ange ravissant, aidé de chérubins soutient un livre de prières. C'est un peu profane et féminin sans doute ; mais que de grâce et de distinction ! Puis deux chinois, ornements de vestibule qu'on dirait venir du pillage du Palais d'Été, opprobre et désastre immortels ! Une chimère formant trépied, poétique caprice de ce chercheur-trouveur infatigable, nous montre la bête fantastique arc-boutée sur ses pattes de derrière, tandis que celles de devant s'appuient sur un cartouche qui la revêt. Les ailes supportent le plateau. On croirait voir un grand landier en tôle repoussée : le rôle du zinc est de copier à bon marché tous les effets de métaux. Une Minerve louis-seize habillée comme les héros de la Comédie française avant la réforme du costume : originalité charmante, morceau plein de jet, de tournure et d'esprit. Pendule. Puis deux pendules encore d'Amours factionnaires comptant les heures, etc. Le métier veut avant tout des pendules : quel déboire à faire pourtant qu'une pendule, à cause de la bêtise orbiculaire du cadran! Il faut être Piat pour s'en tirer.

Aux fonderies du Val-d'Osne, un grand candélabre girandole, magnifique résurrection louis-seize qu'ils ont eu le fol esprit de colorier. Il fallait au moins faire voir l'œuvre d'abord; le badigeon fût arrivé ensuite. O la fabrique! la fabrique!

Le chenet, cet accessoire du foyer qui a repris tant d'importance, est peut-être le genre auquel M. Piat s'est le plus appliqué. Ici, en effet, son imagination avait le champ vaste et sa liberté d'allures n'était presque plus empêchée. Nous ne saurions dire, en vérité, tout ce que lui doivent dans l'espèce les bons fabricants Morisot, Bion, Wagner, Gillet et autres. Qui dit le chenet dit aussi le garde-feu. C'est une innombrable suite d'inventions et de restitutions spirituelles et souples à représenter les efforts et le cerveau de dix hommes, sans que jamais l'emportement de la verve ni la préoccupation du style aient fait un instant perdre de vue la logique exclusive de l'ornement à terre, lequel, présentant au feu ses surfaces, ne peut conséquemment admettre rien qui ait l'apparence combustible, tel que les oiseaux, touffes et buissonneries végétales dont il plaît à quelques-uns de le planter, peupler et enguirlander. M. Morisot surtout et M. Bion, deux solides réputations du genre, exposaient de véritables richesses, dont une part très-grande leur revient sans doute, mais dans lesquelles le talent de Piat apparaît comme l'âme multiple de leur fabrication.

Et le jury n'a eu qu'une médaille d'argent pour cet homme! Pourquoi aussi, dirait Gustave Mathieu, au lieu de s'appeler Piat, ne pas s'appeler monsieur Capital?

Quoi qu'il en soit, il convient encore de croire à un temps et à une industrie quand, avec ceux que nous avons déjà nommés, on y compte fièrement des hommes tels que cet autre ciseleur souverain. Pierre Lebeau, qui, tandis que des assassins tuent et estropient le modèle dans le métal, l'y fait vivre, lui, et se mouvoir et agir, promenant avec la même science son outil puissant et charmant sur les plans les plus ténus et sur les surfaces les plus fermes. Il y a chez Lebeau de l'ouvrier antique. Après et avec lui, Poux, Caron, Deurbergue, Gauthier, Collier, Horsin, Michaux, Lenoir. Puis le fondeur à cire perdue Gonon; et cet admirable couple uni par le sang et par le cœur, la fille et le gendre de Vechte, M. et madame Vernaz, dans l'âme et la main desquels le père illustre continue et recommence ; une autre femme, au talent spécial si élevé, madame Delong, reperceuse à la scie de dessins en tous métaux, sans retouche aucune à la lime, à défier et désespérer les faiseurs de filigranes et découpeurs d'arabesques ; Baudrit, Huby, ces orfévres du fer, le premier superbe, le second ravissant ; l'émailleur Sollier, homme fort et modeste, faisant tout bien sans rien dire, et résolvant les difficultés du premier coup. Et d'autres encore certainement.

Et tant de braves modeleurs comme ceux que dernièrement Piat nous signalait, Mage le statuaire, Jean Guillot l'infatigable, Raulhac, Jean Ronagiewicz, Frérot, etc. Les fabricants n'ont plus qu'à vouloir.

En somme, bien que le bronze français n'ait encore dit, je pense, son dernier mot à personne, le voilà dès aujourd'hui meilleur qu'il n'a jamais été. La jeunesse marche, et son impulsion n'est point sans ardeur. Une vieille maison qui fut illustre reste comme point de comparaison entre ce qui se passe et ce qui s'est passé, montrant des débris feuillus et vénérables, monuments d'une industrie jadis pleine d'autres magnificences. Le grand nom de Denière brille encore sur cet hypogée, et réveille d'antiques glorifications. Divin dans sa blancheur, un vivant buste de vierge s'en détachait là-bas, œuvre de Carrier Belleuse, le valeureux artiste si souvent inspiré.

Moins ancien, mais non moins estimé, le nom médaillé d'or de M. Delafontaine couvrait de même, sans un très-grand triomphe, des produits dont l'exécution n'était point irréprochable. Il paraît que les nécessités commerciales ne permettent pas à tous les fabricants de dépasser un certain degré de perfection. Quelques innovations, telles que des essais de platine rougeâtre simulant le vieux bronze italien, nous paraissaient témoigner d'une ambition inutile ou insuffisante. Ce n'est point la couleur qui fait le beau métal, mais bien le soin qu'on en prend. Ici, par compensation, les modèles défient la négligence : M. Delafontaine est l'heureux propriétaire du Danseur et de l'Improvisateur de Duret.

Différent de ces deux sénateurs du bronze, M. Victor Paillard est toujours jeune et travaille comme s'il avait sa réputation à faire. Où d'autres ne mettent plus que du négoce, il sait mettre encore de

l'amour. Il a triple valeur et triple mérite, fabricant, ouvrier, artiste,
Son rang est haut, et il le garde. Peu nombreuse, mais grande, sa
montre brillait de qualités superbes. A côté de la fontaine de Piat,
une pièce de cheminée immense en porphyre et métal, travail de
géant. Par une de ces rencontres que les expositions seules autorisent,
une statue douce et chaste de Mathurin Moreau, fondue et ciselée chez
M. Paillard, servait d'enseigne à l'eau de Botot. Qu'importe où le
beau se niche?

Nous avons vainement cherché dans les autres possessions de
M. Paillard une grande coupe en argent, modelée, repoussée et ciselée par M. Faraoni, jeune artiste qui nous semble en très-bon chemin. Cette coupe représente les quatre figures centrales du célèbre
hémicycle de Paul Delaroche à l'école des beaux-arts. C'est bien près
d'être un chef-d'œuvre.

La maison Lerolle, cédée, nous a-t-on dit, par le père à ses deux
fils, se fait de plus en plus une place à part dans l'industrie du
bronze. Son travail inspire une sorte de respect mêlé à une vive admiration. Tandis que tant de fabricants s'égaraient dans la recherche
de fantaisies inanes, et s'abaissaient, pour quelques sous incertains,
jusqu'à flatter le mauvais goût le plus affreux, le nom de M. Lerolle
restait fidèle au culte intelligent des belles formes ; ceux qui le portent avec son honneur et son talent héréditaires continuent à nous
rendre les richesses instructives du passé.

Ce que l'on a surtout remarqué de leur exposition était une suite
d'exécutions dans l'espèce distinguée des cuivres jaunes de la renaissance flamande, si bien connus sous le nom de dinanderies, parce
que beaucoup se travaillaient à Dinant. Rien de mieux réussi en ce
genre que les balcons, rampes, candélabres, pendules, lustres, etc.,
qu'ils nous montraient dans la lumière vraie du métal, empruntant
à l'oxygène de l'air une patine doucement cendrée. Ajoutons-y leurs
excellentes et favorites inspirations pompéiennes, et les figures afri-
caines de Cordier, mariages de bronze rouge et d'onyx par lesquels
toute la fabrique actuelle est distancée.

M. Marchand, que les démolitions implacables ont chassé du boulevard du Temple à l'hôtel d'Anglade, sous des plafonds peints par
Mignard, n'est point seulement riche des œuvres capitales de Piat ;
d'autres tentatives vigoureuses ont signalé la marche croissante de

cet industriel plein de vouloir et de jeunesse. Nous citerons principalement deux grandes figures de M. Bourgeois, qui sont le Charmeur de serpents, classée du premier coup parmi les célèbres, et son pendant, la Laveuse, un peu moins heureuse dans sa grâce et son originalité.

Deux jeunes maisons, dont la première a été trouvée digne de la médaille d'or, nous frappent ensuite par une communauté de tentatives qui appelle l'éloge et la sympathie. M. Servant et MM. Busson et Leroux mériteraient peut-être un reproche assez rare, c'est de trop chercher et de trop travailler. Il ne faut pas dépasser le vrai ; il ne faut pas tourmenter le beau. En exagérant la forme, on s'expose parfois à rencontrer le difforme. Heureux pourtant et bien doués ceux qui se trompent ainsi ! Un jour le calme leur viendra, et ils seront loin déjà dans la voie non battue. Aidé d'un artiste charmant, qui est M. Brisson, M. Servant donne à tout ce qu'il fait un cachet d'élégance et de noblesse. Son exécution un peu touffue, pleine d'abondance et de variété, a des perfections qui touchent à la supériorité. Nous avons surtout remarqué ses émaux, très-purs de cuisson et très-harmonieux. Même chose à dire, ou bien à peu près, de MM. Busson et Leroux, oseurs intrépides que leur conscience et leur talent distinguent. Plus de simplicité les rendrait tout de suite excellents. Admirons, dans les deux maisons, cette chaude exubérance qui veut dire la force et la vie.

M. Graux-Marly conserve la spécialité des grandes pièces. Il nous a présenté le modèle monumental d'un vase qui devait être répété quarante ou cinquante fois, aux fins d'orner une avenue allant au bois de Boulogne. J'ignore ce qu'est devenu ce projet, qui avait de la beauté. Les admirables figures si connues d'Armand Toussaint, et l'Innocence, de Salmson, donnaient, en outre, une valeur élevée à l'exposition de ce fabricant. Il est fâcheux qu'il s'en soit servi pour engager un procès plein de tristesses.

M. Jules Graux, neveu du précédent, est un travailleur somptueusement inégal, qui rencontre parfois le vrai, et s'en tire alors aussi bien que personne. Il est jeune, vif, croyant, hardi : que lui manque-t-il? Un peu plus de sobriété et d'études.

Les frères Raingo, laborieux fondateurs d'une maison riche et puissante, avaient fait cette année des efforts abondants et violents pour sortir de généralités plus ordinairement profitables que belles.

Leur marche résolue en avant a été un triomphe. Médaille d'or et croix d'honneur. Leur passé doit être mort cette fois, et bien mort : il y aurait forfaiture à le ressusciter. Que le papillon oublie sa chrysalide !

L'excellente maison Charpentier continue à rester digne de son chef si regretté. Progrès continu et soutenu. De belles pièces succédant à de belles pièces. Soins répondant aux modèles, et réciproquement. L'Amazone de Feuchères, un vase louis-seize de Robert. On aime à voir travailler ainsi. M. Lemaire compte de même parmi ceux qui honorent la profession; il avait des garnitures riches et bien faites, un vase magnifique de Robert aussi, je crois, et quelques bonnes fortunes de l'heureuse main de Carrier. Art élevé, industrie loyale. M. Languereau, de l'ancienne maison Marquis, exposait des lustres de palais et d'autres pièces immenses, reproductions de splendeurs que nos habitations ne comprennent et ne comportent plus guère. M. Vilemsens, ce bienfaiteur du bronze, créateur de prix de ciselure que l'on gagne et que l'on mange sans le connaître, avait exposé une porte du baptistère de Florence, titre capital et coûteux, ajouté à ses bronzes du tombeau des Invalides non récompensés. On lui a donné une médaille d'argent. Ingratitude.

Et puis vraiment nous n'avons plus que des noms à mettre tout court. Tout ce monde, sur mon âme, a si bien travaillé! Évrard et Bertin, ces deux druides; Henri Perrot, le premier et peut-être le seul dans les petits bronzes ; Ernest Royer, à l'exécution plus que parfaite; M. Detouche, l'horloger historique, faisant lui-même et si bien les modèles et les frais de montures et de garnitures superbes; Mercier, Cornibert, Houdebine, qui vaudraient tant avec des modèles meilleurs; les honnêtes maisons Domange-Rollin, Ruitton et Levrat Pickart et d'Hertmanni ; René Rigolet, qui ne donne à personne sa besogne à finir ; notre cher Matifat, fondeur, sculpteur et ciseleur, grand laboureur patient à maigre salaire, comme beaucoup d'autres; la grande Hébé à l'aigle, de M. Voruz, de Nantes, d'après M. Franciscki; les fontes réparées de MM. Broquin et Lainé, qui travaillent comme des ciseleurs ; et combien encore! C'est à s'y perdre.

La spécialité du chenet et du garde-feu était, nous l'avons dit, belle jusqu'à l'excès. Nos fabricants oublient trop en principe que le chenet est premièrement un ustensile ayant pour mérites essentiels l'utilité et la propreté. Pourquoi donc y pratiquer tous ces bronzes oxydables et tous ces ors salissants? Pourquoi surtout les orner de détails fins que le charbon corrode et que la cendre souille? Le fer et le cuivre poli permettent assez de lignes éclatantes pour un emploi raisonnable, et du moins la ménagère ou sa suivante aura plaisir sans dommage à les fourbir. Le luxe ici doit être le même que pour la pelle et les pincettes, ni plus ni moins : quoi de supérieur en ce genre aux deux louis-treize et au moyen-âge de M. Morizot? Sous ces réserves, nous n'avons plus que des éloges à donner à M. Morizot, le premier de tous cette fois ; à M. Clavier. fils d'un si digne père; à M. Bion, à M. Wagner, à MM. Gillet et Bouret, auteurs rivaux de magnificences qu'il faudrait mettre sur les cheminées plutôt que dessous.

Une autre branche. l'éclairage, prend de même des conditions de recherche et de préciosité qui doivent en rendre l'entretien difficile. Ne traitons pas ce qui sert comme ce qui dort, le mobile comme l'immobile. Sans parler des exceptions que M. Manguin, l'architecte inventeur, avait détachées d'un mobilier des *Mille et une nuits*, et laissant à part les éblouissements exposés par la compagnie des onyx, nous blâmerons, en les admirant, les deux génies de l'éclairage à l'huile, M. Gagneau et M. Schlossmacher. Ils nous ont fait voir des merveilles que vous n'oseriez jamais allumer. Sèvres, Chine. Japon, émaux, pierres précieuses, montés en bronzes d'orfévrerie enchâssés de ciselures florentines, rendus vivants par Clodion et par Carrier ! Deux candélabres égyptiens, plus sévères, et un grand lustre de salle à manger. achevaient de placer hors ligne l'exposition capitale de M. Schlossmacher, de même qu'une charmante jardinière louis-seize, en onyx et or mat, singularisait celle de M. Gagneau. Deux loyautés uniques et glorieuses.

L'éclairage au gaz, à la fin sorti de ses formes basses et déshonorantes, nous montrait des travaux excellents en fer forgé et repoussé, par M. Bodart, et les pièces si consciencieuses et si savamment combinées d'un homme que le jury a particulièrement méconnu, M. Philippe Goëlzer, celui de tous peut-être qui fait le mieux dans ce genre. On l'avait placé au fond d'une ombre outrageante. M. Chabrié, mieux partagé, occupait sobrement la plus belle place : il n'est que de se servir soi-même.

Un mot sur M. Goëlzer.

La savante lampe Carcel a pour rival heureux le *modérateur*, œuvre multiple et innombrable des Franchot, des Hadrot, des Neuburger, des Schlossmacher. Le carcel coûte encore beaucoup, et le modérateur presque rien. MM. Gagneau et Schlossmacher représentent la perfection dans les deux. Qui les égale ? je ne sais. Qui les surpasse ? personne.

Or toutes les lampes fabriquent du gaz, puisque c'est la combustion de celui-ci qui éclaire ; on s'est naturellement occupé de l'y faire entrer tout fait. Le meilleur élément de son extraction a été et est resté la houille, dont la distillation paye ce qu'elle fournit, et plus, par les résidus qu'elle laisse.

L'éclairage au gaz hydrogène carboné, portatif ou courant, est donc passé de la rue dans les maisons. Londres le brûle à tous ses étages ; Paris, moins hardi, ne lui livre guère encore que le rez-de-chaussée et les escaliers. Allons lentement. Pas de folies !

Les appareils pour cet éclairage constituent aujourd'hui une industrie considérable. L'Exposition nous en montrait qui sont de toute beauté. Au premier rang des constructeurs, comme invention et comme façon, nous aimons à mettre M. Goëlzer. Il est un fabricant habile, il est aussi un homme de caractère et de pensée. Ses ateliers de la rue Lafayette, où cent cinquante ouvriers vivent en frères, représentent la triple alliance du travail, de l'intelligence et du bon vouloir. Les grèves respectent de telles maisons ; l'affection réciproque y veille. Elles sont bonnes à visiter. On s'y promène charmé, on en sort attendri. Toutes pourraient être de même, si on y soufflait ce souffle-là.

Comme on peut dire que l'économie d'une lampe à l'huile est dans sa mèche, celle d'une lampe au gaz est dans son bec. On connaissait trois modèles de becs principaux. Le bec dit d'Argant, petite couronne métallique percée de trous par lesquels sort le gaz : l'air passe en dedans et en dehors de la couronne et active la combustion. Un autre, à fente étroite par laquelle le gaz s'échappe en lame mince et brûle en éventail. Un troisième, appelé bec manchester, d'où le combustible s'élance par deux ouvertures obliques, en deux jets qui se croisent en se rencontrant.

M. Goëlzer, qui est un chercheur, s'est demandé s'il n'y avait pas mieux à faire que tout cela ; et rendant justice au système des trous à lumière disposés en couronne, comme à celui de la fente, l'un qui éclaire un peu moins et l'autre qui brûle un peu trop, il a imaginé de les combiner, en partant de ce principe que la plus grande quantité de lumière répond à la plus faible quantité de pression. Son nouveau bec à gaz, dit bec Goëlzer, est donc construit en deux parties qui s'emboîtent l'une dans l'autre, de façon à laisser à la partie supérieure un espace annulaire qui forme la fente circulaire du bec, tandis qu'à l'intérieur, le gaz arrive dans l'espace laissé libre entre les deux parties, au moyen de jets disposés de la même manière que dans les becs à couronne percée de trous.

Conséquence : plus de lumière et moins de combustion. Voilà pour le fond. Esprit, élégance, majesté souvent, quand il s'agit, par exemple, d'appareils à éclairer les églises, voilà pour la forme.

La grande maison Lacarrière avait son exposition à part et splendide dans un pavillon du parc.

Parmi les appareils de chauffage réunis à ceux de l'éclairage, il faut mentionner, pour la forme et les ornements, deux calorifères de M. Baudon, de Lille, dont un surtout, à quatre foyers, nous a paru très-original et très-riche, puis la belle cheminée anglaise de notre ami M. Laperche, chef-d'œuvre de genre, en tôle et fer martelés et polis, fantaisie d'un homme riche qui est mort et dont le fabricant hérite pour l'avoir trop bien exécutée.

En regard du progrès si notable de l'industrie nationale des métaux d'ornement, l'étranger, surtout dans le bronze, n'a rien apporté qui pût ébranler notre foi, d'ailleurs assez ferme. Prudente et sincère en cette matière, l'Angleterre s'est abstenue, et voici ce que nous lisons dans son catalogue, à l'article de la classe 22 : « La manufacture des bronzes d'art dans le Royaume-Uni est d'une étendue très-limitée. La rareté des bons ciseleurs anglais a été attribuée à la méthode d'enseignement adoptée dans les écoles d'art, qui est plutôt calculée pour la production d'*artistes* et de sculpteurs que pour celle de bons *ouvriers* en métaux.

« La France fournit la plus grande partie des bronzes importés dans le pays, ayant envoyé la valeur de 55,168 livres sur un total d'importation de 61,307 livres en 1865. »

55,168 livres sterling font 1,379,200 francs.

En Angleterre comme en Portugal, nos bronzes entrent francs de droits. Il n'en est pas ainsi partout, et certains gouvernements se gardent de notre art comme d'une calamité. Cent kilogrammes de poids payent en Russie 377 fr. ; en Autriche, 250 fr. ; en Espagne, 155 fr. Mille francs de valeur payent 350 fr. en Amérique, 100 fr. en Belgique, 50 fr. en Hollande, etc.

Est-ce à dire que ces nations exercent avec succès une industrie similaire, assez notablement et considérablement pour que la protection la protége et la couvre? Nous devons dire, en vérité, qu'il n'y parait pas beaucoup. Sauf une belle paire de candélabres à M. Stange, de Saint-Pétersbourg, et le modèle très-finement fait de l'église protestante de Saint-Pierre en cette même ville, la Russie n'a rien fourni de remarquable, pas même ni surtout la collection historique des têtes de czars, de notre compatriote Chopin.

Outre les bronzes dorés de M. Lobmeyer, l'Autriche a la grande fabrique de M. Hollembach, de Vienne, à laquelle le jury a prodigué médaille et croix. Cette usine possède sans doute une certaine valeur d'exécution ; elle fait allemand, c'est-à-dire net et propre ; mais quels modèles, ô divine miséricorde ! J'aime cent fois mieux les petits bronzes de M. Klein, de M. Rodeck et de M. Hanusch : ils ont au moins le mérite d'être amusants.

La Prusse réussit plus dans le fer et dans le zinc que dans le cuivre : ses statues colossales étaient tristes de forme et de venue. La maison puissante de MM. Stobwasser n'avait que du commun, mais bien fabriqué. Un morceau berlinois faisait exception : c'était le monument artistique et scientifique à la mémoire du grand Frédéric, un chef-d'œuvre de ce temps. Le lustre de MM. Schaeffer et Walcker est aussi très-beau, mais il est en zinc.

L'Espagne avait quelques bronzes de Barcelone dont il ne faut pas qu'elle se vante ; l'Italie, une réduction du Sanglier antique bien réussie ; la Belgique, un foyer de M. Ramboux, d'Anvers, où des Amours tout nus vont se chauffer parmi des herbes rôtissantes. Les autres pays, rien ou à peu près. Il n'y a pas là de quoi prohiber, ou c'est tout comme, nos ingénieux bibelots.

Un membre de l'Institut, M. Louis Reybaud, écrivait l'an dernier
ceci dans la *Revue des Deux Mondes:* « L'industrie des métaux précieux a peu gagné depuis les derniers concours. De l'application, du
soin, de la conscience, c'est tout ce qu'on y relève. Un certain niveau
semble avoir passé sur les produits. Tout le monde conçoit et exécute à peu près dans les mêmes conditions. D'où vient cela? D'une
cause à peine perceptible aujourd'hui, destinée plus tard à agir profondément sur les arts qui s'inspirent du dessin. Qui ne voit les procédés chimiques et mécaniques envahir le domaine de l'interprétation
libre? Pour peu que la reproduction rigoureuse s'étende, que deviendra la reproduction arbitraire? L'objectif du photographe remplacera
le coup d'œil et le crayon de l'artiste. Naguère la miniature seule était
menacée, c'est maintenant la gravure, la sculpture, le paysage; et
que serait-ce si, après avoir fixé la ligne, on parvenait à fixer la
couleur?

« Si donc, ajoutait cet éminent critique, les vitrines de l'orfévre,
du joaillier, du bijoutier, et sans doute aussi du bronzier, avaient présenté de l'uniformité, il fallait en accuser beaucoup ces moyens commodes d'obtenir l'image exacte et même la réduction à volonté des
objets. »

C'est vrai. La tendance signalée est dangereuse. Elle entraine et précipite les profanateurs, les spéculateurs et les paresseux ; elle encourage surtout et propage la suppression du modeleur et du modèle. Nous renonçons, en ce qui nous touche, à décrire la fatigue étonnée qui nous prenait devant ces innombrables négations de l'invention. Si encore c'eût toujours été la réduction et la reproduction du beau, quelque chose de salutaire aurait consolé notre ennui : mais ce n'était trop souvent que la multiplication de l'indigence.

Voilà pourquoi notre reconnaissance a sa raison d'être envers quelques industriels artistes qui sacrifient moins que d'autres aux faux dieux de la science, en continuant à croire que, plus la matière est précieuse, plus précieusement il faut la traiter. Voilà pourquoi aussi nous sommes heureux de voir, en même temps que le *procédé* s'étend, d'autre part s'étendre la somme des beaux ouvriers. Au moment où l'Exposition se fermait, la réunion des fabricants de bronzes ouvrait, dans son local de la rue Saint-Claude, une école de dessin et de modelure gratuite jusqu'à la générosité. La jeunesse saine du métal paraît vouloir s'y empresser. C'est de bon augure pour l'avenir, et pour le présent c'est un encouragement.

A la tête des industriels choisis dont nous parlons, il faut, sans objection possible, placer Barbedienne, le président et l'âme de la réunion que voilà. De l'aveu de tous, cet homme est le premier. Il n'a jamais subi ni servi les erreurs de son temps. Le beau dans tous les genres a été sa recherche ; il sait combien la nature et l'homme sont divers, et ne tombe point dans la faute exclusive de ceux qui n'admettent qu'une perfection. Après nous avoir ramenés du faux au vrai par son illustre reproduction des antiques, il a voulu et su nous apprendre et nous rendre les grandes filiations qui ont suivi, en revêtant personnellement chaque résurrection du charme particulier et du sentiment exquis qui sont la marque de fabrique de cet homme extraordinaire. La loi sympathique qui envoie les semblables au-devant les uns des autres l'a entouré fatalement d'aides convaincus et puissants. Aussi est-il celui qui toujours espère et toujours croit. Les crises et les haines l'ont pris et laissé calme.

Tout a été dit, ou à peu près, sur ce merveilleux initiateur, absolument incontesté maintenant, mais qui, par malheur, reste unique chez nous et ne passe à personne son secret. Trois ou quatre comme lui dans l'ébénisterie, la tapisserie, la céramique, les étoffes, feraient vite la beauté complète et l'harmonie parfaite de nos intérieurs anarchiques et confus. Pousser le bois, la laine, la terre, la pierre au point où il a poussé le métal serait l'idéal de la magnificence utile. Son exemple même devrait tenter, puisque, au bout du compte, il a réussi. Mais il est donné à peu d'hommes de savoir vivre pour un culte et s'oublier pour une pensée. Ce qui est élevé nous fait peur.

Sa maison date de 1839. La Vénus de Milo, réduction en plâtre, fut son premier et pendant quelque temps son unique travail. Il existait jadis un procédé incomplet pour la reproduction mécanique de la sculpture. Borné aux bas-reliefs de faible saillie et de dimensions restreintes, on l'appliquait à peu près exclusivement à la fabrication des médailles. C'était le tour à portraits inventé par Hulot. En 1836, deux autres chercheurs, partis de points différents et se rencontrant par hasard à un mois de distance, prirent des brevets pour reproduire mécaniquement et mathématiquement la ronde bosse. Ils s'appelaient Collas et Sauvage. Barbedienne, ouvrier de la fabrique décorative, était un de ces rares envoyés séculaires qui ont pour caractère l'intelligence du beau et pour mission son développement. Il s'associa Collas. Pour l'œuvre qu'il rêvait, il fallait ressusciter l'antique, et le relever, noble et pur, aux carrefours où l'art dévoyé se perdait.

Mais les égarés de si loin ne se font pas ramener tout de suite. Depuis douze ans, l'institution travaillait et végétait parmi quelques élus, lorsqu'en 1851, Barbedienne, inconnu mais inspiré, osa envoyer à Londres l'immensité magnifique de Lorenzo Ghiberti, un exemplaire de vingt mille francs obtenu par le procédé Collas, et sa grande bibliothèque en bois noir et bronze, qui était à la fois une innovation et une rénovation.

Le coup d'essai fut triomphal. Le conseil des présidents du jury international le consacra par une médaille particulière et mémorable : il n'y en eut que deux de cet ordre, l'une pour Barbedienne, l'autre pour Minton. Il ne faut pas n'avoir que l'élan de tout le monde pour, du premier coup, atteindre à de tels sommets.

La maison Barbedienne occupe actuellement quatre cents ouvriers et vingt artistes. On est loin des réductions en plâtre de 1839. Sa fonction est de produire l'unité dans l'ameublement, à l'exclusion savante et impitoyable des anachronismes et des contradictions. C'est pourquoi il lui a fallu réunir, sous le même regard et la même clef, des branches de travail restées étrangères les unes aux autres partout ailleurs et jusque-là. Si la galerie du boulevard Poissonnière est un musée où l'on s'instruit, la fabrique de la rue de Lancry est une cité où vingt industries se marient et s'emboîtent, un corps entier pensant et agissant, de l'orteil au cerveau. On y trouve un cabinet de dessin pour l'étude et la composition des modèles, un atelier de sculpture pour leur exécution en plâtre, bois, marbre, etc.; un atelier pour leur réduction mathématique, opération intelligente et minutieuse dans laquelle toujours il faut que l'art et la science interviennent, quoi qu'en ait dit l'arrêt célèbre qui les en a chassés; une fonderie de bronze, d'argent, d'or; le personnel et l'outillage complets pour l'entier achèvement des matières fondues; un atelier de marbrerie; un atelier d'ébénisterie. Tout cela régi par un système de comptabilité qui prend la pièce à sa naissance et la conduit jusqu'au magasin de vente, supputant et déclarant heure par heure ce qu'elle a coûté en capital, travail et intérêts. Tout cela, et c'est mieux encore, visiblement animé par une affection collective qui harmonise et relie ces dignités humaines si diverses, et leur donne une tournure de commun respect, d'estime réciproque, qu'il serait consolant et bon de rencontrer partout. Car chaque individualité bien douée est appelée à émettre et pratiquer tout ce qu'elle possède dans cette organisation remarquable. Aucune n'est absolument circonscrite et condamnée au tournebroche. « Nous appartenons, dit le maître, à la grande famille des ouvriers qui, à travers les siècles, font la chaîne pour transmettre aux races futures l'œuvre du passé incessamment agrandie. Chacun de nous, donc, a droit de dire sa pensée jusqu'au bout, sans être gêné par une routine quelconque. » Aussi celui-là ne cherche-t-il à effacer ni diminuer personne. Les noms de ses aides sont nettement inscrits avec le sien sur les murs de sa maison, au titre de ses catalogues, et il est heureux de leur rendre ce témoignage public. En 1855, d'après sa déclaration loyale et spontanée, trois médailles de première classe, quatre médailles de seconde classe et quatre mentions honorables leur ont été décernées. De même en 1862; de même en 1867. Il est le général fier de mettre ses braves à l'ordre du jour de ses victoires. C'est pourquoi, sans doute, il lui est dû d'enrôler les meilleurs. En 1854, le choléra lui enlevait Henri

Canieu, qui semblait une incarnation de l'antique en ses jeunes et chastes productions ; il l'a remplacé par M. Constant Sévin, un homme rare, pouvant, comme les Florentins, de ses mains propres exécuter tout ce qu'il conçoit ; merveilleux d'art, de sentiment, de délicatesse, de grâce et d'esprit. Un ciseleur qui n'a point son semblable, M. Attarge, lui fait des perfections comme la pendule en argent qui était à Londres et que le jury trouvait trop belle : C'est mettre trop d'art dans l'industrie! s'écriaient ces juges. Les émaux de Limoges lui sont rendus par M. Gobert, un peintre comme Sèvres en cherche et n'en trouve guère. D'autres lui font des émaux cloisonnés d'une dimension que la seule Asie connaissait, arcs-en-ciel de pierreries, queues de paon métalliques, magnifiquement et uniquement entrepris pour le triomphe de la sainte doctrine du maître : « La main de l'homme peut refaire tout ce qu'elle a fait. » Pas d'excuses devant celle-ci, et de désespoir encore moins. Impuissance voudra dire ignorance, difficulté avoisinera paresse. « Allez : ce qui fut peut encore être ! » s'écrie ce croyant en sa sérénité. Et pourquoi pas plus beau même? Est-ce que l'esprit s'est arrêté? Voyez plutôt : après ces émaux splendides, pauvres sels terreux changés en diamants par la fournaise, il y aura l'or et l'argent, non à cause du prix qu'ils coûtent, qu'est-ce donc! mais à cause des effets qu'ils fournissent. Pinart lui fait des faïences. Clésinger, égaré depuis, lui faisait des statues. Tant d'efforts communs atteindront sans doute le but commun de toutes ces choses. Un but touchant et élevé, que certains pourront trouver révolutionnaire et insensé; car ce n'est pas la richesse, mais la noble et sainte restauration du beau. On a rarement des rivaux pour pareille œuvre !

Sa montre était un des chefs-d'œuvre de l'Exposition. Tous s'arrêtaient ravis devant ce reposoir du goût. L'industrie y apparaissait élevée jusqu'à l'art pur, et le mot trop vrai de *similart* infligé aux faiseurs par notre ami Corbon n'eût, je pense, trouvé là rien à flétrir. Depuis le délicieux balustre en bronze qui enceignait la collection miraculeuse, jusqu'aux lustres étoilés suspendant là-dessus les feux de leurs cristaux, tout sentait le grand esprit et la grande volonté. A l'entrée, majestueuses gardiennes, se dressaient des torchères statuaires, genre renaissance, glorifiant deux célébrités récentes de la sculpture, M. Falguières et M. Paul Dubois d'autres

suivaient, genre louis-seize, nymphes en or drapées d'or, modelées
pour le roi des Belges, par Carrier-Belleuse. Au fond s'appliquaient
des cheminées de marbre comme nulle part je n'ai vu traiter le marbre, une surtout dans les blancheurs de laquelle jouaient et s'envolaient des enfants adorables, dus à l'heureux maillet de ce même
Carrier, dont bientôt on ne comptera plus ni les œuvres ni les succès.

Au-dessus des cheminées brillaient une glace, un cartel et un miroir, en bronze argenté et doré, avec ornements à jour et reliefs d'une
finesse extrême; trois morceaux qui seuls eussent suffi à faire la renommée d'une maison. Le cartel, ciselé par MM. Lemeignan et De-
cary; le miroir, de la propre main d'Attarge. Puis c'était une coupe
grecque en bronze, incrustée d'agréments en or et argent massifs,
ciselés sur la pièce; de même un coffret aux ornements tirés du
musée Campana, au médaillon modelé par Aizelin; de même encore
un grand vase aux anses supportées par des sphinx, avec bas-relief
par Samson, cadres et couronnes de myrte et de bryone : les anciens
n'ont rien fait de supérieur à ces trois pièces. Flambeaux et coupes
en argent repoussé comme nous les eût donnés le grand Vechte; un
cabinet oriental tout en émail cloisonné, chose immense et supérieure
à tout ce qui avait été tenté jusqu'ici; cornets, vases, coupes, jardinières de même. Essais si vantés de M. Legost en 1855, où êtes-
vous ! Deux grands vases en marbre rouge antique, enchâssés dans
des métaux superbes, avec médaillons peints sur émail par le maître
Claudius Popelin. Après quoi l'élite du musée courant des bronzes
célèbres de Barbedienne, le Moïse et le Penseur de Michel-Ange, les
Grâces de Germain Pilon, le Voltaire et le Rousseau de Houdon, la
Pénélope de Cavelier, les Bergers d'Arcadie d'Aizelin, le Chanteur
florentin de Dubois, etc. Et des armoires, des garnitures, des lampes,
des candélabres de toutes matières, variétés et beautés. La plus riche,
en un mot, et la plus nombreuse expression du degré auquel chez
nous est parvenu le travail humain.

Et tout cela n'est pas seulement beau; il faut y ajouter que c'est
excellent. Le maître n'a jamais séparé ces deux conditions. En fonte,
le meilleur métal et l'alliage le plus noble, avec défiance et répugnance absolues de la mitraille et des vieux déchets. On arrive ainsi chez
lui aux fontes minces que les Chinois connaissaient si bien, sachant
avant nous qu'une surface fondue est toujours fine de grain et d'épi-

derme en raison de son épaisseur moindre. Seulement, ce n'est pas le premier fondeur venu qui fondra mince, et quand la pièce est mal fondue, aucun réparateur ou ciseleur n'y saurait. Les ouvriers du bronze ne se doutent pas du mal qu'ils ont fait à cette industrie royale en exigeant que la fécule indigeste remplaçât le charbon dans les moules : adieu les belles fontes d'Eck et Durand et de Richard ; perfection de deux cents ans des frères Keller, disparaissez !

De même pour la ciselure. Respect absolu de la forme confiée par l'artiste ; profonde horreur des outils meurtriers, des procédés trompeurs et malfaisants. Anathème à vous, ratisseurs de *chairés* qui couturez et nous rendez dartreuses les plus belles figures, sous prétexte inepte de leur faire de la peau. Monture précise, exacte, irréprochable. Tournure nette, aux profils bien dessinés. Recherche de la perfection en tout point enfin : sévère peut-être et rigoureuse, mais autorisée par tous les efforts et les sacrifices qu'un homme peut faire pour l'instruction, l'éducation, l'amélioration et le bonheur de ceux qu'il emploie. Barbedienne est le sage et le prêtre de son industrie.

M. Victor Thiébaut compte parmi les fondeurs renommés. L'art et la fabrique se tiennent chez lui dans un voisinage salutaire et qui fait que le frère visite la sœur souvent. C'est de ses vastes et historiques ateliers que sont sorties presque toutes les grandes figures de nos places publiques : le Napoléon de la colonne Vendôme, celui de Montereau, celui de Rouen (pourquoi à Rouen ?) ; le groupe de la fontaine Saint-Michel ; le Polyphème que, par une faute de goût énorme, on a placé en obstruction devant l'adorable coquille de la fontaine Médicis : les deux fontaines et la Victoire stylite du square des Arts-et-Métiers ; la statue du prince Eugène au boulevard de ce nom, le prince d'Eckmühl à Auxerre, Rotrou à Dreux, et tant d'autres dieux, demi-dieux, poëtes et tueurs illustres à l'exécution invariablement excellente.

Dans son médiocre emplacement sur la galerie du mobilier, M. Thiébaut avait trouvé moyen de se faire une exposition significative et remarquable. Aimant l'art profondément, il aime aussi les artistes beaucoup, et son grand contentement serait de nouer entre eux et lui un lien qui empêchât les œuvres de nos pauvres bons sculpteurs d'être si régulièrement enterrées à la fin de chaque salon. Il leur offre donc, en confrère opulent, de reproduire les figures couronnées et de les vendre au profit de l'auteur. C'est tout simplement providentiel. Comme spécimen de ce que pourrait un jour une association pareille, le fondeur-éditeur nous présentait, encadrée dans les divines naïades de Jean Goujon et les plus beaux des cinq cents médaillons de David (d'Angers), la riche collection des conceptions heureuses de Duret le Romain ; de M. Perrault, de l'Institut ; de M. Dumont, de l'Institut ; de M. Carpeaux ; de Victor Chapuys et Charles Gumery, élèves d'Armand Toussaint ; de Falguières, élève de Jouffroy, auteur fameux du Vainqueur au combat de coqs ; de Bartholdi, Blanchard, Gauthier, Delaplanche, Doublemard, Delorme, tous grands prix ou dignes de l'être. Ailleurs, de bonnes réductions d'œuvres modernes.

Rangeons aussi dans le grand côté du bronze les œuvres véritablement parfaites de M. Mène et de M. Cain. Faire de l'art, c'est donner la vie ; or les chevaux de M. Mène hennissent et ses chiens aboient ; les bêtes féroces de Cain respirent le sang. Et comme c'est fait !

Les frères Fannière ont obtenu la première médaille d'or dans l'orfévrerie. Elle leur était bien due. Ces hommes sont une fierté pour nous. Grands, croyants, simples, patients, contents de peu, chérissant l'art filialement et l'enseignant paternellement. Ils avaient une pendule en matières précieuses qui sera la plus exquise que l'on ait vue. Deux boucliers repoussés, l'un en acier, la Chute des anges, l'autre en fer, le Poëme de Roland ; le premier avec des figures atteignant presque la ronde bosse. miracle de goût et de difficulté ; le second supérieur encore. Des pièces parlantes d'un service de table en argent pour la Russie : ainsi deux cache-bouteilles portant à la panse l'un le triomphe de Bacchus, l'autre le triomphe de l'Amour ; deux salières, Neptune et Amphitrite ; un sucrier repoussé, son bouton de couvercle fait d'un Indien qui épluche une canne à sucre ; une saucière ayant pour anse une naïade, etc. Tout cela d'un faire et d'un dessin splendides. Deux vases en argent qui sont des épopées, prix de course gagnés par Ruy-Blas et Fervacques : nous vous devions les noms de ces heureux chevaux ! Services à thé et à café, bracelets, flacons, cachets, broches, bagues à te réveiller d'allégresse, Benvenuto, notre père ciseleur ! La couronne d'or donnée par les Agénois au poëte Jasmin : figurez-vous le laurier lui-même devenu métal. L'art, chez les Fannière, fait l'industrie déesse.

Ces deux chers artistes ont eu la joie de voir récompenser trois de eurs collaborateurs. Au sculpteur Colliot la médaille d'argent, aux ciseleurs Lindenher et Deluit, la médaille de bronze.

L'historique et belle fabrique Odiot, qui avait paru arriérée à Londres, a cette fois repris son rang magnifiquement et victorieusement. Dans la collection grandiose qu'elle étalait, nous avons surtout remarqué les pièces d'un service exécuté pour le duc de Galliera. Il n'est toujours que l'argent pour faire de l'argenterie. Sculpteur, Gilbert; ciseleur, Diomède; chef orfévre, van de Vyver.

Le regretté Duponchel, ce maître qui n'est plus, et M. Froment Meurice continuaient d'avoir et de témoigner la valeur à laquelle ils nous ont accoutumés. Formes que l'on copie, grâces que l'on envie. Quelques erreurs parfois, parfois aussi et plus souvent des traits de lumière ineffables. Ces noms-là sont maintenant de l'histoire. Si nous avons trouvé M. Froment Meurice à plaindre pour ses enchaînements officiels à l'œuvre architecturale et municipale de M. Baltard, nous devons le féliciter très-franchement d'un surtout appartenant à M. Isaac Péreire, marine mythologique superbe où se réveillent et revivent les chers souvenirs de Jean Feuchères et de Jules Klagmann; comme aussi de la coupe à cariatides offerte trop tard par la ville de Vienne à son poëte François Ponsard. Ajoutons deux nobles têtes en argent repoussé, d'après M. Paul Dubois, la nouvelle étoile de notre jeune sculpture. Ces bustes sont ceux de François et Jacques Froment-Meurice, gloires de famille que leur héritier ne dément pas.

L'orfévrerie émaillée proprement dite avait M. Rudolphi, le riche exposant couronné d'argent pour la France et le Danemark, resté lui-même et le même, avec ses défauts et ses qualités. Elle avait aussi M. Lepec, duquel nous ne pouvons rien dire, si ce n'est qu'on n'imaginerait point un autre que lui pour installer un dieu de l'émail dans l'Olympe de l'art appliqué. Quelle finesse! quelle douceur! quelle suavité! quelle facilité!

Mais pourquoi n'avoir donné qu'une mention honorable à M. Robillard?

Nous abordons maintenant un établissement considérable. Celui-là veut et vaut un travail particulier. Commençons par des chiffres : aujourd'hui c'est ce qui frappe le plus. *Combien faites-vous* est la première demande. *Comment faites-vous* ne vient qu'après. Soumettons-nous à l'ordre établi. Les statistiques ont leur éloquence.

Le maniement général des métaux précieux se divise en six branches : l'orfévrerie artistique ou proprement dite ; la grosse et la petite orfévrerie de table en or, en argent, ou en alliages argentés et dorés par les procédés électro-chimiques ; les bronzes de table et les services de dessert ; le plaqué ; l'orfévrerie et les bronzes d'église; les objets d'or, d'argent et de cuivre émaillés.

La maison dont nous avons à parler pratique quatre de ces branches, qui sont la première, la seconde, la troisième et la dernière. Deux pour l'art pur, deux pour l'utilité. Elle y joint l'application de la galvanoplastie aux grands objets statuaires en ronde bosse ; et c'est là, sans contredit, le plus prodigieux côté de la gigantesque industrie Christofle. Plus de treize cents ouvriers et ouvrières, employés et artistes, louent leurs bras et leur talent à cette immense ruche, sans compter le personnel de la succursale étrangère de Carlsruhe. A l'intérieur de l'usine parisienne, plus de cinq cents, à l'extérieur, près de huit cents. En voici le dénombrement par fonctions. Sur place : employés, quatre-vingt-sept ; artistes, douze ; chauffeurs, hommes de peine, fondeurs, planeurs, orfévres, décapeurs, argenteurs, doreurs, brunisseurs, monteurs, deux cent quarante-neuf ; ciseleurs, graveurs, guillocheurs, quarante-deux ; ouvrières brunisseuses et vernisseuses, cent trente-huit. Au dehors, faiseurs de couverts, estampeurs, polisseurs, trois cents ; orfévres, monteurs façonniers, couteliers, emmancheurs, quatre-vingt-dix ; ciseleurs et graveurs, cent ; brunisseuses, deux cent cinquante ; autres fondeurs, lamineurs, ouvriers en cristaux, travailleurs de produits chimiques, tabletiers, etc., cinquante.

Les femmes comptent pour quatre cents dans le chiffre total. Presque un tiers. Maison par elles vantée et recherchée.

Le salaire de cette armée d'activités diverses s'élève à six mille cinq cents francs par jour, qui font plus de deux millions de francs par an, fêtes et dimanches retranchés. Les appointements réguliers sont en dehors.

En 1866, les affaires de la maison ont atteint tout près de huit millions ; ce qui représente d'une année sur l'autre un accroissement toujours continu. Depuis 1845, année dans laquelle a été créé l'établissement, jusqu'en 1866, vingt et un ans, leur addition générale s'est montée à *cent sept millions cent soixante et un mille quatre cent*

*douze francs.* L'argenture des couverts et pièces de services, qui fait
la partie, sinon principale, au moins la plus connue de la production
Christofle, a dépensé pendant ce temps 77,697 kilogrammes d'argent,
valant au premier titre 16,519,876 francs. Laquelle masse, à l'épaisseur ordinaire du dépôt sur les couverts, aurait suffi pour magnifiquement et solidement revêtir les cinq cent mille mètres carrés du
palais et du parc de l'Exposition. Et si seulement les huit millions de
couverts argentés par MM. Christofle se trouvaient aujourd'hui être
en argent massif, quinze cent mille kilogrammes de ce métal, ou plus
de trois cents millions de numéraire, eussent disparu de la circulation.
Toute la signification d'une époque pourrait être ici renfermée. Merveilleuse industrie, celle-là, qui fait rendre par l'apparence les mêmes
services que par la réalité !

M. Charles Christofle, orfévre-bijoutier distingué, fut en France le
fondateur véritable de l'argenterie galvanique. Avant son heureuse et
vaste application des procédés Ruolz, nous ne connaissions dans le
faux luxe de table que des imitations barbares ou des substitutions
grossières, lesquelles ne pouvaient décemment satisfaire personne,
et n'avaient pas même, à défaut d'un éclat impossible, le mérite obligatoire de la salubrité. Aucun refuge là dedans pour l'amour-propre en
fuite devant la dépense. Qui pauvrement ou prudemment manquait
d'argenterie massive, était réduit à montrer sa misère. Les philosophes s'en tenaient à l'étain, qu'on n'a plus, comme jadis, le secret de
faire reluire. Tout passe.

Aussitôt qu'il sut la prise en Angleterre des brevets de M. Elkington,
M. Christofle en fit l'acquisition pour son pays. Au prix de bien près
d'un million de francs, nous a-t-on dit. Tout le monde a gardé mémoire de la lutte innombrable et perpétuelle qu'il eut à soutenir contre l'espèce industrielle étrange qui vit de la propriété d'autrui et se
formalise hautement quand on l'en accuse. Les procès que lui a faits
Sax comme ceux que lui a faits M. Christofle sont des répertoires
curieux d'imprécations du voleur à l'encontre du volé. Certainement
la contrefaçon peut être excusée et justifiée même, quand elle consiste à produire meilleur et plus beau que le sujet contrefait, car elle
représente l'exercice responsable du devoir que nous avons tous
d'ajouter, pour l'avantage commun, l'utile à l'utile, le progrès au
progrès. Mais alors n'était guère le cas, j'en appelle aux enquêtes sur

les saisies faites. Et c'est précisément pourquoi la chute des brevets Christofle dans le domaine public n'a pu nuire aux intérêts de la maison qui les avait si ardemment défendus. Par mérite rare, après comme avant, celle-ci est demeurée la meilleure sinon même la seule bonne : fidèle à sa réputation laborieusement acquise ; respectueuse du titre et de la quantité du métal, ces conditions soustraites à tout contrôle ; perfectionnant ses procédés, les étendant, y ajoutant, cherchant, trouvant, toujours faisant et toujours restant digne. Que son succès florissant et sa marche irréprochable servent de preuve et d'exemple à ceux qui balancent encore entre la finesse et l'honnêteté !

Les récompenses pas plus que les affaires — c'est chose bonne à dire — n'ont manqué à M. Charles Christofle. Médailles d'or aux expositions françaises de 1844 et 1849, grande médaille et croix de chevalier à l'exposition universelle de 1855, croix d'officier après celle de 1862, voilà quelle fut sa part, large et méritée. L'estime publique à mesure s'y joignait et la ratifiait. Il est mort avant l'heure, laissant par bonheur ce beau legs à ses deux jeunes et chers collaborateurs, MM. Paul Christofle et Henri Bouilhet, son fils et son neveu ; lesquels, forts des paternels préceptes, s'avancent d'un pas ferme et sûr dans la voie droite et claire qu'il avait su s'ouvrir et leur ouvrir. Il en sera pour eux comme pour lui, cela se voit. Avis aux prétendus habiles qui hantent les chemins couverts et tortus.

Sans rivale aujourd'hui pour la fabrication de la vaisselle et des couverts argentés, leur maison ne se borne plus à cet ingénieux bienfait de nos ménages, et 1867 nous l'a montrée sous un aspect tout autre. La vaisselle massive et l'orfévrerie d'ornement s'y sont considérablement enrichies : incrustations d'or, émaux à cloisons rapportées, tous les travaux d'élégance et de finesse imaginables. La science y continue ses découvertes ; elle a trouvé le guillochage et la gravure électro-magnétiques, dont l'application saisit comme un prodige. Là, nous le disions tout à l'heure, on a toujours cherché, toujours creusé, toujours regardé en avant. On interroge tout ce qui paraît. M. Christofle père fut le premier à essayer dans l'orfévrerie l'emploi de l'aluminium et de ses dérivés, cette gloire savante de M. Paul Morin. De même les formes se sont embellies. Sur ces ateliers illustres règne

une pléiade de statuaires : Gumery, Mathurin Moreau, Aimé Millet,
Maillet, Rouillard, Thomas. Klagmann en était, notre bien-aimé
Klagmann, que tous pleurent et qui laisse sa place vide : vous trou-
viez à l'exposition de Christofle la dernière œuvre de ce dernier des
artistes saints. L'architecte de leurs grandes œuvres est M. Charles
Rossigneux ; le dessinateur en titre est Émile Reiber ; l'ornement,
qui veut dire légion, a pour chef M. Madroux. C'est une académie et
un royaume dont sort à chaque instant la preuve que l'art est supérieur à la matière, qu'il n'est pas toujours besoin d'un métal précieux
pour une exécution précieuse, qu'en certaines mains véritablement le
cuivre devient or; et que le mot vil enfin n'a plus de sens où le savoir
et le talent ont passé.

Quelques détails économiques d'abord. L'art et son peuple vien-
dront ensuite.

Comme organisation même, cette puissante fabrique n'a point sa
pareille en France. Nous voyons qu'elle fait vivre présentement mille
hommes et quatre cents femmes. Moyenne de salaires : pour les
hommes, cinq francs et demi; pour les femmes, deux francs et demi,
selon la disproportion qui ne choque personne en notre pays d'égalité.
On doit moins à la femme, dit la coutume insolente et sotte, parce
qu'elle peut moins et a des besoins moindres. C'est arrêté ainsi et
décrété. Nul industriel ne répond de cette situation, mais chacun l'a
trouvée faite et la conserve à son profit.

Or le chiffre total ci-dessus se compose d'ouvriers du dehors et
d'ouvriers du dedans. Ceux-ci, moins nombreux que les premiers,
représentent une famille compacte, qu'on nomme le personnel de
l'usine, et qui est forte de six cent vingt-huit membres : quatre cent
quarante-huit hommes et cent quatre-vingts femmes.

Tout d'abord le groupe que voici nous apparaît mutuellement associé pour le cas d'inaction à cause de maladie. Ce malheur involontaire lui tombant, l'ouvrier marié reçoit trois francs par jour, le cé-
libataire deux francs, la femme sans enfants un franc cinquante
centimes. La caisse fraternelle où ces secours se puisent est alimentée
par les amendes pour infraction aux règlements intérieurs, que
vient grossir une cotisation individuelle de vingt-cinq centimes par
semaine, soit treize francs pour l'année. Chaque année se solde en
général moyennant un déficit de trois ou quatre mille francs, lequel

forme la généreuse quote-part des patrons, sans compter à peu près autant pour la rétribution du médecin et l'entretien par abonnement d'un certain nombre de lits aux asiles de convalescence de Vincennes et du Vésinet.

Mais ceci n'est que pour la charité, vertu rangée parmi les valeurs improductives. Des liens plus forts entre la chose et l'homme, entre l'usine et l'ouvrier, résultent d'une fondation qui fut instituée dès 1845 par le regretté et respectable Charles Christofle. Ici nous trouvons la joie d'aujourd'hui et la certitude de demain, l'encouragement à bien et constamment faire, la récompense du courage et l'espérance de la propriété, but si doux mais si vague des longues sueurs. Aux termes des statuts de cette fondation, chaque ouvrier comptant dans l'établissement cinq années consécutives de travail reçoit un livret de caisse d'épargne, avec inscription fondamentale d'une première somme de cent cinquante francs. Trois ans de plus ajoutés lui donnent droit à une seconde gratification équivalente. Huit ans surajoutés l'enrichissent de deux cents francs encore, et chaque année ensuite de cinquante autres francs. Ces sommes, additionnées et capitalisées, restent à son crédit dans la caisse de la maison jusqu'à la fin régulière de sa carrière laborieuse, et lui rapportent un juste intérèt. Et si, par sa faute ou son caprice, il quitte le nid avant un séjour déterminé, il perd son titre; mais les autres héritent de ce qui lui était afférent, au prorata de leur ancienneté dans la fidélité. C'est ainsi que, cette année, quatre-vingt-onze titulaires ont dépassé déjà deux périodes et se partagent 105,347 fr. 10 c. Trente et un autres ont atteint la deuxième période et se partagent 10,597 francs. Cinquante-quatre autres enfin n'ont atteint que la première, et se partagent 8,555 francs. Le surplus aspire et monte. Les plus anciens ont des livrets de trois mille francs, et plusieurs travaillent encore, les vénérables! en perspective d'un repos meilleur mais plus court. Ainsi en voyons-nous parfois qui finissent sans jamais s'être reposés. Ceux-là pensaient aux âmes chères qu'ils laisseraient veuves après eux.

Voilà certainement une bonne institution. Il y en a d'autres. La maison fait des prêts et des avances, sans intérêt, bien entendu, pour les cas urgents; comme entrée en ménage ou accroissement de famille, quelquefois un mort à pleurer et enterrer. Ces prêts, disent les patrons eux-mêmes, sont toujours remboursés avec la plus grande

exactitude. Puis il se peut. et c'est trop souvent, que le prix des
subsistances augmente, et se tienne jusqu'à faire tous ces petits
budgets s'équilibrer par le jeûne : alors la maison ne prête ni n'a-
vance, elle indemnise et donne. De bons chemins pour se faire aimer.
Ou bien c'est un vieil employé qui ne peut plus ; un travailleur blan-
chi qui, depuis vingt-cinq ans, a donné son bras et son cœur ; ou
peut-être sa femme restée seule un jour et sans appui. A ces invalides et ces posthumes de l'œuvre commune, la maison fait une
pension. Services privés élevés au rang des services publics.

A Carlsruhe, dans le pays de Bade, les conditions ordinaires, plus
faciles, ont rendu possibles d'autres avantages. Les ouvriers de l'usine
y jouissent d'une habitation commode et vaste, où se trouvent des
logements pour ménages, avec cuisine, cave et cellier, au loyer annuel
de cent cinquante francs ; des chambres meublées pour soixante-dix-
sept francs ; enfin des lits en dortoir commun, pour rien ou à peu
près. Tout cela est excellent à imiter, et nous le louons fort en attendant. Combien d'industriels, assez vantés pourtant, verraient une
inaccessible vertu où ceux-ci n'ont trouvé qu'un devoir familier !

Abordons maintenant l'ensemble et, si nous le pouvons, les détails
de l'immense exposition de MM. Christofle. On y contemplait réunies les fabrications les plus diverses, combinées comme l'usine elle-
même a su'les organiser, de façon à se compléter les unes par les
autres et les faire se prêter un mutuel appui. Égales de forme et
presque d'éclat, quoique différentes de valeur, et s'adressant aussi
bien aux fortunes modestes, qui leur doivent des jouissances d'art
relativement impossibles, qu'aux opulences extrèmes, seules capables de payer, sinon de goûter dans la matière la plus précieuse l'exécution la plus parfaite.

Tout le monde a dit les splendeurs célèbres des surtouts exécutés par cette maison pour l'hôtel de ville de Paris et les palais
impériaux. Nous n'avons plus à y revenir. Ceci désormais regarde
les architectes et l'autorité. Cuivre au lieu d'argent ; c'est un goût.

Une autre pièce très-remarquée et plus remarquable nous a paru
celle qui résumait le mieux les deux branches principales de l'art
qu'ici l'on cultive : le bronze de table et l'orfévrerie vraie.

C'était un guéridon supportant un service à thé. Ce guéridon,
composé par M. Rossigneux, est fait au repoussé. Le plateau. en

bronze, est incrusté d'or et d'argent, à l'imitation de ce que jadis pratiquaient les Chinois et les Japonais pour ces merveilleux damasquinages qui maintenant nous arrêtent et nous saisissent comme une preuve du talent de l'homme diminué. MM. Christofle n'ont pas eu la prétention ambitieuse et douteuse de ressusciter des procédés qui sont restés des mystères ; mais l'état véritablement prodigieux auquel la science a porté l'industrie leur permet d'en reproduire tous les effets. Les métaux précieux sont déposés, ne disons plus *sur* le bronze mais *dans* le bronze, par une action galvanique perfectionnée ; ils y forment une couche assez épaisse pour durer autant que la pièce elle-même. De plus, ils se trouvent être, comme par magie, placés exactement au même plan que le bronze, et si vous passez votre main à la surface, elle ne rencontrera point de saillie. C'est donc bien positivement une incrustation comme en faisaient les Orientaux, avec un ouvrier de plus, qu'ils ne connaissaient pas, la chimie, par nous débauché, ô Nature, de ton atelier divin !

Parmi les autres pièces d'orfévrerie les plus réussies figurait une théière à la décoration quadrillée. Cette chose agréable est encore une restitution de l'art chinois. Il s'agit ici des émaux à cloisons rapportées. Nous disons rapportées, parce que l'industrie courante abuse assez volontiers d'une confusion de mots à propos des émaux cloisonnés, et donne les cloisons fondues, qui se répètent, pour celles-ci qu'il faut refaire à chaque exemplaire du dessin. Ce procédé, qui prête aux pièces un caractère tout à fait exceptionnel et rare, est celui des anciens et de Barbedienne. Il consiste à contourner à la main, selon des lignes indiquées, de petites bandelettes de cuivre qui sont ensuite posées de champ et soudées sur le vase, formant ainsi une ingénieuse série de cellules artistiques que l'on remplit avec de l'émail. Après quoi le tout va courir les risques dévorants du feu.

Ce travail exige une habileté et une légèreté de main particulières. Les fins émailleurs sont à Paris cinq ou six à peu près, sans cependant compter M. Lepec, qui les domine tous comme un roi.

Puis, parmi les précieuses, deux choses encore très-belles. Le grand prix d'agriculture, donné à M. Decrombecque : le laboureur des *Géorgiques*, roi et dieu de la terre, inspiration superbe de M. Gumery. Le prix de la coupe, gagné par Gladiateur en 1866, socle en argent

repoussé et animé d'ors de couleur ; figure fondue en argent et ciselée
jusqu'au fini. Le vase d'Achise, prix impérial du tir international
de 1867. Toutes pièces à un seul exemplaire, sur lesquelles on ne
gagne presque jamais rien : sacrifices du croyant à son culte. Et dans
un autre ordre d'idées, un service à café louis-seize, en argent
repoussé et ciselé : sous la ciselure, qui est exquise, se répand une
patine chaude et lumineuse, très-préférable peut-être dans l'espèce
à l'abus de l'autre, dite argent oxydé, trop sujette à prendre l'aspect
noirâtre d'un étain mal nettoyé. Un service à thé en argent repoussé,
dernier chef-d'œuvre de Klagmann, avec feuilles de nénufar et
autres grâces charmantes en or vert et rouge : c'était délicieux et
triste à regarder, et nul autre atelier d'orfévrerie n'aurait su mieux
faire selon le cœur et le talent de celui qui n'en fera plus.

Et enfin la magnifique toilette louis-seize, chef-d'œuvre de la maison, spécimen collectif de tous les genres de travaux riches qu'on y
exécute. Pièce véritablement hors ligne, composée par M. Reiber,
peuplée d'amours, d'anges et de toutes les beautés de la figure par
M. Gumery. Décrire cette pièce ne servirait : tâchez de la voir et c'est
tout. Disons seulement qu'elle a pour tablette un marbre royal incrusté d'or par un procédé nouveau et propre à M. Christofle, lequel
fait entrer le métal dans la pierre par soumission et ouverture insen-
sibles de celle-ci, sans que jamais, en conséquence, le passage de
l'outil ou du feu n'y puisse laisser une trace.

Dans aucun lieu du monde, que nous sachions, on n'avait encore
vu la science et l'art si bien se marier et produire.

Regardons ailleurs dans cette maison grande.

Je suppose que la façade du nouvel Opéra faisait partie essentielle
de l'Exposition universelle. L'empressement particulier qu'on a mis à
la découvrir avant son achèvement témoignait d'un vif désir de la signaler *urbi et orbi*. L'opulence et la curiosité du morceau en valaient
bien la peine. Ce n'est pas tous les jours, grâce au ciel, qu'il arrive
d'exciter par des régals d'une telle dépense et d'un tel goût l'admiration et sans doute aussi la jalousie des peuples.

Lorsque tombèrent les planches qui enveloppaient cette devanture
extraordinaire et mirifique, il apparut aux deux bouts de la corniche,
toute en or, des simulacres de groupes aux proportions colossales,
devant représenter prochainement les grands symboles de l'édifice,

qui sont la Musique et la Déclamation. Ces groupes, dont les figures ont cinq mètres, seront exécutés, partiellement au moins, par la galvanoplastie. C'est la maison Christofle qui en a pris la tâche audacieuse.

La galvanoplastie est l'art d'obtenir par un dépôt électrique et chimique de cuivre la plus exacte et la plus parfaite reproduction de tout relief quelconque, si compliqué, si fouillé, si délié qu'il puisse être. Admirable découverte à laquelle notre ébénisterie courante, en particulier, doit sa purgation progressive et bientôt définitive des abominables cuivres fondus qui la salissaient et la déshonoraient. Il est vrai qu'elle sert aussi à parer des plumes du paon bon nombre de geais, lesquels, avec un peu d'or déposé de même par la pile, se vantent par là et font profit de prétendues ciselures sur bronze qui leur rapportent sans leur avoir rien coûté.

Cette merveille s'exécute surtout au moyen de moules en guttapercha, matière convenablement élastique et inattaquable à toutes immersions alcalines ou acides. Ramollie par la chaleur, on l'applique sur le relief, dont elle saisit et garde fidèlement l'empreinte en se refroidissant. On l'enlève; on la frotte intérieurement de plombagine pour la rendre conductrice de l'électricité; on la plonge enfin dans un bain électrique alimenté de sulfate de cuivre en cristaux. Peu à peu le métal se dépose dans tous les creux où s'est imprimé le relief et finit par reformer celui-ci entièrement et identiquement. Alors on débarrasse la miraculeuse coquille obtenue de sa couverture gommeuse; on coule dans les creux de dessous la quantité de métal fondu nécessaire pour les remplir : et voici que l'on a dans la main, solide, résistant, et pour quelques décimes, le chef-d'œuvre même que tout à l'heure on désespérait d'imiter.

C'est par un procédé semblable que MM. Christofle ont pu apporter à l'Exposition la porte célèbre de la sacristie de Saint-Marc, à Venise, fondue et ciselée au seizième siècle par l'architecte-sculpteur Jacques Tatti, dit le Sansovino. Quiconque a visité la grande chose de 1867 se souviendra d'avoir vu cette porte dans le parc, derrière la petite église qui servait de montre à l'art et à l'industrie sacrés.

Or, avec cette porte surprenante, il y avait autre chose de bien plus surprenant : c'était le groupe immortel de Puget, Milon de Crotone dévoré; c'était aussi le Penseur de Michel-Ange : statues en bronze éternel, obtenues de même par la galvanoplastie.

Ceci, qui est à nous confondre tous, explique et prouve comment, sans crainte aucune, MM. Christofle ont pu entreprendre les énormes figures attendues par les acrotères du fulgurant attique de l'Opéra.

Les premiers essais tentés pour accomplir de telles opérations ne furent point bons, bien s'en faut. Il faut savoir d'abord que la galvanoplastie ronde bosse, comme s'appelle ce nouveau miracle, s'est composée premièrement des deux moitiés séparées d'un buste, par exemple, que l'on traitait à l'instar des grands bas-reliefs, mais avec une difficulté capitale et radicale qui était celle-ci. Lorsqu'on avait tenu longtemps plongés dans le bain les deux hémisphères en gutta-percha représentant les deux moitiés du buste, on s'apercevait que le dépôt du métal s'y faisait inégalement, beaucoup sur les bords et sur les parties saillantes, presque rien dans les fonds. C'était donc que des courants suffisants manquaient. On chercha. On imagina, avant de réunir les deux moitiés du moule, de découper dans une planche de cuivre une silhouette grossière de l'objet à exécuter ; cette silhouette devait, pensait-on, faciliter le dépôt régulier du métal en se dissolvant pour servir de conducteur à l'électricité. Mais précisément, parce qu'elle devait se dissoudre, elle ne valait rien.

Sans compter que les deux moitiés menaçaient toujours d'arriver inégales et difformes.

Vint ensuite M. Lenoir, l'inventeur populaire du moteur domestique à gaz, homme ingénieux et patient s'il en fut. Il eut, en 1858, l'idée tout à coup parfaite de substituer à la silhouette conductrice ci-dessus, scientifiquement dite *anode soluble*, un anode insoluble en platine. Au moyen de nombreux fils de ce précieux métal, il construisait une carcasse, comme un squelette, répondant à toutes les formes du modèle qu'il s'agissait de reproduire. Les bouts de ces fils, réunis ensemble, passaient dans un tube de verre qui les isolait du moule en gutta. Puis le squelette était logé dans le moule, qu'on rejoignait et fermait, en ayant soin de laisser un trou en haut pour laisser dégager le gaz oxygène, et un trou en bas pour renouveler le liquide porteur du métal à déposer.

C'était bien. Seulement le platine vaut à peu près mille francs le kilogramme ; et pour construire, par exemple, les figures de l'Opéra, sur chacune desquelles il s'agit de déposer 1,500 ou 1,800 kilogrammes de cuivre, la carcasse noyau absorbant environ cent grammes de platine pour un kilogramme de poids, il eût fallu faire l'avance de 180,000 francs, condamnés à ne rien produire pendant deux ou trois mois que pourra durer l'opération. C'était cher.

MM. Christofle achetèrent cependant le procédé et le mirent à l'étude. Tout se résout dans le monde encyclopédique de leur établissement. M. Sonolet, leur ingénieur, trouva que le plomb pouvait se prêter à toutes les formes et tous les besoins d'un noyau anode convenable; les recherches savantes de M. Planté indiquaient déjà qu'au point de vue électro-chimique, ce métal vulgaire allait absolument se comporter aussi bien que son noble rival. On fait donc aujourd'hui des noyaux en plomb qui sont percés de trous pour laisser circuler le liquide, et maintenus à l'intérieur du moule par des supports isolés, de manière à établir partout la même distance régulière. Et puis on fonctionne. Tout aussitôt le plomb humble se couvre d'un oxyde brunâtre qui le rend inaltérable et sacré; le gaz oxygène se dégage abondamment comme il ferait autour du platine, et, par le fait même de son dégagement, facilite le renouvellement du liquide. Et c'est ainsi qu'à peu de frais relativement MM. Christofle se sont trouvés reproduire le Milon du Puget, l'Ariane de M. Millet, le Prince impérial de M. Carpeaux, etc. C'est enfin ainsi qu'ils produisent les colosses terminaux de l'Opéra et la grande Vierge de Notre-Dame de la Garde, moyennant une économie des deux tiers sur ce que coûterait une épreuve fondue. On montera dans la tête immense de cette Vierge, dont les yeux sont des fenêtres, par un escalier de fonte qui servira d'armature à la pièce!

Il me semble que tout cela est assez considérable?


Un mot maintenant sur l'utile et multiple emploi que M. Paul Morin, de Nanterre, a su faire de l'aluminium et de ses dérivés. Il y a loin, quoiqu'il n'y ait que quarante ans, du premier isolement par Voëhler de ce métal singulier. Quand des travaux subséquents, qui ont rendu populaire le nom de M. Sainte-Claire-Deville, amenèrent l'usine de Javelle à produire de l'aluminium à douze cents francs le kilogramme, l'admiration fut grande sans doute, mais les prévisions furent petites. Six fois autant que l'argent: qu'en faire? Aujourd'hui, grâce à M. Paul Morin, voici le nouveau métal noble à cent vingt francs, un dixième seulement: ce qui est bien peu à dépenser si l'on songe à la légèreté providentielle qui le rend si volumineux. Déjà le produit en devient divers et charmant. Rien d'aussi doux à l'œil en sculpture, quand on l'a revêtu de la patine qui s'appelle impropre-ment oxyde. Il y a là incontestablement un avenir considérable. Quant à présent, le succès pratique de ce joli métal consiste dans son alliage avec neuf dixièmes de cuivre. Il constitue ainsi le bronze d'a-luminium, composé homogène, d'une couleur d'or attrayante, résistant deux fois autant que le fer, malléable à chaud et à froid, quatre fois plus élastique que le bronze, insensible à l'action des corps gras, vo-lontiers rebelle à celle des acides organiques, superbe en un mot et pouvant servir à tout faire. C'est une conquête, et M. Paul Morin la pratique de très-belle façon. Homme digne de sa matière, et récipro-quement.

Il est de justice aussi que nous disions quelque chose de M. Robert, orfévre à bon marché, qui, dans son genre modeste, serait quasi le rival de Christofle. Il applique sur les couverts populaires en mail-lechort ou métal blanc une sorte d'incrustation d'argent pur qui fortifie les parties extrèmes et frottantes, si bien que ces couverts, argentés d'ailleurs à la pile, peuvent, dit-il, aller vingt-cinq ans sans réparations. La dépense supplémentaire n'est pas considérable. M. Robert a refusé la récompense de dernière classe que le jury parcimonieux lui avait décernée; ses ouvriers, émus et reconnaissants, lui ont frappé une médaille d'or. Cet hommage touchant les honore autant que lui.

Un mot de mème pour le graveur-modeleur Émile Philippe, con-stant lauréat de nos expositions des beaux-arts appliqués à l'industrie. Comme Sévin, comme Prignot, comme M. Dufresne, comme M. Berrus le dessinateur de châles, il a emporté la médaille d'or. Il l'avait méritée dix fois par la variété, l'abondance et le goût de ses productions sa-vantes en terre, en bronze, en ivoire, en pierres et métaux précieux. Son talent souple se prète à toutes les matières, sans jamais les mé-connaître ou les déplacer. Citons de lui, au hasard, les pièces d'un ser-vice henri-deux exécuté pour le château d'Anet; le temps de la peu chaste Diane y respire ressuscité.

Depuis l'invention de la dorure à la pile, un grave inconvénient s'était produit. Le courant électrique se montre grand économe de métal et dépose des infinitésimaux, lesquels suffisent à la rigueur, puisque toute la pièce est revètue et brille. De cette expansibilité de l'or des abus nombreux résultent. On dore une pendule avec cinq francs, on dore un couvert avec cinquante centimes. Vous frottez, ce n'est déjà plus. Les fabricants doués de conscience ne savaient trop que faire et de quoi répondre. Impossible de contrôler la quantité que le doreur-ruolz dépose.

Force était de revenir à l'ancienne dorure au mercure quand on voulait une pièce bien faite : le mercure sévère a son minimum, et chacun sait qu'il prend d'or le huitième de son volume. C'est mathématique. Mais cette dorure tue les ouvriers. En deux mois passés à la forge leur arrive la maladie générale et terrible appelée cachexie mercurielle, dont on ne guérit pas. Cependant le consommateur le voulait, et on mourait. Quand, il y a dix-sept ans, un jeune doreur de grand talent, M. Masselotte, ayant à opérer solidement sur des pièces très-délicates que le procédé ancien, trop énergique, aurait brisées, imagina d'essayer de faire entrer du mercure dans le bain électrique.

A une solution concentrée d'or il en mêla une autre à base de vif-argent. Or, comme l'électricité ne se comporte pas de même dans un bain composé que dans un bain simple, M. Masselotte avait eu la précaution préalable de faire déposer sur ses pièces une première couche d'or, afin de les rendre éminemment conductrices. Quand il jugea la seconde couverture suffisante, il retira les objets, les enduisit d'une composition saline spéciale, et les exposa à une température très-élevée ; puis il les éteignit dans une eau fortement acidulée. Et ce fut tout. Le reste de la manipulation est innocent et vulgaire.

Voilà le procédé de M. Masselotte, dit dorure pyroélectrique, sans danger aucun pour la santé des ouvriers. Depuis dix-sept ans il le pratique, durable, imperturbable, éclatant ; des bronzes dorés au mat exposés par MM. Charpentier, Jules Graux, Raingo, Pickart, Gautier, etc., en fournissaient à l'Exposition le spécimen éclatant. Une priorité incontestable lui est acquise, toute la fabrique de bronze le sait. Et pourtant c'est un autre à qui l'on a donné le grand prix spécial. Pourquoi ? Nous ne le rechercherons pas. A quoi servirait ? Ce qui est fait ne se déferait point. Ainsi trop souvent arrive-t-il des décisions prises à la hâte et sans enquête suffisante, où l'on n'a que le temps quasi de s'en rapporter aux déclarations des intéressés. Le présent a raison et les absents ont tort. Un membre du jury de la quarantième classe, M. Goldenberg, grand industriel, ému, en honnête homme, de ce passe-droit profond, a mis à la disposition de la Société d'encouragement une somme destinée à offrir à M. Masselotte la récompense de son invention préservatrice. Et la société s'est associée au vœu de M. Goldenberg. Il ne se pouvait protestation plus éloquente ni plus digne. Nous avons encore de braves gens.

Si nous exceptons l'Orient, rapportant sans cesse ses éternelles beautés, l'orfévrerie étrangère existe peu comme art. C'est chose étrange de voir, quand les métaux qu'on appelle vils se livrent à des efforts violents sinon toujours heureux, l'argent, cette noblesse, rester endormi dans sa majesté lourde. Est-ce donc un symbole de la politique moderne, où les royautés ne bougent que pour reculer?

Le Nord avait quelque chose. Ainsi Copenhague, la corne à boire très-charmante et très-splendide de M. Christesen, dont nous avons déjà parlé; la Norvége, les filigranes de M. Tostrup, comme en faisait l'antique Byzance; la Russie surtout, patrie d'un véritable artiste, M. Sasikoff, dont les produits particuliers et nationaux, nielles, gravures, services à thé, à café, etc., présentent une forme et portent un cachet qui les distinguent absolument.

Un autre orfévre russe, M. Outchinikoff, manie les métaux comme on manie le lin ou la soie. Il fait des mouchoirs en argent, des coussins en argent, des dentelles et des fleurs en argent, absurdités inutilement et follement admirables, représentant, je pense, le travail sans idées et la prostration dans la soumission. L'Espagne avait les œuvres sans pair de son grand damasquineur Zuloaga; il est vrai qu'elle avait aussi l'orfévrerie d'église de don Francisco de Paula de Isaura, qui nous imite assez mal à Barcelone. On peut être un hidalgo et ne rien savoir de l'art. Le Portugal avait un adorable panier à pain en filigrane. L'Italie avait l'orfévre repousseur-ciseleur Cortellazzo, qui est un homme, et les Broggi de Milan, actuellement à Vienne; pourquoi à Vienne? Vienne, puisque nous y voilà, exposait un joli joujou pas du tout religieux, ostensoir sans rayons, agréablement chiffonné par Antoine Rasek sur les dessins de M. Schmidt, architecte de l'église Saint-Étienne. Et là-dessus nous pouvons nous consoler; ce n'est pas seulement en France que les architectes manquent de goût. Berlin avait des magnificences : MM. Wollgold, Ehrenberg, Meyer, Mosgau, un Christofle prussien, et la grande maison Sy et Wagner, auteurs de services de table superbes, de pièces d'art très-bien conduites, et d'un bouclier détestable offert par la noblesse d'Allemagne à François II de Naples et sa virile épouse. Il faut être une monarchie tombée pour inspirer de ces malheurs-là. Le Wurtemberg nous montrait M. Forster, qui fait comme nous, et la Belgique beaucoup d'ors et d'argents religieux fabriqués au marc et au pouce par Bruxelles, Gand, Anvers et Namur. Le compte y est, et le poids aussi certainement; mais quel art, Dieu de nos pères!

L'Angleterre exposait des valeurs incalculables. Presque toutes choses que l'on présente et que l'on donne avec pompe et cérémonie, tables, boucliers, groupes, prix de courses, récompenses civiques et patriotiques, testimonials et le reste. Il est toujours supposé qu'un jour peut venir où le glorieux donataire aura besoin de faire argent de sa gloire; il convient donc surtout que l'objet pèse et vaille. C'est réaliste, mais c'est paternel. Laissons donc pour ce qu'ils sont, font et vendent les richissimes Harry Emanuel, Hancock, Garrard, et tant d'autres qui pétrissent l'argent comme du limon, et n'ont jamais que la préoccupation de n'en pas mettre assez. Oublions le cygne mécanique et idiot qu'on eût dit exprès apporté, dans son exécution impossible, pour faire admirer davantage la vivante et souffrante perdrix blessée de Comoléra, si prodigieusement ciselée par Poux; admettons comme emblèmes de reconnaissance et de dividendes ces boucliers votifs dont la bordure représente un chemin de fer; saluons, en souvenir du grand Vechte, la royale maison Hunt et Roskell, et faisons une pose devant le seul nom qui représente l'effort et le progrès dans l'orfévrerie britannique, celui depuis longtemps célèbre d'Elkington. La première médaille d'or donnée aux produits étrangers a été pour lui. C'est bien.

Cette puissante maison Elkington et Mason est un peu nôtre. Son *chief-artiste*, ce que nous dirions directeur des travaux d'art, est un de nos compatriotes que tout le beau travail parisien connaît, Wilms, chassé de chez nous par l'épargne du salaire. Un autre grand ciseleur-modeleur, et nous en avons peu qui soient grands, Morel-Ladeuil, a eu les mêmes raisons à peu près de s'y réfugier. C'est triste. Deux pièces capitales de haute orfévrerie portaient sa signature regrettée dans cette exposition heureuse : d'abord un bouclier-écu en argent et fer damasquiné, aux sujets tirés du *Paradis perdu*. Un frontispice superbe. Au cèntre, comme dans le chant sixième de Milton, Raphaël raconte à Adam et Ève comment Michel et Gabriel furent désignés de Dieu pour combattre Satan et son armée ; des deux côtés se développent les poétiques et terribles scènes évoquées par le narrateur angélique. C'est d'une beauté de composition qui vous saisit, et certaines douceurs de burin rappellent beaucoup celles de Vechte, l'invincible transfuge. Le second travail de Morel-Ladeuil est une table somno en argent repoussé, offerte par la ville de Birmingham à la jeune princesse de Galles lors de son mariage. Cette suave inspiration a pour motif les Songes. A la base, trois personnages sont endormis, un trouvère, un laboureur, un guerrier : l'un rêve amour, l'autre moissons, l'autre gloire ; le disque supérieur redit leurs illusions autour d'une figure symbolique de Morphée. Le beau est beau partout : cependant j'avouerai ma faiblesse, j'aimerais mieux celui-ci dans la rue Basse-du-Rempart que dans Regent street. Chauvinisme !

Le reste de l'exposition Elkington est à peu près à cette hauteur. La direction de Wilms a pour ainsi dire francisé le personnel nombreux de la maison. Notre goût souffle fort et loin. Citons au hasard une bouteille à eau de rose en argent sur son plateau, repoussés l'un et l'autre, avec bas-reliefs tirés de l'histoire de la nature ; un pot à boire en argent fondu, comédie, tragédie, opéra et ballet. Ces pièces, irréprochablement exécutées, sont de la composition de Wilms. Puis un magnifique cadeau offert au docteur Scott par un ami reconnaissant, vase en or, entouré d'un service en vermeil : le vase, constellé de pierres précieuses et de perles, vaut soixante-quinze mille francs, et le service, cinquante mille, Je crois qu'avec les objets rares exposés par Odiot, c'était la seule orfévrerie d'or qui fût au Champ de Mars.

Encore quelques années, et cette maison vaudra les nôtres. Richesse et talent tendent à s'y niveler. N'en soyons pas jaloux, car on y parle presque notre langue.

Finissons par un souvenir à nos amis de New-York, MM. Tiffany et Cᵉ. On leur devait un service en argent de forme originale et particulière, qu'accompagnait et dominait une belle figure de leur République, avec sa fière et forte devise : *Unum pluribus*. Hélas ! nous eûmes aussi la nôtre un jour ; qu'en avons nous fait, grands enfants que nous sommes ?

# CHAPITRE XXIII



Depuis quelques années la décoration sacrée paraît avoir pris chez
nous un développement considérable. Quel signe est-ce, je n'en sais
rien. Mais il est constant que jamais, avant celle-ci, exposition n'y
montra tant de richesses. Il est à Paris, autour de l'immense église
Saint-Sulpice, rue Bonaparte, rue Cassette, rue Servandoni, rue
Férou, un quartier particulier qui rappelle les villes saintes du
moyen âge. Peuplé, animé, remué, et cependant grave et mesuré en
son mouvement et son labeur, ce quartier n'a d'existence que par et
pour les églises. On y fait l'orfévrerie, la bijouterie, la passementerie
et la broderie religieuses. Aussi la librairie et l'imagerie ; aussi même
le meuble et le vètement. C'est un monde coloré qui n'a pas tout à
fait l'air français. On le dirait plutôt italien ou espagnol, et tout au
moins méridional, au lieu de parisien. Lyon a le sien, qui donne bien
à peu près les mêmes choses, mais avec une autre physionomie. Celle
de Paris vaut mieux, à notre avis : sérieux n'implique pas toujours
tristesse ; on peut faire songer sans faire bâiller. Lyon, toutefois,
dans l'orfévrerie, possède M. Armand Calliat, que personne encore
à Paris, n'a vaincu : un grand artiste. Mais Paris a MM. Bachelet,
Chertier, Poussielgue-Rusand, Rudolphi, Thiéry, Trioullier, beaux
faiseurs à l'envi d'autels, de tabernacles, de figures divines, de vases,

de châsses. Paris a surtout l'ornement en étoffes, tel, par exemple,
que le fabriquent MM. Biais aîné fils et Rondelet.

Cette maison, si bien connue dans l'espèce, est, je pense, la plus
ancienne aussi. Elle date de 1782, ayant eu pour fondateur M. Biais.
aïeul de l'un des possesseurs actuels; lequel M. Biais a laissé des
traditions dont la croix d'honneur vient tout à l'heure de récompenser
le respect. Elle naquit bien allante, et elle est restée de même, sauf
les cas de force majeure. Quand la République, car c'est elle, rendit
au culte catholique des temples longtemps fermés ou autrement uti-
lisés, M. Biais était; et lorsque se fit l'Empire, il eut de droit la fourniture de la grande aumônerie. Alors, pour le couronnement du
maître, il entreprit d'exécuter en trente-six heures l'habillement céré-
monial de tous les évêques présents autour du pape. Le brevet de
fournisseur de la liste civile s'ensuivit. Aujourd'hui ce privilége
appartient aux religieuses de Nancy. Les femmes habillent plus
saintement que les hommes, à ce qu'il paraît.

MM. Biais et Rondelet, grâce à une position hors ligne, sont dans
le petit nombre des fabricants bien inspirés qui ont supprimé les intermédiaires. Ils traitent directement. A tous les prix, du plus humble au plus riche; même conscience pour trente-cinq francs et pour
trente mille. Leur vitrine était précieuse et curieuse. Service d'arche-
vêque et service de curé. Sous un dais romain souple, dit *ombrel-
lino*, en damas d'argent fin, brodé de points d'or avec rehauts de
couleur, étaient d'abord une chape et une chasuble en drap d'or, brodées en dessus de vigne et de blé (le vin et le pain) sur rehauts
verts et rouges de grand effet, superbes pièces d'un ornement complet exécuté pour l'église nouvelle de Saint-Augustin. Puis une chasuble de mariage en moire antique blanche, galamment illustrée
d'une tige de lis au naturel, et une autre non moins belle, de
mode espagnole, en drap d'or très-splendide. Puis une chape
louis-quatorze double, en moire antique, un côté blanc et l'autre
rouge, magnifiquement brodée sur les deux faces; une très-importante chasuble d'ancienne et majestueuse forme du quatorzième
siècle, en satin cramoisi, avec un historique spécimen de tous les
vieux points connus; une mitre et une bourse de même époque, qui
sont des chefs-d'œuvre; et enfin une bannière renaissance en velours
violet, portant une *Pietà* merveilleusement peinte en soie plate, faite

pour l'église de l'Ile-Adam, en commémoration de Philippe, quarante-troisième maître des chevaliers de Saint-Jean. Je ne crois pas qu'en fait de tissus et de parure de tissus, la trame, l'aiguille, la matière ni le goût puissent aller plus loin. Et encore faut-il considérer qu'ici le goût se trouve enchaîné par l'observation rigoureuse de formes et d'usages dont la routine ne saurait être destituée.

Un ancien morceau, représentant l'adoration des mages, exposé par la maison en 1827, donnait à juger des progrès accomplis depuis quarante ans. Nous faisons mieux qu'on ne faisait alors, évidemment.

Dans l'orfévrerie religieuse la tête était prise et bien prise par le fabricant de Lyon, M. Armand Calliat. Celui-ci a conquis l'idéal. Il faut savoir qu'à Lyon l'orfévrerie d'église est de vieille date, et que les ouvriers qui s'y vouent n'ont point, comme font à Paris leurs joyeux confrères imitant les chantres, à déjeuner du paradis et souper de l'enfer. L'orfévre lyonnais sacré reste sacré, et son talent, s'il en a, ne risque point la confusion. Cette exclusive unité apparaît jusqu'au dogme dans les œuvres de M. Calliat. Pas un détail qui ne soit spécial à son genre d'emploi. C'est d'une part un art particulier, et de l'autre une suite de formules réservées qui semblent exiger certains outils et ne pas convenir à toutes les mains. Des effets très-grands sortent de cette originalité sévère, et véritablement je ne sais pas si, dans les choses anciennes ou nouvelles, on pourrait trouver beaucoup mieux que le miraculeux ostensoir exécuté chez M. Calliat, pour Notre-Dame de la Garde de Marseille. Dessin de M. Pierre Bossan, architecte; figures de MM. Bonnet, Dufraîne et Révérand; ciselures de M. Hervier-Miray. Une majesté.

A côté de cette vitrine lyonnaise si parfaite, l'art abondant et beau des montres religieuses parisiennes paraissait comme fade et terni. Tel est l'inconvénient des accumulations. Ces tas d'or et d'argent, n'ayant de repoussoir qu'en eux-mêmes, devaient se nuire et se sont nui; ce qui n'empêche pas la maison Poussielgue-Rusand d'être immense, ni MM. Bachelet et Thiéry d'avoir beaucoup de talent.

M. Thiéry exposait un tabernacle en argent pur, commandé pour l'église américaine de Médellin, en Colombie. Ce monument, dans lequel la matière compte pour une valeur brute de vingt mille francs, est un des plus grands morceaux de repoussé que j'aie encore vus. Il a dix pieds d'élévation, et moins la figure du Bon Pasteur, ainsi

qu'une tête d'ange, qui sont en fonte d'argent, tout le reste, moulures, consoles, chapiteaux, tympan, archivoltes, depuis la base
jusqu'à la croix terminale, est absolument pris sur pièces et ciselé
comme le serait une orfévrerie toute petite. Il faut être du travail
pour se rendre exactement compte des difficultés d'un tel assemblage. Nous, les passants, ne voyons que le résultat, et encore y
sommes-nous difficiles. On nous gâte par la perfection, et nous
trouvons à redire où d'autres ne verraient que de l'irréprochable. Ceci
frappe lorsque l'on compare, et les jurés étrangers en sont restés confondus. Nulle part on n'exécute comme en France : si la chaleur y
est faible, la lumière y est énorme.

Cette pièce exceptionnelle et ce qui l'accompagnait dans la vitrine
de M. Thiéry appartiennent au travail propre de la maison. En général, il en est ainsi. L'orfévrerie se fait en ateliers ; très-peu d'ouvriers sont occupés chez eux, l'espèce de la matière s'y oppose. Composition, dessin, modelage, fonte, ciselure, estampage, guillochage,
assemblage, monture, soudure, polissage, brunissage se tiennent et
doivent, pour être réussis, concorder et s'harmonier sous le regard et
la surveillance du maître. La maison que voici a près de cinquante
ans, et le fils y a succédé à son père, qui fut son professeur dans
l'art ; c'est une des bonnes et des estimées. Elle emploie cinquante
ouvriers environ.

Autour du grand morceau s'étalaient une foule d'ouvrages distingués
qui révèlent en général de bonnes études et le sentiment intelligent,
sinon très-profond, de leur destination majestueuse : calices, ciboires,
ostensoirs, reliquaires, chandeliers, croix, burettes, etc. Le bel architecte Lassus a laissé là des souvenirs précieux. Un homme de qui
sont fiers à la fois les lettres et les arts, notre aimable M. Alfred
Darcel, au goût si sûr, au talent si pur, avait dessiné plusieurs de ces
conceptions graves et nobles. On remarquait principalement de lui un
ostensoir qui rappelle les plus beaux temps de l'art, et l'imitation
très-réussie du célèbre christ de Saint-Ouen. Un autre ami de notre
Union centrale des beaux-arts appliqués, le fin émailleur Robillard, a
promené ses pinceaux brûlants sur trois délicieuses choses dans le
nombre, qui sont un calice et deux burettes symboliques, composés
par le vicaire artiste de l'église Sainte-Clotilde. Des épis, des grappes,
un lis, pour dire le pain, le vin et la pureté : le reptile biblique triom-

phant et le reptile biblique vaincu formant les deux anses consacrées, et signifiant l'homme après le péché et l'homme après la rédemption, voilà les motifs principaux de ce travail plein d'imagination et de poésie. C'était, en somme, une très-intéressante exposition, et comme elle était en argent, le jury l a symboliquement récompensée par une médaille d'argent.

Ici, à très-bon droit, revient se placer le nom déjà cité de M. Paul Morin. Le métal nouveau dont il dispose avec tant d'intelligence et de goût se prête à merveille, à cause de sa pureté exemplaire, de son éclat tranquille et de sa légèreté spécifique, à tous les besoins de l'or-févrerie d'église. Calices, ostensoirs, crucifix qui, exécutés en or ou en argent, fatiguaient la main du porteur en même temps que leur prix élevé en rendait l'acquisition difficile, deviennent, par l'aluminium, d'un usage économique et courant. Le bronze d'aluminium, seul ou revêtu, suffit de même au mobilier métallique des chapelles. Ajoutons que M. Paul Morin unit les qualités du véritable orfévre à celles de l'industriel et du savant. Les modèles qu'il avait exposés se distin-guaient en général par une invention pleine d'élévation, et ne rappe-laient en rien les formes vulgaires et rebattues dans lesquelles se traîne ordinairement une branche intéressante, mais ayant jusqu'ici compté sur notre respect machinal et sur une tradition souvent in-forme à cause de sa naïveté prétendue.

Passons maintenant à une tout autre manifestation de l'art religieux. Il ne s'agit plus ici de douceurs somptueuses mettant l'or avec les pier-reries et la soie, et changeant en palais mondains les sévères maisons du Seigneur. Voici un rude Breton qui prend le granit de son sol natal, et dans cette pierre austère, primitive, indestructible, taille souverai-nement des images de Dieu et des saints. C'est différemment et gran-dement à considérer. M. Yves Hernot, chrétien sincère, né à Lannion, servait les maçons dans sa jeunesse. Il n'avait point de science, et point de quoi s'en donner non plus ; pauvrement et patiemment il demandait son pain aux mauvais traitements d'un service d'esclave. Il devint maçon à son tour pourtant, puis tailleur de pierres, ce qui est élevé. Je ne sais s'il se vengea, comme c'est trop l'habitude, et fit payer aux innocents ce que lui devaient les coupables, mais j'en doute, parce qu'avec le chrétien il y avait l'artiste dans M. Hernot ; et les artistes, je crois, n'ont pas ou ont moins de ces injustices brutales. Un jour donc, l'homme humble se sentit fort, et tout seul, sans maître, sans appui, sans conseil, sans argent, il prit de la pierre, non de la terre, du granit, non du plâtre, et de par sa croyance en lui-même et au ciel, intrépidement il s'érigea sculpteur national de crucifix et de tombeaux. C'était en 1844. Depuis ce temps — et les commencements furent tristes — la Bretagne doit à M. Hernot cent cinquante calvaires, quarante statues, des fonts baptismaux, des autels, un plan d'église, la flèche de la tour de Plourac'h, et plus de mille monuments funèbres. Soixante personnes sont avec lui employées à cette besogne immense, parmi lesquelles des femmes, des vieillards, des aveugles même qu'il a dressés à polir le granit ; car, je l'ai dit, c'est en granit de sa Bretagne que tout ce qu'il fait est fait. Le marbre entre chez lui tout au plus comme appoint. Pour la représentation de ce qui lui semble éternel, il a choisi la matière y ressemblant le plus. C'est un homme de foi, arrivé par la volonté à être aujourd'hui un nom et une gloire de son pays. Dans sa famille, nombreuse et trop moissonnée, il a choisi un fils qui le continuera, maintenant élève pensionné du département des Côtes-du-Nord à l'école parisienne des Beaux-Arts. Peut-être eût-il mieux valu le former absolument lui-même. Les écoles défont les types, et Paris défait la province.

Deux calvaires de M. Hernot étaient à l'Exposition, singuliers et remarquables. La croix de l'un représente un arbre ébranché, avec croisillons de même, les bras terminés par une moulure. Cette forme n'était pas usitée et plaît par sa réalité rustique. L'autre est travaillée plus merveilleusement. Elle a neuf mètres de haut, et comme dans la première, la figure et le support sont d'un même morceau de pierre. Autour du dé, partant d'un bon emmarchement, s'enroule un cep de vigne curieusement fouillé. S'élève ensuite un fût gothique, au noyau entouré de douze colonnettes isolées formant comme un faisceau à jour : une frise surmonte leurs chapiteaux et présente dans un bas-relief circulaire le groupe en pied des douze apôtres. Un ruban de pierre détaché fait spirale autour du faisceau, portant lui-même une inscription en relief qui achève triomphalement les difficultés de cette exécution presque inconcevable. Au-dessus plane la grande figure, conçue d'après le mysticisme des sculpteurs du moyen âge, fort éloigné, comme on sait, de notre réalisme humain.

Le granit indigène employé par M. Hernot est travaillé à trois teintes. L'une, qui sert aux croix proprement dites est blanchâtre et s'obtient par le marteau denté qu'on appelle *boucharde*. La seconde, triste et sombre, est celle des corps, elle est donnée par la râpe. La troisième est un poli noir et brillant, ordinairement réservé pour le socle et les banderoles légendaires.

Le tout est d'un effet agreste et terrible.

M. Bernard Jabouin, habile marbrier-sculpteur de Bordeaux, dont nous avions remarqué les ouvrages à la dernière exposition de la société philomathique bordelaise, envoyait une cuve baptismale et magistrale de style byzantin, en matières précieuses et superbes, supportée à jour par huit colonnes excellentes. Cet ouvrage estimable a eu le bonheur d'être très-bien placé dans le Palais, et de plus celui d'être acheté par la ville de Paris pour la nouvelle église gothique de Saint-Ambroise. Le jury s'est associé par une médaille à la bonne chance double de M. Jabouin.

Nous eussions de bon cœur souhaité la pareille à M. Chazelle, d'Avallon, dont les orgues parfois retentisssaient si harmonieusement parmi les horribles bruits du lieu, en haut du jubé érigé de façon intrépide, dans la galerie des machines, par le jeune entrepreneur-architecte Robert. Mais, sauf celles assez profanes de M. Alexandre, et le grand Cavaillé Coll étant hors de concours, les juges n'ont guère honoré que les orgues étrangères. Fortune ne prête pas à tous ses trois cheveux que le vent emporte!

Sur le jubé de M. Robert étaient aussi, je crois, les orgues mécaniques de M. Gavioli, le facteur populaire, remarquable artiste avant d'être fabricant, musicien au même degré que mécanicien, qui un jour nous saisit d'une admiration si profonde en nous conduisant devant un beau meuble qu'il ouvrit, et duquel sortit, spontanée et splendide, l'ouverture entière de *Guillaume Tell*, en harmonie à cylindres pour instruments à vent. Une de ces fêtes dont se souviennent les oreilles et le cœur.

Il existe un art vainqueur et charmant qui consiste à faire entrer la lumière dans les maisons sous les couleurs diverses qui la composent, divines bandes du prisme solaire où le regard de l'homme puise toutes ses joies. Les maisons, bien entendu, sont choisies parmi les plus belles; qui dit vitraux ne dit point vitres. Maisons des riches, maisons des grands, maisons de Dieu. Parfois un brin de ces illuminations célestes apporte son rayon rose ou bleu sur le pauvre homme qui, tout le jour, aspire et cherche le vrai dans le bon et dans le beau. Mais c'est rare, et d'ordinaire les greniers ne sont point salons ni chapelles pour de tels festins de l'œil. D'où vient cet art? on ne le sait guère. De Hollande, pays des musées? d'Italie, pays des églises? de France, pays des châteaux? Chaque contrée dira oui pour elle-même, et cela ne conclura pour aucune. Ce que l'on croit savoir, c'est le temps où les premiers vitraux parurent : quelque chose comme l'an 940 ou 950, à moitié chemin de l'ère chrétienne où nous sommes. C'est vieux. Peignit-on d'abord le verre ou bien les décorateurs eurent-ils premièrement la couleur fondue dans la matière, c'est encore presque une question. Je supposerais volontiers qu'ils commencèrent par peindre sur le verre blanc des choses qui furent bientôt effacées et perdues, parce que leur temps ignorait la science profonde des teintes solides. La chimie, productrice lente, ne dut pas donner tout de suite les sels d'or, d'argent, de cuivre, de fer, de plomb, d'étain, de manganèse, de cobalt, d'antimoine, d'urane, au moyen desquels admirablement on colore pour la vie les verres et les émaux. Puis, ces couleurs éternelles trouvées, on inventa peut-être le vitrail mosaïque, en morceaux artistement découpés que l'on réunissait, comme cela se fait encore, dans les rubans de plomb d'un réseau linéaire. Enfin sont venus les peintres, les grands peintres, parmi lesquels, déjà tard, nous compterons notre Jean Cousin; lesquels, prenant des couleurs minérales, les mêlant à des fondants, et broyant le tout avec un mélange résineux, ont accompli sur verre, au pinceau, les merveilles que nous connaissons, mises à cuire ensuite, au four à réverbère ou autrement, selon le temps et selon les lieux. Voilà l'histoire à peu près.

Un Français du seizième siècle, — il était de Tours, — au prénom de Robert, au surnom de Bon, et ses trois fils, Nicolas, Louis et Jean, ont laissé une trace immense dans cet art superbe; et tant qu'il restera chez nous une verrière, on se souviendra des Pinaigrier. Le père avait vécu en Italie; c'était la grande époque pour y vivre et devenir fort. A son retour, il éclaira les maisons religieuses. Saint-Hilaire de Chartres le fit d'abord célèbre; puis à Paris, Saint-Victor, Saint-Jacques de la Boucherie, l'hospice des Enfants-Rouges, Saint-

Merri et Saint-Gervais, deux œuvres maîtresses du vitrail. Peu de chose en reste : il fut de mauvais jours où l'on détruisait tout ce qui était beau. Juste ce qu'il en faut pour faire admirer et regretter. Et la rareté de ces débris sacrés n'est point un si grand malheur, elle est cause qu'aux vitraux anciens les nouveaux ont succédé.

Le vestibule de l'Exposition nous en a fait voir de magnifiques parmi ceux-ci. A droite, la peinture d'Angleterre, à gauche celle de France; d'un côté le mysticisme froid, de l'autre la catholicité triomphante. Dans le parc, l'église de M. Lévêque avait toutes ses baies en vitraux français modernes. Ici et là les travaux des Gsell, des Maréchal, des Didron, des Lusson, des Oudinot, des Coffetier, des Goglet, des Gesta, des Lafaye. Quelques chefs-d'œuvre parmi, quelques restitutions admirablement heureuses : du bon après et un peu de mauvais pour finir. De Paris, de Toulouse, de Nancy, de Metz, de Nantes, de Poitiers, de partout. La Commission a placé chacun comme elle a pu ou voulu, mal plutôt que bien, et sans grand souci de leur mérite; de même que son catalogue procède, rangeant ces beaux vitraux d'église parmi les bouteilles et la gobeletterie ! Le cynisme dans le communisme. La tenue de livres est athée.

L'un des plus beaux était une fenêtre exécutée par M. Gsell : « Saint Louis, partant pour la croisade, va prendre l'oriflamme à Saint-Denis. » Une chose superbe. M. Gsell est un élève d'Ingres, et un homme de grand talent; pas seulement peintre habile et poëte religieux, mais bon industriel aussi et faisant tout lui-même, en sa maison exprès bâtie de la rue Saint-Sébastien. Fabrique-école dans laquelle les autres puisent, quand il leur faut des hommes. Ce maître abondant nous paraît, par surcroît, entendre à merveille le principe et le but du vitrail. Il fuit volontiers les architectures, trouvant déraisonnable d'ériger une cathédrale dans la verrière d'une cathédrale. Ce qu'il cherche, c'est une illumination pittoresque et riche, en pleine harmonie, où les couleurs se fassent mutuellement valoir, avec une entente de l'optique qui rende l'effet général du sujet bon et beau, à toute heure et quelque temps qu'il fasse.

Voilà le vrai.

# CHAPITRE XXIV



Le vêtement a partout ses lois d'hygiène. Les suit-on? C'est la
question. L'habit raisonnable diffère selon le pays et la saison, suivant l'âge et le tempérament. Le vieillard a besoin d'une suite d'enveloppes dont le jeune homme et l'enfant seraient accablés. Il faut
conduire hors de soi le calorique en été et l'y retenir en hiver. Le
sujet flegmatique se plaît dans la fourrure et dans la soie, qui ne
lui soutirent point son électricité, tandis que le sujet bilieux et sec
appelle un contact de frottements rudes qui le débarrasse de la sienne.
Connaissons-nous et servons-nous ces nécessités? On s'en douterait
peu à nous voir premièrement déguiser et fagoter les petites filles en
lourdes mamans et grand'mamans. De même les couleurs ont une
raison d'être dans le costume. Pourquoi, lorsqu'il fait chaud, nous
habiller de noir au soleil? Nous ignorons peut-être que le noir concentre les rayons de cet astre? Et pourtant les jardiniers du Nord, curieux de la chaleur qui leur manque, savent peindre en teintes sombres les murs de leurs espaliers. Soyez à l'aise, mesdames, disent les
médecins; que rien ne vous comprime et ne vous serre; gare aux
jarretières, aux cravates, aux corsages, aux corsets, motifs de con-
gestions, d'oppressions, de distorsions. Laquelle s'en inquiète? Avant

la santé ne faut-il pas la grâce? Souffrir pour être belle n'est-il point un aphorisme?

On irait loin sur ce sujet. Mais à quoi bon?

Ce qui frappe de plus en plus dans le vêtement actuel, c'est l'abaissement et, tranchons le mot, l'avilissement de la qualité. Des tailleurs moralistes y verraient un signe des temps. Durer peu et changer souvent, paraître au lieu d'être, voilà qui suffit. Ceux d'avant nous voulaient l'inverse. Ils avaient les habits comme les meubles et les maisons, amples, forts et éternels. On voyait des robes héréditaires, dont aujourd'hui les derniers lés couvrent magnifiquement des fauteuils, après cent ans. Tout était lent, les éducations, les jugements, les opinions, les élévations, les fortunes, les croissances. On allait dans la vie comme sur les routes, par le carrosse ou par le coche. La diligence de Paris à Châlons en Champagne partait le mardi pour arriver le vendredi. On mettait huit jours de Paris à Dijon. Aujourd'hui on met huit heures. Et huit heures sont déjà une durée. Tout se tient.

Mais si la qualité manque en général, l'art nous inonde et son inépuisable variété mène à des quantités fabuleuses. Prenons, par exemple, l'article laines, flanelles et tissus mélangés. Dix ou douze villes s'en occupent : Reims, Roubaix, Saint-Quentin, Amiens, Mulhouse, Sainte-Marie aux Mines, Fourmies, le Cateau, Guise, Rouen. On y fabrique pour près d'un milliard. La seule exportation de 1865 a été de 396 millions. A des prix relativement infimes, moitié quasi de ce qu'ils étaient il y a douze ans, malgré le maintien et même la hausse de la valeur des matières. Un problème. Et l'on connaît des fabricants riches ou en ayant l'air : les voyageurs venant de Roubaix nous parlent de palais, de laquais, d'équipages. Il faut donc que ces étoffes brillantes n'aient que l'âme sous leurs dessins charmants : façons mauvaises, teintures mauvaises, et la journée de l'ouvrier aussi.

Le métier à bras s'en va. Partout la machine tend à remplacer l'homme. Poussées par la vapeur, elles font vite et beaucoup, ces machines; mais ce sont des machines. Elles n'y mettent point ce que l'homme y mettait. C'est du travail qui n'est pas né, et par conséquent ne saurait vivre. Or, à tant faire on s'expose. Une saison manque. On croyait à l'été chaud, il est froid ; à l'hiver froid, il est tiède. On avait compté sur des *dispositions* nouvelles, elles ont déplu. Alors le *stock*, comme on dit, se fait énorme et demande qu'on le déblaye : l'usine étouffe sous le produit. De là ces ventes ruineuses que tous les jours les magasins de détail affichent, et dont l'ouvrière ici se réjouit, sans songer que là-bas peut-être l'ouvrier son frère en pleure. Car, finalement et fatalement, toute baisse extrême des produits retombe sur l'instrument de la production. Tant pis si cet instrument est un homme. La femme, une mère, voit de l'étoffe chaude à neuf sous le mètre pour ses enfants, et ne regarde pas derrière.

La draperie se laisse moins aller à ces encombrements dangereux. Sa fabrication annuelle ne dépasse guère trois cents millions, dont un quart est exporté. Elbeuf, Louviers, Sedan tiennent toujours le sceptre. On ne dit plus drap, on dit édredon, chinchilla, satin, velours de laine, et casimir encore un peu. Bichwiller vient après Sedan pour le noir, notre uniforme sinistre. Abbeville, Vire, Lisieux, Romorantin, Vienne, font le bon marché en tout genre, et très-bien. Nancy a la spécialité des grosses étoffes qu'use le paysan, toujours crédule à l'épaisseur. Châteauroux, Carcassonne, Mazamet, Saint-Pons, Bédarrieux, habillent concurremment le peuple et l'armée. Castres, autrefois célèbre, Castres, qui eut les Guibal et le cuir de laine, ne donne plus signe de vie.

Là aussi le travail mécanique l'emporte. Un tiers au plus du produit se fait à la main et au logis. Le reste est caserné et machiné. Lavage mécanique de la laine, qui vient de partout, France, Allemagne, Russie, Espagne, Australie, Plata, etc. Batteuses, trieuses, échardonneuses mécaniques, et le tissage aussi, hors pour la *nouveauté*, qui n'admet pas l'automate immédiat. Mécaniquement de même nous dégraissons et foulons l'étoffe, nous la battons et la rebroussons. On fabrique plus vite et à meilleur marché, mais on sait moins bien ce que l'on fabrique.

Ces derniers temps, si progressifs, ont inventé une draperie singulière qui s'appelle *renaissance*. Un joli mot. Cela consiste à effilocher les vieilles hardes, et, des lambeaux usés de leur tissu déteint et mal reteint, refaire effrontément une étoffe neuve. Quelque chose de honteux et de déplorable. Le même procédé vous donne en partie l'espèce de bourre ou de fourrure appelée *blouse* qui garnit l'envers des pantalons. Il faut dire qu'avant la teinture, la laine vraie vaut de cinq à douze francs le kilogramme. C'est à considérer.

Le vêtement de soie a pris un développement immense. Notre seule exportation fabriquée s'est élevée à quatre cents millions en 1865. La matière est chère et rare : la maladie du ver, qui dure depuis quinze ans, a réduit des trois quarts la production indigène. Jadis onze départements, Ardèche, Drôme, Gard, Hérault, Vaucluse, Isère, Var, Basses-Alpes, Rhône, Bouches-du-Rhône, Tarn-et-Garonne, rendaient par an vingt-quatre millions de kilogrammes de cocons ; aujourd'hui ils en rendent le quart. Le reste des soies nous vient d'Italie, de Syrie, du Bengale, de la Perse, de la Chine et du Japon. Celles de France, d'Italie et de Syrie font la marchandise suprême ; les autres servent pour le courant. Le foulard est dans les dernières. De quarante francs le mètre jusqu'à quarante sous. Le métier fait beaucoup, mais nourrit mal. Lyon d'abord y pourvoit, Lyon, le triste et le magnifique, inépuisable de souffrance et d'activité. Tours ensuite, pour les soieries du meuble ; Saint-Étienne et Saint-Chamond pour les rubans. La Moselle aussi, et le Haut-Rhin. Le travail mécanique se charge des moyennes et basses étoffes ; la main de l'homme garde les belles, choses vivantes et parlantes qui ne sauraient s'en passer.

Le châle, ce vêtement royal aujourd'hui combattu par le mauvais goût de la confection, est particulièrement parisien, quoiqu'on le fasse surtout en Picardie, à Bohain, à Fresnoy-le-Grand, etc. Depuis mille francs jusqu'à douze francs. Je ne dis pas que les châles à douze francs soient beaux. Après Paris, Lyon ; après Lyon, Nîmes. Sur dessins de Paris presque toujours. Paris est l'esprit commun des corps. Les fabricants économes copient les châles de l'Inde. La plupart des châliers travaillent chez eux, en famille, sur un métier Jacquart possédé ou loué, avec un compte de fils teints, cachemire ou autre, coûtant de dix à soixante-dix francs le kilogramme. L'état n'est pas bien bon, quoiqu'il s'y fasse des chefs-d'œuvre. La fabrication dite de Paris atteint quinze millions à peu près, et celle d'ailleurs cinq ou six. Ce n'est pas beaucoup, mais il faut savoir que porter un châle est un art, tandis que les confections sont parures de mannequin et s'appliquent toutes seules sur les épaules.

De tout ce que la mode a trouvé pour compléter l'habillement des femmes, le châle est la meilleure chose, incontestablement. Il est durable, il est sain, il est chaud. Il ne bride et ne comprime rien. Il est léger, complaisant, commode. On le prend vite, on le dépose de même ; il est de toute heure, de tout âge et de toute saison. Les rapporteurs de l'Exposition de 1855 l'ont justement dit : « C'est le vêtement par excellence des femmes qui le comprennent bien. » Car ne sait pas qui veut du premier coup le porter ; il y a là tout un exercice, une étude, un art. Les épaules de la femme de chambre n'y sont guère destinées, et nous savons bien des maîtresses qui ne s'en tireraient pas mieux. Le châle est noble. C'est seulement à Paris qu'on le porte avec toute sa dignité ; les Parisiennes possèdent là-dessus une tradition dont rien n'approche. Voilà pourquoi, depuis soixante ans, toujours elles y sont revenues et pourquoi toujours elles y reviendront, quoi que soient, prétendent et puissent les inventions tapageuses, désavantageuses, insalubres, lugubres, mais quelquefois aussi gracieuses et spirituelles de ce déshabilleur à tort et à travers ironiquement appelé d'un mot qui sent la cuisine : *la confection !* Ne vient-il pas irrespectueusement de s'attaquer au châle lui-même, en coupant dans ses plis et dans ses palmes des rotondes, des manteaux, jusqu'à des paletots ? Le mauvais goût qui l'y pousse est assurément son complice : puissent les deux périr de leur excès !

Nous sommes loin, dans le châle, de ce que nous étions quand nous nous primes, après l'expédition d'Égypte, à premièrement chercher et essayer l'imitation des prodigieux tissus qui alors entraient en France comme par une tombée du soleil. Comment faire ? On n'avait pas la matière, et, quand on l'aurait eue, encore eût-il fallu apprendre à la filer. Les dessins étaient là, mais leurs couleurs divines ? Et d'ailleurs, à quels prix de façon reproduire ces dessins orientaux si inconnus et si compliqués ? Le bienfaiteur immortel Jacquart n'avait pas encore donné son procédé rédempteur ; et quant à travailler le châle en France comme dans l'Inde, nul n'était assez fou pour y songer. Au dire des juges du précieux objet, la matière première ne devait entrer que pour un dixième dans son prix ; la main-d'œuvre s'emparait évidemment du reste. Or ce châle de Kachmyr coûtait gros, et les ouvriers indiens sont payés six sous par jour, vivant de riz, comme on sait, et s'habillant de cotonnade ; combien d'années de travail leur fallait-il donc pour le faire ? De ce côté, rien à tenter par conséquent ; le plagiat eût été la ruine du plagiaire.

Cependant la chose plaisait, et les femmes qui ne l'avaient pas pleuraient : cela valait bien que quelqu'un s'y mit. Ce quelqu'un fut.

Il était grand et s'appelait Ternaux : à seize ans chef de la maison de son père, à quarante ans titulaire de vingt-deux fabriques. A l'Exposition de 1806, il nous donna le châle national. Treize ans après, en 1819, le jury déclarait Ternaux le premier en France qui eût fabriqué des châles avec le cachemire, et Saint-Ouen, sa belle demeure, voyait se faire l'acclimatation des chèvres soyeuses et frileuses du Thibet. D'autres alors étaient venus, comme Bellanger, Lagorce, Hébert père et le filateur Hindenlang. Ensuite les Rey, les Bosquillon, les Deneirouse, les Gaussen. Souffraient en même temps et mouraient à la peine les inventeurs Eck et Girard ; car tous ne gagnent pas, de ceux qui travaillent, et tous ne trouvent pas, de ceux qui cherchent ! Et souvent même le nom qu'ils portent est su à peine de nous autres ingrats : qui se souvient aujourd'hui du vôtre, collaborateur de Ternaux, loyal et malheureux Jobert Lucas ?

Le châle français doit donc nous être sympathique, ne fût-ce que pour les peines, les mécomptes et les désastres qu'il a coûtés. Mais qu'importe à la femme française ? La femme française aime mieux le châle indien. Son cœur bat à cette histoire. Pour l'étranger sont si bien ses yeux et ses rêves qu'on est sûr de lui plaire en le contrefaisant. Les montres des expositions et celles des magasins ne valent à son avis que par les copies de Sreenugur. Jusqu'aux défauts et aux irrégularités qui sont un peu le cachet de cette fabrication immobile, jusqu'à certains éraillements et tiraillements des coutures, jusqu'à la marque indienne par-dessus le marché,— un faux,— tout y est de ce que désirent et provoquent ces inspiratrices charmantes de nos bonnes et de nos mauvaises actions. Le travail a comme cela des délits de force majeure, lesquels sollicitent volontiers l'indulgence, car c'est notre folie qui les amène. Sa persistance a produit même des prodiges dans les procédés ; et, à prix égal aujourd'hui, un châle de l'Inde contrefait peut être tout aussi beau qu'un châle de l'Inde véritable. O progrès vraiment digne d'envie ! Gare pourtant, j'en ai peur, au jour où l'on s'y reconnaîtra.

Ceci, après tout, prouve une chose, c'est que le châle restera. L'Inde entrera dans la France, et nous n'irons plus la chercher. Depuis longtemps déjà nous avons le succès du solide châle mixte, moitié au *spouliné*, qui est la bobine des Indiens, moitié au *lancé*, qui est notre navette. Espérons donc. Et, en attendant, que tout honneur soit rendu aux fabricants de châles demeurés fidèles et croyants à la production nationale. Remercions-les principalement d'avoir persisté contre l'invasion des vareuses, des vestes, des surtouts, des pincetouts, et autres enveloppes masculines à boutons et à poil qui déguisent les femmes en marchands de chevaux. Ils auraient pu se borner à fournir l'étranger de nos beaux tissus délaissés, sans chercher coûteusement, par des dispositions nouvelles, à réveiller chez nous le goût du châle, si profondément abattu par les tailleurs et les tailleuses de la confection. Ils ont préféré combattre, et nous leur souhaitons sincèrement la victoire.

Nous voudrions citer tous ces vaillants champions d'une industrie qui nous est chère, sagement restés les uns et les autres à distance égale des deux extrêmes par où les productions périssent, le prix énorme et l'avilissement. C'est à leurs efforts et au talent de leurs dessinateurs, les Berrus, les Gonelle, créateurs incessants, que le châle français devra le retour de sa popularité. Il prête déjà ses dessins et même ses mises en carte à l'Angleterre et à l'Autriche. Sa production est pour la France de vingt millions, pour Paris de quinze millions : elle doit aller plus loin et plus haut.

L'abondance des dentelles ressemble à l'abondance de la soierie. Une population entière en vit. Il y a les vraies et les fausses, tout le monde en voulant avoir. Les vraies sont appelées de Chantilly, de Bayeux, de Caen, de Lille, d'Arras, de Mirecourt, du Puy surtout, qui les fait innombrables. Celles qu'on dit les valenciennes sont de Bailleul. La statistique officieuse parle quasi de deux cent mille femmes maniant à ceci le fuseau et l'aiguille et y gagnant une moyenne de vingt sous. Total de la production, cent millions. Viennent ensuite les fausses dentelles, tulles de France, cambrais, lamas, opérées au métier mécanique par vingt-cinq mille ouvriers et ouvrières, pour soixante-quinze millions.

Au plein de la riche Normandie, sur la route qu'autrefois prenaient les diligences pour nous porter de Caen à Cherbourg, vit sans bruit une ville triste, aux maisons tombantes, qu'une petite rivière arrose et qui s'appelle Bayeux. D'où lui vient son nom ? nul aujourd'hui ne le sait plus. Les Romains l'écrivaient *Augustodurus* ou *Civitas Viducassium*, ce qui ne s'y rapporte guère. Bayeux, quoi qu'il en soit, est fameuse entre beaucoup par deux grandes choses, une cathédrale et une tapisserie. La cathédrale, aux origines perdues, brûlée au commencement du onzième siècle, rebâtie par le conquérant Guillaume, rebrûlée contradictoirement par son fils Henri, puis reprise ensuite et successivement engagée dans des reconstructions et des réparations qui ne liniront jamais, constitue néanmoins, ou peut-être à cause de cela, un monument singulier et superbe. La tour centrale est un chef-d'œuvre. Le chœur est sublime. Cinquante-deux stalles du seizième siècle, reste de cent quatre, bijoux de menuiserie sculptée, décorent ce chœur, qu'éclairaient jadis, en le teignant de pourpre et d'azur, de magnifiques vitraux du quinzième, brisés il y a cinquante ou soixante ans par un architecte idiot. Sous le sanctuaire est une crypte auguste, aux colonnes monolithes, laquelle sert de cimetière aux évèques.

La tapisserie, qui était auparavant dans l'église, est maintenant dans la bibliothèque. Un meuble vitré enferme cette longue et illustre bande de soixante et dix mètres, sur laquelle la duchesse-reine Mathilde et les femmes de sa cour ont raconté, à l'aiguille, au grand avantage de leur héros, les causes, les phases et la fin de l'audacieuse entreprise du Bâtard. Cinquante-huit pages d'une renommée éternelle composent cet album brodé, décrit il y a trente ans par M. Achille Jubinal.

Merveilleuse et unique à tout jamais, la tâche de deux cent vingt pieds patiemment accomplie par l'épouse de Guillaume durant les abandons conjugaux qui suivent d'ordinaire ces souverains triomphes, prédestinait la ville normande à devenir un jour la métropole du plus beau comme du plus long travail des femmes. Ainsi est-il arrivé, en effet. La tapisserie de Bayeux a été la préface de la dentelle de Bayeux; l'art commencé il y a huit siècles poursuit son développement; l'ouvrière humble eut pour ancètre une reine, et elle la continue.

Autrefois la France ne faisait point de dentelles. Les Flandres, Venise, Gènes, Raguse l'en fournissaient. Quelques essais mal tentés avaient aussi mal tourné. On cherchait, mais on ne trouvait pas. Ce fut, parait-il, Colbert qui, le premier, affranchit notre pays du tribut payé à l'étranger pour les cols de ses grands seigneurs et les manchettes de ses grandes dames, après et d'après ce luxe fou, du temps de Louis XIII, où la cour portait des dentelles jusque dans ses bottes. Et l'histoire du travail a gardé le nom d'une madame Gilbert qui fut chargée par le patriotique ministre d'apprendre le point italien aux ouvrières d'Alençon. Or, quand elles le surent, elles le perdirent, ainsi que presque toujours il arrive. Un autre en était né, qui l'avait remplacé. Dernièrement pourtant, le point de Venise a été retrouvé par les femmes de Bayeux : la vitrine de M. Lefébure en renfermait plusieurs pièces en haut relief, admirablement exécutées sous le nom reconnaissant de point Colbert, par hommage à l'introducteur célèbre d'un labeur si national aujourd'hui.

Ce point sculptural était plat, selon la langue dentellière, c'est-à-dire qu'il ne se pliait pas au froncis. Il fallait donc l'employer à plat, ainsi que nous le montrent les portraits de Van Dyck et de Philippe de Champaigne. Nous n'avons point à raconter ici par quelle marche ingénieuse l'aiguille et le fuseau en sont venus, de ces plaques un peu rigides, aux neiges fleuries et flottantes de nos jours.

Parlons tout de suite ce qui est.

L'aiguille et le fuseau, comme nous le disons, se partagent l'exécution des différents genres de dentelles. Ce qui s'appelle plus spécialement point est surtout œuvre de l'aiguille ; ainsi le point d'Alençon, très-beau, mais resté stationnaire par le fait de la routine des ouvrières du lieu. Qui ne sait que ce qu'il a vu faire n'avance pas. Un homme que nous n'hésitons nullement à proclamer notre premier fabricant dans l'espèce, M. Auguste Lefébure, s'est fatigué un jour de l'inertie alençonnaise. Par sa parole et son exemple, il a formé des professeurs féminins ayant un principe, une logique, le bon vouloir, des aspirations ascensionnelles, et il leur a donné à instruire les élèves des écoles de la Providence et de la Charité, à Bayeux et autour de Bayeux. Le mouvement a été prompt, parce que l'énergie du chef était grande ; et aujourd'hui le Calvados est peuplé d'ateliers spéciaux qui, sans avoir peut-être l'importance industrielle de la fabrique d'Alençon, sont au moins dans une voie large, ouverte à des améliorations longtemps et inutilement cherchées. C'est ainsi qu'aujourd'hui, par exemple, les Alençonneuses-Bayeusaines, comme on les appelle, obtiennent, par la variété des points dont les fleurs sont faites, les effets d'ombre qui distinguaient ce chef-d'œuvre inouï de la robe à deux jupes, de quatre-vingt-cinq mille francs, exposée par M. Lefébure. Le plus remarquable ouvrage qu'on ait jamais produit avec une aiguille et du fil ; une pièce commencée en 1860 et finie sept ans après, par les soins et sous les yeux des dignes fils du roi de la dentelle française. Le plus beau dessin aussi qui soit sorti du crayon de M. Alcide Roussel, lequel en a tant fait de beaux : un artiste élevé dans la maison, enfant de la maison, gloire de la maison.

Une aiguille et du fil, en effet, un peu de crin blanc à mettre dans les festons qui ensuite le recouvrent et le perdent, quelques morceaux de parchemin teint en vert pour garder la vue de l'ouvrière, voilà le matériel bien simple de ce point d'Alençon perfectionné. Le prix de la pièce est donc tout entier dans la main-d'œuvre, et jugez de ce qu'il en a fallu pour un travail de quatre-vingt-cinq mille francs.

On pouvait aller voir, au reste, à la classe 95, dans la galerie des machines, au lieu où si merveilleusement fonctionnaient tant de gentilles et familières industries. Une dentellière modèle s'y tenait, qui faisait à elle seule tout le travail de ce beau point. Mais d'ordinaire elles se mettent un grand nombre. Il y a la traceuse, qui passe un fil dans les trous du dessin ; la remplisseuse, qui fait la gaze dans l'intérieur des fleurs et des ornements ; la réseleuse, qui fait le fond du réseau à mailles ; la modeuse, qui fait les points à jour variés, dans le centre des fleurs ou dans les médaillons ; la festonneuse, qui exécute un bord en relief le long des contours du dessin: L'apprentissage de ces divisions prend de deux à trois ans. A cinq ou six ans les enfants y entrent ; à dix ans, ils gagnent leur vie.

Une autre fabrication bayeusaine est celle de la dentelle noire. La vitrine de MM. Lefébure en contenait une pointe, très-remarquée pour ses ombres puissantes qui donnaient du modelé aux fleurs, ainsi que pour la variété des points particuliers aux tiges, aux feuilles, aux fleurs, aux mousses, etc. Une autre encore est celle des blondes mates, noires ou blanches, ancien fond du travail de Bayeux, jadis emprunté aux Espagnols et restitué depuis par M. Lefébure père à ces mêmes Espagnols, qui avaient fini par l'oublier. Tout cela compose un état suffisant, sain, régulier, moral, qu'on peut exercer aux champs, en famille, à l'abri sacré du foyer. Il est faux de dire que ce soit un travail aveuglant; la maison compte des ouvrières qui ont quarante et cinquante ans d'emploi. Je veux croire toutefois qu'une vue mauvaise ne s'y améliorerait pas. La toilette des femmes est toujours meurtrière des femmes.

Voilà donc, en somme, une exposition de toute beauté. Un voile

d'Angleterre en surplus, des ombrelles. des éventails, des fleurs artificielles. Mais où se procurer ces choses charmantes ? Le marchand
n'est pas toujours sûr. Certains qui se disent fabricants n'en ont
que la patente. On s'y trompe. Et d'ailleurs pourquoi payer inutilement une entremise sans sécurité ? Le plus simple est d'aller dans la
maison même : Lefébure et fils, rue de Cléry. Il est un jour dans
la vie, un seul, où l'homme a de la joie à se montrer magnifique. Ce
jour est celui de la corbeille de mariage : qu'y mettre de plus beau que
des dentelles avec des châles, ne fût-ce que pour protester contre la
confection ?

Quelques lignes encore sur les dentelles en général, à propos d'une
maison que tant de distinctions ont honorée. Nous les prendrons dans
le substantiel et beau rapport de M. Audiganne sur l'Exposition universelle de 1855 : « Lorsque de tels éléments se manifestent dans une
industrie, ils sont presque toujours dus à quelque initiative purement individuelle qui sait découvrir des germes de succès et commu-
niquer une vie nouvelle à des éléments énervés. Le trophée des dentelles nous fournit un exemple frappant des transformations qu'un
seul homme peut amener dans l'ensemble d'une fabrication. L'industrie dentellière doit au manufacturier qui l'a érigée, à M. Auguste
Lefébure, des perfectionnements remarquables et d'importants progrès. L'active impulsion qu'il a donnée n'a pas été circonscrite dans
les limites d'un seul département. Cet exemple a réagi sur nos autres
fabriques et y a joué le rôle d'un stimulant réel ; on n'a pas voulu
demeurer étranger au mouvement qui s'accomplissait ailleurs avec
éclat. »

Ce qui était vrai du père, il y a treize ans, l'est aujourd'hui de ses
enfants.

La dentelle mécanique occupait particulièrement une vitrine finement et bellement garnie par M. Lockert. Ces robes de cour, ces casa-
ques, ces rotondes, ces paletots. ces burnous, ces pointes, ces twines
étaient en *lama* ou poil de chèvre, filé mécaniquement. Un métier
Jacquart saisit le fil teint en noir et le conduit par tous les détours,
réseaux. lignes, fleurs et linéaments des élégants dessins que voici.
Chaque année c'est plus de finesse. plus de légèreté, plus de grâce,
avec une solidité pareille pourtant. Aussi doux maintenant, aussi
souple que la dentelle de soie, mais bien autrement fort. Les travaux

de M. Lockert surtout comptent parmi les meilleurs que je connaisse. Lyon voudrait imiter cette fabrication charmante, mais elle y arrive mal, avec des matières lourdes, mélangées, frelatées, suspectes. M. Lockert a de ce produit une longue et profonde expérience ; il a su installer des métiers immenses sur lesquels on fabrique quatre grandes pointes à la fois. Le dessin exécuté et les divisions faites, la brodeuse intervient, qui est comme le peintre, et, son aiguille savante à la main, passe les fils puissants qui donnent aux ornements le contour et le relief. Arabesques, palmettes et rinceaux apparaissent comme en saillie alors, et se dessinent vigoureusement sur le réseau arachnéen du fond, de même qu'il y a deux ans c'était la mode des fleurs naturelles. Nos femmes ont pour cela une habileté de main que les autres n'atteignent pas. A chaque pays ses vertus.

Après quoi les broderies à la main et à la machine. Broderies blanches des Vosges, de la Meurthe, de la Meuse, de la Moselle, de la Haute-Saône, du Rhône, du Calvados et de la Seine ; broderies de fantaisie et broderies d'or et d'argent, religieuses, civiles et militaires, qu'on fait à Paris et à Lyon ; broderies en laine et soie sur canevas, autrement nommées tapisseries, le grand art de M. Sajou qui s'y est fait un nom célèbre, travaillées dans l'Eure, l'Yonne, le Lot, le Doubs, pour Paris leur centre universel. Cela représente un monde de cent mille brodeuses et une œuvre de plus de cinquante millions. Il y a, dit-on, des journées de cinq francs. Peut être une pour cent?

Le meuble a sa part de ce joli groupe ainsi que de la passementerie, autre art charmant, changeant et spirituel, où nous sommes sans rivaux présentables. Pour bien faire ailleurs, il faut copier les façons de Lyon, Saint-Étienne et Paris, ou de Saint-Chamond, de Nîmes et de Rouen. Et nul ne s'en fait faute, Dieu merci ! Les matières sont toutes celles de la broderie : fil, coton, laine, soie, or, argent, aluminium, laiton ; plus la paille, et le jonc, et le jais. Trente mille ouvriers et ouvrières. Cent millions de production. Les femmes, à ce qu'on prétend, peuvent y gagner jusqu'à trois francs par jour. C'est invraisemblable.

La chemiserie et la lingerie sont énormes. L'une travaille principalement pour l'homme, l'autre pour la femme. Quatre-vingts millions par-ci, cinquante millions par-là. Qui croirait que les seules jupes-cages représentent un chiffre de vingt millions? Au linge, aux chemises, aux cols, aux cols-cravates et autres accessoires de la première toilette, cinquante mille ouvrières environ sont employées. Ici, l'art est assez stationnaire et ne dit rien que tout le monde ne sache. Façons peu payées, journées tristes. On a vu de ces chemisiers grandioses exposer des chemises de mille francs; ce qui ne démontre pas toujours le dîner des chères esclaves qui s'aveuglent à les coudre. Chemisier! Ce masculin m'a souvent causé du malaise. Je me figure gauchement voir un homme barbu discuter le devant, la manchette et la pièce, diriger le blanchissage et l'empois, débattre le pour et le contre du passé, de l'anglaise, du plumetis et du point d'armes. Ces linges fins sont besogne féminine, vous avez beau dire! l'ourlet à jour s'effraye de nos gros doigts, la pipe et le point de Venise sont un peu faits pour s'exclure. Qu'une femme soit la reine du mouchoir, rien de mieux; mais un homme roi de la chemise me laisse des scrupules. Ce qui ne m'empêche pas de reconnaître un grand mérite à plusieurs : M. Halff, par exemple, chemisier parisien du roi d'Italie. Il nous montrait une pièce de batiste, pour son auguste client, brodée aux armes de la maison de Savoie : c'était de l'art, s'il en fut jamais.

Une branche du vêtement beaucoup plus en progrès que les autres nous paraît être la bonneterie. L'évaluation de sa production varie entre cent et cent cinquante millions. On y emploie le coton, la laine, la soie, la bourre de soie, le cachemire, un peu de lin. Jadis s'y ajoutait le poil de lapin, maintenant relégué dans la chapellerie. Coton de 4 fr. à 36 fr. le kilogramme; laines de tous les pays de 4 fr. 50 à 20 fr.; soies de 75 à 130 fr.; bourre de soie de 25 à 60 fr.; cachemire de 18 à 60 fr.; fil de lin de 3 fr. à 18 fr., suivant finesse et beauté. Troyes est le plus grand foyer de la fabrication, comme Paris est le centre de la vente. Sur cent ouvriers, quatre-vingt-dix travaillent chez eux; et les femmes y sont pour moitié à peu près. C'est dire que le métier à bras domine encore, bien que la machine automatique soit déjà introduite.

Ce métier à bras touche à la perfection, du reste; on en voit qui travaillent sur douze pièces à la fois. L'état n'est pas mauvais : le salaire y suit la dépense, et quelquefois la surpasse. Cette branche active et de création incessante a dernièrement perdu un de ses apôtres, Félix Verdier, prêtre et soldat du travail, un homme de bien, au cœur chaud, à l'esprit vaste, de ceux trop rares dont leur pays est fier. L'amour de ses semblables le remplissait de rêves sublimes.

L'exposition de la bonneterie française abondait en inventions excellentes et charmantes. La meilleure peut être appartient à M. Roux jeune, de Lisieux, lequel remplace la britannique flanelle de santé par le tricot-flanelle hygiénique. M. Roux est du nombre des industriels qui cherchent la raison d'être de leur marchandise. Il a vu que, dans l'été surtout, la flanelle dite de santé remplissait fort mal son rôle, qui est de rester perméable et de toujours transmettre au dehors les émanations humides de la peau. Cette toile de laine, Reims nous le pardonne, exécute précisément le contraire. Tant qu'elle est neuve, sa fonction se fait encore ; l'entre-croisement de la chaîne et de la trame laisse passer l'air et l'eau. Mais une fois qu'elle est lavée, et de plus en plus ensuite, grâce surtout aux frottements énergiques des buandières, qui brisent à qui mieux mieux ce tube cylindrique qu'on appelle un brin de laine, le tissu prétendu sanitaire se drape, se feutre, devient imperméable, et ne sert plus qu'à emmagasiner et retenir les miasmes délétères que nos pores ont exhalés. Le tricot hygiénique de M. Roux, par la souplesse et l'élasticité de sa maille, reste spongieux et bienfaisant dans sa transmission. Surtout quand on a soin d'observer, lors du nettoyage, la simple précaution qui consiste à le presser en long au lieu de le tortiller et tourmenter en travers. Ce soin pris, vous le gardez perméable jusqu'au dernier morceau.

Voilà, je pense, un service rendu. Seulement il s'appelle *tricot*, et le préjugé qui permet le bas de tricot n'a pas encore permis la manche. Il faudra bien pourtant qu'on y vienne.

Nous n'étonnerons personne en disant que ce groupe du vêtement était particulièrement formidable. Celui du mobilier paraissait quasi médiocre en comparaison. Tout ce qu'on file et que l'on tisse en chanvre, en fil, en coton, en laine, en soie ; tout ce que l'art et le talent y ajoutent par la broderie, par l'aiguille, par le métier et le fuseau ; tout ce qui double, garnit, coiffe et chausse l'être humain dessus et dessous : le gilet de santé et le châle de l'Inde ; la paire de chaussettes à six sous et la paire de brodequins à deux cents francs ; les plumes et les fleurs qu'on se met sur la tête ; l'épée qu'on s'attache au côté ; l'éventail, la canne, le fusil de chasse, le parapluie, le fouet ; la jupe-cage et le jupon à ressorts ; les révolvers et les perruques ; toute la bijouterie vraie et fausse ; les chaînes, les diamants, les perles, les pince-nez, les bretelles, les malles, les tentes, les couvertures, les

trousses, les kiosques, les chaufferettes de voyage, les drapeaux,
— le brave s'enveloppe dans son drapeau! — les poupées, les toupies,
les ballons, tout cela comptait dans le vêtement. Un océan, une forêt,
une ruine. Une séduction aussi et un enchantement. Il fallait en
garder sa vue si l'on voulait, en garder sa bourse. Un jour nous nous
sommes mis là très-sagement à composer, sous nos yeux, le simple
habillement d'une femme et ses accessoires portatifs, sans une pierre,
ni une perle, ni, je crois même, un brin d'or; il y en avait pour cent
cinquante mille francs! Il est vrai que la robe de dentelles à M. Lefébure en était : un morceau de quatre-vingt mille à lui tout seul,
quatre mille francs de rente, de quoi être riche à Avignon! En étaient
aussi les poétiques applications de madame Hussonmorel, qui peuple
les tulles de papillons et de fleurs.

L'habillement de l'homme et de la femme comprend surtout les
deux arts illustres de la couturière et du tailleur, la coiffure et la
chaussure, les gants, les fleurs artificielles et les ouvrages en cheveux.
Or, premièrement, les deux arts illustres sont en voie de perdition. Le
tailleur personnel, ce confident, ce confesseur, aura bientôt disparu.
Le fabricant d'habits l'a destitué. Le temps sculptural des Staub et
des Kléber n'est plus; il est mort avec le frac et la redingote ajustée.
Le paletot-sac à toutes épaules l'a supprimé. Il n'y a plus de mesures
maintenant, il y a des tailles. Comme dans l'ancienne garde nationale :
chasseurs, voltigeurs et grenadiers. Mètres et centimètres. On n'est
plus un *client*, on est un *quatre-vingts*. Une centaine d'usines vêtis-
santes nous conduisent à l'uniforme indifférent et absolu. Elles font
de tout, celles-là, emploient tout, envoient partout, coupent vulgai-
rement et cousent mécaniquement pour le civil, le prêtre, la marine
et l'armée. Et n'espérant pas beaucoup revoir leur monde, j'imagine,
elles vendent comptant à tout le monde. Ce qui fait qu'avoir un tailleur signifie presque n'avoir point d'argent. Leur grand siége est à
Paris, puis à Lille, à Bordeaux, dans le Pas-de-Calais, dans le Gard.
On estime que Paris consomme et expédie des habits d'homme pour
plus de cent cinquante millions; l'immense surplus est inconnu.

Sur ce chiffre, la façon compte, dit-on, pour un cinquième. Cette
proportion nous paraît douteuse. L'ouvrier assidu gagne quatre francs
par jour en moyenne, et l'ouvrière la moitié. Il y a des chômages.
Ce n'est pas riche.

Voilà pour les hommes. La *confection* pour les femmes — puisqu'on entend ainsi ce mot qui veut dire *confiture* en anglais — est presque entièrement concentrée à Paris. Ce sont en général des messieurs qui la font marcher. Cela n'étonnera point quand on saura que la première couturière du grand monde et du demi-monde aussi est un homme. Lequel, dit-on, malmène superbement et avec un sans-façon pareil les hétaires et les duchesses. Cette confection parisienne, marchandée par des traitants et sous-traitants, fait cent millions et plus par an d'articles qui vont de trois francs à quatre cents francs. Elle exporte et transporte nos modes en tous lieux. L'ouvrière y gagne finalement et péniblement de quoi périr. Figurez-vous le dernier entrepreneur payant en définitive cinq sous à une pauvre femme pour la façon d'un caraco de laine avec poches et boutonnières ! Il est vrai que ledit caraco est vendu cinquante sous et laisse encore du bénéfice au marchand. On a le vertige en regardant à ces profondeurs. La vie honnête de la femme est devenue de l'héroïsme.

Ainsi donc, robes et habits faits pour qui en demandera dans les vingt-quatre heures, et même sur-le-champ, voilà les besoins de ce temps pressé. C'est mauvais et périssable au premier chef, mais cela vous a une tournure et certains agréments passagers. L'invention est britannique et me rappelle une maison de Londres, située aux Minories. Quelqu'un entrait là le matin, enveloppé, s'il le voulait, d'un linceul ou d'une bâche. On lui prenait mesure. Il avait le bain et le barbier ensuite. Il déjeunait ou se couchait, à son gré, avec livres et journaux, bière, pipe et le reste. A l'heure du dîner c'était fait; et il s'en allait, vêtu de neuf à sa taille, de pied en cap, dessus et dessous, gilet de flanelle, souliers et parapluie compris. Cent francs.

Parmi les confectionneurs pour hommes, puisqu'il faut parler la langue de l'état, nous citerons volontiers pourtant M. Bouché, des Galeries de Paris, qui fut le fournisseur du prince et des ambassadeurs japonais. Ces Asiatiques avaient trop compté sur l'hospitalité parisienne : Gavroche n'a pas voulu les accepter en robe de soie, coiffés d'une cloche et leurs deux sabres en sautoir. Nous avons des heures de bêtise profonde. Or ils étaient venus pour voir, et ils sont restés pour voir. Et ils ont pris nos habits afin d'avoir la paix. Comprendrons-nous la leçon? J'en doute; on nous a trop gâtés. Gare au jour où personne ne nous gâtera plus ! M. Bouché est donc le cuisi-

nier prompt que ces hommes jaunes et tourmentés avaient choisi
pour le travestissement que leur imposait notre nationale impolitesse.
Ils ont bien fait. On trouve dans son intelligente maison tout ce
qu'on veut, du plus simple au plus riche, de la jaquette à l'habit de
cour. Il y a là des commis parlant à peu près toutes les langues. Belles
étoffes, bonne façon, coupe jeune et fraîche, appropriation suffisante
du vêtement à la conformation, à la tournure, à la physionomie, aux
besoins même et à l'état de chacun : voilà sans doute bien des conditions à remplir. M. Bouché assure qu'il les remplit. L'examen de sa
vitrine avait assez de quoi confirmer sa déclaration. Une bonne
empreinte était sur ces choses ; rien de criard, rien de voyant.
Ajoutons, ce qui ne saurait nuire, des conditions de bon marché si
frappantes qu'il faut absolument pour les comprendre supposer un
chiffre d'affaires considérable. Vendre beaucoup et vendre argent
comptant, voilà le secret : deux pour cent net sur un million font
vingt mille francs. A cinq millions, cent mille francs. Ce calcul vient
aussi d'Angleterre.

Puis un autre, M. Lacroix, de la galerie Colbert, successeur de
Morlet et tailleur pour enfants. Il ne s'agit plus ici de confection rapide,
instantanée, hâtée ; M. Lacroix est un artiste réfléchi, qui prend pour
son œuvre et donne à son œuvre le temps parfait de la bien faire.
Maison très en renom d'ailleurs et possédant une haute clientèle. Sa
spécialité est intéressante. Habiller bien les enfants est plus difficile
qu'habiller bien les vieillards, vous diront les tailleurs encore dignes
de ce nom si compromis. Le vieillard peut souhaiter de ressembler à un
jeune homme, mais il ne faut jamais que l'enfant puisse ressembler à
un vieillard. Or beaucoup de ceux qui habillent l'enfant y tombent, à
coups de pardessus, de paletots et de chapeaux. Faire du petit-fils le
singe de l'aïeul, c'est lugubrement comique. Pauvres gentils enfants !
il fut un temps où l'amour et la gloire les vêtissaient en soldat :
garde national, artilleur, zouave, turco. L'habit de collégien y touche
encore un peu par la tunique et le képi. Mais le collégien est déjà un
homme qui joue à la Bourse et fume aux courses. Quelques artistes
ont essayé et essayent de la fantaisie, inspirés plus que de raison par
les trouvailles grotesques des journaux de modes. Et leurs inventions procèdent toujours beaucoup de la carte à jouer : nos garçons y
ressemblent au valet de pique et nos filles à la dame de carreau.

M. Lacroix est un autre homme. Il traite le sujet selon son âge et sa tournure; il laisse à la charmante enfance sa grâce, sa souplesse, ses finesses de forme sveltes et lestes. Il aide à les faire voir au lieu de les dérober.

La chapellerie est une meilleure branche que l'habit. Elle fait vivre honorablement ses hommes, et les femmes même, dit-on, n'y meurent point de faim. Les progrès qu'elle a accomplis depuis le concours de 1855 sont considérables. Alors les chapeliers nos pères ignoraient l'emploi des moyens mécaniques: cette fois, il n'est personne visitant l'Exposition qui ne se soit arrêté, saisi comme par une merveille, devant l'active et charmante installation de M. Haas, l'un des hommes dont la chapellerie française s'honore le plus. En deux heures, sous nos yeux, une poignée de poils de lièvre devenait un chapeau. C'est ainsi que présentement il convient que tout marche : vite, sinon bien. Et chez M. Haas, par exemple, une condition n'exclut pas l'autre.

Cette industrie est très-variée. Le chapeau de soie, plate invention anglaise, se fait surtout à Paris. Depuis l'apparition de ce simulacre, laquelle date de quarante ans, c'est à Paris que galetiers, monteurs et tournuriers s'assemblent, se recrutent et s'unissent. Ils y sont payés mieux qu'ailleurs et s'y tiennent immobiles, comme leur travail peu intéressant. M. François Jean et M. Laville sont les souverains du chapeau de soie.

Le bon et vieux chapeau de feutre, à l'origine plusieurs fois séculaire, est plus que jamais florissant et répandu. Sa fabrication portait jadis une plaie générale et mortelle, l'*arçonnage*. Le pauvre ouvrier joueur d'archet, obligé tout le jour, à couvert, de faire vibrer la corde qui divisait le poil, aspirait constamment celui-ci avec sa poussière infecte, et périssait phthisique en peu de temps. Une intelligente machine, appelée la *bastisseuse*, a supprimé ce métier misérable. Le mot, je pense, est de patrie allemande, et peut-être la chose aussi. On voyait gaiement fonctionner la chose dans l'exposition de M. Haas. Ce brave chapeau de feutre nous vient du Midi et c'est pourquoi on l'y fait toujours beaucoup. Après Paris, Fontenay-le-Comte et Dijon, c'est Lyon, Bordeaux, Marseille, Aix, Alby, Toulouse, Romans. Puis l'excellente maison Mossant et fils, de Bourg-du-Péage, qui fut une de nos gloires à l'exposition de 1862 à Londres. Puis une infinité de petits producteurs travaillant à la main, sans s'inquiéter des suites :

l'outillage coûte, disent-ils, et la vie est rude à gagner. A ce chapeau s'attache un immense commerce de poils : lièvres de France, de Russie, d'Allemagne, rat gondin de l'Amérique du Sud, rat musqué de l'Amérique du Nord : du castor quelquefois, et surtout du lapin. Notre pays tout seul tond par an soixante-dix millions de peaux de lapin et de lièvre ; la moitié est exportée. Autrefois, à Caudebec notamment, on ajoutait du poil de chameau à tous ces poils ; mais Caudebec a perdu sa gloire, et le poil de chameau sert à faire des tentes. Il y en avait une superbe à côté du palais de Tunis. Puis les chapeaux de laine pour l'Amérique ; les fantaisies en drap, én velours, en reps, en toile, pour le voyage, les bains, le sport, la chasse ; le chapeau de femme, le chapeau d'enfant. Tout ce groupe à la mode changeante est de fabrication parisienne à peu près exclusivement. A Paris seulement tourne le moulin de l'invention perpétuelle.

On fait le chapeau de paille à Nancy, à Strasbourg, à Saar-Union, à Grenoble, avec la paille d'Italie, la paille anglaise, le panama, le latanier. La paille cousue occupe de plus Paris et Bordeaux. Les femmes ont une grande part dans cette chapellerie, de même que leur est dévolue sans partage la garniture du chapeau de feutre et du chapeau de soie.

Reste l'universelle et phénoménale casquette, autre industrie féminine que l'invention des machines à coudre a si prodigieusement et économiquement multipliée. Dans la casquette, M. Haas est un roi. On la fait de tous tissus et de toutes peaux, de soixante-quinze centimes la pièce à vingt-cinq francs ; à Paris et ses environs, Lyon, Toulouse, Rouen, Saint-Omer, Avesnes, Reims, Dijon, Orléans, Toulon, Limoges, Lille ; jusqu'au *fez* oriental ou *tarbouche*, qu'on fabrique à Rueil, à Chatou, à Condom.

Tout cela est dans un progrès frappant et magnifique, et représente plus de soixante millions, dont trente millions pour le chapeau, vingt millions pour la casquette et les fantaisies, le surplus pour la paille.

Dans la chapellerie pour femmes, nous distinguerons les maisons d'exportation Chaumonot et Dufour. M. Chaumonot possède à Clignancourt de vastes ateliers où l'on traite spécialement la paille d'Italie et la paille de riz par des procédés de forme et d'apprêt tout à fait particuliers. On y fabrique aussi la fantaisie dite *haute* nouveauté (il y a donc la nouveauté *basse ?*) laquelle consiste à n'être plus un chapeau du tout. Nœuds, agrafes, fleurs, plumes, nattes, boucles, assiettes, couvercles, anneaux, embrasses, en paille, en soie, en crin, en jais ; c'est merveille de voir à quelles ingénieuses et changeantes recherches se dépensent les jours et les nuits de l'ouvrière et de l'artiste pour, en définitive, arriver à ne plus coiffer personne. Tout ce que les doigts de la femme peuvent saisir, et ce que son esprit peut assortir et marier ; aux fins, le jour d'après, de le défaire et le recomposer autrement.

Madame Dufour allait plus loin encore : elle exposait un chapeau de femme en ivoire. Je prends (où mieux prendre ?) ce qu'en disait madame Constance Aubert dans l'excellent journal de modes qui s'appelle l'*Illustrateur des Dames :* « Certes, de toutes les matières employées pour faire un chapeau, l'ivoire est bien une des dernières que j'eusse choisies et même que j'eusse supposées. Eh bien ! le chapeau d'ivoire de madame Dufour est charmant. Il est léger, délicat, coquet, tout découpé à jours comme une dentelle. On dirait, à voir son blanc pur, une paille de riz de fantaisie ne pesant pas plus qu'une feuille de papier.

« Il est juste d'ajouter encore que la très-ancienne maison Dufour expose, à côté de cette singularité charmante, des modes d'un très-haut goût. »

De la tête descendant aux mains, nous trouvons le gant de peau. Trente millions de paires, dont les deux tiers environ sont exportés. Soixante-dix millions de francs. C'est une industrie tranquille et qui croit avoir atteint son summum. Elle ne marche plus, ou guère, étant suffisamment célèbre. Quelques agréments de plus ou de moins, un système de boutons substitué à un autre, voilà son oscillation générale. Les gants de chevreau se font à Paris, Grenoble, Milhau, Chaumont et Saint-Junien ; ceux d'agneau, à Lunéville et Niort ; ceux de peaux chamoisées, mensongèrement appelées castor, à Rennes. D'autres villes, comme Lyon, Nancy, Strasbourg, Rochefort, fabriquent des gants pour leur rayon. Le métier n'est pas mauvais et nourrit son monde.

On n'en peut dire autant de la chaussure, par malheur. Possible est que certains entrepreneurs s'y enrichissent, mais Dieu sait que l'ouvrier n'y trouve pas à le bénir ! Dans beaucoup de cas, et c'est justice, la besogne ressemble au salaire : sauf la cordonnerie sur

mesure, qui devient de plus en plus rare, il est plus rare encore de
tomber sur quelque chose de bon. Le soulier est dans la confection
avec l'habit, et qui se rassemble se ressemble. Des apparences sédui-
santes, et voilà tout. De la grâce et pas de chair : le vrai type parisien. Comment en serait-il autrement ? Cet entrepreneur n'a qu'un
but, gagner beaucoup en écrasant la concurrence. Il lui faut donc
vendre bon marché. Peu lui chaut ce qu'une fois partie deviendra sa
marchandise. La connaît-il seulement, et pourrait-il en juger ? La
plupart des fabricants en gros ne sont pas des cordonniers. On cite
des bonnetiers, des avocats, des teneurs de livres, un ancien brique-
tier, un ancien prêtre. Ils ont entendu dire qu'on devenait riche dans
la chaussure, et ils se sont mis dans la chaussure comme ils se seraient mis dans les poissons. Personne aujourd'hui ne daigne apprendre ; on y va du nez, comme les chiens de chasse, le public étant le
gibier qu'il s'agit de courir.

Qu'est-ce, par exemple, que ces chaussures fort bien tournées,
mais dont l'empeigne vernie est en mouton au lieu d'être en veau,
avec une première semelle et des contre-forts en cuir factice, sorte de
carton composé de ràclures et de colle de pâte ? Ces chaussures n'ont
pas été cousues, mais ingénieusement clouées, et la pointe des clous,
mal rivée, blessera d'abord quelque peu le pied ingénu qui les chaus-
sera. On récompense hautement les perfectionnements de cette espèce. On a tort. Vous aurez beau nous dire qu'il y a là un progrès,
puisque c'est faire entrer le soulier dans des contrées qui ne connaissaient que le sabot ; mieux vaut cent fois le sabot sain et chaud que
ce soulier tartufe et suspect, producteur de rhumes et de phthisies.
Certes, lorsque les sociétés recherchent, encouragent et récompensent
la production à bon marché, il y aurait mauvaise humeur à ne pas
y voir le désir d'un bien-être accessible aux masses pauvres. C'est
humain, à coup sûr, si ce n'est pas catholique. Mais prenons garde
que sous ce masque du bon marché ne se cache une production
tarée, mauvaise, trompeuse, sans bénéfice et sans durée. Juges et
témoins de nos concours, laissez passer, si bon vous semble, les défauts de la marchandise belle et chère. Ceci est affaire des riches, qui
ont de l'argent à perdre et qui aiment, le pouvant, à changer et renouveler leurs ustensiles et leurs ornements. Pour le bon marché,
au contraire, soyez impitoyables : le pauvre n'a qu'une somme rigou-

reuse à dépenser et il faut qu'elle lui profite. Le tromper, celui-ci, c'est voler l'humanité.

Cette confection a des côtés atroces. Plus de mesure. Au lieu de votre pied, ce sont des points : on chausse neuf ou neuf et demi. Les rôles sont intervertis, c'est à la chair aujourd'hui de s'accommoder au cuir. Chacun son tour, sybarites, et tant pis si le cuir vous blesse ! Le cordonnier n'est plus : la machine l'a supprimé. C'est beau et cruel une machine ! La machine taille les semelles et les coud ; la machine fait le talon d'un seul coup ; la machine découpe les pièces d'empeigne, et les assemble, et les pique, et les cambre ; la machine double, la machine borde, la machine pare, lisse, brosse et cire. C'est admirable, mais à condition d'être innombrable : une telle puissance ne saurait avoir affaire aux susceptibilités pédestres de chaque individu. Il lui faut des types ; pourquoi n'êtes-vous pas dans les types? Elle a son goût, cette machine, à vous d'y conformer le vôtre : c'est une face de la loi des majorités.

Un autre avantage de la mécanique à chaussures est d'utiliser tout ce qu'on lui présente. Cuirs tarés, cuirs brûlés, peaux creuses, éponges, tout sert, tout passe. Et plus rien n'avertit ni ne préserve ; le toucher si sûr de l'ouvrier a cessé de contrôler l'ouvrage. Il se peut qu'à l'usage on en souffre et s'en plaigne ; mais qu'est-ce qu'une plainte qui n'a plus où s'adresser? Que dire? C'est le mouvement! Il faut s'y faire. Figurons-nous être une grande armée, et vivons sous la fourniture militaire, laquelle ne prend mesure qu'aux officiers.

La chaussure sur mesure est seule restée digne de sa réputation antique ; mais il faut la payer, et jamais temps ne marchanda plus le nécessaire. C'est pourquoi les artistes abdiquent ou s'en vont. Celle-là est faite encore à peu près tout entière à la main. Dans les confections cousues, vissées et clouées, la mécanique prend le principal et quelquefois même le général. On s'en aperçoit bien à l'user. Le cousu en gros se fait à Paris, à Nantes, à Marseille, à Bordeaux ; le cloué, à Paris, Liancourt, Romans, Angers, Blois, etc ; le vissé, supérieur au cloué, à Paris seulement. Au soulier sur mesure les hommes gagnent quatre ou cinq francs et les femmes deux francs. Quatre-vingt-cinq sur cent travaillent au logis. Ils vivent sobrement et sans luxe, et il y a de quoi. Les bons aiment leur état et ne voudraient pas le quitter. A la machine, ils y tiennent moins.

La chaussure française est exportée dans le Levant, les Amériques, les Indes, l'Angleterre, l'Italie, la Suisse : celle pour femmes surtout. Fabrication totale, cent quarante millions. Une bonne chaussure d'homme, comme la ferait Bernardel, cordonnier des Invalides, vaut de seize à vingt francs : une mauvaise, de sept à douze francs. La mauvaise est la règle. Pour un fabricant excellent et brave comme Poirier, maintenant à Nantes, pour un inventeur et un savant comme Guénin fils, dignes tous deux, selon moi, des récompenses les plus hautes, combien d'autres que l'on n'oserait pas nommer ? Que de massacreurs de tiges pour un Taxy, ce merveilleux artiste !

Voici toutefois deux beaux noms parmi les exposants de chaussures pour femmes, M. Sceurat et M. Pinet, ayant la marchandise comme le goût.

M. Sceurat est le successeur de M. Rond, successeur lui-même de M. Renault. Ce M. Renault était un homme de génie. Il fut le premier cordonnier qui devint fabricant en gros, pour Paris d'abord, Londres ensuite, et l'univers finalement. Cela remonte à 1812. C'est aussi dans la maison Renault qu'on a commencé l'emploi des moyens mécaniques, voilà pour l'économie ; et que les premières chaussures brodées ont été faites, voilà pour l'élégance et la richesse. Art charmant qui s'est perpétué dans cette bonne fabrique de mère en fille d'ouvrières, et d'aïeule en petite-fille. Trouvez, s'il se peut, un éloge meilleur. M. Sceurat, titulaire actuel, tient la maison depuis sept ou huit ans. C'est un maître estimé et chéri, position plus rare qu'on ne pense. Les moyens parisiens de fabrication ne lui suffisant pas, il a monté à Metz un établissement grand et prospère. C'est de Metz que lui est venu, au commencement de 1867, un certificat officiel de remercîments et de félicitations dont le jury des récompenses aurait pu tenir plus de compte. Aujourd'hui, c'est pour l'ouvrier une gloire que de travailler dans la maison Sceurat. Elle a su inspirer par ses relations assez de confiance et de respect pour qu'en ces pays lointains du Pérou, du Chili, du Brésil, de toute l'Amérique espagnole, aussi bien qu'en Orient et en Perse, on ne craigne pas, à l'arrivée, de revendre les caisses de chaussures portant son nom, sans même les avoir ouvertes.

Deux millions de francs, voilà, de plus, son chiffre annuel.

M. Pinet était déjà pour nous une vieille connaissance. Ouvrier

cordonnier d'abord et compagnon du tour de France, il prit ensuite
les voyages et noua des relations nombreuses qui ne l'ont jamais
quitté, parce qu'il a su les mériter toujours. En 1855, il s'établit
modestement avec quelques ouvriers, presque tous ses anciens camarades. Nous l'avons connu alors, en son étroit logement de la rue
du Petit-Lion Saint-Sauveur, où l'on ne pouvait guère prévoir le
magnifique établissement qu'il s'est construit lui-même depuis.
M. Pinet est un homme remarquable, dont les connaissances vont
beaucoup plus loin que sa spécialité. Doué d'un esprit inventif et progressif, il eut bientôt fait sa place haute parmi ses confrères, en
même temps que des facultés administratives pour ainsi dire innées
l'aidaient à mettre un ordre parfait dans une pratique et des procédés
presque entièrement nouveaux. Parti du principe invariable que tout
succès durable veut une matière parfaite traitée par des outils parfaits, il arriva, non sans peine cependant, souvent desservi, quelquefois trahi, à se placer au premier rang dans son pays et dehors. Sa
marque de fabrique (F. P.) est aujourd'hui répandue sur les deux
hémisphères, et la contrefaçon ne s'est pas fait faute d'y toucher. Je
ne sache rien de plus élégant que ses adorables chaussures pour
femmes : brodequins, bottes et bottines dont on s'explique à peine
la façon, montés sur des talons légers, hardis, coquets et faits d'une
seule pièce par un outillage particulier dont il a le brevet. Pour juger,
au reste, de la valeur de M. Pinet et savoir en même temps ce qu'est
dans son beau le travail difficile de la chaussure, il faut aller dans
la rue de Paradis-Poissonnière et demander à visiter cette maison,
qui, pour l'entente, la distribution, la direction et la tenue, est encore à attendre sa pareille. Le labeur y apparaît comme dans un
temple, et la chaussure comme dans un palais.

Le jury n'a pas jugé M. Pinet mieux qu'il n'a jugé M. Sceurat.
Double erreur.

Or, pour qu'un bon cordonnier fasse de bons souliers, il lui faut
premièrement de bon cuir. L'Exposition comptait plus de cent noms
dans l'espèce. Prenons-en deux aussi parmi les plus célèbres : Durand frères et les frères Ogerau. Ceux-ci font presque de l'art.

La maison parisienne de MM. Durand frères, fils de Durand-Chan-
cerel, marche aux expositions de récompenses en récompenses depuis
1839, et toujours en grandissant de produits et d'honneur. Elle se com-

pose maintenant de trois fonds : le fonds paternel, le fonds propre de
MM. Durand fils et le fonds de corroierie Courtépée. C'est à peu près
immense. On y évalue les affaires à cinq millions, par deux usines,
celle des Cordelières où se font les cuirs forts, et celle des Gobelins,
spécialement consacrée à la préparation des peaux de veau et des
tiges. Grande expédition de celles-ci en Amérique et en Angleterre.
où la marque des frères Durand est fort recherchée et saluée. Com-
parée à ce qui était il y a dix ans, cette masse d'affaires peut représenter le double. Succès et progrès. Quelques chiffres en donneront
l'idée. Les deux usines emploient communément 400,000 bottes de
tan par année, soit environ huit millions de kilogrammes. De ce prodigieux bain sortent 300,000 peaux de veau et au moins 20,000 cuirs
forts, dits *à la jusée*, pour chaussures hautes et basses, guêtres pour
l'armée, courroies de transmission, etc. Qualité reconnue toujours
comme excellente. Avec les cuirs forts de M. Gallien (de Longjumeau)
et de M. Sterlingue, ceux des frères Durand sont ce que le commerce
appelle les *cuirs de marque*. D'autres maisons travaillent bien aussi,
c'est évident ; nous n'en sommes pas qu'à deux, Dieu merci ! mais la
longue et lente consécration leur manque. Il faut le temps.

MM. Ogerau frères, à Paris et à New-York, exposaient des cuirs
forts pour équipements militaires, des peaux de veau cirées, vernies,
chamoisées, et des tiges de bottines. Comme dit notre ami Charles
Vincent, qui est un juge, nous voici encore en face d'une des plus
anciennes et des plus grandes réputations de l'industrie. Le père de
MM. Ogerau fut, je crois, le premier tanneur qui fit connaître nos
produits à l'étranger. En 1825, il expédiait dans l'Amérique du Sud
des peaux de veau et des maroquins, et depuis, pendant bien longtemps, je m'en souviens, le passage outre mer des voyageurs de la
maison Ogerau était un événement qu'on attendait et pour lequel on
se réservait. Si la France n'avait toujours envoyé que de ceux-là !
O commissionnaires ! ô camelote ! 1839 vit exposer pour la première
fois les produits de la tannerie de Vernon, et d'emblée la médaille
d'or leur arriva. Cinq ans après, en 1844, la maison obtenait un rappel
de la médaille d'or, et M. Ogerau père recevait la croix d'honneur.
Produits et renommée sont restés depuis sur le même pied.

Que dire après cela, sinon citer des chiffres ? C'est encore, selon
Charles Vincent, la meilleure éloquence. Un chiffre est un fait, et les

mots ne sont que des mots. Voici donc les nombres livrés par MM. Ogerau à la consommation pendant l'année 1866. Peaux de cheval de Buenos-Ayres, 2,600. Peaux de vache et cuirs forts, 10,400. Peaux de mouton, 32,000. Peaux de veau, 426,368.

Si des pieds nous remontons à la tête, nous rencontrons le ou la modiste, faiseur ou faiseuse de coiffures, nous l'avons dit, et non de chapeaux pour femmes. Cette absurdité gracieuse donne à Paris plus de vingt millions, chiffonnés pour les trois quarts par des mains parisiennes de naissance. Le personnel de l'autre quart vient d'Angoulême, de Tours, de Nancy, d'Allemagne et de Belgique. Le maître ou la maîtresse nourrit assez volontiers ses ouvrières. Les grands talents ont des appointements ; la belle journée des autres peut aller à cinquante sous.

Cette coiffure et le chignon se tiennent, et qui n'a pas de cheveux en achète. Pour cela, il faut que ceux et celles qui en ont les vendent. Nous coupons incessamment les cheveux aux jeunes gens mâles et femelles du Puy-de-Dôme, du Cantal, de la Lozère, de la Corrèze, de la Vendée, des Deux-Sèvres, de la Vienne, de l'Allier, de la Manche, des Côtes-du-Nord, d'Ille-et-Vilaine. J'ai vu à Redon un marché aux cheveux. Filles et garçons alignés sur deux rangs ; le maquignon aux ciseaux passant, touchant, mesurant et pesant. Puis une tonte comme celle des brebis. Ce n'est pas la misère qui les fait vendre leurs cheveux, c'est l'usage. Les couvents de femmes en fournissent aussi, qui sont moins beaux, parce qu'ils ont été serrés et emprisonnés sous la coiffe. Beauté vient de liberté. Nous en coupons par an quarante mille kilogrammes, et cela ne suffit pas : l'Italie, l'Allemagne et la Belgique nous en versent vingt mille kilogrammes encore, plus huit mille kilogrammes de déchets pris chez tous les perruquiers possibles. La marchandise brute vaut de cinquante à cent francs le kilogramme, suivant nuance, longueur, jeunesse et qualité. Elle est revendue — nettoyée et préparée — sur le pied de 140 francs. — soixante mille kilogrammes ; 8,400,000 francs. — Un chignon un peu soufflé vaut quinze francs en moyenne, et la perruque bien faite de trente à cent cinquante francs.

Reste à mettre sur ces têtes des fleurs, industrie absolument parisienne et qui compte environ deux mille ateliers. Quinze mille personnes s'y emploient, neuf femmes pour un homme. Les hommes gagnent quatre francs et les femmes deux francs ou un peu plus, à peu près comme dans les souliers. Ce n'est pas brillant. On fabrique ainsi pour vingt millions de fleurs, dont deux millions de merveilles adorables. Des loisirs bien nés s'en mêlent. L'Exposition nous a montré deux grands artistes, la comtesse de Beaulaincourt et madame Bénézit.

Ce qui frappait surtout les gens dans cet immense circuit d'objets à vêtir l'univers, que jamais plus on ne reverra, c'était une collection, malheureusement déjà posthume, de costumes nationaux. L'Orient, la Scandinavie, les Amériques, la Russie, la Bretagne, les Pyrénées, l'Afrique, l'Espagne. Des charmes et des éblouissements. La Commission de l'Exposition, qui a tant à se faire pardonner, avait eu là une pensée de grand goût ; il est dommage qu'on n'y ait pas entièrement répondu. Modestie, peut-être, ou défiance. Est-ce qu'on sait ?

Les nôtres ne faisaient pas beaucoup la meilleure mine dans ces armoires et ces groupes riches ou pittoresques à plaisir. A côté, sans contredit, des décors si bien portés et campés de la Suède, de la Norwége et du Danemark, nos Français manquaient de réalité et n'étaient pas en vie ; de même que leur dépense signifiait trop peu de chose en face des somptuosités de l'Indien et de l'Ottoman. On eût plutôt dit chez nous la montre travestie d'un costumier fantasque, cousue à l'envi, comme sont les drames historiques, d'anachronismes et de fautes d'orthographe. Le fait est qu'il n'y a plus de costumes en cette France démocratique, sinon par quelque entêtement paysan de l'Armorique ou de l'Auvergne. Un peu aussi des pays basques : les bruyères et les montagnes sont encore réfractaires à nos urbanités. Autrement l'unité du paletot est partout fondée ; et ce n'est point pour qu'on s'en vante !

L'étranger qui nous copie est notre victime. A tant faire qu'imposer un type, nous aurions pu mieux choisir. Je ne sache rien, quant à moi, de vulgaire et de terne comme notre *habit* bourgeois ; et je n'éprouve pas la moindre gloire à ce que d'autres, par imitation, le portent. Il est propre à son temps, peut-être ; il indique les affaires, la matière, l'écurie, le tabac et la mauvaise éducation : de quoi je ne me sens point très-fier non plus. Cependant un progrès s'y montre : l'hiver, il met parfois le pantalon dans les bottes. Ceux, et nous en étions, qui essayèrent cette logique voilà trente ans, furent premièrement malvenus des leurs jusqu'à l'insulte.

En revanche, si l'habillement de l'homme est trop simple, il se pourrait que celui de la femme fût trop composé. Paris, cet institut de tout le mal et de tout le bien, possède une douzaine de génies dont les jours et les nuits se passent à concevoir et faire naître des toilettes compromettantes et endiablées. Tout leur sert : le musée et le cabinet des estampes, l'exotique et l'indigène, ce siècle-ci et les autres. C'est d'abord pour les courtisanes et les reines ; puis, par éditions successives, cela s'étend populairement aux honnêtes femmes et aux cuisinières. La différence n'existe guère que dans l'étoffe ; comme de la *Revue des Deux Mondes* au journal à un sou.

Le temps n'est plus, pour les braves gens, de la robe unie en indienne ou en mérinos. La soie gouverne et balaye. Ne pouvant toutes avoir la soie, on veut un mensonge qui la rappelle ; et par les rues du travail et de l'honneur, comme par celles de la paresse et du plaisir, nous voyons la traîne égalitaire semblablement ramasser la poussière et la boue. Et c'est chose triste, honteuse même, en vérité, quand se déteignent, et se grippent, et se souillent ces contrefaçons ambitieuses et misérables. Autrefois, pauvre ouvrière, on était moins parée, mais on était propre du moins ! Et propreté implique dignité. Il n'est pas bon que les femmes et les filles de nos frères tombent en de tels abandons.

Il y a aussi les accessoires du vêtement, dits « objets portés par la personne. » C'est assez naïf.

Parmi ces accessoires citons premièrement les boutons, qui sont bien aussi souvent un ornement qu'une utilité. Nous en fabriquons pour quarante-cinq millions par an, dont les trois quarts nous sont tributairement payés par l'étranger. Il y entre 2,500,000 kilogrammes de métaux divers, or, argent, aluminium, maillechort, cuivre, étain, zinc, fer, acier ; puis de la soie, de la laine, du fil, du coton, du velours, la porcelaine, l'émail, le verre, les mosaïques, les pierres et les perles fausses, quelquefois même les vraies. L'Oise, patrie du bouton de soie, en fait aussi de coquillages, de corrozo, d'os, d'ivoire, de nacre, de tout. Ailleurs on n'y emploie que la corne et les sabots, tête et pieds de la bête. Ceux de porcelaine, fabrication nouvelle et innombrable, occupent une usine entière à Briare, et tiennent leur grande place dans les deux faïenceries célèbres de Creil et de Montereau. Tous ces boutons sont faits mécaniquement, à l'exception du bouton en soie à l'aiguille, qui est travail de passementerie ou de broderie à la main. Vingt-deux mille ouvriers en vivent, dont huit mille hommes à 4 francs ou à peu près, dix mille femmes à 1 fr. 50 ou 1 fr. 75 c., et quatre mille enfants à 1 franc. Il y a cinquante ans, cette industrie si complexe était plus simple. Du métal seulement et de la soie, ou des moules en bois recouverts par le tailleur avec l'étoffe même de l'habit. Au siècle dernier, on y mettait des tableaux.

Le compresseur des pectoraux qui s'appelle bretelle, et le strangulateur du jarret qui s'appelle jarretière nous font de l'ouvrage pour dix millions par an. On est loin de l'élasticité jadis obtenue au moyen de ressorts à boudin en cuivre, qui laissaient transsuder un bel oxyde vert par les pores de leur enveloppe de peau. Les bretelles et jarretières en coton et caoutchouc datent chez nous de 1834. Cela ne veut pas dire qu'elles en soient meilleures. On les fit d'abord à Paris, puis à Rouen, où elles sont à peu près restées. Peu de travail manuel, hormis pour la monture. Le métier à tisser de M. Fromage produit par jour mille paires de bretelles, à la main d'œuvre d'un demi-centime par paire. Les fabricants disent que ce n'est pas un mauvais état.

Le corset, autre appareil de distorsion sinon de torture, est devenu moins barbare. Depuis cinq ou six ans nous le faisons presque raisonnable, grâce à d'intelligents esprits, comme madame Deschamps et quelques autres observatrices d'hygiène. Il y a le corset cousu et le corset non cousu ; le premier fait à la main ou par la machine à coudre, le second au métier Jacquart. Celui de Paris est cousu, et reste le plus illustre. Bapaume, Bar-le-Duc et Thésy fabriquent en grand le corset sans couture. C'est une profession maigre, où les femmes gagnent de vingt-cinq sous jusqu'à quatre francs. Celles qui gagnent quatre francs sont les maréchales. Et le bâton n'est pas au fond de toutes les gibecières.

Parmi les accessoires plus détachés du costume sont le parapluie et l'ombrelle. Le parapluie a perdu sa durée et sa presque inaltérabilité antiques. Moins solide, il est aussi moins lourd, et je lui accorderais même une sorte de grâce, sans la persistance égratignante et aveuglante de ses pointes, renouvelées des ailes du diable et de la chauve-souris. Après quatre cents ans, nous faisons le parapluie moins adroitement que les Chinois, lesquels l'ont toujours fait rond, ces barbares. Lyon fournit la soie pour le couvrir, Rouen le coton, et l'Angleterre l'alpaga. Poignées en bois de toute espèce, en corne de bœuf, de cerf, de bélier, de rhinocéros et de buffle ; tiges en bois, en bambou, en rotin, en acier ; carcasses en acier ou en baleine, cette marchandise rare qui vaut aujourd'hui quinze francs le kilogramme. Un parapluie couvert en coton coûte de 1 fr. 25 c. à 5 francs ; en alpaga, de 1 fr. 50 c. à 3 fr. 50 c. ; en soie, depuis 4 francs jusqu'à 40 francs. Sa sœur l'ombrelle représente plus de variété et de dépense ; outre la soie, le coton, la batiste, le velours, on emploie pour la couvrir la dentelle et la blonde. Il y a de telles garnitures qui vont à quinze cents francs, avec monture de cinq cents francs et davantage. Certaines pures ou impures qui ont des diamants à leurs souliers en ont aussi à leurs ombrelles. Pourquoi pas ? Lieux de production principaux : Paris, Lyon, Bordeaux, Angers. Chiffre annuel, de trente-cinq à quarante millions. Débouchés : l'Espagne, l'Italie, la Suisse, l'Allemagne, la Hollande, l'Angleterre, la Turquie, la Russie, l'Asie, l'Afrique et l'Amérique. Le métier n'est pas très-rémunérateur. Juste pour ne pas mourir de faim.

Avec le parapluie et l'ombrelle, et dans les mêmes conditions d'universelle exportation, viennent les cannes, fouets et cravaches. L'ouvrier paraît y gagner plus d'agent.

Notre canne est une invention parisienne et bourgeoise qui naquit un jour chez les merciers du Palais et s'étendit dans le beau monde à mesure qu'on porta moins l'épée. Les femmes s'en servirent bien avant les hommes, jeunes comme vieilles, pour se défendre des continuels risques de chute et d'entorse que leur imposait l'extravagance des talons hauts. La même raison, ces années dernières, en avait quelque peu ramené l'usage ; Cabourg, Dieppe et Trouville nous ont montré des baigneuses illustres appuyées sur des gourdins notoires. Cela va et vient.

La poignée d'une canne, comme on sait, peut être un objet d'art. Le duc de Luynes possédait une collection de l'espèce qu'on a dit extrêmement précieuse et curieuse. Tous les métaux y servent et toutes les pierres aussi ; sculpture et ciselure, orfévrerie et bijouterie. Cette jolie industrie, je le répète, est article de Paris et craint seulement la concurrence allemande. On dirait vraiment que les Allemands travaillent pour rien. Sobriété ? non, mais vivres et loyers moins chers, voilà leur secret, qui n'est pas le nôtre. Quatre millions de production environ, répartis entre cinquante ou soixante fabricants, dont plusieurs ont un nom et le signent, comme jadis notre fier Thomassin. Cannes et cravaches depuis cinq sous jusqu'à cent francs. Fouets à partir d'un franc.

Travail très-varié de débitage, rabotage, redressement et nuancement des bois (le gaz sert ingénieusement à ces deux opérations) ; moulage et placage de la corne et de l'écaille ; sculpture, gravure, ciselure des ivoires et des métaux. Quelques hommes, dit-on, gagnent sept francs : c'est bien beau ! La France fournit à nos fabricants le cornouiller, les épines, toutes les essences droites et dures de ses forêts ; l'Algérie fournit le palmier, le myrte, l'olivier, l'oranger, le caroubier ; les Indes, la Chine et le Japon fournissent les joncs, les rotins et les bambous. La garniture s'étend du cuivre et du fer au lapis et à la malachite, du chêne au rhinocéros. Toutes les façons se font à la main, excepté le tressage mécanique de la cravache et du fouet.

Un autre accessoire très-charmant est l'éventail. Cette frivolité délicieuse avait presque disparu, quand à Paris deux ou trois hommes d'esprit s'en emparèrent, il y a quelque trente ou trente-cinq ans. Citons tout de suite Duvelleroy, parce que personne ne le contestera. Ce vieux petit meuble des pays chauds n'avait plus beaucoup de raison d'être sous nos humidités parisiennes, à peine interrompues trois mois par an, quand il leur plaît ! mais il s'agissait industriellement de le rajeunir et de le varier selon le goût universel qui nous distingue, afin de le remettre en vogue et d'en fournir le monde entier. C'est arrivé.

Aujourd'hui trois mille travailleurs et davantage, du seul département de l'Oise, à Méru, au Déluge, à la Boissière, à Corbeil-Cerf, à Sainte-Geneviève, vivent de la monture de l'éventail de Paris, comme à Beauvais et autour de Beauvais MM. Dupont et Deschamps en font vivre un millier de la simple brosserie fine. Ces paysans, artistes nés, qui ne savent pas une ligne de dessin, gravent pourtant, sculptent et découpent des branches parfois merveilleuses, au moyen d'outils naïfs qu'ils fabriquent eux-mêmes et dont personne autre ne saurait se servir.

D'autres ouvriers plus instruits, et parisiens ceux-là, qui sont les *feuillistes*, appliquent sur ces montures ce qu'on appelle la feuille, teinture fine et double en papier, vélin, parchemin, canepin, batiste, taffetas, satin, crêpe ou gaze, plus ou moins richement et artistement peinte, brodée, enluminée, enjolivée. Certaines feuilles, cette année, étaient des tableaux signés Diaz, Gavarni, Eugène Lami, Glaize, Hamon, comme certaines branches étaient certainement de sculpture divine, inspirée et dirigée par Klagmann et par Fannière. La monture est en bois, en os, en ivoire, en écaille ou en nacre. Bois indigènes, comme platane, acacia, merisier, alizier, pommier, poirier, prunier; bois exotiques, comme acajou, palissandre, ébène, citronnier, bois de rose, sandal. Os, matière quelquefois belle, quoique vile; ivoire, à quarante francs le kilogramme; écaille, entre soixante et deux cents francs; nacre blanche de Madagascar, nacre noire de Sydney; nacre d'Orient, nacre verte, aléotide et burgot, trois provenances du Japon, etc. Il y a des éventails de cinq sous et il y en a de trois mille francs. La moyenne des salaires est de cinq francs pour la journée d'un homme. Cela peut être suffisant dans l'Oise, mais je doute qu'à Paris on en vive à faire envie.

Les moyens mécaniques sont pour beaucoup dans la production courante. Telle machine exécute pour deux francs, et à l'instant, ce que la main la plus active n'obtiendrait pas en vingt jours,

Depuis un sou de façon jusqu'à mille francs. Et le plus simple passe par dix ou douze mains. Duvelleroy nous parait toujours le fabricant auquel les magnificences du genre sont le plus volontiers familières.

Cette industrie verse à Paris plus de dix millions par an. Si ce n'était la Chine, et un peu le Japon pour les éventails à bas prix, la France aurait ici le monopole. Un quart consommé, trois quarts exportés en Espagne, Portugal, Italie, Angleterre, le Brésil, le Chili, le Pérou, le Mexique, la Havane, Buénos-Ayres et les États-Unis. Aux Indes un peu aussi : mais la Chine est là tout près, avec sa concurrence invincible.

Reste la parfumerie, branche mystérieuse autant qu'elle est énorme. Il ne nous paraitrait pas extrêmement téméraire d'en évaluer la production à quarante ou cinquante millions. C'est un état magnifique et funeste, où l'on fait fortune rapidement. Deux ou trois maisons de Paris changent de chefs tous les dix ans; lesquels chefs décennaux en ont retiré cinquante mille francs de rente et davantage.

La pommade et le savon sont des abimes. Ce qu'on vend six francs
en coûte le dixième parfois. Le mérite est surtout de bien envelopper.
Tel pain de savon qui, sous sa robe extérieure glacée, affecte une
dimension et promet une durée raisonnables, n'est au fond que le
noyau d'une pulpe de prospectus menteurs et de catalogues étour-
dissants. Tel pot, immense et charmant, ne contient que quelques
grammes. On se dispute les femmes qui sont adroites à cet habillage
des parfums. La valeur de presque toutes ces choses consiste
seulement dans leurs émanations. Suavité prévaut contre salubrité.
Nous sommes devenus, comme étaient les Romains de la décadence, extrèmement avides de senteurs pénétrantes, témoin notre
infecte passion du tabac. Peut-être ainsi recherchons-nous les parfums par homœopathie toxique, *similia similibus curantur*. Or les
parfumeurs de France sont les premiers du monde dans le maniement,
la distribution et la combinaison des odeurs : nul après eux ne saura
faire un *bouquet*. Dans toute notre Provence ancienne et moderne,
autour de Grasse, et de Cannes, et d'Antibes, et de Nice, la terre
dorée jardine et s'embaume à leur profit suprème. Que ne s'en
tiennent-ils donc, ceux de Paris, et de Nantes, et de Marseille, aux
huiles pures d'olive fine, imprégnées de fleurs, aux eaux distillées
avec ou sans alcool, aux extraits, aux sachets, à ces mille prépara-
tions non savantes? Mais point : il n'est parfumeur français et illettré
qui ne veuille être chimiste et en donner la preuve. Qui dit parfum
dit à présent cosmétique, mot ayant pour racine double l'univers et
la beauté. Or Dieu sait que de délits et de maladies ce mot transcendant renferme ! C'est ici surtout qu'il faudrait exiger la publication
des formules ; mais combien succomberaient de ceux qui s'y sou-
mettraient? Un seul peut-être a pu le faire sans crainte : c'est notre
ami Arrault, inventeur de la parfumerie sanitaire. Voilà pourquoi ses
produits n'étaient pas à l'Exposition.

# CHAPITRE XXV



Avant de passer aux aliments, parlons premièrement de leur mobilier : la vaisselle, les cristaux, le linge, quelques outils.

La poterie exquise que nous appelons porcelaine emprunte son
nom à un coquillage bizarre, dit galamment *conque de Vénus*. En
vieux français, *pourcelle*, d'où *pourcelline* ou *pourcellaine;* en italien
et en latin, *porcellana* ou *porcellina*. La racine de tous ces mots n'a,
comme on voit, rien de distingué. Naïveté touchait à crudité dans la
langue de nos ancêtres. La chose, étant tenue pour impudique, eut
pour parrain l'animal qui l'est le plus.

Nous ne savons pas bien quand on a commencé, en France, à faire
de la porcelaine. Il faut supposer qu'aussitôt que nos pères eurent
connaissance des produits de la céramique chinoise, le génie imitateur propre à tous les hommes dut les porter à chercher de quelle
nature ces produits pouvaient être. Les vieux potiers étaient forts
déjà; l'art de la décoration n'avait plus guère à leur apprendre. Dès
le neuvième siècle, les peintres-verriers, illustrateurs de maisons et
d'églises, promenaient çà et là leurs couleurs et leurs fours, appelant
à leur aide passagère les ouvriers du lieu, auxquels ils laissaient, en
échange d'une humble main-d'œuvre, quelque parcelle notoire de

leur science sublime. Ainsi, peu à peu, avec le goût des belles choses, se répandaient les procédés pour les obtenir. La grande école des émaux de Limoges vint plus tard perfectionner l'invention des couleurs vitrifiables. Et d'ailleurs n'avait-on pas les faïences émaillées italiennes et françaises? n'avait-on pas, surtout, le profit et la mémoire des admirables travaux de Palissy?

Restait donc à connaitre la composition de cette pâte marmoréenne à laquelle rien ne pouvait être comparé. On fit mille essais informes, gâtant et gaspillant, mêlant des matières qui s'en voulaient, se contrariaient, s'entre-détruisaient. Vers le dix-huitième siècle enfin, on crut bien avoir trouvé. Ce n'est pas très-vieux, et encore était-ce une erreur. On avait trouvé seulement la porcelaine tendre. C'est le kaolin (silicate d'alumine hydraté) qui fait la porcelaine dure ; or on n'avait pas le kaolin. La Saxe et Sèvres, ces deux renommées imposantes, ont commencé par la pâte tendre, laquelle fond au feu avant que la pâte dure ne soit cuite. Jolie, légère, douce et crémeuse à l'œil, grasse au toucher, mais d'un mauvais usage; accessible au frottement et se rayant au couteau. Ce qui n'empêche point les vieilles porcelaines tendres décorées de toujours valoir un prix fou, et la fabrique de Saint-Etienne les Eaux de vendre ses assiettes blanches jusqu'à quinze francs la pièce. Mode d'abord et préjugé ensuite. Un grand charme de couleur pour justifier le tout. Cela, d'ailleurs, n'est point pour qu'on y mange. Irions-nous point aussi manger dans les merveilles que grave et brode M. Jardin Blancoud le sublime?

Cette pâte tendre est en outre d'une composition difficile. Marne craie, sable ou silex, gypse, soude, alun, nitre et sel marin. Complication pousse à l'estime. La pâte dure est beaucoup plus simple : deux matières y suffisent, le kaolin (*china clay* des Anglais) et le feldspath ou *petun-sé* des Chinois. Le kaolin est une terre ; le feldspath est une pierre : les deux font un albâtre.

Nous avons le kaolin seulement depuis 1765, époque où des chercheurs de hasards le trouvèrent à Saint-Yrieix, près de Limoges. Le pays de l'émail était prédestiné. La Saxe, dit-on en Saxe, l'avait eu cinquante ans plus tôt. Il faudrait voir. Quel peuple, même nous, ne se vante pas?

De ces deux matières, broyées et mouillées, on fait une pâte que l'ouvrier travaille au tour. Voir ce travail est une bonne fortune. Je

l'ai vu à Bordeaux, en 1866, dans l'immense et nationale manufacture
Johnstone, aujourd'hui à M. Vieillard, qui n'a pas exposé, grâce aux
arrangements bizarres de la Commission. Les garnitures sont faites au
moule ou à la main, et collées sur le vase par la barbotine, qui est de
la pâte délayée. La pièce est mise à sécher, et va au four ensuite
subir une cuisson première, qu'on appelle biscuit par antiphrase;
puis on l'émaille et on la recuit. Les couleurs s'appliquent sur la pâte
quand elles peuvent supporter autant de feu qu'elle, ou bien, et plus
souvent, sur l'émail. Après quoi la pièce passe au feu une troisième
fois, mais tout doucement.

Les décorations de la vieille porcelaine se distinguaient par une
délicatesse et un fini particuliers. C'est que, pour la plupart, elles
étaient l'œuvre de peintres-émailleurs sur métal. Nous n'en sommes
plus à cette excellence, qui d'ailleurs serait loin de nous suffire. Les
mains habiles ne manquent pas, assurément; Paris seul emploie dix-
huit cents peintres : mais une bonne école manque, et ce que nous
voyons montre plus d'instinct que de dessin. Sèvres pourrait et devrait être cette école nationale, mais Sèvres ne daigne. A son défaut,
cherchons et aidons-nous. A Bordeaux on fait des élèves, qui empêcherait d'en faire ailleurs?

Quoi qu'il en soit, l'exposition française était encore, et de beaucoup,
la plus belle. C'est incontestable et incontesté. La Haute-Vienne et
la Creuse, le Cher, l'Allier, la Nièvre, l'Indre, Paris et les environs
de Paris fournissent abondamment cette marchandise saine, propre,
solide, appétissante et charmante. La porcelaine est partout sur les
tables aujourd'hui, comme la faïence égaye les buffets et les murs.
La terre de pipe a bel et bien disparu. Depuis qu'on peut cuire ces
bonnes choses à la houille, sans les noircir ni les salir, leur prix a
diminué de beaucoup. Voilà le secret. Le bois était devenu une ruine.

Occupons-nous d'abord et surtout de la porcelaine du Cher.

MM. Hache et Pépin-Lehalleur possèdent leur fabrique de Vierzon
depuis 1845; ils en ont plus que doublé l'ancienne importance. Sa
production, très-variée, comprend tout ce qui peut être fait en porcelaine, depuis ces lobes bizarres sur lesquels frémissent les fils par-
lants du télégraphe, et que l'on nomme des isolateurs, depuis les
vaisselles massives de restaurant qui tombent et roulent sans se
casser, jusqu'aux services de luxe les plus délicats, soucoupes

aériennes, tasses mousselines, problématiques finesses que des mains
de femme osent seules toucher. Avec la qualité, la beauté. Modèles
généralement exécutés sur les dessins et sous la direction d'un maître,
M. Charles Rossigneux. Ces fabricants n'avaient guère exposé
cependant que des articles usuels, laissant chez eux les fantaisies
spéciales qui font de leur dépôt à Paris un rendez-vous si attrayant.
Nous citerons principalement un service d'assiettes minces, dites *à
ombre,* qui défie et efface ce que Sèvres a prétendu et essayé dans
ce genre: un service à thé blanc, à côtes transparentes, tour de force
de grâce et d'originalité; des pièces de table entièrement nouvelles,
comme, par exemple, une salière couverte trifoliée que nous n'avions
jamais vue, et des fragments orientaux, italiens, japonais, pleins
d'étude et de bonheur. Tout cela beau de pâte, pur de teinte, parfait
de forme et même raisonnable de prix, au point qu'on se demande
quelle peut être, devant des industries privées de ce genre, l'utilité
pratique d'une manufacture de l'État.

Cette exposition générale de la céramique française était éblouissante. Elle ne comptait pas moins de quatre-vingts noms, tous notables
diversement, ou faits pour le devenir. En citer un conduirait à les
citer tous, même quand ce serait Pinart, ou Pull, ou Avisseau, ou
Gille, ou le prodigieux chinois-japonais Lebourg. Il est à Paris une
rue curieuse qui, au lieu de s'appeler rue de Paradis, devrait bien
plutôt s'appeler rue de Chine ou de la Porcelaine. Des deux côtés de
son amusant parcours, d'un bout quasi à l'autre bout, par les cours,
les allées, les vitrages et les balcons, vous ne voyez que porcelaines
blanches, décorées, dorées, de tout mérite, de toute forme, ambitieuses ou délicieuses, pour les monarques et pour vous, de cinq sous
la paire de vases à quatre mille francs : tout Limoges, tout Nevers, tout
le Berri et le Bourbonnais. Le regard s'y remplit de joie. Là d'abord
sont les dépôts de cinq ou six grandes fabriques; le reste est occupé par
des marchands, dont beaucoup laissent croire qu'ils sont fabricants.
Notre commerce a des habitudes qui manquent de clarté. Entre autres
exigences énormes, il s'oppose à ce que le producteur de porcelaines
marque ses produits en blanc. Il achète lui-même ce blanc, le fait
décorer et le signe. C'est un abus consacré. Autant de boutiques en
réalité, autant de fabriques en apparence. *Sic vos non vobis* sur
toute la ligne. Est-ce honnête? Non, c'est usité.

Tâchons, quant à nous, de rester dans le vrai.

La maison Ch. Pillivuyt est une ancienne et très-grande maison. Elle occupe de quinze à seize cents ouvriers et fait trois millions d'affaires. Sa vente seule de Paris dépasse cent mille francs par mois. C'est en même temps une maison honorable et savante. Notre maître céramiste Ferdinand de Lasteyrie l'a jugée juste et haut dans ses excellents travaux de l'*Opinion nationale*. Nous essayerons de dire comme lui, ne sachant et ne pouvant mieux dire.

M. Ch. Pillivuyt fabrique principalement à Mehun-sur-Yèvre, département du Cher, ayant là une usine où travaillent neuf cent cinquante personnes, puis à Noirlac, même département, puis enfin à Nevers. Il a, de plus, un atelier de décoration à Paris. Toute question de forme et de goût mise à part, ses mérites particuliers consistent d'abord à faire lui-même ses pâtes, secondement à les cuire blanches et superbes sans bois, et enfin dans l'application et le perfectionnement au grand feu de four de certaines couleurs décoratives.

Tout le monde sait que l'extension et la prospérité de la fabrication dite de Limoges tiennent en premier lieu à l'abondance des gisements kaoliniques qui l'avoisinent ; mais on ignore peut-être que la plupart des porcelainiers du Limousin ne font point les pâtes qu'ils façonnent, et les achètent toutes faites à des exploitants dont ils dépendent. Le moindre inconvénient qui en résulte est de ne pas toujours savoir ce qu'on emploie. M. Pillivuyt n'a point voulu de ces conditions ni de ces mécomptes ; il a étudié les terres autour de ses maisons, dans le Cher et dans l'Allier, tant et si bien que, dès 1846, il livrait au commerce des produits manufacturés au moyen de pâtes à lui, entièrement composées de matières recueillies par lui, et qu'aujourd'hui, à la suite d'études et d'améliorations successives, il fabrique toutes ses porcelaines sans une parcelle limousine quelconque. Ces pâtes, auxquelles l'industriel géologue aurait pu hardiment donner son nom, ont reçu de lui une appellation plus modeste : il les dit simplement pâtes du Berri.

Autrefois on ne savait cuire la porcelaine qu'au bois. C'est pourquoi, le combustible devenant rare, les innocents porcelainiers de Limoges le payaient fabuleusement jusqu'à treize francs le stère. La matière première est impitoyable. Les premiers essais de cuisson à la houille, cette chimère folle, au dire des routiniers, furent tentés à

Noirlac, par M. Vital Roux, qui ensuite les porta tout droit à Sèvres,
où ils ont fructifié. M. Pillivuyt, chef actuel de la manufacture de
Noirlac, reprit les tentatives de ce céramiste habile, et sut les pousser
au point que depuis 1855 il n'existe plus aucune différence appré-
ciable entre les deux façons de cuire ; tellement qu'à Limoges même,
ville forestière, sur soixante fours qui chauffent, il y en a quarante à
la houille. Ces fours à flamme dévorante et longue, à tirage effrayant,
doivent leur système presque entier à M. Pillivuyt.

Abordons maintenant le mérite qui, selon nous, assigne à cette
progressive maison un rang véritablement incontestable, celui de la
coloration décorative. En 1855 — la date n'est point indifférente —
on la vit apporter à l'exposition universelle des reliefs blancs en barbotine, sur fonds de couleur, céladon et autres, qui purent mettre
Sèvres et les imitateurs de Sèvres en un certain émoi. Depuis lors,
forte de la coopération de M. Hulot, son chimiste-céramiste, elle a
entrepris l'étude des couleurs au grand feu dur sous émail, dans le
but hardi et décisif d'arriver à cuire d'un seul coup la pièce et son décor, en obtenant simultanément l'éclat vif et l'éternelle inaltérabilité.
C'était la porcelaine détrônant une seconde fois la faïence ; c'était la
tradition détruite au profit d'un avenir nouveau. Il y avait loin du
pauvre feu de moufle à ce désir immense, et les chauffe-doux de la décoration mignonne ont eu là de quoi se scandaliser.

Ces laborieux hommes ont réussi. Ils possèdent à cette heure une
gamme polychrome suffisante à produire des effets neufs et im-
prévus, un camaïeu bleu de toute beauté, un camaïeu brun remarquable, le tout sortant du four à l'état d'achèvement parfait après
avoir subi une chauffe de douze à quinze cents degrés. Les pièces
ainsi traitées par eux ont été un des saisissements de l'Exposition.

Ajoutons-y une série de pâtes roses colorées dans la matière et
transparentes comme des fleurs.

M. Rousseau, fabricant parisien, est un artiste excessivement distingué. Tout ce qui porte son nom porte aussi son cachet. On pourrait
appeler M. Rousseau le patricien de la porcelaine, ou un orfèvre en
terre, tout au moins. Sans user précisément de procédés qui lui soient
propres, il sait, à coup sûr, choisir les meilleurs et les employer avec
un art, un goût, un bonheur infinis. Son petit magasin arrête l'amateur et le charme comme font au boulevard Poissonnière les vitrages

illustres de Barbedienne. De même était son exposition. Nous y avons remarqué principalement des pâtes rapportées, à effets métalliques sous émail, faites avec de la porcelaine dure dans laquelle sont ajoutés des oxydes colorants; quelques très-jolis vases en porcelaine tendre, avec reliefs en émaux de couleur; des peintures sur porcelaine dure au demi grand feu, etc. Tout cela d'un achèvement exquis; conçu, dirigé, traité en vertu de l'amour et de la religion du beau. Puis une grande et curieuse chose, qui est un panneau en faïence inspiré par le système des vitraux peints. Jusqu'ici, lorsqu'on avait à exécuter en faïence quelque vaste scène à grands personnages, on procédait par pièces carrées qu'on rapprochait et rapportait, si bien qu'une tête pouvait se trouver coupée en travers ou en long, avec du mastic pour orner l'hiatus. M. Rousseau ne commet point de ces meurtres. Ses israélites porteurs de la grappe miraculeuse sont découpés selon leurs silhouettes; tout est à sa place et s'emmanche raisonnablement. En 1858, M. Boulenger, d'Auneuil, l'excellent fabricant de carreaux incrustés, avait aussi pris un brevet pour le découpage rationnel de la céramique à sujets, « en suivant les lignes du dessin de manière que le raccordement des parties se trouve dissimulé dans ces mêmes lignes, et que chaque partie ait des dimensions capables de lui faire supporter la cuisson sans altération dans sa forme. » Qui cherche le vrai peut rencontrer son semblable.

Un autre genre de travail, infiniment plus modeste, a fait devant le public le succès de M. Rousseau. Ne parlons point ici du jury : il a été pour lui comme pour Pinart et pour Pull, barbare. Il s'agit d'un service en faïence, décoré d'oiseaux, de poissons, de papillons, de scarabées, qui sont jetés comme par hasard dans un coin de l'assiette. Ces sujets s'impriment avant la cuisson, au moyen de planches à l'eau forte comme Bracquemond les dessine. On peint par-dessus, et l'on met la pièce au four à grand feu. C'est ravissant et solide à tout supporter. Adieu présentement, vieux saladiers et vieux plats !

Il y a un autre mérite encore à ces assiettes, et qui n'est pas le moins grand, c'est qu'on les vend dix-huit francs la douzaine. L'heureux Rousseau n'en fera pas assez.

Nous voici maintenant devant une immensité, la manufacture de Sarreguemines, qui fait quatre millions et occupe deux mille ouvriers. Il y a un siècle, étant au milieu des bois et à portée d'une terre à po-

tier, un nommé Jacoby entreprit là-bas une toute petite fabrique de
faïence commune. Cet embryon passa, en 1791, aux mains de
M. François-Paul Utzschneider, qui le fit grandir quarante-cinq ans
durant et lui laissa son nom vénéré. En 1836, M. Alexandre de Geiger
en prit la direction. La fabrique faisait alors 350,000 francs, le douzième d'aujourd'hui. Ces jeunes mains nouvelles étaient fortes.

La manufacture de Sarreguemines est dans les rares établissements
qui figurèrent à l'exposition de l'an x. Elle y obtint la médaille d'or ;
et depuis, ce fut ainsi toujours, de l'an x jusqu'à 1867, par rappels
interminables du premier rang. En 1819, décoration de son chef,
M. Utzschneider ; en 1844, même distinction au successeur de celui-
ci, M. Alexandre de Geiger ; et cette année, honneur semblable à
M. Paul de Geiger, qui est le directeur actuel. Le livre de gloire est
écrit à toutes les pages.

Voici ce qu'on fait aujourd'hui à Sarreguemines. 1° Les terres
allant au feu, origine de la réputation de l'établissement : terre jaune,
engobée blanc ou noir et marbrée ; terre rouge, dite carmélite, engobée et marbrée ; terre noire engobée blanc, qui est la plus estimée.
Engobé veut à peu près dire émaillé. 2° Le cailloutage ordinaire, impro-
prement appelé porcelaine opaque, blanc, marbré, imprimé ou peint
sous émail. 3° Le cailloutage supérieur, dit china ou granit, produit
nouveau, blanc, solide, superbe, d'un émail très-favorable à la peinture, soutenant victorieusement la concurrence avec l'*iron stone* des
Anglais. 4° Le parian, biscuit dont la teinte rappelle celle du marbre
de Paros, produit servant à faire des objets d'art et de fantaisie. Les
Anglais l'ont plus beau que nous. 5° La porcelaine tendre à base de
phosphate de chaux ; concurrence aux Anglais encore. Cela sert à faire
des services de dessert, à thé, à café, des vases, des buires, et reçoit à
merveille tous les genres de décoration. 6° Le grès cérame, l'un des
grands et historiques succès de la maison, qui déclare hardiment n'y
redouter aucune comparaison que ce soit. 7° Les terres polies imitant
les porphyres, les jaspes et les bois pétrifiés. Ce genre de produits,
tout à fait particulier à Sarreguemines, s'obtient à la plus haute température connue. On en fabrique des vases et des ornements de haut
style.

Tout enfin se fait à Sarreguemines, excepté la porcelaine dure. Et
c'est pourquoi la société monte en ce moment même une **fabrique à**

Limoges, afin de pouvoir répondre à tous les besoins, sans exception.

Après l'assiette le verre.

Je professe un grand respect pour l'industrie des photographes. Je dirai même que, dans certains cas, mon respect se double d'admiration. Écrire, comme Carjat, avec des rayons me paraît chose divinement orgueilleuse et merveilleuse. C'est pourquoi je m'afflige que parmi ces savants il s'en trouve qui ne sachent pas lire. Lorsque, dans cette exposition sans pareille, parcourant le surabondant groupe troisième qui était le mobilier, vous aviez fini de voir le bois et vous alliez finir de voir le bronze, à votre droite apparaissaient deux montres immenses réunissant ce que les verriers de notre France ont jamais fait de plus beau. A l'une, celle que l'on voyait d'abord, l'affaire principale se nommait Saint-Louis ; à l'autre elle se nommait Baccarat. Deux géantes, autrefois sœurs et maintenant rivales, nous éblouissant là côte à côte et sans se nuire, comme elles font aux deux moitiés du palais qui premièrement leur était commun, dans la rue céramique de Paradis-Poissonnière. Or sur les bandes, le front et les bords des étagères et des tables monumentales qui supportaient la cristallerie de Saint-Louis, ce nom royal était partout écrit, lisiblement et visiblement, en lettres noires trouant un fond blanc pour s'en élancer et vous percer l'œil : d'où vient donc qu'un photographe, en prenant ceci pour le mettre dans son stéréoscope, a trouvé moyen d'y lire Baccarat ?

Il est vrai que le public s'y trompe de même, et prend Saint-Louis pour Baccarat ; mais le public n'est pas obligé de savoir. Nous le prions donc d'avoir pour entendu que Baccarat (Meurthe) et Saint-Louis (Moselle) font deux.

Le cristal, à bien dire, n'est autre chose que du verre perfectionné. Dans le cristal il y a du plomb, dans le verre il n'y en a pas ; la soude est une des bases de celui-ci, et la potasse une des bases de celui-là : voilà tout. Le verre proprement dit existe depuis la haute antiquité. L'Égypte, la Grèce, l'Italie, les Gaules, firent en verre des choses que peut-être nous ne referions pas. On connaît, de ces vieilles dates, des verres noirs avec applications en émail blanc ; c'est étrangement beau. Tout le monde a entendu parler du fameux vase de Portland, un chef-d'œuvre de restauration qui fait aujourd'hui l'orgueil du Musée Britannique ; il est bleu foncé et des camées blancs l'illustrent. Cette admirable pièce a été trouvée en Italie, lors des fouilles du tombeau d'Alexandre Sévère, un potentat mort il y a seize cent trente-trois ans. Venise, l'une des grandes patries du verre, sut quasi le faire en naissant, et cette jalouse le garda seule en Europe jusqu'au seizième siècle, où la Bohème le lui prit, et la France aussi un peu. Depuis lors la Bohème a gardé sa gloire, mais Venise a perdu la sienne.

L'Angleterre, peuple de négociants chimistes, fit et montra du verre pour la première fois au septième siècle, dit-elle, mais véritablement en 1557, à Savoy-House, dans le Strand, qui est la rue Saint-Honoré de Londres. Deux cents ans plus tard, d'essais en essais, pratiquant tout et y persévérant pour obtenir un verre de moins en moins coloré, les Anglais finirent par employer l'oxyde de plomb comme fondant, et le cristal de main d'homme fut trouvé, produit magnifique, transparent, brillant, pur, puissant réfracteur de la lumière, se taillant jusqu'à jouer le diamant, insensible aux acides autres que le fluorhydrique, et par-dessus tout blanc comme la glace d'eau de roche. Il y eut peine de mort pour qui en révélerait le secret !

Venait alors, dans cette Lorraine devenue française, berceau antique et renommé de tant de verriers gentilshommes, au sein du vieux comté de Bitche, pays sobre, d'agriculture pauvre, de s'établir, sur l'ancien emplacement des verreries à vitre de Münsthal, la verrerie royale de Saint-Louis. On n'y faisait encore que du verre et de la gobeletterie commune, lorsque, en 1781, son directeur, M. Beaufort, fouillant aussi et chauffant, trouva le cristal à son tour, et patriotiquement nous affranchit du tribut payé à l'Angleterre. Ainsi le reconnut l'Académie des sciences, le 28 janvier 1782, par l'organe solennel de ses rapporteurs, qui étaient le célèbre Macquer et M. Fougeroux de Bondaroy. Depuis douze siècles déjà, la France connaissait le verre, si l'on en croit les vitraux des églises de Brioude et de Tours. Le faisait-elle? on ne sait.

C'est donc à Saint-Louis que revient l'honneur de l'invention du cristal français. Cela, bien entendu, n'est dit afin de diminuer personne, mais chaque usine a droit de revendiquer son histoire. D'abord Saint-Louis fit du cristal pour huit mille francs par mois, et c'était déjà trouvé grand. Peu à peu ensuite on n'y fit plus que du cristal.

et aujourd'hui cette production atteint trois millions et demi de francs
annuels, obtenus par seize cents ouvriers environ, lesquels coûtent
tous les mois quatre-vingt-dix mille francs, et opèrent journellement
sur seize mille kilogrammes de cristal dont quatre fours se partagent
la distribution. Voilà pour Saint-Louis tout seul.

C'est un chiffre présentable, et nous sommes loin des cent mille
francs glorifiés de la fabrication première. Sur la somme générale des
produits, un peu plus de la moitié nous reste; le surplus est pris
par l'étranger, et nous avons le regret d'avouer que les plus beaux
morceaux y passent. En cristal comme en métal, la France n'est pas
assez riche pour payer sa gloire industrielle.

Saint-Louis fabrique tous les verres de couleur possibles à exécuter aujourd'hui. Les efforts dans ce sens y sont continuels. Aux tons
généraux que les cristalleries connaissent, violet par oxyde de manganèse, bleu par oxyde de cobalt, vert par oxyde de chrome, jaune
par oxyde d'urane, rouge par le cuivre, etc., Saint-Louis ajoute ses
superbes imitations de malachite, et le rubis sur cristal à la façon de
ceux de Bohême. Saint-Louis, le premier, a fabriqué le *luft glass*
qui nous rend les anciens verres de Venise, avec des fils d'émail
entre-croisés dans la masse; le *flecht glass*, un verre filigrané à
cannelures transversales dans lesquelles la lumière joue délicieusement; les verres marbrés blanc et de couleur, de nouveaux verres
filés, des imitations de fruits surprenantes, toutes choses qu'aucune
autre verrerie n'avait présentées encore. Depuis trois ans on y a résolu
le problème difficile et délicat de la fabrication à la houille à pots
découverts, opération jusque-là déclarée impossible, mais qui maintenant s'accomplit couramment, sans péril aucun pour la blancheur
des produits. Voilà donc le cristal affranchi de la nécessité de cette
rareté progressive qui s'appelle le bois. Baccarat n'en est pas encore
là, ses bois flottés lui viennent toujours. Mais le temps menace et les
riverains se plaignent.

Décrire tous les luxes dont l'exposition de Saint-Louis se composait serait absolument impossible. C'était, entre autres, deux candélabres immenses, pièces hautes de dix-huit pieds, dont la base, ornée
de rinceaux tout-puissants, soutient un vase étrusque taillé à larges
prismes, lequel supporte un bouquet de cent lumières. Il n'y a là
dedans rien que du cristal blanc taillé, et ces deux pièces seraient

sans doute les seules au monde de la fabrique sans le lustre de même
style, à cent soixante lumières, qui leur servait de milieu. Baccarat,
certainement, est un de nos côtés grandioses, et se manifeste par des
beautés de premier ordre ; les Anglais font toujours des cristaux dont
la blancheur extrême nous embarrasse : mais où retrouver la majesté
tranquille de ces prodigieux candélabres ?

Puis une grande coupe en cristal blanc supérieurement taillée,
avec médaillons gravés en relief au mat et représentant le Commerce,
l'Industrie, les Sciences et les Arts. On grave à Saint-Louis par quatre procédés, dont le premier, la gravure à la roue, est ancien, tandis
que les trois autres n'ont eu que dernièrement leur application industrielle : celui par l'acide fluorhydrique, qui grave en clair ; celui
par le bifluorure, qui grave en mat ; et enfin un mode de gravure en
relief dépoli, procédé tout nouveau, qui est celui de cette grande et
belle coupe. Sont gravés de même des vases en doublé bleu qui ont
fait notre étonnement.

Puis deux autres coupes montées l'une sur bronze, l'autre sur
bois, ornées de sujets de chasse merveilleusement gravés par Winckler, un homme unique, artiste naturel, savant par instinct, qui,
sans maître jamais ni modèle, compose sur sa roue et lui dicte tout
ce qu'il rêve, avec un bonheur inouï. On s'arrachera un jour les cristaux gravés par Winckler.

Puis un riche surtout de table en cristal blanc sur bronze doré,
peuplé d'animaux et de plantes qui racontent les quatre Saisons ;
des buires en filigrane, comme Venise en faisait ; des vases et coupes
de malachite Saint-Louis ; des pièces en rubis et des pièces ombrées
de tons particuliers et remarquables. — le rubis s'obtient, je crois,
par l'or, richesse par richesse, — et tout ce qui peut servir à la table
et à la toilette, des nécessaires, des boîtes à liqueurs, à thé, à
gants ; jardinières, cache-pots, vide-poches, verres d'eau, lampes, etc.
Sans compter des peintures sur mat du plus heureux effet.

Et tout cela se fait à Saint-Louis, peinture, décor, bronze, monture,
sous les ordres d'artistes estimables tels que M. Bugleau le sculpteur, et M. Reyen le dessinateur, chargé de plus d'une école de dessin
spéciale à l'usine. Le reste du service à l'avenant. On vit bien là, on
est heureux. Saint-Louis est une grande et bonne institution qui vaudra toujours mieux que ce qu'on en pourra dire ; et, si la production

française du cristal, autrefois insignifiante, atteint aujourd'hui le chiffre annuel de douze millions, les efforts de l'ancienne verrerie à vitre de Münsthal y sont assurément pour une grande part.

Il est vrai que la fabrication anglaise s'élève à quarante millions, ce qui nous met encore loin de compte. En avant donc, toujours en avant ! c'est le mot de MM. Seiler et Surloppe.

Après ou avant l'assiette et le verre, le linge. Le linge de table n'est point un vêtement, c'est un meuble ; pourquoi ne l'avoir pas classé parmi les meubles ? Qui dit la nappe, autrefois *mappe*, dit la table ; annoncer que la nappe est mise, c'est inviter à bientôt nous asseoir au festin. Le beau linge est partie du beau couvert comme la belle argenterie, la belle verrerie, la belle vaisselle ; il est venu avec l'autre luxe et n'en doit pas être séparé. Le temps est loin où nos ancêtres mangeaient en des écuelles de terre vile, sur leurs tables nues et point rabotées, s'aidant de leurs doigts, faute de fourchettes et cuillers, ustensiles hérétiques, anathématisés comme portant l'homme à devenir gourmand et voluptueux. Plus tard on couvrit ce bois rude de peaux et de cuirs dont aujourd'hui les toiles cirées rappellent le souvenir économique ; alors le linge était encore inconnu, et quiconque tenait à manger proprement apportait avec lui sa serviette en poche, comme aujourd'hui notre mouchoir. En ce temps naïf la chemise même était rare, si fort que la reine Isabeau, celle qui donna la France aux Anglais, faisait merveille en ayant deux de toile, Les autres la portaient de serge, d'où venait la lèpre à plusieurs, par disposition particulière.

Tant que le linge de table ne fut qu'en simple toile de lin, de chanvre ou de coton, tout au plus décorée d'un listel ou liteau bleu, rouge ou blanc, rien n'eût empêché de le confondre avec le linge de corps, qui est du vêtement au premier chef. Mais depuis que les Flamands de Courtrai imaginèrent, à la fin du quinzième siècle, d'appliquer au travail du lin les procédés artistiques par lesquels les tisserands de Damas enjolivaient et embellissaient celui de la laine et de la soie, le linge de table ainsi ouvré et *damassé* est devenu un côté très-précieux du matériel de la salle à manger. Les Flamands y furent tout de suite si habiles que leurs *tableaux*, paraît-il, émerveillaient Jacques Van Eyck, qui se connaissait en tableaux. je suppose ! Furent-ils les premiers même ? on ne le sait guère, puisque,

dit-on, un jour de sacre, les bourgeois et marchands de Reims en
avaient offert de leur ville sainte au monarque indigne qui laissa
brûler Jeanne Darc. Toujours est-il que de Belgique cet art charmant
s'étendit en Hollande, et passa de la Hollande en Saxe, où les con-
quêtes du premier empire l'ont repris pour nous le ramener, ainsi qu'en
témoigne un métier de cette nation déposé au Conservatoire de Paris.

Mais, bien que possesseurs du métier, nous ne faisions pas beaucoup l'étoffe, et, jusqu'à ces vingt ou trente dernières années, la Belgique continuait à nous fournir le linge ouvré fin, qui comporte le
damier simple et l'œil de perdrix, comme la Saxe et la Silésie nous
fournissaient le damassé proprement dit, orné de fleurs, de gerbes,
de chiffres, de richesses, avec figures d'hommes et d'animaux. Chose
fort belles sans doute, mais éternellement les mèmes. Le mouvement
perpétuel n'est qu'en France, industriellement parlant.

Maintenant, que faut-il croire des trois générations de la famille
Graindorge, qui passent en Normandie, et à Caen particulièrement,
pour avoir trouvé l'ouvré et le damassé vers le seizième siècle, après
déjà que les avaient trouvés Courtrai et Bruges? Cette tradition plus
nationale a sans contredit de quoi nous toucher; laissons-la donc pour
ce qu'elle est, sans trop nous étonner qu'à une époque sans communications promptes, Jean Graindorge, premier du nom, Richard, fils
de Jean, et Michel, fils de Richard, aient cru de bonne foi découvrir
dans l'Ouest ce qu'en ce temps-là même le Nord, plus orientalisé,
possédait.

Aujourd'hui d'ailleurs Reims ne compte plus dans l'espèce, et la
Normandie ne compte guère. Ce qui pourtant n'empêche point que
nous ne tenions la tête de la fabrication européenne. Nous avons
Pau, le Doubs, les Vosges, aux articles restreints et peu connus;
nous avons surtout le Nord, et Lille, et Fives, cette commune an-
nexée à Lille en 1858, où grandit sans cesse et fleurit l'admirable manufacture de MM. J. Casse et fils.

Ce qui fait que nous n'avons à craindre ni la Saxe et la Silésie,
dont les dessins surannés et fatigués ne se renouvellent plus : ni
l'Angleterre et l'Écosse, qui travaillent très-bien mais sont obligées,
quand elles veulent avoir un goût, de nous le prendre : ni l'Espagne et
la Russie, qui n'en sont qu'à leurs débuts tremblants : ni la Belgique
enfin, que le besoin de faire à bon marché précipite.

Cette belle fabrique Casse est une puissance et une autorité, quoique toute jeune encore, parce qu'elle représente et concentre les progrès accomplis et les succès obtenus depuis la première exposition universelle. Sa grande salle du tissage mécanique, à Fives-Lille, a douze cents mètres carrés sur sept de hauteur. Ces dimensions expliquent ce que contenait la vitrine de MM. Casse et fils à l'Exposition. Au centre, une nappe à thé, représentant la Pêche miraculeuse, d'après le tableau de Rubens, figures de grandeur naturelle. Ce chef-d'œuvre, obtenu en blanc sur gris par le procédé Jacquart perfectionné, dépasse en dimension comme en exécution tout ce qui avait été fait jusqu'ici. Puis d'un côté une nappe allégorique du pain, la Moisson, groupe d'enfants faucheurs plein de grâce et de vérité ; de l'autre, l'allégorie de la Paix, où, sous les traits féminins d'un personnage illustre, la déesse consolatrice apparaît dans un char qu'emportent des colombes, étendant sur la terre apaisée l'olive douce qui ferme les blessures. Beau vœu qu'on ne se lasse ni de former ni de tromper !

Et maintenant que nous voilà aux choses qu'on mange et boit, il faut dire un mot de deux outils ravissants qui, à la rigueur, suffiraient à notre cuisine. On dîne très-bien d'une côtelette et d'une tasse de café. Ces deux outils sont le grilloir de M. Gosteau et la cafetière de M. Raparlier. Le grilloir supprime les infects inconvénients du gril et multiplie ses avantages. Au lieu de mettre le feu sous la viande qui s'y égouttait à puanteur et malpropreté si grandes, il le met dessus. Voilà tout le mystère. Simple comme bonjour, mais il fallait le trouver.

La cafetière de M. Raparlier s'appelle l'*excellente*. Aussi l'a-t-on contrefaite à qui mieux mieux. Elle est une théière aussi bien qu'une cafetière, et je pense bien que dans aucune autre il ne se fait infusion meilleure. Elle a, comme plusieurs, pour système la production de la vapeur traversant la matière à faire infuser ; mais elle est la seule dont le tube et le filtre soient réunis et mobiles, et permettent de les retirer pour les nettoyer. C'est tout. Gracieuse de forme, au reste, fonctionnant à merveille et pouvant, démontée, se mettre dans la poche.

# CHAPITRE XXVI



Le groupe des aliments et boissons. — Vénézuéla. — Une espérance déçue.

Le septième groupe, dit des aliments et boissons, était prodigieux de nombre. La meilleure mesure que nous en puissions donner sera que les sept classes qui le composaient ont obtenu du jury deux mille trois cent vingt-quatre nominations. Cela faisait une double ceinture appétissante à la construction de dix millions qu'on vient de vendre à la ferraille. Quatorze cents mètres de longueur en dehors, et treize cents mètres en dedans : une inspection de trois quarts de lieue, sans compter un très-amusant éparpillement parmi les arbres et les herbes si regrettés du parc. Les abris seulement où chacun mangeait et buvait, dont les tenants comptaient tous et payaient comme exposants, dépassaient quatre-vingts ; quelques-uns somptueux. On y pouvait bien ou mal traiter douze mille personnes à la fois. Nous en ferons le dénombrement. La sobriété dont à présent les restaurateurs désabusés se plaignent est un résultat forcé de cette extra consommation douteuse, coûteuse, polypharmaque et polyglotte. Paris, cette année, est à la diète : d'estomac et d'argent.

Le groupe de la nourriture, de ses peines et de ses joies, qu'affecte aujourd'hui de reprendre en pitié, comme au moyen âge, une école religieuse, hypocrite, maussade, malade, lucifuge et mystagogique, comprenait donc universellement sept classes : les céréales et autres produits farineux comestibles; les œuvres de la boulangerie et de la pâtisserie; les laitages, fromages, beurres et huiles de table; les viandes et les poissons préparés; les légumes et les fruits; les condiments et stimulants, avec l'art du liquoriste et celui du confiseur; enfin la capitale et curieuse classe soixante-treizième, dite des boissons fermentées.

Ce qui représente pour la France seulement, et bien à peu près, cent ou cent vingt millions d'hectolitres de blé par an, vingt-deux millions d'hectolitres de seigle, seize millions d'hectolitres d'orge, treize millions d'hectolitres de maïs, millet et sarrasin; et enfin, quand la maladie le permet, cent millions d'hectolitres de pommes de terre. Ajoutons quatre-vingt-dix millions d'hectolitres d'avoine, dont l'homme mange une partie, et ne comptons pas même les infinis légumes.

Joignez à cela, de consommation annuelle, cent millions de kilogrammes de fromage, pour deux cents millions de francs de beurre, et deux cents millions d'œufs rien qu'à Paris, le surplus étant incalculable. Viande dans les villes de dix mille âmes et au-dessus, cinquante-trois kilogrammes et demi par tête, ce qui n'est pas beaucoup. Paris seul en a le double. Ailleurs et dans les champs, on ne sait, mais c'est bien moins encore, à coup sûr. Tel paysan qu'on ne dit pas misérable aborde à peine la boucherie deux fois par an, quoiqu'il nomme aussi les députés! Ainsi l'orfévre mange sa soupe dans du fer, et celui qui fait les bijoux n'a pas toujours de souliers.

La gourmandise et ses douceurs nous font fabriquer par an deux cents millions de kilogrammes de sucre de betterave, avec autant venu des colonies; onze millions de kilogrammes de chocolat véritable, pour quarante millions de francs de bonbons et de confitures, pour quarante-cinq millions de francs de liqueurs, pour quarante-deux millions de francs de condiments, etc. Sans parler du café et des contrefaçons de café.

Jugez ce que tous ces chiffres et bien d'autres impliquent de labeur et de terre, et de bras et d'efforts, et de science et d'argent! et si c'est donc là, en vérité, une production vile, servant purement aux viles jouissances de la chair vile, ainsi que d'abord et superbement en parlait la délicatesse dyspepsique de certains commissaires, hésitant, nous a-t-on dit, à trouver l'agriculture digne des honneurs et des récompenses de l'Exposition!

Le chapitre français et autre des boissons n'était pas moins intéressant. Nous y viendrons tout à l'heure. Du vin, malheureusement nous faisons de l'eau-de-vie, et la fabrication de celle-ci est éclatante et formidable. Dans la campagne de 1865 à 1866, douze millions d'hectolitres de vin ont été brûlés, et de leur combustion est sorti un million d'hectolitres d'alcool. Puis une masse épouvantable de mélasses, de betteraves, de légumes, de fruits, de grains, de marcs, a passé par l'alambic, nous laissant un appoint fatal de huit cent mille hectolitres à peu près. Et les producteurs ne sont pas contents. Soixante-dix mille dernièrement pétitionnaient à l'effet d'obtenir l'abaissement du droit, pouvant, disent-ils, et prétendant fabriquer beaucoup plus. Le cidre aussi s'en mêle. Notre vin de pommes se change en *calvados*, liqueur d'un empyreume déchirant. Parmi les enseignes de ce siècle, il y aura certainement l'eau-de-vie. C'était assez pourtant du tabac !

Dans les nominations accordées au septième groupe, un grand nombre n'étaient pas individuelles et embrassaient des collections nombreuses : sociétés, comices, unions, cercles, commissions, académies, chambres de commerce, villes, départements, gouvernements. On en multiplierait la moitié par cent qu'il n'y aurait encore rien de trop. Ayant surtout affaire aux produits où l'art apparaît, nous ne parlerons guère que des boissons et quelque peu aussi des conserves alimentaires. La France y tient un rang dont l'univers profite.

Aux étrangers d'abord cependant. La Nouvelle-Écosse brillait entre tous par une préparation superbe de poissons et de crustacés. Les États-Unis avaient des fruits d'une beauté suprême, mais de conservation imparfaite. Si ce Nouveau Monde, heureusement si jeune, connaissait les procédés de l'Ancien, il couvrirait le globe de ses végétaux splendides. L'Angleterre, à un rang très-secondaire pour les douceurs, se tenait plus haut par les conserves de viande cuite de M. Morton, comme par les pickles et les sauces de MM. Cross et Blackwell, Batty, Burgess et Cᵉ, éveille-soifs et râcle-palais s'il en fut ! En Prusse, peu de chose. En Autriche, rien de remarquable. La Norwége a eu la médaille d'or des poissons, préparés de façon incomparable par les saleurs et pêcheurs de Bergen. Le Danemark venait ensuite. L'Espagne avait une production potagère fort riche et des conserves de fruits très-méritantes, outre ses raisins de Malaga, qu'on eût dit des grappes de prunes fleuries. Le Portugal, mal jugé, présentait des conserves de thon ; l'Italie, sa mortadelle immortelle ; la Prusse, les pois de la Baltique et ses jambons ; la Belgique, l'exquise pâte de pommes de MM. Mirland et Cᵉ ; l'Amérique du Sud, ses viandes pressées, séchées, injectées, essayées et manquées de toutes les façons ; la Russie, ses choux rouges et son caviar.

Mais la vraie cuisine est toujours chez nous, et continent comme outre-mer sont obligés d'en relever. Paris avait M. Bignon, le maître du café Riché, grand prix d'agriculture pour les admirables défrichements de son domaine de Theneuille, exposant universel des choses de la vie, médaillé d'or à cause utile et précieuse de viandes de diverses races préparées à divers degrés, jointes à une collection de gibiers conservés pour l'époque où l'on ne chasse plus. Cet expert, dont le jugement fait autorité, apportait de même et renouvelait des spécimens de fruits de saison les plus recherchés de la consommation et les meilleurs comme les plus faciles à cultiver. On lui devait mieux encore qu'il n'a obtenu. Le grand industriel Salles fils, de Charonne, médaillé d'or pour ses conserves de légumes, ne cédait non plus le pas à personne dans l'art de la cuisine exportée à toute distance et sous tous les climats. Préparation exemplaire et savante, excellence de goût, prix modérés, qualité et durée. Quelle épreuve plus concluante que sept mois sans altération dans les intempéries du Champ de Mars? La vieille et triomphante maison Chevet. M. Billet, de l'hôtel de Provence. Le roi des charcutiers Dronne, homme de talent et de conscience en son état scabreux, pâtissier habile autant que fin cuisinier. M. Battendier, M. Briant et M. Fontaine, maîtres de la truffe avec M. Salles. M. Mouton, le préparateur pittoresque. L'illustration sans pair du vinaigrier Bordin, que nul n'efface, pas même Maille, deux noms restés comme symboles de toute loyale marchandise. Et après ceux-là et près de ceux-là, une légion !

Et celui qu'il eût fallu nommer le premier de tous, comme aussi le jury l'a nommé, notre français-américain Martin de Lignac, ayant, paraît-il, trouvé le vrai secret pour, à bon marché conserver et faire manger la chair des bœufs et les jambons de l'Atlantique. Bienfait immense, s'il est réel.

Après Paris venaient, comme rang, Strasbourg et Bordeaux.
Strasbourg, avec ses deux plus grands noms : premièrement Doyen,
digne petit-fils du créateur véritable des pâtés de foies gras ; secondement Henry, le poëte olympique des terrines de gibier. Bordeaux
et la colossale maison Rodel, qui méritait la médaille d'or, inventeur
de boîtes pleines contenant et portant aux Antilles un dîner tout prêt
pour douze personnes; Louit et Cᵒ, fournisseurs cosmopolites non
moins considérables ; puis Grémailly, l'aimable maître de l'hôtel des
Princes, un Bourguignon transplanté, savant de père en fils et salué
par Monselet maréchal du foie de canard. Madame Deschamps-
Bourdeille, de l'hôtel de France à Brives, autre renommée culinaire
de bon ordre. Les sardines de Philippe, à Nantes, et des frères Pellier.
au Mans. Les huîtres incomparables de Pignolet et Aumont, à Granville, meilleures que les fraîches et moins chères. Les royales terrines
de Tivolier, à Toulouse. Les truffes du Lot, conservées intactes par
Boyer et Heyl, de Gignac. Les fruits et légumes de Saucerotte et
Parmentier, à Lunéville. Que sais-je !

Puis nos colonies et leurs merveilles savoureuses. Les jus sans
sucre de bananes et d'ananas envoyés par M. Guesde de la Guadeloupe,
supérieurs à tout ce qui existe, excepté peut-être en Algérie, cette
grande poule aux œufs d'or qu'on ne sait pas faire pondre. Les mêmes
choses exquises sont à la Martinique ; mais l'Algérie est plus près.

Là-bas comme chez nous, à l'étranger comme en France, il n'est
toujours qu'un procédé pour faire les bonnes conserves, c'est le procédé Appert. Point d'air, et tout est dit.

Cette masse et ce nombre impossible de choses à manger de toute
nature, dont nous sommes réduit à indiquer si peu, très-certain de ne
satisfaire ni ceux que nous nommons ni ceux que nous ne nommons
pas, signifient, seulement pour la France, une modeste consommation
annuelle de quinze cents millions au bas mot, avec cinquante millions
d'exportation. Ceci soit dit pour calmer les scrupules de quelques
âmes sévères que tant de choses pour la bouche scandalisent!

Et puisque nous parlons de la bouche, sans le bon état de
laquelle la bonne nourriture est impossible, c'est ici le cas de rappeler qu'une médaille d'or a été donnée au premier dentiste du monde,
M. Préterre, Américain, depuis treize ans notre compatriote. Nous
devons à cet homme prodigieux non-seulement des guérisons de

plusieurs sortes, la conservation des dents cariées par l'aurification, l'extraction indolente des dents incurables par l'inhalation du prot-oxyde d'azote, etc.; mais encore, et ce qui est bien plus, la parole libre et le chant mélodieux rendus à nos affreux bègues dits becs-de-lièvre, la restauration et la reconstruction de mâchoires brisées, d'appareils buccaux enlevés pour ainsi dire par les terribles plaies d'arme à feu. Des soldats de Crimée et d'Italie qui ne pouvaient plus manger ni parler, à la suite de leurs horribles blessures, ont été ainsi refaits et ressuscités par cet homme de génie. Nous lui devions bien une mention.

Quelques lignes aussi à propos d'un bonbon qui peut avoir son prix. Le jury d'admission avait classé parmi les aliments certains losanges diamantés, à l'aspect friand, à l'odeur absente, ayant nom musculine Guichon. Je les ai vainement cherchés au répertoire des récompensés. Oubliés sans doute ou passés. L'inventeur de ces losanges engageants est un pharmacien de Lyon. On sait que depuis vingt-cinq ans environ, sur l'initiative d'un médecin de Saint-Pétersbourg, l'usage s'est volontiers répandu de faire manger de la viande crue aux malades, dans les cas d'anémie surtout; des savants, parmi lesquels Magendie, ayant fait la preuve qu'à une température déterminée, toute chair de boucherie perd la plus grande partie de ses propriétés nutritives. En outre, et par conséquent, la viande crue serait plus digestive que la viande cuite.

Restait à vaincre le grand obstacle de la répugnance, le carnivore ne voulant point se reconnaître carnassier. C'est pourquoi les extraits de viande, les sirops de viande, les conserves et les gelées, solutions plus ou moins imparfaites. M. Guichon, qui est aussi un savant, s'est dit que la viande de bœuf fraîche contient seulement quinze à dix-huit pour cent de fibre charnue. Il isole donc la fibre charnue, et, par une manipulation à froid, l'amalgamant avec une conserve de fruits sucrée qui lui sert de masque, il compose ces appétissants losanges, qu'il suffit de tenir en lieu sec pour les garder indéfiniment et, sous un tout petit volume, fournir à l'instant une nourriture très-riche aux voyageurs comme aux convalescents. De viande, pas l'apparence : vous croiriez voir des pâtes glacées. Je crois de plus ceci meilleur que l'*extractum carnis* tant vanté et fait à chaud. C'était à signaler. Où les juges ont manqué, le livre a droit de s'offrir.

Il est à remarquer que l'on n'invente guère en fait d'alimentation. L'animal et le végétal sont loin cependant de nous avoir tout livré. Serait-ce que nos susceptibilés redouteraient l'expérience? Sauf l'introduction assez mal vue de la viande de cheval, ces derniers temps n'ont rien osé dans l'espèce. Il y a bien pourtant le croisement du lapin et du lièvre comme le pratique le savant agronome M. Gayot, avec un résultat véritablement exquis : mais sur quel marché avez-vous déjà vu des léporides ? Quand les jésuites, de retour de l'Inde, nous en apportèrent la poule, on fut vingt ans sans vouloir en manger !

Arrivons aux boissons. Nous y aurons plus de détails.

La Commission impériale avait été d'abord assez indifférente, dit-on, au genre de produits qui va nous occuper. Elle se mouvai dans des voies élevées. Nommer un jury pour la nourriture, instituer des prix pour les boissons, lui paraissait de pratique grossière. Elle avait peur de paraître primer la gourmandise et couronner l'ivrognerie. Répugnance pleine de distinction. En songeant cependant que la seule culture de la vigne s'étend sur plus de deux millions d'hectares en notre France, et fournit une moyenne annuelle de cinquante millions d'hectolitres ou cinq milliards de litres, lesquels sont vendus pour un prix premier de sept cent cinquante millions de francs ; en apprenant que l'année 1865, qui fut si bonne et fit du vin si riche, avait produit soixante-huit millions neuf cent quarante-deux mille neuf cent trente et un hectolitres, appartenant à deux millions deux cent mille propriétaires, et qu'en 1866, notre simple exportation française s'était élevée à trois millions deux cent mille hectolitres, donnant un chiffre en argent de plus de trois cents millions ; en se disant là-dessus, avec l'ardent et actif délégué de la soixante-treizième classe, M. Louis Barral, que, dans les années de disette, c'est le vin exporté qui paye providentiellement le pain consommé ; en reconnaissant de plus que la fabrication des eaux-de-vie est une chose intéressante pour ce pays, puisqu'en 1866 encore, la vente à l'étranger en est arrivée aux environs d'une valeur de cent millions ; que, d'autre part, les contrées de la pomme font, année courante, onze millions et plus d'hectolitres de cidre, et qu'enfin la bière est aujourd'hui une production énorme, les hauts et puissants organisateurs de l'événement qui rendra 1867 si célèbre ont consenti à élargir le cadre premièrement accordé à la prétendue basse classe dite des boissons fermentées.

Si bien que la France et ses colonies comptaient environ huit cents exposants, ce qui n'est encore qu'une représentation très-modeste pour deux millions d'intéressés. Nous n'aurons guère à considérer que cette part, principale, au reste, du formidable ensemble de la production spéciale universelle.

Le jury avait été composé de huit membres, dont trois de France et cinq de l'étranger. Les trois jurés français étaient M. Pasteur, membre de l'Institut, directeur des études scientifiques à l'école normale supérieure ; le comte Hervé de Kergorlay, propriétaire à Canisy (Manche), et M. Teissonnière, négociant, membre de la commission municipale de Paris et président de la commission du commerce des vins. Un chimiste, un agronome et un marchand. Le marchand avait les vins, l'agronome les cidres et les bières, le chimiste les eaux-de-vie et leurs dérivés. Pas un vigneron, pas un tonnelier, pas même un de ces gourmets reconnus et illustres dont le palais est le dictionnaire et la pierre de touche du vin. Seulement un nom, un titre, et une influence.

Les cinq jurés étrangers étaient : pour la Prusse et les États de l'Allemagne du Nord, M. de Leyden, négociant à Cologne ; pour l'Autriche et la Hongrie, le comte Henry Zichy ; pour la Suisse, M. Louis Ormond, négociant et agriculteur à Vevey — on le dit planteur de tabacs considérable ; — pour le Portugal, le vicomte de Villamayor ; pour l'Angleterre, l'honorable H. A. Howard, avec M. Bechwith, négociant américain, pour suppléant. Parmi ceux-ci non plus, sauf le comte Zichy, propriétaire dans les contrées hongroises, ne figurait ce qui s'appelle une spécialité. Le mot, je pense, est consacré et n'offensera personne. Ici l'honneur ne fait point la science, et la loyauté ne fait point l'aptitude.

Des trois jurés français, le plus fameux, le savant M. Pasteur, était exposant et désirait concourir. Bien lui en a pris, comme on sait. Il se retira. Grande sagesse. M. le comte de Kergorlay étant demeuré, quoiqu'il exposât du cidre, a dû renoncer aux chances du concours des liquides. Sa laiterie modèle du Champ de Mars ne touchait pas à la question.

Lui, M. Teissonnière et le remplaçant de M. Pasteur ne pouvaient

raisonnablement, à eux trois, accepter ni même aborder la dégustation homérique et gigantesque de trente à quarante mille bouteilles de vin, eau-de-vie, bière, liqueur, vinaigre, et le reste, de tous pays, la France à un bout, l'Australie à l'autre bout. C'eût été risquer sa vie tout au moins, sinon sa gloire. Ils divisèrent la masse en huit groupes, et répartirent sur ces huit groupes un sous-jury de cinquante personnes.

Voici les huit groupes :

1er. Vins mousseux de toutes provenances ;

2e. Vins de liqueur de toutes provenances ;

3e. Vins de Bourgogne et similaires français et étrangers ;

4e. Vins de Bordeaux et similaires français et étrangers ;

5e. Vins de l'Allemagne, de l'Autriche, de la Suisse et de l'est de la France ;

6e. Vins du midi secs de France, d'Espagne, de Portugal, d'Italie, de la Grèce, de la Turquie et des colonies ;

7e. Spiritueux de toutes sortes ;

8e. Bières, cidres, vinaigres et produits fermentés divers.

Pour le cas surhumain dont il s'agissait et le peu de temps dont on disposait, cette division n'était point mauvaise évidemment. Cependant il y avait là des accidents qui sentaient le commerce. Ainsi, nous pourrions demander, et toute la Côte-d'Or avec nous, quels sont à l'étranger et même en France les similaires du vin de Bourgogne. Que Bercy les connaisse, c'est possible ; il en connaît tant ! Mais où sont les prophètes la loi n'est pas toujours. C'est notre opinion, du moins : honni soit qui mal y pense !

Passons sur ce détail. Assez d'autres nous arrêteront.

Voilà donc les causes bien et dûment réglées et les assises ouvertes. Restait à établir et à garantir la compétence et l'impartialité des juges. Nous voulons bien que la seconde qualité ait été sous-entendue comme ne pouvant jamais faire faute ; mais la première ?

Ainsi, pour commencer par le commencement, voyons qui a été appelé à goûter, à peser, étager, punir ou récompenser le premier groupe. M. L. Ormond, négociant à Vevey, membre du jury international ; M. Blanchet, négociant en vins de Champagne ; M. Balmont, négociant à Paris ; M. Delaleu, ancien négociant à Paris ; M. Saulnier, négociant à Paris ; M. Schlumberger, négociant à Vienne (Autriche) ; M. Truchy, courtier-gourmet à Paris.

Six négociants ou anciens négociants sur sept.

Nous comprenons parfaitement que l'honorable M. Teissonnière, élu des négociants en vins de Paris et négociant lui-même, ait préféré ses confrères du commerce à tous autres délégués, adjoints ou coopérateurs quelconques. C'était de la franc-maçonnerie d'état. Mais avant d'obéir à un sentiment que tout l'Entrepôt a dû nécessairement apprécier, il eût fallu peut-être premièrement s'enquérir de la nature des intérêts et de la valeur des produits en présence desquels allaient se trouver les examinateurs désignés. En procès non revisés d'avance, l'instruction doit toujours précéder le jugement.

Or le premier groupe se composait des vins mousseux de toutes provenances, c'est-à-dire d'abord des admirables vins français de la Champagne, puis des mousseux si beaux des deux Bourgognes, duché et comté, puis enfin de tous ceux qui de près ou de loin leur ressemblent, par concurrence, analogie, imitation, contrefaçon, fraude, dol, vol, faux en écriture et ce qui s'ensuit. Franchement et simplement, c'était le plus épineux de tous. Les six négociants l'ont entrepris sans broncher. Il faut dire que, mais implicitement, la Commission les y autorisait. Elle avait des scrupules, dans son oubli des choses de la terre. Elle ne paraissait pas bien savoir si le vin de Champagne était du vin. Le traitant volontiers de boisson fabriquée et suspecte, elle décidait qu'une médaille d'or eût·trop honoré cette amusante fantaisie de confiseur, et enchaînait la munificence des juges dans le maximum de la médaille d'argent. Elle était de la meilleure foi possible, nous en jurerions ; et sa raison principale a servi à d'autres après elle : « Les grandes maisons n'ont pas exposé ! »

Sans doute, et voilà bien leur tort. Richesse et célébrité obligent. On est ingrat de déserter les luttes qui nous ont valu nos couronnes. On est coupable en ne revenant pas, lors de ces appels magnifiques, solliciter la confirmation de son apothéose. J'ajouterai hardiment qu'on est maladroit aussi, car personne ne saurait m'empêcher, moi passant, de prendre votre apparent dédain pour de la crainte. Les jeunes marchent, quand les vieux ont marché !

Si au lieu de marques modestes, mais exquises néanmoins, telles que Gibert, de Reims, ou Roussillon, d'Epernay,·le mousseux département de la Marne avait eu la faveur caduque de présenter une fois de plus celles de Louis Rœderer, de Moët et Chandon ou de Werlé-

Cliquot, croit-on que le jury sachant son monde se fût contenté d'effigies en argent pour honorer ces noms illustres? J'en doute. Et parce que de vieilles gloires satisfaites déclinaient désormais une concurrence inutile, dangereuse peut-être, fallait-il méconnaître et affliger les nouvelles? Toujours voir le rang dans le chiffre et le mérite dans les richesses, c'est manquer au vrai sens des expositions.

Le département de la Marne, qui est la Champagne par Reims, par Épernay, par Aÿ, par Mareuil, par Dizy, par Bouzy, par Rilly, par Avize, par Châlons, ne comptait donc que trente exposants devant ce tribunal, parmi lesquels pourtant des maisons déjà fortes, aimées, famées, produisant avec conscience, avec honneur, avec succès, un vin difficile et charmant qui est la plus grande et la plus lointaine renommée des vins de France, qui chaque année demande, pour le bien faire, un choix différent, une combinaison différente, des soins et des travaux différents, et sans cesse l'attention et sans cesse l'inquiétude, outre les mécomptes, les risques et l'énormité des capitaux. Certes s'il fallut jamais à produit spécial un jury spécial, le vin de Champagne était dans l'espèce absolument et inévitablement. Messieurs les négociants l'ont cependant traité comme ils eussent fait pour la première piquette venue, confusément, au hasard presque, sans tenir question des provenances particulières, de la composition, de l'année, s'en rapportant réciproquement et uniquement à la sûreté fatiguée de leurs papilles  On n'eût pas jugé plus gaiement des limonades gazeuses.

Nous savons de l'un des exposants les plus considérables qu'aucun avis préalable n'avait été donné; conséquemment aucune invitation d'avoir à choisir tous un type uniforme; point de renseignements demandés; point de noms de jurés signifiés; l'avis du passage de ces appréciateurs sans appel affiché avant que les aménagements fussent terminés, sur des portes qui n'étaient pas encore à leur place; tout et partout dans la hâte et l'irréflexion: pas un homme du métier ni du pays appelé en consultation; personne donc qui pût savoir certainement et dire fermement de quoi était ce qu'il goûtait; assez peu de méthode et d'ordre enfin pour faire qu'un producteur très-bon de vin blanc mousseux se soit trouvé mentionné au livre des récompenses en raison de vin rouge tranquille qu'il n'avait pas apporté! Il ne croit pas que l'autre, son vin à lui, qu'on buvait au pavillon Waaser, ait même été vu du jury!

Quant à discuter maintenant le nombre et le choix de ces récompenses, le mieux est de ne rien dire et de prendre cela pour un mauvais rêve oublié.

Le troisième et le quatrième groupe des boissons comprenaient les vins de Bourgogne et les vins de Bordeaux, ainsi que leurs similaires français et étrangers. Nous ferons remarquer en passant que le groupe suivant, ou le cinquième, se composait particulièrement des vins de la Suisse et des vins de l'Allemagne, lesquels, parmi ceux d'Europe, représentent le mieux les similaires dont il s'agit. Ainsi, par exemple, les vins rouges de Neufchâtel, de Styrie et de basse Autriche. Ceux-là auront eu la chance d'être appréciés, jugés et classés deux fois. C'est un hasard que l'on ne saurait jamais dédaigner; quand il est question de battre ou d'être battu, le *bis in idem* est de mise.

Les jurés des troisième et quatrième groupes étaient ceux qui suivent :

Pour les vins de Bourgogne et leurs similaires : MM. Teissonnière, négociant à Paris; Galichon, négociant à Paris; Boulay neveu, négociant à Paris; E. Boulay, négociant à Paris; Merlin, négociant à la Chapelle-Paris; Lablanche, courtier-gourmet à Paris; Colomb, négociant à Belleville-sur-Saône, délégué de la trop abondante classe 73; Roux, maire de Vougeot et régisseur du célèbre clos de Vougeot, et de Solsky, délégué du domaine de la Russie. Ce qui faisait donc un titulaire négociant, et huit adjoints, parmi lesquels cinq négociants encore. Deux noms seulement sur les neuf témoignaient d'une autorité spéciale, celui de M. Roux, dans la Côte-d'Or, et celui de M. Colomb, dans le Beaujolais. C'est peu.

Pour les vins de Bordeaux et leurs similaires, nous lisions ceux de MM. le comte de Kergorlay, agriculteur et éleveur en Normandie, juré titulaire; le comte Zichy, propriétaire de vignes en Hongrie, juré titulaire; Bechwith, négociant américain, juré titulaire, ce qui faisait trois : puis venaient MM. Lafon, négociant en vins de Bordeaux, à Bordeaux; Raimbault, négociant à Bercy; Lemaigre, négociant à Bercy; Blanchet-Griffe, courtier-gourmet à Bercy; Stiperger, négociant en Autriche; Merman, courtier en vins, à Bordeaux, et

Frédefond, courtier en vins à Libourne. Cinq commerçants seulement sur dix, et du lieu de production trois juges. Voilà presque de la justice : Bercy et l'Entrepôt dominaient moins ici. Était-ce que les producteurs de la Gironde, mieux ou plus directement représentés, avaient su et pu intervenir en faveur d'eux-mêmes ? Était-ce que l'importance supérieure de leur production eût décidé le jury, toujours respectueux des grands chiffres, à nommer une commission qui fût digne d'une telle richesse ? N'allons point chercher trop loin, de peur, n'y voyant guère clair, de nous casser le nez au mur, et prenons simplement les choses comme on nous les a données. C'est déjà suffisant.

Le fait est que les pauvres Bourguignons ne savent pas beaucoup arranger leurs affaires. Cela tient à leur caractère gai. Ils sont remplis de candeur et de croyances ; tout client, tout passant commence par être leur ami. L'hospitalité d'abord : la porte, la cave, la table et le cœur ouverts : on fera le commerce après. Ce n'est point, je crois, se préparer à vendre bien cher. Un négociant qui sait sa dignité ne se livre guère ainsi. « Tenez toujours, disait le grand Ternaux, votre marchandise et votre personne à la hauteur de votre facture. » Il ne le faisait pas, le cher homme, mais il l'enseignait. Les Bordelais l'enseignent et le font. Ce sont des hommes graves, qui ne souffrent pas qu'on manque de respect à leur vin. Ils ne le donnent point, ceux-ci ; ils le vendent. Et miraculeusement ; et plutôt deux fois qu'une. Souvent même, avec respect, ils le rachètent s'ils peuvent après l'avoir vendu. C'est un culte.

Le Bourguignon, en ces matières, est innocent presque autant que le Champenois. Ce n'est pas lui qui jamais saisirait, par exemple, le cas de la mort d'un collectionneur plus ou moins illustre afin, à ses dépens glorieux, de frapper d'étonnement le monde entier vinicole par des annonces de Pichon à 18 francs la bouteille, de Larose à 19 francs, de Latour à 20 francs, de Laffite et de Rauzan à 21 francs, de Ducru à 21 fr. 50, de Mouton et de Margaux à 22 francs, de Léoville à 22 fr. 50, de Durfort à 26 fr. 25, et de Château-Yquem à 32 francs ; extravagances immortelles de la célèbre vente aux enchères, faite le 11 avril 1866, des vins de la Gironde appartenant à feu M. Scott, en son vivant consul d'Angleterre près la ville sainte de Bordeaux !

Du premier coup cette fois encore, de même qu'à Londres en 1862, les exposants gascons avaient compris ce qu'il leur fallait faire : se réunir, s'entendre, s'organiser, arriver au combat ensemble, nombreux et puissants. Un comité départemental avait été nommé et une année de concours désignée. Des délégués avaient été choisis. L'un des hommes les plus considérables et les plus justement estimés de ce commerce. M. Georges Merman, qui est chez eux un arbitre et un juge, avait fait le voyage de Paris, aussitôt la composition du jury officiel connue, afin de savoir et de voir comment et par qui ses concitoyens seraient appréciés. Sa présence a dû salutairement influer sur le choix de quelques jurés adjoints. Un emplacement convenable avait été retenu à portée des galeries de dépôt, afin d'y centraliser le mouvement général de l'exposition girondine, recevoir et transmettre les renseignements et les ordres, soumettre au public les noms, les crus, les prix, et lui donner à goûter les échantillons. Pour son argent, bien entendu ! Rien pour rien. Ce beau Médoc n'en est pas encore à la magnificence.

Le salon commun était une idée heureuse qu'on n'a pas pu suivre ailleurs. Ainsi un négociant champenois a eu le sien, et non pas la Champagne ; une maison de l'Anjou , mais non l'Anjou lui-même ; la compagnie des grands vins de Bourgogne, belle œuvre à peu près manquée, au lieu de toute la Bourgogne associée. Et faut-il dire encore que l'emplacement ainsi emménagé pour le clos de Vougeot, Romanée-Conti et Chambertin, ces trois joyaux affermés de la succession Ouvrard, n'avait point même de cave ? Les vins y sont restés pendant six mois empilés au soleil, dans les plus mauvaises conditions possibles, en demi-bouteilles et quarts de bouteille, contrairement à la loi qui exige les grands verres pour les grands vins. Rien de ce qu'on aurait dû enfin ; pas même ce qu'on aurait pu : l'inverse de l'utile et du raisonnable ! Quelque chose de fatal s'attache à cette Bourgogne et la poursuit. L'insouciance de ses enfants y prête, mais elle a du guignon par surcroît.

Des deux côtés, quoi qu'il en soit, l'apport a été immense. Le gardien de la classe soixante-treizième n'évaluait pas à moins de trente mille bouteilles les échantillons de toute sorte déposés par la seule vinification française. Il ne nous a été permis d'en avoir qu'une connaissance extrêmement incomplète. Une bouteille est une lettre fermée. J'ignore pour mon compte si la majorité des exposants avait bien entendu les choses comme nous avons vu qu'elles se passaient, mais à part les courtes semaines pendant lesquelles la commission des dégustateurs a fonctionné, cette masse énorme de produits envoyés de cent endroits, à tant de frais et de risques, n'a pas eu le moins du monde sa raison d'être.

Le public entrait, mais que voyait-il? A quoi servaient, que montraient, que prouvaient nos trente mille fioles accumulées? Sauf dans les rangées inférieures, pouvait-on lire seulement les noms qu'elles portaient? Par-ci par-là des cartouches désignaient les régions; qu'est-ce que fournissaient ces régions, pour la plupart révélées et inconnues? Des effigies de médailles y pendaient aussi à droite et à gauche: qu'est-ce que ces médailles avaient eu l'honneur de récompenser? D'ailleurs beaucoup de bouteilles étaient elles-mêmes des figures; elles indiquaient seulement un nom, un bouchon, une année; mais le corps du délit était absent: les caves le dérobaient, et c'était grand bien pour lui, puisqu'on nous a dit ces caves excellentes. Or elles étaient closes, et nul mortel non juré n'y descendait. Les trésors et les misères qui s'y trouvaient y restaient: à quoi donc servait de les y mettre? Qui dit exposer dit faire voir, j'imagine, faire connaître, faire comparer, faire concourir. Où était le concours? Nous admettons que les médaillés d'or, d'argent, de cuivre même, s'en tiennent à ce qu'ont décidé messieurs les négociants en ce qui les concerne: mais les simples et pauvres mentionnés? Mais ceux qui n'ont rien eu? J'ai bien vu la gloire des vainqueurs, mais je n'ai pas entendu toutes les plaintes des vaincus. Et combien de ceux-ci peut-être eussions-nous mis à la place de ceux-là, nous le public, nous l'opinion, nous la consommation!

C'était là une situation fausse et remplie de conditions déraisonnables. On ne répond ainsi ni aux besoins ni aux intérêts de personne. Il y a dans cette consécration définitive de l'infaillibilité improvisée du petit nombre quelque chose qui froisse, d'autant plus que l'on sait trop la façon dont les jugements sommaires se rendent dans notre pays rieur et inhabile aux fonctions sérieuses. Nous déclarons donc ne vouloir en aucune manière prendre ici pour règle absolue la classification d'honneurs qu'il a plu au jury de dégustation de déterminer. Nous savons, au reste, que la Commission impériale en avait fait autant déjà, et c'est pourquoi nous avions cherché, très-ambitieusement il est vrai, à nous rendre sur quelques points de cet ensemble énorme un compte personnel tout petit On a bien voulu mettre à notre disposition des restes de bouteilles entamées, sur lesquels l'air et la chaleur avaient depuis quatre ou cinq mois fait leur office. Nous avons décliné cette faveur malsaine.

Passons. Il se peut qu'une misérable question de fisc soit au fond de tout cela. Bouteille entamée, bouteille perdue pour l'impôt.

Il y avait, à notre avis, dans l'espèce, deux genres de mérite à faire concourir et à récompenser. Des hommes nombreux cultivent la vigne et font le vin bien ou mal, selon toute sorte de méthodes et dans toute sorte de qualités ; ensuite ils le vendent. Première valeur. D'autres, beaucoup plus rares, choisissent et classent le vin par origines et catégories, par années supérieures ou communes, et le prennent chez eux comme un nouveau-né ; suivant attentivement et curieusement toutes les phases de son développement, toutes les vicissitudes de son éducation ; le soignant dans les maladies du premier âge et le sauvant de celles qui auraient pu l'atteindre après ; lui choisissant sa demeure, sa température, son atmosphère favorables ; écartant de lui tout ce qui lui nuirait, lui apportant tout ce qui le servirait, et le conduisant ainsi, par degrés, jusqu'au triomphant apogée qui fait à la fois la gloire exquise du producteur et les délices suprêmes du buveur. Voilà une seconde valeur, qui parfois peut surpasser la première.

Entre les deux se trouve le commerce, collection de marchands purs qui ne tiennent ni de l'une ni de l'autre, intermédiaires au rôle neutre, n'ayant qu'un but et qu'un besoin au monde : vendre cher ce qu'ils ont acheté bon marché. S'ils s'en mêlent autrement, c'est par usurpation. On n'a pas droit à l'honneur parce qu'on sait faire un *soutirage* ou une cuvée, pas plus que n'y ont droit les vineurs et les opérateurs, les chauffeurs, geleurs, confiseurs, bouquetiers, fabricants d'arome et autres maquignons.

Donc on aurait dû, ce nous semble, mettre hors de cause le commerçant proprement dit, pour circonscrire le concours entre producteurs et éleveurs (qu'on nous permette ce mot à l'acception nouvelle). Que nous fait, dans des luttes pareilles, la valeur de quiconque n'a que de l'argent ? D'un côté celui qui fait naître, de l'autre celui qui conserve. Pas de place légitime entre deux. Le jury a été et n'a pas été de notre avis. Il consentait bien à écarter le commerçant, mais il n'admettait pas la distinction de l'éleveur. Il permettait — et c'était grand — que Bercy n'en fût pas, mais à condition d'exclure aussi le boulevard des Italiens. Restaurateur et marchand ne pesaient qu'un dans sa balance auguste. Pour qui ne savait point les choses, c'était d'apparence juste ; mais le jury savait les choses. Restons en France pour le moment, et dans Paris : il n'existe à Paris qu'une profession qui puisse et doive connaître le vrai traitement du vin, c'est celle de restaurateur. Nous entendons le restaurateur demeuré digne du nom qu'il porte. Là comme en tout, c'est l'exception. Ce fonctionnaire de la grande nourriture arrive de façon obligatoire à la science des boissons. Il lui faut, sous peine de déchéance, le vin à servir selon les mets qu'il compose. Tel ici et de tel âge, et non point un autre. C'est pourquoi il a une cave, tandis que, si riche qu'il soit, le particulier n'en a pas. M. de Rothschild lui-même peut posséder avec gloire une certaine accumulation de vins ; mais ce nombre, malgré sa variété, ne fera point une cave. La plus heureuse fourniture particulière, fût-ce celle d'un monarque, présentera toujours un mélange indigeste et contradictoire de choses excellentes et de choses exécrables, produit du hasard, de l'ignorance, de la complaisance, des relations et des protections. Le grand restaurateur seul est à l'abri forcé de ces dangers et de ces faiblesses : il a le public universel à satisfaire, ce maître qui ne s'y connaît pas toujours, mais qui paye et, par ce droit, est difficile, ombrageux, défiant, ingrat ; conserve et propage, en les exagérant, les mortelles rancunes de sa bourse et de son estomac trompés ; oublie cent bouteilles riches pour une pauvre, et parfois même cache, chose incertaine, l'implacable expérience d'un gourmet sous l'enveloppe terne du premier venu. On ne plaisante point avec ce monstre.

Cependant la Commission avait invité et accueilli les restaurateurs et leur argent ; elle leur devait donc, pour le moins, le concours et des juges. Le tribunal se soumit, mais point ne démordit. Il déclara que la valeur de ceux-ci ne s'élèverait point au-dessus de la médaille de bronze.

C'était à prendre ou à laisser. On prit. Laisser eût peut-être mieux valu. Il n'y a qu'un droit et une loi. Ce temps a la manie maladive de jouer à l'autorité ; en s'y conformant on l'aggrave.

Deux maisons de premier ordre concouraient : M. Bignon aîné et MM. Verdier frères, le café Riche et la Maison-Dorée. La première était particulièrement célèbre. En outre de ses autres valeurs d'exposant comme agriculteur, défricheur, instituteur de fermes-types, éleveur de bestiaux, producteur et conservateur d'aliments perfectionnés, M. Bignon aîné possédait le mérite d'avoir montré le premier ce que les vins deviennent sous une garde intelligente et bien apprise. Tandis qu'à Londres, en 1862, nos producteurs aisément s'évertuaient à présenter la récolte, bonne partout, de 1858, le café Riche apportait aux Anglais étonnés un groupe prodigieux de cinquante crus renommés du Bordelais, rouges et blancs, commençant à l'année 1841 ; de vingt-cinq têtes de bourgogne rouge, et onze de bourgogne blanc, datant premièrement de 1834 ; de dix-huit de la côte du Rhône et du midi ; de treize marques de Champagne, et de quatorze âges d'eau-de-vie de France dont la vieillesse connue commençait à 1801.

L'effet de cette montre unique et souveraine fut immense. Quant aux élus appelés à sa dégustation, je suppose, d'après moi, que le souvenir suave leur en est encore vivant.

Or, en 1867, M. Bignon envoyait au Champ de Mars la collection suivante :

*Crus bordelais.* — Rouges : Saint-Émilion 1846 ; Cos-d'Estournel et Gruaud-Larose 1847 ; Château-Laffite, Château-Margaux, Château-Haut-Brion, Mouton, Léoville, Vivant-Durfort, Ducru, Château-Lagrange, Desmirail, 1848 ; Château-Latour, 1849 ; Rauzan, 1852 ; Lascombe, Branne-Cantenac, Pichon-Longueville, Kirwan, Issan, Giscours, Saint-Exupéry, Palmer, Dubignon, Saint-Pierre, Talbot, Duluc, Lafond, Beychevelle, le Prieuré, Cantemerle, Cos-Labory, Lynch, Haut-Bages, Grand-Puy-Lacoste, Pontet-Canet, Talence, Margaux, Saint-Julien, Pauillac et Saint-Estèphe, 1858 ; ordinaire, 1861. — Blancs : Château-Yquem, 1847 ; Château-Carbonnieux, 1848 ; Château-Yquem, Sauternes et Haut-Barsac, 1852 ; Contet-Lur-Saluces, Haut-Bommes et Château-Saint-Bris, 1858 ; Lacur-Blanche, Château-Filhot, Barsac et Graves, 1861.

*Crus bourguignons.* — Rouges : Musigny-Vogué, 1842 ; clos de Vougeot, 1846 ; clos de Vougeot, Chambertin, Romanée-Saint-Vivant, Richebourg, la Tâche, clos de Tart, Bonnes-Mares, Saint-

Georges, Corton, Vergelesses, Volnay-Santenot, Volnay-Bouche-d'or, Pomard, clos de Citeaux, Chambolle, Vosne, Nuits, Aloxe, Beaune, Savigny, Côte-Saint-Jacques, Mercurey, Moulin-à-Vent, Thorins, Brouilly, Fleury, Saint-Étienne et Mâcon, 1858 ; Romanée-Conti, 1859. — Blancs : clos de Vougeot et Saint-Georges mousseux, 1846 ; les trois Montrachet, Meursault, Pouilly-Fuissey de M. Piot, Pouilly, clos de la Moutonne et Chablis, 1858.

*Crus du Rhône et du Midi.* — Château-Grillé, 1825 ; Hermitage et Côte-Rôtie, 1834 ; Hermitage, Saint-Péray, Frontignan, 1842 ; Châteauneuf-du-Pape, 1847 ; la Nerthe, 1848 ; Saint-Péray, 1858 ; Rivesaltes, Frontignan, Lunel, Grenache, Tavel, d'années diverses.

*Vins de Champagne.* — Bouzy rouge et Versenay rouge, 1861 ; dix marques de mousseux, 1857, 1858 et 1861. — *Eaux-de-vie*, comme à Londres, de 1801 à 1861.

Le tout acheté en lieux bons et vrais, amené sur titres et passe-ports authentiques, logé ainsi qu'il convient à des vins de noblesse, et paternellement soigné, veillé, servi, gardé par le vénérable M. Garadot, un sommelier comme il n'y en aura plus jamais. A culte qui s'en va pourquoi resterait-il des pontifes ?

MM. Verdier frères, de la Maison-Dorée, exposaient les non moins belles sortes que voici :

*Crus bordelais.* — Rouges : Gruaud-Larose, 1841 ; Château-Laffite, 1847, du monopole de MM. Cruse ; Château-Latour et Léoville, 1848 ; Château-Laffite, Rauzan, 1857 ; Château-Laffite, Château-Margaux, Château-Latour, Léoville, Pichon-Longueville, Ducru, Saint-Julien, Margaux, Blanquefort, 1858 ; Château-Laffite, Mouton-Rothschild, 1859 ; Mackau, 1862 ; Château-Latour, 1864. — Blancs : Château-Yquem, 1847, 1851, 1858, 1861 ; Château-Peyraguay, cru admirable dit aussi Pichard-Lafaurie, vendu par M. Saint-Rieul-Dupouy à feu M. Duchâtel, Latour-Blanche, Climens, Château-Saint-Bris, 1858 ; clos Saint-Robert, cru confinant à Barsac, peu à peu conduit jusqu'à la perfection idéale par M. Poncet-Deville jeune, 1858, 1861 et 1864 ; Tour-de-Rodet, 1861.

*Crus bourguignons.* — Rouges : Chambertin, 1857 ; Bonnes-Mares, 1857 ; clos de Vougeot, 1857 et 1859 ; Romanée, 1859 et 1864 ; Musigny, 1858 ; clos de Tart, 1859 ; Corton (clos du Roi), 1858 et 1859 ;

Chambolle, 1859; Nuits, 1858 et 1859; Gevrey, 1859; Beaune, 1858 et 1859; Pomard, 1858. — Blancs : Montrachet, 1846; Chablis, clos de la Moutonne, 1857, 1858, 1859, 1864; Meursault, 1834.

*Rhône.* — Hermitage rouge et blanc, 1858; Côte-Rôtie rouge et blanc, 1858.

De plus, une intéressante collection de vins étrangers conservés avec des précautions particulières : Ghypre de 1804, de la vente du feu marquis d'Aligre, Constance, parti du Cap le 1er novembre 1838 ; Madère d'âge inconnu, Porto, Xérès, lacryma-Christi, Falerne, etc.

Ces ensembles uniques et magnifiques, qu'on ne recomposerait nulle part, à aucun prix ; ces bibliothèques, ces musées, ces archives du vignoble national, où nos jurés, en leur patriotisme aux abois, furent si aises, un jour, de fouiller sans compter pour la lutte de Bordeaux contre l'Allemagne et du Rhône contre le Rhin; ces grands orchestres, ces conservatoires du royal et loyal vin de France, valaient mieux que le prétentieux gros sou dont on a cru les gratifier. Le fait jure et crie, surtout quand on voit illustrer d'argent messieurs les simples négociants de Beaune, pour leur mérite peu coûteux de transmettre ce qu'ils ont reçu ; quand on sait, en outre, qu'un exposant médaillé d'or n'avait pas plus que moi produit le vin de son exposition. La compagnie des grands vins de Bourgogne elle-même, fermière pour longtemps encore, à titre exclusif, du clos de Vougeot et de la Romanée-Conti, exposait de plus un curieux fait de vins de la Côte-d'Or envoyés en Californie à frais et risques considérables et ramenés triomphants ; pour ce fait, le jury n'avait eu aussi qu'une médaille de bronze. Le nom d'Ouvrard en a tressailli dans sa tombe, et dernièrement, dit-on, sur un ordre parti de haut lieu, le cuivre s'est changé en or. Mais les juges avaient jugé, pas moins !

C'est peut-être, ajoutons-le, aux deux collections ci-dessus décrites que l'Exposition française doit de n'avoir pas été battue. Mettons *discutée*, si l'autre mot paraît trop gros et nous effarouche.

On nous a cependant donné beaucoup de médailles, mais elles n'ont pas toutes été bien données ; c'était de rigueur. Quiconque a vu comment se faisait ce gargantuesque travail doit trouver bien superbe qu'on se soit trompé si peu. Nous avions eu quinze jours quand il aurait fallu six mois, et des négociants quand il aurait fallu des sommeliers !

Deux grands prix d'abord : l'un à M. Pasteur, de l'Institut, pour le chauffage des vins ; l'autre à M. Marès, de Montpellier, pour le soufrage de la vigne. Il se peut que le soufrage ait fait ses preuves, mais que pour le chauffage la conclusion ait été bien rapide. Nous sommes un monde à qui le merveilleux donne des saisissements, et je me souviens que le gelage eut aussi ses enthousiastes. On souffle le chaud aujourd'hui, alors on soufflait le froid. O gens savants ! apprendre à bien faire le vin vaudrait mieux qu'apprendre à le guérir.

Quarante médailles d'or ensuite, qui ne sont pas à discuter. Mais puisqu'on était parvenu à tant augmenter leur nombre, — premièrement elles devaient être quatre, je crois, ou même une seule, — pourquoi n'en pas avoir eu pour tous ceux qui en étaient dignes : le vin de l'Hermitage entre autres, cette ancienne et haute renommée dont on disait naguère que « le plus beau du nez de la Gironde en était fait? » Pourquoi de même avoir oublié ou dédaigné l'illustre vin de Constance ? Est-ce que notre commerce n'a rien à en faire ?

L'Allemagne, qui l'eût emporté sur nous sans la collection des restaurateurs, avait des produits extrêmement remarquables. Invité par MM. les commissaires étrangers beaucoup plus hospitalièrement que par les nôtres, nous avons pu goûter quelques exceptions dans le grand nombre. D'abord de bons vins rouges, et surtout blancs du Tyrol, de 1864, dont certains viennent, on le reconnaît, de plants bourguignons acclimatés. Bons vins blancs de la basse Autriche, en raisin blanc et raisin rouge non cuvé des domaines de Klosterneuburg, près de Vienne, lesquels, saintement, appartiennent à une abbaye où sont suivis les données et les préceptes de Cîteaux. L'un de ces vins, appelé *lait de la Vierge*, dénomination assez vulgaire en Allemagne, avait neuf ans et nous a semblé de haut mérite. Un vin rouge de Voslau, mêmes contrées, exposé par le baron Brenner-Folsach, avait cinq ans, et valait tout ce que nous pourrions livrer au prix similaire de deux à trois francs la bouteille. La Styrie a des vins forts et puissants, auxquels le bouquet manque parfois, comme, par exemple, les vins blancs de Gratz, après lesquels nous a été présenté un vin rouge de Marburg, 1861, propriété du comte Brandis, nectar énergiqûe et généreux, très-supérieur, ce nous semble, à la faible récompense qu'on lui a décernée.

Puis on nous offrit les vins de Hongrie. Rouges de Karlovitzi, près Belgrade, 1857, à quatorze francs la douzaine de demi-bouteilles, pris à Pesth ; rouges, bien autrement riches, de Bude, 1854, à trente francs. Ces vins, abondamment savoureux et doux, ont dans leur mâche une sorte de graisse qui ne convient pas à nos habitudes; mais ils étaient le chemin pour arriver aux vins de l'Hégyallja, et, quoi que nous en disions et veuillons, en abordant ceux-ci qui s'appellent Tokaj, on se sent parfois tenté de répéter leur devise fière : *Nullum vinum nisi Hungaricum*. Un simple petit vin blanc de Badacsonyi, 1848, exposé par l'évêque Ranolder, à quatorze francs la douzaine, pris à Vesprim, était déjà d'un arome ravissant.

Avec les vins de Hongrie pour l'Autriche et les grands vins du Rhin pour la Prusse, l'Allemagne nous devenait donc une rivale inquiétante et redoutable si, conformément aux conventions faites entre les Bordelais, par exemple, la France fût seulement apparue sous les espèces étroites de sa récolte de 1864. D'autant mieux qu'à l'instar des grands faiseurs de vin de Champagne, comme la vraie veuve Cliquot et le vrai Rœderer, le maître invincible d'Yquem, marquis de Lur-Saluces, roi de Sauterne, avait refusé d'exposer. Pourquoi ? Nul ne le dira. Étaient bien présents Peyraguay, Latour-Blanche et le Vigneau, qui sont un diamant et deux perles ; mais hors Yquem, point de salut. Sans même parler de Metternich et Johannisberg, les Siegfried et les Kœnig de Rauenthal, les Probst et les Shal de Ruedesheim n'acceptaient le duel qu'avec Yquem. « Aux premiers crus de France nos seconds suffiront, » commençaient à dire ces Allemands, forts de leurs vins qui sèchent dès le bas âge et s'ankylosent avant d'avoir grandi. Le café Riche et la Maison-Dorée nous assistaient heureusement. Écrins sans fin, répertoires continus, ils donnèrent l'Yquem de 1847, qui vaut aujourd'hui quarante francs la bouteille !

Et la France garda son rang. Pour un tel service la médaille de bronze n'est guère, décidément.

Là-dessus une anecdote. Ce vin de Château-Yquem avait si bien monté la tête à nos juges de Bercy, qu'après l'avoir goûté et regoûté, il leur prit, en comparaison, la fantaisie étrange de demander au sommelier de M. Bignon du vin de Château-Carbonnieux, cette ancienne

eau minérale des Turcs, qui certes n'eût pas brillé après l'autre, n'en
déplaise à l'honorable maître Bouchereau. Le patriarche Garadot, indigné, tourna le dos et remporta son vin.

Le Bordelais n'a pas eu à se plaindre. Dix-neuf médailles d'or sont
un beau contingent. Cela dit les quatre châteaux : Laffitte, Margaux,
Latour et Haut-Brion ; puis, selon l'ordre suivi, Peyraguay, Léoville-
as Cases, Mouton, Cos d'Estournel, Branne-Cantenac, Rauzan-Ségla,
Larose-Bethmann, Larose-Sarget, Montrose, Léoville-Poyferré, Du-
cru-Beaucaillou, la Tour-Blanche, Sauterne, Lafon, le Vigneau et
Saint-Émilion. Rien à reprendre, si ce n'est peut-être sur deux ou
trois, moins préparés que les autres au bonheur qui leur arrivait. Le
dernier nommé, Saint-Émilion, représentait un groupe superbe dont,
me dit-on, trente-quatre premières marques sur trente-six. C'est
pourquoi je demanderai ce qu'on entend honorer et garantir par une
seule médaille donnée à plusieurs producteurs et produits ? Il est
clair qu'ici chacun aura le droit de s'attribuer mérite égal pour sa
personne et pour sa chose, aussi bien les deux marques pauvres que
les trente-quatre marques riches. Et ces trente-quatre marques me
paraissent un bien grand nombre, quoique les vins de Saint-Émilion,
par malheur si travestis dans le commerce, soient des vins beaux,
bons, honnêtes, pleins de couleur, parfumés, solides et nourrissants.
Antigoutteux aussi : mais on le dit de tous les vins rouges.

Pourtant à ces dix-neuf médailles une vingtième aurait dû s'a-
jouter, celle de M. Poncet-Deville, pour son vin blanc du clos Saint-
Robert en Pujols, lequel est un vin superbe, fait avec des soins rares
et un amour profond. Tout ne pousse pas dans Sauternes et Bommes,
messieurs, et les anciens n'ont pas le droit d'exclure les nouveaux.
Quant à la force au lieu du droit, c'est une autre affaire. Toute rivière
a ses brochets.

Sous cette réserve, il faut le reconnaître, l'examen des vins du
Bordelais a été bien mené. M. Merman, désigné à la fois par le jury
principal et par le comité de la Gironde pour la dégustation des produits de son département, est parmi les hommes dont l'autorité et
l'intégrité s'imposent. Il avait fait ses preuves à Londres en 1862, il
ne pouvait que les refaire à Paris en 1867. Son expérience et son patriotisme ont tout conduit.

Le groupe de la Bourgogne ne le cédait point à celui du Bordelais ;

Côte-d'Or contre Médoc et Sauterne était à deux de jeu. Si la Gironde a emporté dix-neuf médailles d'or, Nuits et Beaune en ont arraché dix-huit, dont plusieurs d'emploi double, ainsi pour Corton et Savigny, pour Pomard et Musigny, pour la Romanée et les Cras. Puis une cinquantaine de médailles d'argent, sans compter le billon. Ceci tendrait à prouver que si les Bourguignons ne savent pas encore vendre leur vin, ils savent au moins toujours le faire ; conditions desquelles le consommateur ne se plaint guère. Plaise tant qu'il voudra au négoce illustrissime qui siége devant et derrière les Chartrons de nous faire monter son âpre saint-estèphe jusqu'à quinze francs la bouteille, la bouche connaisseuse ne s'en portera pas moins ravie sur le vin de Beaune à six ou sept francs, cuvée des Hospices de 1858. Ce qui veut dire, pour le même prix, deux ananas au lieu d'un coing.

Nous n'entreprendrons point, et personne d'ailleurs n'y songe, le dénombrement des échantillons infinis qui représentaient la production bourguignonne depuis Dijon jusqu'à Mâcon, d'une part ; de l'autre, depuis Sens jusqu'à Tonnerre, Auxerre et Avallon. Ce serait quasi un travail de cadastre, et la bonne volonté des gardiens n'a jamais eu de quoi s'y prêter. Qui ne connaît d'ailleurs, au moins par ouï-dire, la plupart de ces crus grands et petits? Non pas sous leurs vrais noms, sans doute : le commerce a des états civils auxquels on ne voit goutte. Et, rien que pour la Côte-d'Or, nous étonnerions bien des gens en leur parlant Argillières, Récilles, Arvelets, Crais-Billons, Ruchottes-du-Dessus, Véroilles vieilles, Grillote haute, Fuées, Amoureuses, Poulaillères, Traversins, Cruots, Achausses, Gaudichots, Suchets, Brûlées, Pruliers, Porets, Cailles, Pagées, Corvées, Chaumes, Renardes, Jarrons, Bataillières, Lavières, Aigrots, Avots, Boucherottes, Blanches-Fleurs, Mouches, Mousses, Coucherias, Epenots, Poutures, Jarolières, Chaponnières, Bouchères et le reste. Tout cela, en français, veut dire Chambertin, Musigny, Corton, Richebourg, Romanée, Beaune, Pomard et Volnay. Ce commerce, fort en tant de choses, est fort aussi sur la synthèse.

Nous indiquerons seulement quelques curiosités.

La principale est le vin de Pomard blanc, retrouvé et restauré par M. Latour-Lécheneaux, propriétaire à Pomard, Volnay et Aloxe. Qui dit Aloxe dit, comme on sait, Corton, si bien que certains marchands écrivent Corton d'Aloxe ou *d'alose*, comme s'il pouvait y en

avoir un autre. Or ce très-noble vin blanc de Pomard, que M. Latour
a sauvé d'une main meurtrière et qu'il s'est légitimement attribué en
l'appelant, non pas du *château*, mais du *chalet Latour*, s'était toujours vendu comme Meursault des Perrières ou Mont-Rachet. Per-
dra-t-il à être restitué? C'est possible, le public aime si peu les
choses pour ce qu'elles sont! Nous avons goûté celui fait en 1864 :
il est fin, cristallin, soyeux, sec, légèrement styptique et d'un bouquet charmant ; il attache son huile aux parois du verre et laisse le
palais plein de satisfaction. C'est un vin de haute venue et qui se
classera bien, excellent à boire avec le poisson et le gibier. Pour le
faire ainsi, M. Latour-Lécheneaux laisse mûrir la grappe au cep jusqu'à l'approche des gelées. Alors il la porte au pressoir ; puis il met
en feuillette, en distribuant de façon égale le moût et le jus de la
pressée. Un premier mois est donné au travail de fermentation ; les
fûts ensuite sont fermés hermétiquement : on les ouvre seulement
pour les remplir tous les huit ou dix jours. Ceci dure trois mois.
Après quoi un premier soutirage dépouille le vin de sa grosse lie, et
une colle assez forte est donnée. Au réveil de la végétation, nouveau
soutirage. Repos jusqu'en septembre. Soutirage troisième en ce mois,
pour prévenir la fermentation automnale ; puis une colle légère. Der
nier soutirage en mars suivant. Un peu d'air tous les quinze jours,
dans les intervalles, afin de faire sortir l'acide carbonique, et remplis-
sage attentif chaque mois.

Une autre curiosité nous a été produite, au soleil du circuit, en pré
sence et compagnie du maître Pierre Joigneaux, de M. Barral, délégué
savant de la classe, exposant lui-même et médaillé d'or, de M. Roussillon, négociant en très-bon vin de Champagne à Epernay, et de
M. Louis Hervé. C'était, parmi d'autres mieux faits à ces sortes d'é-
preuves, un vin dit Moulin-à-Vent de 1859, parti de Bordeaux pour
San-Francisco le 10 novembre 1865, par le navire à voiles *le Jean-
Pierre*, arrivé à destination le 23 mai 1866, après sept mois d'une navigation de toutes couleurs et douleurs, laissé six semaines à lui-
même en sa boîte dans ce pays ardent et sans caves, réexpédié le
9 juillet, par le paquebot *Louisiane*, en retour pour Saint-Nazaire, et
définitivement rentré à Paris, sous mêmes cachets inviolés, le 25 septembre. Total de l'aventure, onze mois, et même treize, si l'on y ajoute
les huit semaines endurées au sirocco du Champ de Mars.

Ce vin peu prétentieux des Thorins était positivement admirable. Il avait mangé son dépôt et gardé sa belle couleur d'escarboucle; il nous revenait clair, plein, provoquant, sémillant et parfumé. On lui eût donné deux ans de plus qu'à ses semblables restés au logis : voilà tout. Les bouteilles, totalement remplies et bouchées à l'aiguille au départ, présentaient, lorsqu'on les ouvrit, un vide de quelques millimètres : certain excès avait disparu par le verre ou par le bouchon. Il faut savoir gré à la compagnie des grands vins de Bourgogne pour cette expérience généreuse. De ceux de sa côte soumis aux mêmes vicissitudes, un vin de Musigny seul était rentré glorieux. J'incline à croire que d'autres pouvaient avoir été procédés. Procéder veut dire sucrer, malheureusement ; or les sucreurs endiablés ont juré et commencé la mort de nos bons vins. Il a été noir le jour triste où la chimie est entrée dans vos caves, Bourguignons au palais malade que la bière est en train d'achever !

Le groupe de la côte du Rhône marquait surtout et entre tous par des vins de l'Hermitage très-considérables. Les dégustateurs, je l'ai dit, auraient pu, sans se compromettre, demander pour ceux-ci une médaille d'or. A-t-on craint de désobliger la grande Gironde, qui tient peut-être à les rabaisser parce qu'elle s'en sert pour remonter les siens? Le commerce a sa franc-maçonnerie ; loge de Bercy et loge de Bordeaux sont sœurs.

A la tête de ces vins sacrifiés ou méconnus, je crois qu'il serait juste de ranger ceux de la cuvée Bergier. L'honorable vigneron porteur de ce nom illustre avait envoyé un assortiment sans prix. Rouges depuis 1832, dont l'admirable 1834 : le 1840 mis en bouteilles à l'âge de trois mois ! le très-grand 1847, etc., jusqu'à 1863. Blancs depuis 1818, ce qui nous faisait du vin de cinquante ans ; un 1834 incomparable et singulier, puisque, après trente ans et plus, il garde encore le goût du raisin frais cueilli ; le superbe 1849 et suivants jusqu'à 1856. Plus sûr de ses produits que tant d'autres qui prudemment attachaient leur nom et leur cachet à des fictions d'eau rougie, M. Bergier avait son dessus comme son dessous ; de vrai vin dans la cave de l'Exposition et de vrai vin aussi sur les rayons de la galerie. Et qui voulait goûtait ces vins de savant, généreux, stomachiques, et non plus capiteux que le haut-brion ou le laffitte. Ce qui en restait a été vendu au profit de l'orphelinat du Prince impérial : on ne fit jamais

les choses plus magnifiquement que ce vigneron sacerdotal. Pour
tout cela, ce me semble, une médaille d'argent ne valait.

Un autre groupe excessivement curieux était celui des vins de
l'Indre apportés par la société vigneronne d'Issoudun. Le jury l'a
trouvé digne seulement de la pauvre médaille de bronze. C'est, je
crois, une erreur. La raison donnée par quelques membres aurait été,
m'a-t-on dit, que ces vins, sans renommée d'ailleurs, avaient paru
manquer d'éléments suffisants de conservation. Or nous devons à
l'obligeance du très-savant et très-aimable M. Aumerle d'avoir pu
les vérifier. Nous avons, à notre saisissement profond, trouvé leur
série extraordinaire commandée par un vieillard de soixante et onze
ans, se tenant parfaitement debout sous son millésime républicain
de 1796. Après lui venait, plein de vigueur et de feu, un natif de
cette année fameuse qui n'est plus partout que de l'histoire, hors
peut-être dans les caves-archives du Château-Laffitte : la comète lé-
gendaire de 1811. Cinquante-six ans. Si ce n'est point assez durer,
que vous faut-il donc, juges tout-puissants ? Le sol du pays est là,
au reste, qui en répond et l'annonce : siliceux, graveleux et granitique.
Ayez-y bon plant et bons soins, et laissez faire.

Un vin fort rare, d'ancien auvernat blanc, miraculeusement sauvé
des arracheurs de l'Orléanais, nous a remis en mémoire une autre
légende bien vieille, celle du ver éternel qu'il faut tuer chaque matin.
« Audit an 1519, comme le rapporte fidèlement M. Ludovic Lalanne,
mourut subitement Mademoyselle, femme de M. de La Vernade, l'un
des maîtres de requête du roy, et fille du feu sire Briçonnet d'Orléans, surintendant des finances. Dont elle fust ouverte et luy fust
trouvé un ver en vie sur le cœur, et lors fust mis sur le cœur du *mi-
tridal* pour le faire mourir, mais il n'en mourut point. Puys y fust
mis du pain trempé en vin, dont incontinent ledit ver mourut. Par-
quoy il ensuyt qu'il est expédient de prandre du pain et du vin au
matin, au moyns en tems dangereux, de peur de prandre le ver. »
Vin très-aigu, en effet, et qui pique comme une aiguille !

Les vins du Jura, sans pourtant gravir les hauteurs de la médaille
d'or, ont eu un succès relatif. Nous partageons médiocrement l'enthousiasme local que les loyaux Francs-Comtois professent pour
leurs vins rouges, et celui des Arsures en particulier, qui est comme
leur chambertin, ne nous aura jamais parmi ses fanatiques. Mais ce

pays possède des vins blancs de distinction haute, et d'ailleurs il est bon de compter avec un territoire qui peut, en certaines années, entre ses montagnes et ses plaines, de Salins à Saint-Amour, donner jusqu'à 800,000 hectolitres. Les blancs, à la vérité, ne comptent dans la masse que pour un dixième. C'est l'or de ce numéraire nombreux : or qui s'appelle Château-Châlon, Ménétrux, l'Étoile et Pupillin-lez-Arbois. C'est moins connu que Bourgogne, Guyenne et Champagne ; on nous pardonnera donc d'en dire un mot.

Le plant qui fait les bons vins blancs du Jura, dits vins jaunes ou de garde, est le sauvagnin, qui n'est pas du tout le sauvignon de la Gironde ni le pinot blanc de la Côte-d'Or. Vendangé tard, vers la Toussaint, il produit de sa pressée de topazes le vin célèbre de Château-Châlon, dont la durée est inconnue ; on en a bu qui avait cent ans. Le véritable, passablement vieux, vaut facilement vingt francs la bouteille. Mais il est rare, et c'est pourquoi les autres usurpent son nom.

Le sauvagnin ou salvagnin, mêlé au gamay blanc ou melon, donne les vins beaucoup plus blancs de l'Étoile, de Quintigny, de Rotalier, de Cesancey, vins riches, savoureux, charnus, embaumés et capiteux, que nous buvons tous, avec d'autres qui ne les valent guère, sous l'étiquette et le baptême génériques de vins d'Arbois.

Puis enfin, et c'est ici le plus intéressant, de ces deux plants blancs alliés avec le poulsard, qui fait les rouges de Salins, des Arsures, de Frontenay, de Saint-Laurent la Roche, etc., on obtient les vins petillants, fins, légers, charmants, qui commencent à faire si beau chemin parmi les mousseux, et qu'on appelle vins de l'Étoile, ce vignoble étant leur point de départ principal.

Les premiers essais de vins mousseux du Jura remontent à la fin de l'ancien empire. Ils étaient, comme on pense, passablement informes. Le temps même n'est pas loin où, pour faire mousser ce doux jus, on chargeait simplement les bouteilles à la pompe, comme pour l'eau de seltz artificielle. Un négociant du pays, M. Auguste Devaux, fort expert et estimé en affaires comme en vendanges, et son frère, jeune ingénieur sorti de notre école centrale, ont, depuis trois ou quatre ans, radicalement changé la figure et les procédés de l'espèce. Multipliant les expériences scientifiques et pratiques, s'inspirant de leurs voisins de Bourgogne et de leurs devanciers de Champagne, point avares de peines ni de sacrifices, cette fois finalement ils nous offraient un vin mousseux parfaitement fait et constitué, blanc jusqu'à être incolore, fin, mordant, rempli de séductions et d'arome, et, grâce à sa base raisonnée de raisins noirs, n'étant plus du tout le dangereux casse-tête d'autrefois.

C'est un très-franc succès. Aussi le jury, en son impartialité, a fait partager à M. Devaux le sort de bonnes maisons de la Champagne, telles que Gustave Gibert, de Reims, et Roussillon, d'Epernay : il l'a mis au-dessous de la médaille d'argent.

Voilà à peu près les points les plus remarquables des apports de la France dans cette innombrable affaire. Quelques chiffres feront juger de la masse. Nous les donnons par régions :

Ain, cinq exposants ; Allier, cinq ; Aube, deux ; Aveyron, deux ; Charente, trente-cinq, dont un groupe ; Charente-Inférieure. dix-sept, dont un groupe ; Cher, la société d'agriculture du Cher, plus M. Viller et le marquis de Vogué ; Corrèze, trois exposants : Côte-d'Or, l'immensité ; Dordogne, quatorze, dont un groupe ; Eure-et-Loir, un exposant ; Gironde, plus de deux cents ; Haute-Marne, un : Haut-Rhin. dix ; Haute-Savoie, quatre ; Haute-Vienne, un ; Indre, les vignerons d'Issoudun et la société d'agriculture de Châteauroux ; Indre-et-Loire, onze, dont un groupe ; Jura, vingt, dont un groupe ; Loir, cinq ; Loir-et-Cher, treize, dont un groupe ; Loire-Inférieure, deux ; Loiret, six, dont un groupe ; Maine-et-Loire, vingt-trois. dont un groupe ; Marne, trente ; Meurthe, deux ; Meuse, deux ; Nièvre, un ; Puy-de-Dôme, sept ; Savoie, trois ; Saône-et-Loire, la société d'agriculture de Châlon-sur-Saône et la société de viticulture de Mâcon ; Vienne, dix exposants, dont deux groupes ; Vosges, sept, dont un groupe ; Yonne, seize, dont six groupes ; Alpes-Maritimes, un ; Ardèche, quatre ; Aude, trois, dont un groupe ; Basses-Pyrénées, le comité agricole et M. Jean Cazalis ; Bouches-du-Rhône, six ; Corse, treize ; Drôme, cinq : Gard, neuf, dont un groupe ; Gers, treize ; Haute-Garonne, un ; Hérault, vingt-deux, dont un groupe : Landes, six ; Lot, cinq, dont un groupe ; Lot-et-Garonne, sept ; Hautes-Pyrénées, un ; Pyrénées-Orientales, six ; Rhône, quatorze, dont deux groupes ; Tarn, deux ; Tarn-et-Garonne, quatre ; Vaucluse, six ; Var, le comice agricole et M. Victor Poulet.

Plus l'Algérie, inscrite pour cent quarante-deux noms en toutes boissons. Sans grands progrès, commme à l'ordinaire. Cette colonie ne réussit bien que le tabac. Le militaire fume.

N'oublions pas les bouteilles, que nous faisons si bien. Entre toutes les verreries, il en est une qui veut qu'on la signale, celle de MM. Deviolaine, à Vauxrot, près de Soissons. Reims y prend du verre qui résiste à vingt-huit atmosphères et conserve admirablement le vin.

Il nous reste quelque chose à dire des vins du Portugal et d'Italie, des bières, liqueurs, etc.

La sixième division comprenait les vins secs de la France méridionale, de l'Espagne, du Portugal, de l'Italie, de la Grèce, de la Turquie, etc. Tous les pays de teint brun et de soleil ardent. Elle avait comme jurés peu concordants, huit Français, un Russe et un Américain. Six négociants de Paris, MM. Teissonnière, Astier, Baudrant, Lacaille, Houdart, Porte; un courtier gourmet de Paris, M. Guyonnet, et seulement un négociant du Languedoc, M. Guéraud, président de la chambre de commerce de Nîmes : puis enfin M. de Solsky, délégué de la Russie, en vue peut-être de la moscovisation future de l'Orient, et M. Beckwith, chargé éclectique du commerce des États-Unis. Pas un Italien ayant voix, même d'office, au nom de cinq cents exposants d'une vigne qui fut l'illustre aïeule de la nôtre! Pas un Espagnol pour les quatre cent vingt-deux venus de l'Andalousie, de Valence, de Grenade, de Castille, de l'Aragon, de la Catalogne et de la Navarre ! Pas un Portugais pour les vins sans égaux de Madère, de Villa Réal et de Porto! Il est clair qu'ici nous n'accusons personne et que les circonstances ont dû tout conduire, selon leur commodité habituelle dans les passages embarrassants ; mais l'histoire des expositions aura droit de trouver le cas singulier. Faire ce qu'on peut, messieurs, n'est pas toujours faire ce qu'on pourrait.

L'Italie a néanmoins obtenu quatre médailles d'or et huit médailles d'argent. Les médailles d'or sont allées premièrement à M. Giuseppe Scala, que nous supposons être un très-grand négociant de Naples, pour une collection de vins remarquables, parmi lesquels l'amicale intervention du savant et charmant M. Dall'Ongaro nous a permis d'en juger un certain nombre. Ainsi, par exemple, un rouge du Pausilippe, admirablement vigoureux et charnu, ayant l'arome pénétrant, le bouquet persistant, chargé à dose convenable du tanin qui con-

serve et de l'esprit qui transporte ; un vin rouge de Falerne, assez bon
vraiment pour ne pas tout à fait démentir l'antique et hyperbolique
renommée qui marche en nous, avec ce grand nom, depuis Horace
et les autres viveurs, familiers d'Auguste ; enfin un marsalla véritable
qui, par malheur, était trouble, — la mise en bouteilles des Italiens
étant généralement mauvaise, —mais cependant valait beaucoup mieux
que ses pareils, ordinairement dénaturés et emballés dans l'alcool
aux fins menteuses de s'appeler en France *madère* et en Angleterre
*sherry*. Supercherie des plus ineptes, car, en vérité, ces généreux
vins de Sicile ne demanderaient qu'un peu de soin pour être partout
présentables et acceptables sous leur propre nom ; donnons-en comme
preuve celui de Zucco, si heureusement tombé dans les intelligentes
mains de M. le duc d'Aumale.

La seconde, après cette médaille d'or que nos commerçants devaient bien à leur confrère, a été décernée à un producteur illustre,
le baron Ricasoli, de Florence, pour son vin dit *aleatico*. L'aleatico
est l'expression très-exquise et parfumée d'un raisin muscat *rouge*,
légèrement ovale et pointu, pas du tout serré sur la grappe, qu'on
rencontre aux environs de Florence et de Sienne, dans les États
romains, à l'île d'Elbe et ailleurs. Ce vin, que Jullien trouvait ressemblant au tinto d'Alicante, est diversement préparé, selon les pays ; et
chaque propriétaire a même là-dessus son petit secret. La condition principale est, je crois, de laisser le fruit s'évaporer sur le cep jusqu'à perdition de son eau, ainsi qu'on opère à Tokaj, à Château-Châlon, dans
le haut Sauterne, etc. Le degré de fermentation après la pressée est ensuite chose à examiner. Le meilleur aleatico est celui de Monte-Pulciano ;
vient au même rang quasi l'aleatico de Chianti, que M. Ricasoli exposait, sous sa double autorité d'homme politique et d'œnologue puissant.

Le célèbre muscat de Syracuse, qui, avec le lacryma-christi et le
monte-pulciano, représente la fleur des grands vins d'Italie, avait pour
exposant médaillé d'or M. Rouff. Et quatrièmement enfin notre jury
a bien voulu honorer, à titre égal, le vin piémontais d'Asti des frères
Florio, charmante liqueur faite d'un raisin piquant, sucré et fram-
boisé, appelé *nebiolo* ; un vin dont la trouvaille serait partout une joie,
sans la pratique triste qui fait que de chaque bouteille il y a presque
la moitié à jeter. La nature a tout donné à ces chers Italiens : sol
merveilleux, plants délicieux, ciel superbe ; mais il leur manque ce

qu'elle ne pouvait ajouter, cultiver la vigne et savoir faire le vin. C'est pourquoi rien ou presque rien par eux n'est tiré de cette richesse incomplète; chacun boit sans avantage ce qu'il a récolté sans souci. Sauf Naples d'ailleurs, un peu la Sicile et Turin, il n'y a point, à vrai dire, de centre italien pour le commerce. Les provenances ne sont pas même classées. Mais patience : laissons ce peuple en travail se constituer d'abord et se séculariser; le reste lui viendra par surcroît. Il a fallu treize cents ans pour obtenir l'unité de la France.

N'oublions pas, comme curiosité, un vin sec de Tretiano, apporté par M. Bertone di Sambuy, de la plaine glorieuse de Marengo.

La Savoie, naguère italienne, n'a point gagné à se faire française : le jury souverain n'a eu qu'une chétive médaille collective en bronze pour les vins de Montmélian, de Saint-Jean, de Mont-Termino et d'Altesse. C'est un hommage qui sentait un peu son conquérant.

Le Portugal est un pays viticole par excellence. Ce qu'on y fait de vin est considérable et l'était bien plus avant la malheureuse invasion de l'oïdium. Nous n'avons pas à nous occuper des vins vils de l'Entre-Douro-e-Minho, province qui ne vaut que par son sol granitique et schisteux, mais où la vigne est à peu près traitée à la façon des ronces, poussant, comme en Provence, sur la libre lisière des champs, ou montant follement dans les arbres comme en Italie, après avoir pris sa part et sa grande part de l'engrais peu inodore qu'on prodigue aux légumes. Là sont surtout cultivés — peut-on dire ce mot? — les plants les moins fins, parce qu'ils sont les plus productifs et donnent à foison une boisson mal faite, verte, âpre, froide, sans corps et sans âme, débilitante et non fortifiante, tisane dont les habitants se trouvent pourtant bien, disent-ils. A leur aise !

Les vins plus dignes de ce nom sont produits dans la province de Tras-os-Montes. Ce sont les vins du Douro, mieux connus sous le nom de Porto, parce que c'est à Porto ou Oporto que le commerce s'en fait. Les deux régions du haut Douro (*alto Douro*) et hors le Douro (*fora do Douro*) fournissent ensemble environ 400,000 hectolitres, lesquels sont vendus neufs, et sur place, de 15,000 à 40,000 reis la pipe de 636 litres (500 reis étant égaux à 3 francs, 40,000 reis équivalent à 240 francs). Bon climat, bonne terre, raisonnable culture ; plants fins des *alvarilhao*, *bastardo*, *touriga*, *souzao*, *mourisco*, *malvasio* et *tinta*. Ces vins sont faits d'après des données spéciales qu'on s'ac-

corde à déclarer parfaites, et le résultat prouverait assez qu'elles le
sont. Nous devons à l'obligeance courtoise de M. le commissaire portugais Vasconcellos d'avoir goûté quelques raretés de Porto magnifiques, depuis 1815 jusqu'à 1840. Qui n'a bu de ces vins qu'en Angleterre ou par l'Angleterre ne saurait s'en faire la moindre idée.

Viennent ensuite les vins de Bragance, qui se traitent et se vendent
comme ceux et souvent même pour ceux du Douro. Puis, dans le dis-
trict de Lisbonne, au nord du Tage, les vins rouges de Collares, dont
l'attrait rappelle celui de nos vins de l'Hermitage, et les blancs de Bucel-
las, légers, acidulés, aromatiques, tenant un peu du goût de la basse
Bourgogne, un peu aussi de celui des vins du Rhin. La culture des
vignes de Collares est curieuse ; à ceps rampants, les sarments repo-
sant sur le sable, gardés du vent de la mer par des abris en roseaux.
Quand le raisin commence à mûrir, on soulève le sarment à quinze ou
vingt centimètres du sol. Le vin se fait à peu près comme en France,
grain et rafle ensemble, à cuve ouverte et soixante-douze heures de
cuvage. Le reste à l'avenant. Il y aurait bien là-dessus quelque
petite chose à dire ; mais où est-on parfait ?

Le Portugal a obtenu dix médailles d'or, dont six pour Porto et
deux pour Madère. Quel divin madère que celui dont M. Vasconcellos encore nous fit tâter : vin de 1835, à quarante francs la bouteille !

L'Espagne a été moins bien partagée : huit médailles d'or seulement et douze d'argent. Son exposition était cependant magnifique,
à cette vieille terre de grands vins, qui fournissait la Rome antique
et envoyait ses cépages aux vignerons inhabiles du Vésuve et de
l'Etna. Valdepenas, Olivenza, Cardona, Benicarlo, Tudela, Vera,
Medina del Campo ; puis le tinto d'Alicante et de Malaga ; puis le tin-
tilla de Xerès et de Rota, dans les rouges. Amontillado, Paxarète,
Alba-Flor, Malvasia, Lacryma, Pedro, Ximénès, Grenache, et mus-
cats de vingt pays, dans les blancs secs et doux. Le tout commençant
par un vin d'Aragon, à M. Pablo Martary, qui avait cent ans juste
(1767). Où trouver jamais collection étrangère plus nombreuse et
plus précieuse que celle-là ? Mais peut-être bien que les médailles
manquaient aux juges : quelques-uns du moins l'ont dit.

Beaux et bons envois de la Suisse, canton de Neufchâtel. Quelques vins antiques de l'archipel grec. Le royal vin de Constance, à
l'origine demi-française et persane. Des curiosités de la Turquie et

de la Crimée, dont un *tokai* de 1732. Vins du Chili, vins d'Australie et de la Nouvelle-Galles du Sud. L'Amérique maintenant plante elle-même sa vigne et fait son vin, sec et mousseux. Le commerce d'Europe a de quoi s'en accuser : tant va la cruche, etc.

Ici se bornent à peu près nos renseignements quant aux vins. Il ne nous est pas échu de pouvoir aller plus loin. Le journaliste, comme le public, restait livré à lui-même dans ce monde outre mesure du Champ de Mars, et jamais la Commission ni l'administration n'ont songé à nous éclairer ou à nous adoucir la tâche. Il semblait même qu'à toutes réclamations ordre fût donné d'être roide, comme à toutes questions d'être muet. Ces façons-là ont dû nous faire beaucoup d'honneur devant l'univers assemblé.

Et pour achever, mille flammes distillées, connues et inconnues, depuis le fruit jusqu'au bois, depuis le grain jusqu'à la paille, l'incendie bu sous toutes les espèces, une *vénénomanie !* Plus l'impôt s'élève, plus il y pousse, on dirait. C'est effrayant et instructif. Il va tout seul que sur ce point aussi notre pays est resté le maître, fabricant également les meilleures et les plus exécrables. Le jury, dit-on, scandalisé de cet abus de liqueurs alcooliques qui est notre point d'arrêt physique et moral, a refusé d'admettre l'extrait d'absinthe à concourir pour les récompenses. C'était bien, mais il eût été mieux de l'empêcher d'entrer. Qui avait payé devait être jugé : la quittance valait assignation.

Les bières étaient de tous pays : bières anglaises, bières allemandes, bières françaises. Cinq médailles d'or ont été données : deux à l'Angleterre, représentée par M. Allsopp et MM. Bass ; une à la brasserie Dreher, de Vienne ; une à la bière de Munich, et l'autre au comité des brasseurs de Strasbourg. Mais, de l'aveu général, c'est la bière de Vienne qui l'a emporté. Légère, limpide, mousseuse, avenante, rappelante et fraîche surtout ; venue dans la glace, tenue dans la glace, bue dans la glace. Sans le froid, point de bière en effet. Et c'est pourquoi Paris est condamné à ne jamais la boire bonne que par hasard ; ses caves et sa sommellerie n'admettent point le froid, et d'ailleurs, quand elles l'admettraient, l'octroi est aux portes, frappant la glace d'impôt jusqu'à la rendre inaccessible. On essaye en ce moment, à Paris, des débits de bière de Vienne : si la glace y manque, je leur donne six mois pour être déshonorés.

La consommation de cette bière, pendant l'Exposition, a été monstrueuse. On cite un jour où le grand chalet Dreher a vu consommer vingt-cinq mille chopes. A ce propos, nous essayerons de donner l'idée de ce que pouvaient, comme service et absorption de liquides et solides, les établissements autorisés et chèrement loués par la Commission sur le promenoir circulaire du Palais, tous considérés comme faisant exposition, et conséquemment admis à disputer les récompenses. Tous aussi, faute d'espace, débordant du dedans au dehors, de quoi le célèbre procès des Chaises est venu.

En entrant par le pont d'Iéna et prenant la gauche, on trouvait : 1° un débit de vin de Champagne au verre, avec gâteaux et bonbons ; 2° le café Rouzé et le buffet Rouzé ; 3° l'échoppe des bonbons problèmes « tant que vous en pourrez manger pour quatre sous ; » 4° le restaurant de la Ville de Paris, tenu par Rouzé, avec table d'hôte et vin de Champagne au verre ; 5° la brasserie Rouzé ; 6° le buffet riant et hospitalier de madame Bertrand ; 7° un bouillon ; 8° la maison de Guillaume Tell ; 9° le buffet de l'Univers, immense opulence si inconcevablement évanouie, malgré le grand praticien Vauquelin et la jolie bouquetière Anna ; 10° le dîner européen de M. François ; 11° le chocolat de la compagnie Française ; 12° le dépôt des brasseries de Strasbourg ; 13° le salon de dégustation de la compagnie des grands vins de Bourgogne ; 14° *idem* des vins mousseux de l'Anjou ; 15° *idem* des vins de Champagne de M. Roussillon, d'Épernay ; 16° *idem* des vins de l'exposition de la Gironde ; 17° la pâtisserie française ; 18° M. Beuzeboc, charcutier ; 19° la boulangerie française ; 20° le café algérien ; 21° le café et le buffet hollandais et la kermesse hollandaise ; 22° le restaurant prussien ; 23° les vins mousseux du Rhingau, les liqueurs de Leipzig et de Berlin ; 24° chocolats et fruits confits de Cologne ; 25° comestibles de Dresde ; 26° la brasserie bavaroise ; 27° la brasserie de Munich ; 28° la brasserie Fanta, où le merveilleux orchestre de Franz Patikents nous jouait la marche de Kossuth : quelle nouveauté ! quelle vie ! quelle flamme ! 29° la brasserie en fer d'Antoine Dreher ; 30° les aliments et les boissons d'Autriche ; 31° les aliments et les boissons de Hongrie ; 32° la buvette suisse ; 33° le café-restaurant suisse, tenu par Scossa ; 34° le café espagnol, avec cuisine et vins d'Espagne ; 35° le buffet danois ; 36° le restaurant de Suède et de Norwége ; 37° le restaurant russe, un succès énorme; 38° le restaurant italien; 39° le buffet de la Roumanie; 40° le café turc; 41° thé de Chine et du Japon; 42° le café tunisien; 43° le buffet-glacier américain; 44° Catelain, buffet des républiques de l'Amérique centrale, notre refuge, à nous autres, éclopés et essoufflés du compte rendu; 45° *Professor's american bar;* 46° *British Press, dining rooms;* 47° buffet Kirkland; 48° brasserie de Burton; 49°, 50° et 51° les trois splendides buffets anglais...

Ainsi se décrivait le circuit. Ouvrons ici une parenthèse.

Parmi ces jeunes et ardentes républiques de l'Amérique auxquelles Catelain l'hospitalier avait emprunté un patronage si réussi, l'une d'elles, Vénézuéla, au nom doux, avait elle-même pour patron un ami, M. Eugène Thirion, qui est son consul en France. L'exposition qu'elle nous présentait était due tout entière aux soins de ce négociant recommandable, quasi nationalisé Américain par vingt ans de séjour dans le pays. Il n'avait rien négligé pour faire figurer convenablement les produits vénézuéliens au concours qui conviait chez nous tout le globe. C'était bien mériter à la fois de l'Amérique et de la France. Les deux, j'espère, lui en auront su gré.

Vénézuéla, en outre de ses produits naturels et agricoles, cacaos les premiers du monde, cafés, cotons, indigos, bois de construction et d'ébénisterie, minerais d'or, de cuivre, de plomb, d'argent, de mercure, possède et nous montrait une industrie jolie et variée. Des travaux naïfs et pleins de grâce en moelle de roseau (*carrizo*), tels que paniers, coiffures, fleurs ; une fabrication de chapeaux façon panama aussi beaux que le panama lui-même; des hamacs indestructibles faits de fibres d'aloès et brodés en plumes qui sont des pierreries; des coupes, des tasses taillées dans de blondes calebasses (*totumas*) et gravées au couteau avec la finesse et le goût des ivoires ; de la lingerie indigène tout à fait curieuse, et que la nôtre imitera un jour sans rien dire. Puis, à côté d'une histoire naturelle terrible, insectes féroces, reptiles venimeux, bêtes carnassières, une table faite d'un bois singulièrement beau appelé *gateado*, de *gato*, en espagnol *chat*, parce que, étant poli, ce bois prend le soyeux et le moiré de la peau du charmant animal. Sur cette table, au-dessous d'un écusson en plumes très-soigné, représentant les armes de la république, on voyait une tête d'homme et une urne. En voici la raison :

Étant vice-consul de France en ces terres lointaines, M. Eugène Thirion fit un voyage à Rio-Negro par le haut Orénoque, et, plus hardi ou plus heureux que M. de Humboldt, qui n'avait pu y pénétrer, il explora, sur un morne rocheux, une caverne presque inaccessible, lieu de sépultures antiques défendu à la fois par la nature, les serpents et le respect superstitieux des indigènes. Il y trouva cette urne, qui renfermait cette tête, et l'emporta, aux mille périls de sa considération et de sa vie. Il n'a point eu à s'en repentir ; en archéologie comme en anthropologie, ceci est un véritable monument. Le débris humain, caractérisant une race inférieure et perdue, appartenait, dit la légende, à la tribu cruelle des Indiens Atures, détruite par ses voisines dans une haute antiquité. L'urne qui l'a contenu est en terre, ovoïde et grisâtre, fermée d'un couvercle qui a pour bouton un animal fantastique. Des dessins qui doivent être une langue la décorent. Il est malaisé de rendre cet ensemble de choses si parfaitement insolites ; il faudrait pouvoir lire la saisissante relation de l'excursion dangereuse faite pour sa conquête par notre brave compatriote. On peut très-bien être un héros et ne tuer personne, s'il vous plaît !

A la collection d'antiquités et de curiosités vénézuéliennes étaient joints deux œufs fossiles d'épiornis, trouvés sur la côte ouest de Madagascar par le capitaine Cavaro, commandant la *Marie-Caroline*, de Nantes, et exposés par MM. Talvande et Cᵉ. Ces œufs, d'un volume énorme, puisqu'ils mesurent neuf litres chaque, nous rendent possible l'existence fabuleuse du roc, l'oiseau colosse des Mille et une Nuits, dont le vol au soleil faisait ombre sur les navires.

Maintenant je retourne à mes buvettes.

Dans le parc, — il faut citer au hasard, — premièrement le buffet impérial et royal du jardin réservé, où sombrèrent tant de menus superbes : les œufs, le lait et les sandwichs dé la ferme Giot ; le restaurant omnibus ; la brasserie alsacienne ; la dégustation des vins de Mâcon : le ravissant cabaret espagnol, plein de chants et de guitares ; le débit des vins allemands ; le grand chalet Dreher ; le café viennois ; la boulangerie viennoise ; la fabrique de dragées ; le restaurant des familles ; la grande brasserie allemande ; le buffet milanais ; le buffet Suffren ; les buvettes de l'Exposition ; la Ruche impériale ; le buffet normand avec cidre et tripes de Caen ; la brasserie belge ; le glacier napolitain Miglia-Vacca ; le grand et excellent restaurant chinois ; le café tunisien sous le Bardo ; le café-concert bavarois ; le pavillonWaaser, tenant vin, bière et chocolat ; le café du théâtre avec bière de Hatt et des Trois-Rois ; le restaurant-bouillon Porret ; la buvette du théâtre ; la boulangerie de l'Exposition ; deux ou trois faiseurs de gaufres ; et enfin l'immense restaurant du cercle international, intrépidement tenu jusqu'au bout par le très-bon et très-mal payé M. Cotte.

Or, pendant cinq mois, tout ce que nous venons de dire s'est trouvé trop rare et trop petit, — sauf le dernier local pourtant, — et ce qui s'y est dépensé d'argent est absolument incalculable. On cite, et nous en connaissons, des visiteurs fréquents, presque assidus, lesquels n'ont jamais dépassé le cordon gourmand que nous venons de décrire. Tout au plus quelques-uns allaient-ils jusqu'à la galerie des machines, mais pour retourner aussitôt. Ce congrès de tant de façons diverses dans le boire èt le manger nous a valu, entre autres introductions, l'adoption définitive d'une liqueur russe, le kummel, qui n'est point du tout une mauvaise chose, par usage modéré. Ce kummel, ayant pour base d'arome le cumin ; la liqueur des *poëtes*, de MM. Péruzat et Clère, de Bordeaux ; une eau de prunelles, dont le nom d'auteur nous échappe ; et aussi le bitter américain de M. Desvignes, le seul à notre connaissance qui soit fabriqué dans les conditions vraies de l'agrément et l'hygiène, voilà, ou peut s'en faut, les nouveautés notables à signaler parmi les innombrables rééditions, imitations, modifications et contrefaçons saccharo-alcooliques dont fourmillait la classe soixante-douzième. Le bitter de M. Desvignes n'a pas été plus haut prisé que ceux de ses confrères : serait-ce donc qu'il avait le tort de ne contenir ni jus de réglisse, ni bois de campêche, ni rien de ces purgatifs drastiques qui en changent quelques-uns en provocateurs de coliques ?

Inutile de dire que la palme de l'eau-de-vie est restée aux producteurs de la Charente. L'ombre vénérable du grand négociant Courvoisier a pu s'agiter d'aise, au succès des fines-champagnes vieilles apportées et présentées par ses heureux et loyaux successeurs. Quelle mine d'or que cette Charente, où telle eau-de-vie commencée à trente sous la bouteille peut finir un jour à trente francs ! Gardezvous au moins d'y mêler de la betterave, imprudents millionnaires !

Et puis enfin, au moment où toutes ces choses finissaient,
ému, éperdu, transporté comme tant d'autres, dont premièrement M. Aymar Bression, directeur de l'Académie nationale,
auteur sur le grand ensemble d'un si puissant, si patient et
si magnifique travail, voici ce que nous avions hasardé,
humble et suppliant, d'écrire, comme un placet, pour les
grands pouvoirs que regardait l'affaire :

Paris, ô mes seigneurs, n'est point si amoureux qu'on vous le
dit des espaces ras. La preuve en apparaît dans la reconnaissance
contestée que lui inspirent certains abatis énormes. Ainsi le carrefour
de la rue et du faubourg du Temple, si démesurément élargi, ne passe
qu'à condition de se découper en sinueux labyrinthe. En rendant à
Paris son champ de Mars oublié, on ne le comblera donc pas de joie.
Ces grandes villes violemment rebâties finissent par demander ce que
la façon leur coûte ; alors elles en deviennent avares. Et d'ailleurs deux
millions d'âmes préféreront toujours ce qui les rapproche à ce qui les
éloigne. Les foules sont magnétiques. Quoi qu'on en dise, le milita-
risme diminue, et CHAMP DE MARS commence à friser l'anachronisme.
Puis enfin il serait bon de savoir ce que l'on fait. Voici que vous
avez peuplé ce qui était désert et vivifié ce qui était inerte. En une

syrte poudreuse au bord de la Seine, où l'on ne voyait que du sable
et quelquefois des soldats et des chevaux, qui très-inutilement
mouchetaient ce sable là d'étincelles et de taches noires, vous avez
fait venir des maisons, des arbres, du gazon, de l'eau, de l'instruction,
des plaisirs, des richesses, une existence inconnue. Pourquoi de sang-
froid abolir cette naissance du plein au profit de la restauration du
vide? Il se pourrait bien, et c'est assez notre avis, que l'idée des
expositions universelles eût fait son temps, grâce un peu beaucoup
aux intempérances extravagantes qui ont affligé et dépopularisé la
constitution fiscale de ce dernier rendez-vous des nations : mais parce
que de sitôt on ne recommencera une telle indigestion d'industries,
faut-il en conclure à fermer boutique hospitalière au travail et ne plus
mettre ici la table pour personne?

Autour de cette improvisation, plus grande que ses défauts après
tout, un quartier s'est élevé, des boulevards ont été plantés, des rues
percées, des constructions et des populations agglomérées, accumulées. En face d'elle, et pour la faire voir, on a mis la poudre et la sape
dans une montagne coûteuse et superbe, laquelle on a changée en
amphithéâtre. Et la raison de toutes ces évolutions et révolutions dis-
paraîtrait, et l'amphithéâtre aurait pour théâtre un simple retour six
fois l'an aux *par le flanc droit* précédés et suivis des *à gauche en
bataille*? De gaieté de cœur et par vos mains, tout ce que vous avez
fait naître mourrait? La chose est assez forte pour être très-proba-
ble, il ne faut pas se le dissimuler. Cependant une notable portion du
bon sens public se refuse encore à y croire absolument; que l'avenue
de la Bourdonnaye le lui pardonne!

Un exposant tenu justement pour une autorité dans le travail et
dans l'art, nous communique là-dessus des observations qui ont du
mérite. N'enlevons rien, en vous les présentant, à leur forme respectueuse. L'administration municipale, dit-il, a fait du bois de Vincennes le parc du peuple; espérons que du champ de Mars elle voudra
faire le musée du peuple et peut-être aussi une publicité permanente
pour les milliers de petits industriels habitant obscurément et laborieusement les faubourgs, les fonds des cours, les mansardes et les
misères de la bonne ville de Paris. Nul acheteur n'a la connaissance
directe de cette innombrable et merveilleuse production que le seul
étalage du marchand s'attribue : qui empêcherait, moyennant un

loyer insignifiant, — pourquoi pas même gratis, — de permettre à
nos abeilles de librement, huit mois de l'année, montrer là-bas leur
miel aux consommateurs de tous les pays? Quinze centimes pour
aller et autant pour revenir ne sont pas une affaire.

Allez à Sydenham, qui est pourtant à douze milles de Londres, et
voyez ce que les Anglais ont su faire du palais de cristal, où fut,
dans Hyde-Park, l'exposition première de 1851 : alors vous vous de-
manderez pourquoi l'usine du champ de Mars, bien mieux disposée
en dépit de sa forme, manquerait à la seule destination capable de la
faire absoudre. Habillez d'abord l'extérieur d'une enveloppe grandiose,— assez de jeunes architectes attendent votre ordre pour vous
en donner le dessin, — puis, pénétrant au centre, couvrez les murs
où sont aujourd'hui les beaux-arts et la soi-disant histoire du travail,
de peintures murales représentant celle de l'humanité. Ces fresques
populaires vaudraient bien des toiles de batailles.

Là, des artistes qui dépasseraient Masson et peut-être agran-
diraient Chenavard, raconteraient le progrès civilisateur universel,
depuis dix mille ans et plus en marche pour ne s'arrêter un jour qu'à
la divinisation de l'homme. Depuis l'Inde taillant en pleines montagnes
les monuments qui nous confondent, depuis la Chine immense, l'É-
gypte, aïeule vénérable, et les Grecs ses enfants, et les Romains ses
petits-enfants, et les chrétiens et les Arabes, jusqu'aux modernes,
dont nous sommes, froids praticiens du doute et de l'utilité. Ceci pour
un côté. De l'autre et en regard serait, si l'on voulait, l'histoire peinte
de notre Gaule allant des habitations lacustres à l'Opéra de M. Garnier, et la revue, toujours continuée, pacifique ou guerrière, de l'industrie, du labour, du négoce, du voyage, depuis l'âge premier de
la pierre jusqu'au fusil à aiguille, des invasions par la force aux traités de commerce, des Phéniciens aux Américains, des foires antiques
aux expositions, des caravanes aux chemins de fer. Quel splendide
panorama !

Les salles si magnifiquement enceintes dans ces parois illustrées
pourraient contenir les spécimens de la fabrication ancienne. Des
cours et des conférences volontaires y éclaireraient et féconderaient
chaque spécialité. Instruction sur l'objet par l'objet.

L'espace aujourd'hui donné à la section française en général recevrait l'exposition permanente des petites et grandes industries dont

tout à l'heure nous parlions. Mouvement abondant et fécond; émulation sans fin; rétablissement honnête de l'origine, du nom propre, de la vérité, de la propriété; remplacement du parasite privé, glouton, menteur, voleur, par l'intermédiaire public et désintéressé.

Ce que l'étranger occupe ailleurs dans ce gazomètre — puisque le mot y est, laissons-le — offrirait avec avantage la répétition chronologique en relief des monuments, des établissements, des constructions, des habitations célèbres, remarquables, utiles, en tous les temps et tous les lieux, exécutés ou projetés, passés, présents ou à venir, ce que l'homme a pu, peut et pourra dans le concours de chacun au définitif avantage de tous. Souvenirs, empreintes et rêves d'un suprême et possible idéal! A qui ferait mal ce doux mélange de contemplations et de consolations? Des savants, à certains jours, viendraient et promèneraient, en l'instruisant, le visiteur parmi les témoignages sans réplique de la prédestination du genre humain.

Qu'en dites-vous?

Le pourtour resterait ce qu'il est, affecté à des débits de consommation immédiate, à des boutiques de détail, etc., en le débarrassant, toutefois, de certains trafics interlopes qui n'ont pas été très-édifiants. L'admirable jardin réservé ne périrait pas, le ciel et notre goût nous en gardent! Le parc, rendu plus praticable et plus touffu par la suppression de constructions manquées ou de montres ambitieuses et sans intérêt, deviendrait en peu de temps une des belles promenades possibles à Paris. Or les choses réellement bonnes et utiles ont cela de particulier que toutes leurs faces sont brillantes, disait un industriel illustre. Les quartiers des Invalides, de Grenelle, du Gros-Caillou, de Vaugirard, verraient leur prospérité avancée de cinquante ans par celle-ci.

Le succès des ateliers fonctionnants a été trop grand dans l'Exposition pour qu'on puisse désormais, le cas échéant, négliger un pareil attrait. Nous ferions donc là, très-abondamment, nos métiers travailler et produire. Des générateurs puissants leur fourniraient la force motrice nécessaire, et pourraient servir en même temps à chauffer de nombreuses parties du palais. Ce que l'on perd chez nous, en vapeur et chaleur, est relativement incalculable.

L'entrée serait presque gratuite. On n'imiterait pas la Commission, qui n'a point encore osé tenter l'influence par le bon marché. Vingt-

cinq ou trente centimes suffiraient. Une faible contribution de chaque
intéressé assurerait le salaire du personnel inférieur. Et quant à l'é-
tat-major nécessaire, en laissant de ceci les portes largement ouvertes
à la Société d'encouragement, à l'Académie nationale industrielle, aux
Sociétés des amis des arts, des arts appliqués à l'industrie, etc., le
suffrage universel ne saurait quasi qui choisir, à force d'avoir à choisir, parmi tant d'hommes éminents, vaillants, heureux à l'envi d'offrir
et d'assurer leur surveillance et leurs soins. Il y aurait bien d'a-
bord et ensuite quelques tiraillements et empêchements par amour-
propre, jalousie, rivalité, priorité ; mais enfin le temps doit être venu
de croire que, le but étant grand, ces misérables détails resteraient
petits.

Souhait frivole, hélas ! Objurgation vaine ! Huit jours après,
tout était consommé. Les commissions ne retirent pas leurs
arrêts. L'Achéron ne rendait pas ses morts.

# TABLE DES MATIÈRES

# LISTE ALPHABÉTIQUE

DES NOMS DES

## EXPOSANTS ET COLLABORATEURS

FIGURANT DANS CET OUVRAGE

## Q



## R

502—IMPRIMERIE PARISIENNE, F. Dufour et Cᵉ, impasse Bonne-Nouvelle, 5.